JN300343

垂直磁気記録の最新技術
Advanced Technologies of Perpendicular Magnetic Recording

《普及版／Popular Edition》

監修 中村慶久

シーエムシー出版

はじめに

　垂直磁気記録が，2005年にHDDとして製品化されてから，早3年目を迎えた。当初危惧された問題点もほとんどなく，むしろ従来方式より安定に動作し，その後の開発も順調以上に進んでいる，とも聞いている。当初はモバイル型に比べて少し遅れると云われた3.5型についても，すでに製品化され，テラバイト容量級のものが市場に出ている。2008年には，ほとんどのHDDが垂直磁化方式に変わるとさえ云われている。

　ここに至るまでには，岩崎俊一東北大学名誉教授（現東北工業大学理事長兼学長）が提案されてから，ほぼ30年の歳月を要した。この間に，多くの方々のご支援ご協力を頂き，感謝に堪えない。中には，心を残しながらも，諸般の事情で垂直磁気記録の研究開発から去らなければならなかった方々も少なからずおられた。そういう方々にも報いることができたのではないかと思っている。「良かったですね」と云って下さる方々も多い。

　そういったいろいろな方々のご努力で，今日の垂直磁気記録技術が出来上がったわけである。しかし当然ながら，現在は，そういった経緯を全く知らないで製品化に当たっておられる研究開発エンジニアがほとんどであろう。その数は益々増える一方である。本書は，こういった，これからの垂直磁気記録技術を支え，さらに練り上げていって下さるはずの方々に大いに役立てて頂ければ何よりである。

　本書には，これまで垂直磁気記録の開発にご苦労いただいた方々に，ご多忙の中を，無理を承知でご執筆をお願いし，その中でご快諾いただいた方々の貴重な玉稿がつまっている。岩崎名誉教授が，よく「温故知新」という言葉をつかわれていたが，本書の中には，垂直磁気記録技術をさらに前進させる多くのヒントが隠されているはずである。

　磁気記録は，これから物性とナノテクという技術的狭間の中で，開発に益々困難さが増すテラビット記録の壁に立ち向かわなければならない。一方で，情報爆発とさえ云われるこれからの社会で，情報ストレージ技術の最前線にいるHDDの進展に期待する声も増すばかりである。言い換えれば，HDD産業は益々成長が期待され，現実に着実に成長している分野である。これがなくして，これからの情報技術は成り立たない。もし本書に愛読者ができるとすれば（多数できることを願っているのだが），そういった期待を背負って奮闘される方々を心から応援し，本書がそのご活躍の支えになることを願っている。

　本書の構成に当たっては，長い間，垂直磁気記録の研究に苦楽を共にしてきた大内一弘氏（現秋田県産業技術総合研究センター高度技術研究所名誉所長）の適切なるご助言を多数頂いた。衷心より感謝申し上げる。また，本書の企画になかなか腰を上げない筆者の尻を叩き，このように素晴らしいものにまとめ上げて下さった㈱シーエムシー出版の三島和展氏にも心から御礼を申し上げたい。

　最後に，垂直磁気記録の研究に道を拓いて頂き，私たちに広い御心で自由にその道を歩ませて下さった岩崎俊一東北大学名誉教授のこれまでのご指導に心から感謝して，本書の門出に対する挨拶とさせて頂く。

2007年7月

中村慶久

普及版の刊行にあたって

本書は2007年に『垂直磁気記録の最新技術』として刊行されました。普及版の刊行にあたり，内容は当時のままであり加筆・訂正などの手は加えておりませんので，ご了承ください。

2013年5月

シーエムシー出版　編集部

―――― 執筆者一覧（執筆順） ――――

中村 慶久	㈳科学技術振興機構　JSTイノベーションプラザ宮城　館長，東北大学名誉教授
村岡 裕明	東北大学　電気通信研究所　教授
田中 陽一郎	㈱東芝　デジタルメディアネットワーク社　ストレージデバイス事業部　HDD商品企画部　部長
山川 清志	秋田県産業技術総合研究センター　高度技術研究所　主席研究員
押木 満雅	情報ストレージ研究推進機構　常務理事
伊勢 和幸	秋田県産業技術総合研究センター　高度技術研究所　主任研究員
逢坂 哲彌	早稲田大学　理工学術院　教授
杉山 敦史	早稲田大学高等研究所　客員准教授
安藤 康夫	東北大学　大学院工学研究科　応用物理学専攻　教授
湯浅 新治	㈳産業技術総合研究所　エレクトロニクス研究部門　スピントロニクス研究グループ　研究グループ長
佐橋 政司	東北大学　大学院工学研究科　電子工学専攻　教授
大内 一弘	秋田県産業技術総合研究センター　高度技術研究所　名誉所長
島津 武仁	東北大学　電気通信研究所　IT21センター　准教授
有明 順	秋田県産業技術総合研究センター　高度技術研究所　主席研究員
園部 義明	HOYA㈱　MD事業部　開発センター　チーフ・テクノロジスト
鈴木 淑男	秋田県産業技術総合研究センター　高度技術研究所　先端技術開発グループ　上席研究員
石尾 俊二	秋田大学　副学長・教授
棚橋 究	㈱日立製作所　中央研究所　ストレージ・テクノロジー研究センタ　主任研究員
細江 譲	㈱日立製作所　中央研究所　ストレージ・テクノロジー研究センタ　主管研究員
荒井 礼子	㈱日立製作所　中央研究所　ストレージ・テクノロジー研究センタ　主任研究員
二本 正昭	中央大学　理工学部　教授
大沢 寿	愛媛大学　大学院理工学研究科　電子情報工学専攻　教授
岡本 好弘	愛媛大学　大学院理工学研究科　電子情報工学専攻　准教授
仲村 泰明	愛媛大学　大学院理工学研究科　電子情報工学専攻　助教
高野 公史	㈱日立グローバルストレージテクノロジーズ　技術開発本部　本部長
沼澤 潤二	東北大学　電気通信研究所　教授
田上 勝通	TDK㈱　SQ研究所　所長
本多 直樹	秋田県産業技術総合研究センター　高度技術研究所　副所長
喜々津 哲	㈱東芝　研究開発センター　記憶材料・デバイスラボラトリー　室長
松本 幸治	㈱富士通研究所　ストレージテクノロジ研究部　主任研究員
中川 活二	日本大学　理工学部　電子情報工学科　教授

執筆者の所属表記は，2007年当時のものを使用しております。

目　次

第1章　序論 ― 研究開発の発端・経緯・将来展望 ―　　中村慶久

1　はじめに …………………………………… 1
2　なぜ垂直磁気記録だったのか …………… 1
　2.1　それは記録減磁の研究から始まった …………………………………… 1
　2.2　回転磁化から垂直磁化へ ……… 4
3　どのようにして垂直磁気記録を可能にしたか ……………………………………… 6
　3.1　最初の実験はこうして始まった …… 6
　3.2　垂直磁気記録の原型はこう決まった …………………………………… 7
　3.3　垂直磁気記録の春から冬 ……… 9
　3.4　冬からの脱出，そして開花 …… 11
4　これからの垂直磁気記録 ……………… 15
　4.1　高密度化の課題 ………………… 15
　4.2　さらに高密度化のために ……… 17
5　むすび …………………………………… 18

第2章　垂直磁気記録の原理と特徴

1　記録・再生原理 …………**村岡裕明** … 22
　1.1　はじめに ………………………… 22
　1.2　長手記録における減磁界と記録分解能 ………………………………… 22
　1.3　記録媒体ノイズとナノ微細構造 … 23
　　1.3.1　ノイズと微細磁気構造 ……… 23
　　1.3.2　熱磁気緩和 …………………… 24
　1.4　微粒子構造を持つ記録媒体における面記録密度限界 ……………… 25
　　1.4.1　飽和記録可能な条件 ………… 25
　　1.4.2　熱的に安定な条件 …………… 26
　　1.4.3　粒子サイズとジッタの関係 … 27
　1.5　次世代の垂直磁気記録方式への展望 ………………………………… 29
2　記録特性評価技術 ………**田中陽一郎** … 32
　2.1　記録性能評価 …………………… 32
　　2.1.1　記録分解能 …………………… 32
　　2.1.2　オーバーライト性能 ………… 35
　　2.1.3　トラックエッジ ……………… 35
　　2.1.4　記録歪と非線形性 …………… 36
　2.2　再生性能評価 …………………… 36
　　2.2.1　再生分解能 …………………… 36
　　2.2.2　再生感度 ……………………… 37
　　2.2.3　ビット間干渉 ………………… 37
　　2.2.4　再生非線形性 ………………… 37
　2.3　記録密度性能評価 ……………… 38
　　2.3.1　線記録密度 …………………… 38
　　2.3.2　トラック密度 ………………… 38
　　2.3.3　ノイズ ………………………… 39

第3章 磁気記録ヘッド技術

1 単磁極記録ヘッドの原理と構造設計
　　　　　　　　　　　山川清志　41
　1.1 単磁極ヘッドの基本構造と動作 … 41
　1.2 先端励磁型単磁極ヘッド ……… 42
　　1.2.1 先端励磁型単磁極ヘッドの種
　　　　　類と特徴 ………………… 42
　　1.2.2 カスプコイル型単磁極ヘッド
　　　　　の特性 …………………… 45
　1.3 単磁極ヘッドの高密度化設計 …… 47
　　1.3.1 高分解能化 ………………… 47
　　1.3.2 高記録磁界化 ……………… 49
　　1.3.3 高密度記録用ヘッドの具体的
　　　　　設計 ……………………… 50
2 単磁極ヘッドの技術課題と対策
　　　　　　　　　　　押木満雅　55
　2.1 大記録磁場 …………………… 55
　　2.1.1 高飽和磁束密度軟強磁性材料
　　　　　……………………………… 55
　　2.1.2 最適形状（配置） …………… 55
　　　(1) 先端駆動（励磁） …………… 56
　　　(2) 磁極形状の最適化 …………… 56
　2.2 時間的に忠実な記録磁場 ……… 56
　　2.2.1 低インダクタンス …………… 56
　　2.2.2 残留磁化および磁気余効の抑
　　　　　制 ………………………… 57
　2.3 空間的に忠実な記録磁場 ……… 57
　　2.3.1 ダウントラック（記録媒体円
　　　　　周）方向の急峻化 ………… 57
　　2.3.2 オフトラック（記録媒体半径）
　　　　　方向の急峻化 …………… 58
　2.4 超精密製造技術 ……………… 58
　　2.4.1 薄膜パターンファブリケー
　　　　　ションプロセス …………… 59
　　　(1) 薄膜成膜 …………………… 59
　　　(2) パターン形成プロセス ……… 59
　　2.4.2 超精密機械加工 …………… 60
3 シールドプレーナ型ヘッド
　　　　　　　　　　　伊勢和幸　62
4 磁気ヘッドコア用高B_s材料
　　　　　　　　　逢坂哲彌，杉山敦史　72
　4.1 はじめに …………………… 72
　4.2 磁気ヘッドコア材料の変遷 …… 72
　4.3 ナノ結晶による軟磁気特性の改善
　　　………………………………… 74
　4.4 電気めっき法によるナノ結晶の作
　　　製 ……………………………… 76
　　4.4.1 CoFeNi 薄膜 ……………… 76
　　4.4.2 CoFe 薄膜 ………………… 78
　4.5 ナノグラニュラーによる軟磁気特
　　　性の向上 ……………………… 79

第4章 再生磁気ヘッド技術

1 磁気抵抗効果再生磁気ヘッドの基本原理
　　　　　　　　　　　安藤康夫　82

1.1 はじめに …………………… 82
1.2 異方性磁気抵抗効果 ……………… 83
1.3 巨大磁気抵抗効果 ………………… 84
1.4 トンネル磁気抵抗効果 …………… 86
1.5 磁気抵抗効果を利用した再生磁気ヘッド ……………………………… 88
1.6 おわりに …………………………… 89
2 各種MR効果の進展と将来展望
　………………………… **湯浅新治** … 91
2.1 磁気抵抗効果（MR効果）とは … 91
2.2 巨大磁気抵抗効果（GMR効果）… 92
　2.2.1 Fe/Cr多層膜のGMR効果 … 92
　2.2.2 Co/Cu多層膜のGMR効果 … 94
　2.2.3 CIP, CPP, スピンバルブ構造 ……………………………… 95
　2.2.4 GMR効果の工業応用 ……… 96
2.3 アモルファスAl－Oトンネル障壁のトンネル磁気抵抗効果 ……… 97
　2.3.1 トンネル磁気抵抗効果（TMR効果）とは ……………………… 97
　2.3.2 TMR効果とスピン分極率 … 98
　2.3.3 Al－Oトンネル障壁MTJ素子の性能限界と打開策 ……… 101
　2.3.4 Al－Oトンネル障壁MTJ素子の工業応用 ………………… 102
2.4 酸化マグネシウム（MgO）トンネル障壁の巨大TMR効果 ………… 102
　2.4.1 コヒーレント・トンネルの理論予測 ………………………… 102
　2.4.2 結晶MgO（001）障壁の作製と巨大TMR効果の実現 …… 104
　2.4.3 量産プロセスに適合したCoFeB/MgO/CoFeB構造のMTJ素子 ……………………… 105
　2.4.4 MgO（001）トンネル障壁MTJ素子の工業応用 ………… 107
3 磁気抵抗効果型再生ヘッド素子の技術課題と対策 ………… **佐橋政司** … 111
3.1 はじめに …………………………… 111
3.2 磁気抵抗効果型再生ヘッドの構造とスピンバルブ再生 ……………… 112
3.3 磁気抵抗効果型再生ヘッドの技術課題 ……………………………… 114
3.4 技術課題の克服に向けて ………… 115
　3.4.1 磁気抵抗効果の原理 ……… 115
　　(1) CPPGMRとCCP－CPPGMRについて ……………………… 116
　　(2) DWMRとBMRについて…… 120
　3.4.2 再生ヘッドの素子構造について ………………………………… 123
3.5 おわりに …………………………… 124

第5章　垂直磁気記録媒体技術

1 垂直磁気記録材料総論…… **大内一弘** … 127
　1.1 はじめに ………………………… 127
1.2 垂直記録方式と高密度化 ………… 127
　1.2.1 垂直記録の特徴と記録媒体 … 127

1.2.2 記録ヘッドと媒体の構成 …… 129	3 Co-Pt-TiO$_2$系記録層材料	
1.3 垂直記録媒体の要件 …………… 131	……………… 有明 順, 大内一弘 … 158	
1.3.1 微粒子性 ……………………… 131	3.1 はじめに ……………………… 158	
1.3.2 垂直磁気異方性 ……………… 133	3.2 Co-Pt 薄膜 …………………… 158	
1.3.3 粒子の磁気的孤立性 ………… 134	3.2.1 これまでの Co-Pt 系高異方性薄膜の研究 ………………… 158	
1.3.4 M－H 曲線………………… 135	3.2.2 Co-Pt 高異方性薄膜の諸特性 ………………………………… 159	
1.3.5 マクロな均質性 ……………… 136	
1.4 垂直記録媒体の種類と製法 ……… 136	3.3 CoPt-TiO$_2$ 薄膜 ……………… 161	
1.4.1 添加元素種の選択 …………… 136	3.3.1 添加酸化物の選択指標 ……… 161	
1.4.2 高磁気異方性記録材料 ……… 138	3.3.2 Co-Pt-oxide 膜の磁気特性, 薄膜微細構造 ………………… 162	
1.4.3 Fe－Pt 垂直記録媒体 ……… 139	
1.4.4 Co/Pd, Co/Pt 人工格子型多層膜 ………………………… 139	3.3.3 Co-Pt-oxide 膜中の化学結合状態 ……………………………… 164	
1.4.5 そのほかの材料 ……………… 140	3.3.4 Co-Pt-oxide 膜厚方向の化学結合状態 ……………………… 165	
1.5 垂直記録媒体の今後の課題 …… 140	
1.5.1 大きな飽和磁化材料の重要性 ……………………………… 140	3.4 まとめ ………………………… 166	
	4 複合記録層材料 ………… 園部義明 … 169	
1.5.2 メタル・酸化物混合系薄膜微粒子材料 ……………………… 141	4.1 はじめに ……………………… 169	
	4.2 CGC 媒体 …………………… 169	
1.5.3 次世代型高密度媒体 ………… 143	4.2.1 CGC 媒体（積層）構造 …… 169	
1.5.4 熱補助記録（HAMR）とその媒体 ………………………… 144	4.2.2 CGC 構造を有する具体的な媒体 ………………………… 170	
1.6 むすび ………………………… 145	4.2.3 磁気特性の制御 ……………… 171	
2 Co-Pt-Cr-SiO$_2$系記録層材料 ……………………… 島津武仁 … 148	4.2.4 微細構造 ……………………… 172	
	4.2.5 記録再生特性と熱安定性 …… 173	
2.1 CoCr 系媒体から CoPtCr-SiO$_2$系媒体へ …………………… 148	4.2.6 CGC 媒体に関する解析 …… 175	
	(1) スイッチング磁界分布 ……… 175	
2.2 CoPtCr-SiO$_2$媒体の磁気異方性 … 149	(2) 熱安定性の解析 ……………… 175	
2.3 SiO$_2$の添加と構造および磁気特性 …………………………… 150	(3) MFM による解析 …………… 177	
2.4 グラニュラ媒体の性能向上 …… 153	(4) 磁化機構解析 ………………… 177	

4.3　ECC媒体 …………………… 178
　4.4　今後の展望 ………………… 179
　4.5　まとめ ……………………… 180
5　Fe-Pt系記録層材料 ……… **鈴木淑男** … 182
　5.1　はじめに …………………… 182
　5.2　FePt垂直磁気異方性薄膜の作製 … 183
　　5.2.1　C軸結晶配向技術 ……… 183
　　5.2.2　低温規則化 …………… 184
　　5.2.3　膜微細構造形成 ………… 186
　　　(1)　磁壁ピンニング型 ………… 186
　　　(2)　ナノグラニュラー型 ………… 187
　5.3　FePt垂直記録媒体の現状とピンニ
　　　ング型媒体の可能性 …………… 188
　5.4　むすび ……………………… 190
6　記録層磁化反転評価技術 … **石尾俊二** … 194
　6.1　はじめに …………………… 194
　6.2　磁気力顕微鏡 ………………… 195
　6.3　反転磁場マッピング ………… 197
　6.4　反転磁場マップとビット境界や媒

　　　体ノイズ画像の重ね合わせ ……… 198
　6.5　反転磁化過程ならびに活性化体積
　　　 ………………………………… 201
　6.6　まとめ ……………………… 202
7　軟磁性下地層材料
　　　…… **棚橋　究，細江　譲，荒井礼子** … 204
8　中間非磁性層の役割と課題
　　　………………………… **二本正昭** … 213
　8.1　結晶配向性 ………………… 213
　8.2　結晶粒径 …………………… 215
　8.3　結晶欠陥 …………………… 216
　8.4　結晶粒界組成，結晶粒内組成 …… 216
　8.5　表面平坦性 ………………… 217
　8.6　軟磁性裏打ち層と記録磁性層の磁
　　　気的相互作用 ………………… 217
　8.7　Co合金系記録磁性膜以外の磁性膜
　　　に対する中間非磁性層材料 ……… 218
　8.8　中間非磁性層の今後の課題 ……… 219

第6章　垂直磁気記録用信号処理技術　　**大沢　寿，岡本好弘，仲村泰明**

1　はじめに ……………………… 221
2　垂直磁気記録再生系 …………… 222
3　PRML方式の基礎 ……………… 224
4　雑音予測型PRML方式 ………… 226
5　PRML方式の性能比較 ………… 228
6　ポストプロセッサ ……………… 229
7　繰り返し復号 ………………… 231
8　低域補償 ……………………… 232
9　おわりに ……………………… 233

第7章　情報ストレージへの応用

1　HDDへの応用 ……… **高野公史** … 236
　1.1　はじめに …………………… 236

1.2 HDDの歴史 …………… 236	2.1 映像記録の歴史 …………… 249
1.3 HDDの主要技術 ………… 238	2.2 ディジタル映像信号の性質 ……… 252
1.4 製品化に向けた基礎検討 ……… 240	2.3 超高精細ディジタル映像信号規格
1.5 実用化に向けた技術開発 ……… 241	とストレージ …………………… 254
1.6 今後の展望 ………………… 247	2.4 超高精細ディジタル映像信号用ス
2 超高精細映像記録への応用	トレージの要件 …………… 259
……………… 沼澤潤二 … 249	

第8章　次世代高密度化技術

1 ディスクリートトラックメディア
　……………… 田上勝通 … 263
　1.1 高密度での課題 …………… 263
　1.2 ディスクリートトラックメディア
　　（DTM）の構造 …………… 263
　1.3 DTMの垂直磁気異方性 ……… 264
　1.4 DTMの作製法 …………… 266
　1.5 磁気ヘッドの浮上特性 ……… 267
　1.6 サーボトラックフォロイング …… 267
　1.7 DTMの記録再生特性 ……… 268
　1.8 今後の展開 ………………… 270
2 パターンドメディア …………… 271
　2.1 ビットパターンド磁気記録メディ
　　アの設計 ……… 本多直樹 … 271
　　2.1.1 はじめに ……………… 271
　　2.1.2 ビットパターンドメディアの
　　　　熱磁気設計 …………… 271
　　2.1.3 メディアのシミュレーション
　　　　モデル ………………… 273
　　2.1.4 記録シミュレーション …… 273
　　2.1.5 シフトマージンの決定要因 … 276

　　　(1) シミュレーションモデル …… 276
　　　(2) 長手方向シフトマージン …… 278
　　　(3) トラック幅方向シフトマージ
　　　　ン …………………………… 280
　　2.1.6 面記録密度 2Tbit/in^2 記録へ
　　　　の指針 ………………… 281
　　　(1) 磁性ドット形状と残留磁化曲
　　　　線 …………………………… 281
　　　(2) 記録シミュレーション ……… 282
　2.2 製造方法 ……… 喜々津 哲 … 287
　　2.2.1 はじめに ……………… 287
　　2.2.2 パターンドメディアの加工形
　　　　態 …………………………… 288
　　2.2.3 マスク形成方法 ………… 289
　　2.2.4 パターン描画方法 ……… 290
　　2.2.5 エッチング方法 ………… 292
　　2.2.6 埋め込み平坦化 ………… 293
　　2.2.7 パターンドメディアの製造法
　　　　イメージ ……………… 294
3 熱補助記録方式 ………………… 296
　3.1 ワイドビーム加熱 …… 松本幸治 … 296

- 3.1.1 まえがき ……………… 296
- 3.1.2 熱アシスト記録方式による面記録密度 ……………… 297
  - (1) 面記録密度と磁気特性 ……… 297
  - (2) 磁気ドミナントによる面記録密度 ……………… 297
  - (3) 光ドミナントによる記録密度 ……………… 297
- 3.1.3 原理実験 ……………… 299
  - (1) 記録媒体 ……………… 299
  - (2) 記録再生装置 ……………… 300
  - (3) オーバーライト特性 ………… 301
  - (4) 書き込み時の熱の効果 ……… 302
  - (5) 信号対雑音比 ……………… 303
- 3.1.4 まとめ ……………… 303
- 3.2 狭域加熱……………**中川活二**… 305
  - 3.2.1 Solid Immersion Lens, Solid Immersion Mirror …………… 305
  - 3.2.2 ナノサイズ開口 ……………… 306
  - 3.2.3 表面プラズモン利用の近接場光 ……………… 306
  - 3.2.4 導波路タイプ ……………… 307
  - 3.2.5 磁場発生型プラズモンアンテナ ……………… 308

第1章 序論 ― 研究開発の発端・経緯・将来展望 ―

中村慶久[*]

1 はじめに

　垂直磁気記録が，ほぼ30年の長い揺籃期を経て，漸くHDDとして実用期を迎えた。
　垂直磁気記録が，岩崎俊一東北大学名誉教授により提案されたことはよく知られている[1]。筆者は，そのご指導の下，これを実用にすべく，研究開発の仕事をさせて頂いてきた。本文は，研究の発端から実用化に至る経緯，さらにこれからの展望について，筆者が垂直磁気記録の研究を進め，これを実用に供するために取ってきた基本的な考え方を中心に，筆者なりの思いを紹介して，本書の序論に代える。
　本書は，垂直磁気記録の研究・開発を進めるにあたって，筆者らと共に苦労して下さった方々や関連分野でご協力を賜った方々を中心にご執筆頂いた。多分，垂直磁気記録に関する初めての解説書である。ご愛読頂き，これからの磁気記録技術発展の一助になれば幸いである。

2 なぜ垂直磁気記録だったのか

2.1 それは記録減磁の研究から始まった

　筆者が，磁気記録を研究テーマに選び，東北大学電気通信研究所の永井健三研究室に配属された1962年頃は，1956年にAmpex社（米国）が放送用4ヘッド型VTRを市場に出し，日本の地方の民間放送局でも，これを使い始めた頃であった。12インチ（約30cm）径リールに1インチ（約5cm）幅の磁気テープを巻いて，毎秒15インチ（約38cm/s）で走行させた。テープの長さ方向にほぼ直交させて4個のヘッドを高速回転させ，テープとの相対走行速度1500in/s（38m/s）を実現して，数MHzのビデオ信号を記録した。1時間収録するのに約1.4kmの長さの磁気テープが必要であり，その重量も相当なものであった。当初はモノクロームで，1958年頃から漸くカラーでの記録が可能になったが，高画質化と磁気テープ量の削減のため，絶えず，より短い記録波長（高い記録密度）で記録再生できることが求められた。

---

[*] Yoshihisa Nakamura　㈱科学技術振興機構　JSTイノベーションプラザ宮城　館長，東北大学名誉教授

垂直磁気記録の最新技術

1963年頃に筆者が測定した磁気テープは，γ-Fe_2O_3粉末を有機バインダ内に分散させた塗料をプラスチックフイルムベース上に$12\mu m$厚程度に塗布したものである。長波長（低密度）信号の記録時には，リング型磁気ヘッドに加える記録電流を増すと共に再生電圧も増大し，全厚が磁化されると飽和する（図1a）[2]。しかし短波長（高密度）記録時には，飽和記録電流より小さな記録電流で最大電圧を示し，それ以上で急激に減少する。最大電圧も，これを与える記録電流値も，短波長ほど小さくなるため，記録電流値を長波長時の飽和記録電流に設定して記録波長（密度）を変えると，短波長で急激に再生電圧が低下する。むしろ適当な未飽和レベルに設定した方が波長（密度）特性は最も伸びる。

この現象は，磁気テープの磁性層が厚いほど顕著であった（図1b）。当時の塗布技術では，磁性層を薄く塗るのが難しく，長波長信号の未飽和レベルで記録すると，磁性粒の分散の悪さや塗布厚の不均一性によりノイズが生じ，S/Nが劣化した。

このような記録電流の増大と共に生じる大きな再生電圧の低下は，当時の長手成分だけを考慮した記録理論で知られていた磁性層厚み損失を考慮しただけでは到底説明できなかった。磁性層厚み損失は，磁性層の表面近くの長手磁化ほど磁気ヘッドで検出し易いため，磁性層を必要以上に厚くしても内部の磁化が再生に寄与しないために出力が変わらないことを意味している。磁性層が厚いために出力が減少するわけではない。上述の現象は記録条件に依存するため，記録減磁損失と呼ばれた。その発生理由は明らかでなく，高密度化のために，その解明が求められていた。

1957年にIBM社（米国）が世に出した磁気ディスク装置では，γ-Fe_2O_3粉末からなる磁性塗料をアルミ基板上にスピンコートし，表面を研磨するなどして，比較的早くから磁性層の薄い磁気ディスクが用いられた。このため，記録減磁を問題にする動きは，とくには見られなかった。

筆者は，記録減磁を解明することを研究テーマに与えられ，岩崎教授の指導の下，まず記録層

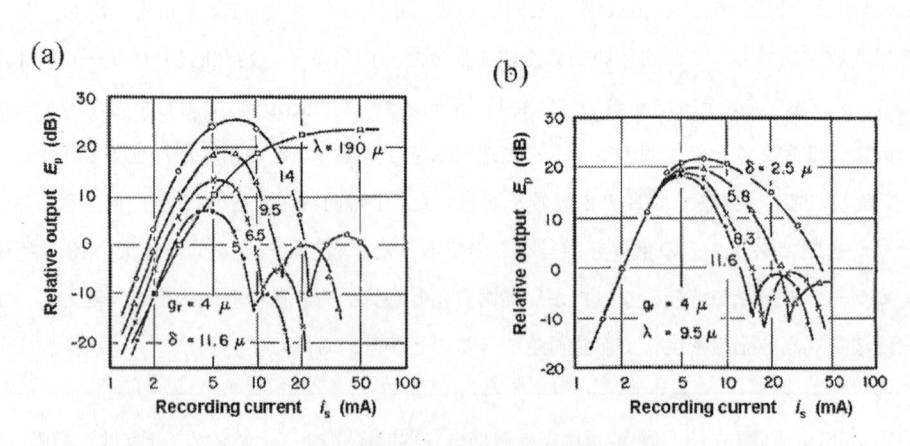

図1　正弦波短波長無バイアス記録再生特性
(a) 記録波長依存性　(b) 記録層厚み依存性

第1章 序論 ― 研究開発の発端・経緯・将来展望 ―

内の長手磁化分布をループ追跡法により求めた[2]。記録ヘッドのギャップ近傍を記録メディア内の各点が通過時に受ける長手磁界成分の変化に従って，記録メディア磁性層のヒステリシスループを辿る方法である。例えば無バイアスで正弦波を記録する場合，記録波長が十分長いと，記録メディア内の一点（これを記録点と呼んだ）は，ヘッドギャップ中心に近づくにつれ磁界強度が増し，中心面上で最大強度を受けた後，単調に減少する。交流消磁された記録メディアでは，初期磁化曲線上で最大磁界まで磁化され，その後，残留磁化に落ち着く過程を求めればよい。

波長が短くなると，ギャップ近傍通過中に磁界強度だけでなく極性も変わり，磁化の極性反転を繰り返す。その過程を追跡するため，予め各記録点が受ける磁界変化を求め，それに従った磁化過程を Cioffi 型自記磁束計[3]で逐一追跡して，記録層内の長手残留磁化分布を求めた。

その結果，長波長（低密度）記録時には，記録層内厚み方向のいずれの層の記録点も，ヘッドギャップ中心面上で同時に最も強い磁界を受け，ここで同時に各層の最大磁化が与えられる。しかし短波長記録時には，ギャップ中心面上で飽和以上の強い磁界を受けても，その後，減衰しながら何回かの極性反転を経るため，必ずしもこの記録点に最大磁化が与えられるとは限らない。その究極がいわゆる交流消磁であり，反転回数が多いほど磁化はゼロになる。

各層の各記録点について，磁化過程を丹念に追跡し，残留磁化分布を求めると，記録信号に対応する残留磁化分布が求められる[4]。そこで見いだされた短波長記録時の最大の特徴は，磁性層内で信号に対応して与えられる磁化分布の位相がずれていることである（図2）。記録電流が大きいほど磁性層内の厚み（y）方向で磁化位相ずれが著しくなり，磁性層表面と内部とで半波長以上もずれることがある。これはヘッド走行方向だけでなく，磁性層厚み方向でも短い間隔で磁化の極性が逆転し，外から見ると，磁化が磁性層内で相殺されていることを想像させる。この状態では外部に磁束が漏れないので，磁気ヘッドを近付けても磁束は検出されず，再生電圧はゼロになる筈である。

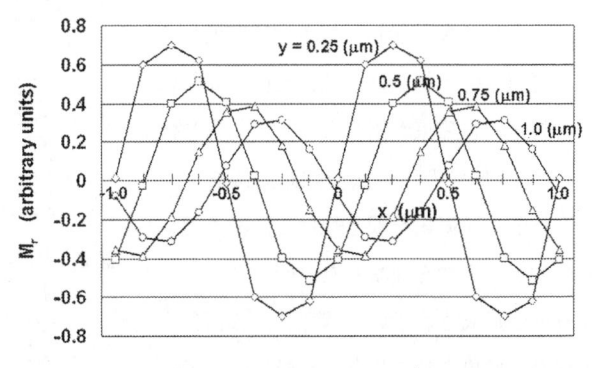

図2　M-H ループ追跡法で求められた正弦波短波長信号記録後の磁気テープ記録層内長手磁化分布の一例

筆者は，そのような眼で短波長記録再生特性を再び丹念に取り直した結果，記録電流を増すと再生電圧が急激に減少するだけでなく，出力が一旦ゼロになった後，再び若干増大し，再度，出力ゼロになることを見出した（図1）[2]。これは正に磁性層内で磁化が相殺していることを示すもので，ノイズが少ない環境で測定すると，さらに第2，第3のディップ点までもが観測できた。

これを見つけたとき，筆者は階段を二段飛びで駆け上がり，岩崎教授室にデータを持っていったことを鮮明に覚えている。1964年の春のことであった。このことがその後，私を想定外の学究生活に進ませ，思えば，これがその後の垂直磁気記録の研究に繋がる原点になった。

2.2 回転磁化から垂直磁化へ

その後筆者は，高密度記録時に磁性層内で閉磁路が形成される過程を理論的に証明したいと考え，記録過程での磁化変化をベクトル的に扱える磁性微粒子のベクトル磁化モデル[5]や，減磁界の影響を動的に自己矛盾なく考慮できるセルフ・コンシステント磁化の考え方[6]を導入した。磁気記録は線形の世界ではないため，とても解析式では解けず，電子計算機で記録過程を模擬（シミュレート）することを試みた[7]。しかし，当時は漸く電子計算機が使われ始めた頃であり，これを実現するまでに，その後20年以上も要した（図3）[8]。

一方，岩崎教授は，この閉磁路構造を回転磁化モードと呼び，1973年頃から磁性層の磁化状態をビッター法で直接観察して磁性層内の閉磁路を直接確認することを試みた[9]。岩崎教授は，当時の竹村克麿技官や学生に指示して，記録済みの磁気テープをカミソリで切り，その断面に磁性コロイドを滴下し，ご自分でも根気よく顕微鏡を覗かれた。当時の磁気テープの磁性層厚12μmは，今から思うとかなり厚い。それでもこの断面を見るのはかなり難しかった。

長波長時に磁化転移付近から磁束が漏れる様子は比較的早くから観察できた。しかし短波長時の様子は，磁性層内で完全に閉磁路を形成していると外部には磁束が漏れないので，当初は片鱗程度しか見えなかった。試料の作製法や観測方法を工夫し，試行錯誤しながら辛抱強く顕微鏡を覗き続けて，漸く回転磁化モードの存在を示すビッター像を観察した（図4）[10]。

さらに，回転磁化モードが形成されている状態に，膜面に垂直か，やや斜めに，外部から磁界を加えると，閉磁路の長手磁化成分が切れ，外部磁界と同じ向きの垂直磁化だけが残ること

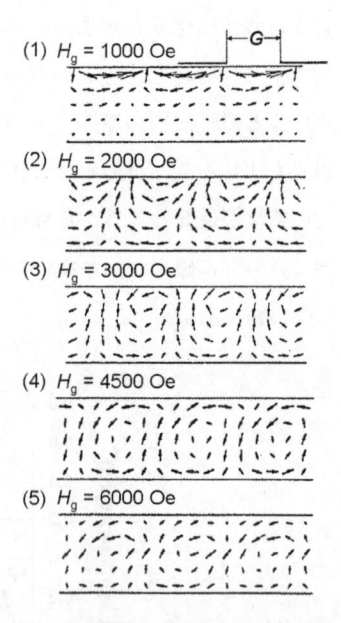

図3 計算機シミュレーションで求められた高密度矩形波信号記録後の磁気テープ記録層内ベクトル磁化分布のヘッド空隙内信号磁界強度による変化

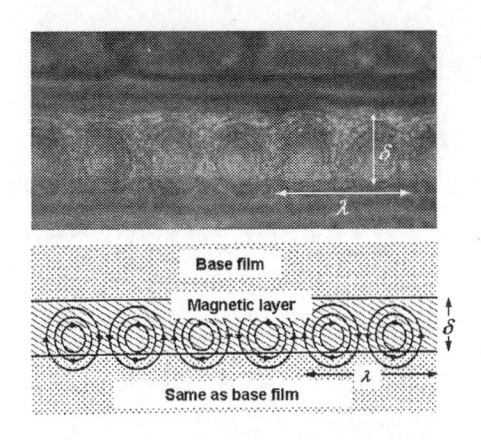

第1章 序論 — 研究開発の発端・経緯・将来展望 —

図4 ビッター法で求められた高密度正弦波
　　信号交流バイアス記録後の磁気テープ
　　記録層内磁束密度分布の一例
（記録波長 λ = 30mm，記録層厚 δ = 12mm）

を，磁性層表面をビッター法で観察することと，直接再生電圧を測定することで実証した[11]。

これらの結果は，長手配向している磁気テープでも垂直磁化成分で磁化が残せ，再生ヘッドで読み出せることを示すものでもある。このことが，以後，岩崎教授をして垂直磁気記録の研究に力を注がせる端緒になった。

その頃，筆者は，岩崎教授の実験を横目で見ながら，回転磁化モードの理論的検証には届かないまでも，薄膜記録メディアの磁化転移を簡便な計算機シミュレーションで求めることを行っていた。当時，研究室では，Co系薄膜長手記録メディアにレーザービームで熱記録することも行っており[12]，磁気ヘッドで記録することとの優劣を比較するためであった[13]。その結果，長手磁化膜への熱記録は高密度化に不利であることと同時に，磁気記録でも長手磁化方式では，記録メディアの保磁力を高く，ヘッド・メディア間のスペーシングを狭くしても，磁性層厚をゼロにする以外は転移幅をゼロにできず，一定値に近づけるだけであることに気がついた。これは長手磁化方式特有の磁化転移領域における反（減）磁界のためであり，高密度化には限界があることを示すものである。このことは，当時，研究が盛んになりつつあった垂直磁化膜への光（熱）記録に比べ，磁気記録が劣ることを大いに危惧させる結果であった。そのことがあって，筆者も，岩崎教授が進めようとしていた磁気記録に垂直磁化モードを使う方式の研究に，全面的，かつ主体的に取り組むことになった。

3 どのようにして垂直磁気記録を可能にしたか

3.1 最初の実験はこうして始まった

　回転磁化モードで書き込まれた高密度信号を垂直磁化モードに変換して読み出すためには，まず，磁化モードの変換のために記録メディア面に垂直あるいはやや斜めに磁界を加える必要がある。当初は，磁気テープ装置を用いて，γ-Fe_2O_3テープにリングヘッドで高密度信号を記録後，これを一旦装置から外し，小型電磁石の空隙内で垂直磁界を加えた後，再度テープデッキにかけて，再生電圧をリングヘッドで読み出していた。垂直磁気記録の研究を始めるに当たり，岩崎教授の指示で，筆者は，γ-Fe_2O_3テープにリングヘッドで短波長信号を記録直後に，テープを外さずに垂直磁界を加えて垂直磁化モードに変換する，あるいは直接γ-Fe_2O_3テープに垂直磁化モードで書き込み，その記録再生特性を測定する実験から始めた。

　このために，渡辺功技官に最初に試作してもらった磁気ヘッドが，厚さ5.5～50μm，幅2mm程度の短冊状Cu-Mo-パーマロイ薄帯，あるいは電着パーマロイ膜に，2000ターンの巻線を直接施した単磁極型構造の磁気ヘッドである（図5a）。この先端をγ-Fe_2O_3テープに当て，テープ面に垂直に磁界を加えて回転磁化を垂直磁化モードに変換するか，垂直モードで直接信号を書き込んだ。また，書き込まれた信号をこれで読み出すことも試みた。その結果，長手配向されたγ-Fe_2O_3テープでも垂直磁化モードで記録でき，単磁極形ヘッドで読み出せることや，リングヘッドよりも高密度まで書き込めること，などをまず確かめた[14]。

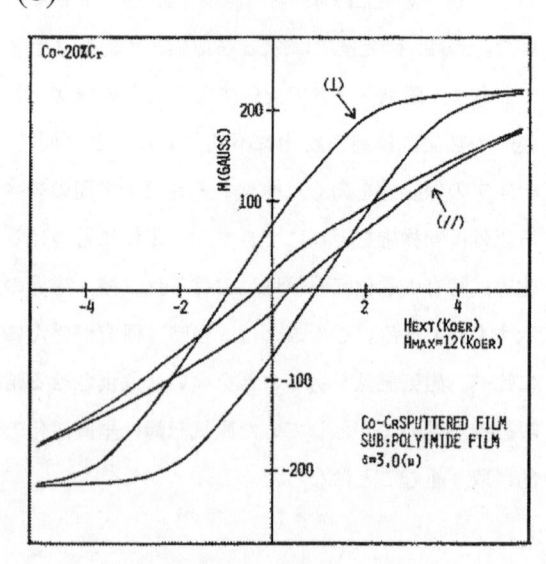

図5　最初の垂直磁気記録の実験に用いられた (a) 単磁極ヘッドの構造と (b) Co-Cr膜の磁気特性

第1章 序論 ― 研究開発の発端・経緯・将来展望 ―

このヘッドは短冊状軟磁性体の一方の先端だけから生じる磁界を使うため、ギャップ両端間の磁界を使う双極形のリングヘッド（Ring head）に対し、単磁極ヘッド（Single-pole head）と呼んだ。その際、このヘッドの記録再生効率をできるだけ高めるため、Cu-Mo-Ni-Fe の厚板を磁気テープ裏側に置き、テープ走行を妨げない程度に磁気ヘッド側に押しつけて、影像の理を利用してヘッド先端部からできるだけ強い磁界を発生させることも試みた。

その頃、研究室では、上述のように長手磁気記録用 Co 系薄膜の保磁力が温度上昇とともに低下する現象を使った熱磁気記録の研究も行っていた。大内一弘助手（当時）は、まだ珍しかったスパッタ装置を用い、学生を指導して、熱記録用の Co 系薄膜を様々製膜し、磁気特性や温度特性を調べていた。その中に Co-Cr 膜があった[15]。

Co-Cr 膜は角形性が悪く、残留磁化も小さく、長手光磁気記録メディアの磁気特性としては最低の部類であった（図 5b）。しかし大内助手は、逆に「垂直磁気異方性が大きいのではないか」と考え、そして私は、「だとしたら、垂直磁気記録に使えるかも…」と考えて、リングヘッドや単磁極ヘッドと組み合わせて記録再生特性の測定をしてもらった。

耐熱性フィルム状に製膜した Co-Cr 膜をテープ状に切り出し、γ-Fe_2O_3 テープの間に挟み込んでエンドレスに繋ぎ、テープデッキにかけて、初めはリングヘッドで、後に単磁極ヘッドで記録再生して、Co-Cr 部分の再生電圧を蓄積型オシロスコープで測定した。薄く塗布した長手配向 γ-Fe_2O_3 テープをリングヘッドで記録するよりも、Co-Cr 膜の記録密度特性の方が伸び、垂直磁気記録の高密度記録性を初めて確認できた[1,16]。単磁極ヘッドの方がさらに高密度まで書き込めることや、単磁極ヘッドでも再生電圧が読み出せることなども確かめた。

垂直磁気記録の研究を始めるのと同じ頃、岩崎教授のご尽力で、昭和 50（1975）年 6 月、日本学術振興会（通称学振）に磁気記録懇談会（同年 9 月に、磁気記録専門委員会に改称）が設置された。この委員会を母体に、翌昭和 51（1976）年 8 月には磁気記録第 144 委員会（通称 144 委員会）が、産学協力研究委員会の下に改めて設置された。当時の垂直磁気記録に関する全ての実験結果は、前日に測定されたようなホットなデータでも、まずこの委員会で報告し、その後、電子通信学会の磁気記録研究会や支部大会、全国大会、および日本応用磁気学会の学術講演会、IEEE の INTERMAG など、諸学会で報告した。2 カ月毎に開催される研究会は現在も続いており、垂直磁気記録国際会議を通算 7 回も開催するなど、垂直磁気記録の研究開始当初から、その実用化を牽引してきた。

3.2 垂直磁気記録の原型はこう決まった

Co-Cr 垂直磁気異方性膜と単磁極ヘッドとの組み合わせで高密度記録ができることや、単磁極ヘッドでも再生電圧が読み出せることなど、垂直磁気記録の可能性が確かめられた。しかし当

初は，単磁極ヘッドの巻線数を増やしても十分に飽和記録できず，読み出し電圧も大きくならず，実用にほど遠いものであった。そこで，読み出しには当分リングヘッドを使うこととし，書き込み効率を上げることに専念した。

まず気付いたことは，厚さがわずか $10\mu m$ 以下の短冊状軟磁性膜に，直径数 $10\mu m$ の導線を 2000 ターンも巻いているのは，励磁素子としてのバランスが悪いことであった。これでは，巻線部が先に飽和し，軟磁性膜の先端部まで磁化できずに，十分な磁界が先端から出ない。先端部を十分に励磁するには，先端部にコイルを巻くことであるが，これは構造上なかなか難しい。そこでコイルを施した励磁用磁極を，記録メディアを挟んだ反対側に対向させて置き，これが生じる磁界で記録メディア越しに軟磁性膜先端部を励磁することを思い付いた（図6）[1,14]。

筆者らは，記録メディアを励磁する軟磁性膜を主磁極，記録メディアの裏面に置いて主磁極を励磁するための磁極を補助磁極と呼び，主磁極を補助磁極で励磁する方法を補助磁極励磁型単磁極ヘッドと呼んだ。このヘッドは，短冊状軟磁性膜にコイルを直接巻いて励磁する主磁極励磁型や，厚い軟磁性板を記録メディアの裏側から主磁極に押しつけて影像効果を期待した主磁極励磁型の，いずれの場合に比べても，著しく小さな書き込み電流で書き込め，補助磁極の磁界が記録メディアに悪影響を及ぼすこともなかった。

主磁極に巻線を施す方法では，影像効果を利用する場合も含め，巻線部が早く飽和して，まるでホースの途中に穴から水が漏れるように，主磁極膜の途中から磁束が漏れて先端まで届かず，先端部から十分な磁界強度が生じない。それに対し，補助磁極の磁界で主磁極を先端部から励磁すると，その飽和磁束密度までの強い磁界を生じさせることができる[14,17]。このようにして筆者らは，「主磁極はできるだけ先端から励磁する」という，単磁極型ヘッドについての基本設計原理を，研究初期の1975年頃の段階で，すでに確立していた。

一方，記録メディアについては，補助磁極励磁型ヘッドの効果を学振の144委員会に報告し，種々ご議論頂いている中から，影像効果を記録メディア自身に持たせるアイデアが生まれた。つまり，軟磁性厚板を記録メディアの裏側に押しつける代わりに，軟磁性薄膜を記録メディアのCo-Cr記録層裏側に裏打ち層として被着させる（図6）。書き込み時には，主磁極と軟磁性裏打ち層との間に強い磁界を生じさせ，書き込み後は，裏打ち層内で磁束を短絡させて磁化を安定化させようとするものである。

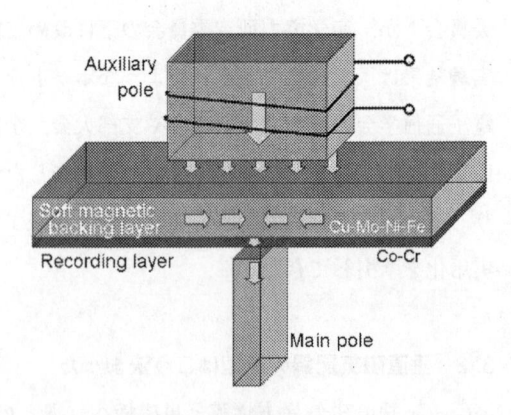

図6 補助磁極励磁型単磁極ヘッドと二層垂直磁気記録メディアの構造

第1章 序論 ― 研究開発の発端・経緯・将来展望 ―

早速，大内助手に製膜を依頼して実現したのが，二層構造の垂直磁気記録メディアであった。これによって，書き込み効率がさらに格段に向上しただけでなく，単磁極ヘッドでも十分な S/N で読み出せるようになった[18]。

Co-Cr 単層メディアに Co-Cr/Cu-Mo-Ni-Fe を裏打ちした二層メディアでは，書き込み起磁力が単層メディアに比べて 1/10 になるだけでなく，読み出し電圧も 10 倍大きくなり，リングヘッド読み出しに劣らない S/N が得られることが確かめられた。1978 年頃である。

今日漸く実用になった単磁極ヘッドと二層膜メディアを組み合わせる垂直磁気記録の原型は，今から 25 年以上も前のこのとき，すでに確立していた。

3.3 垂直磁気記録の春から冬

垂直磁気記録の研究は，このように順調に滑り出した。しかしテープ状試料では長さが 5 ～ 10cm 程度しかとれないため，瞬時の再生電圧を蓄積型オシロスコープで測定しなければならない。また Co-Cr 膜を耐熱プラスティックフィルム上に製膜後，テープ幅約 6 mm に切り出し，γ-Fe_2O_3 テープの間にスプライシングテープで繋ぐのも，大変手間のかかる仕事であった。

そこで，安定かつ効率的に測定する方法として，フレキシブルディスク状の記録メディアを用いることにした。これは，当初，補助磁極励磁型の単磁極ヘッドを使わなければならなかったためで，補助磁極と主磁極間の 150μm 程度の隙間に記録メディアを通す必要があった。科学研究費補助金を頂き，当時，144 委員会のメンバーとして当初から参加して頂いた富士通のご協力で，フレキシブル垂直磁気ディスク実験装置を試作した[19]。垂直磁気記録の試験機として，外国も含め，幾つかの企業からも引き合いがあった名機（？）M-57V である。

ディスクがカールするのを防ぐため，Co-Cr/Cu-Mo-Ni-Fe の二層膜を，厚さ 80 ～ 100μm 程度の耐熱性ポリイミドフィルムの両面にスパッタしてバランスをとり，当時主流の 5.25inch 径フロッピーディスクと同径に切り抜いて，そのジャケット内に挿入して測定した。

また単磁極ヘッドについては，当初，B_{20}（印加磁界強度 20Oe の時の最大磁束密度）が 6000 Gauss 程度の Cu-Mo-Ni-Fe を主磁極膜として使っていた。1980 年頃から，東北大学科学計測研究所の島田寛助手（当時）の協力を得て，研究が盛んになりはじめていたアモルファス磁性薄膜が使えないかを検討した。その中で，磁気ひずみが少ないという島田助手の推薦で，B_{20} が 10,000Gauss 以上ある Co-Zr 膜や Co-Zr-Nb 膜を使ってみた。その結果，記録感度だけでなく，再生感度も，記録密度特性も改善された[20]。このことから，以後しばらく，これを主磁極膜として標準的に使うことになったが，単磁極ヘッドには主磁極膜の飽和磁化の大きいことも必須の条件であることを見出した。また，狭トラック化の可能性やその際の磁区構造の影響など，単磁極ヘッドの作製に有用な多くの知見も得ることができた[21,22]。

さらに垂直磁気記録の実用可能性をPRしたくて,録画実験も行った[23]。当時の家庭用UマチックVTRの回路を流用し,FM変換された輝度信号の搬送周波数を3.58 MHz,低域変換された色信号周波数を約700 kHzに設定し,世界で初めて,垂直磁気記録での静止画像の記録に成功した。さらにNHK放送技術研究所のご協力を頂いて,パーシャルレスポンス方式でPCMによる音声のディジタル記録実験も行っている[24]。

これらの成果をもとに,1982年には,3.5inch径のディスクを用いる2号機M-82Vを,1988年には,さらに高性能な測定ができる3号機M-87Vを,それぞれ試作している(図7)。

筆者らは,当初,上述したように実用化を目指してフレキシブルディスクによる垂直磁気記録装置を試作した訳ではなかった。1980年代に入って,この方式による実用化の動きが,日本だけでなく欧米の企業でも,急激に盛んになった。そのため筆者らも,ディスクを挟む補助磁極励磁形ヘッドでは実用に向かないと考え,1980年頃から,できるだけ主磁極の先端を励磁するという単磁極ヘッドの基本設計思想を生かした新構造の主磁極励磁形ヘッドを試作した(図8a)[25]。

この新構造による主磁極厚300nmの単磁極

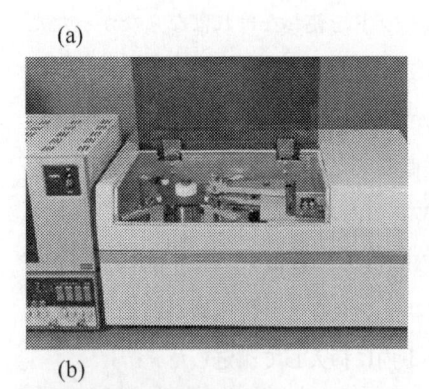

図7 (a) 試作されたフレキシブル垂直磁気ディスク測定装置と(b) それに搭載されていた補助磁極励磁型単磁極ヘッド

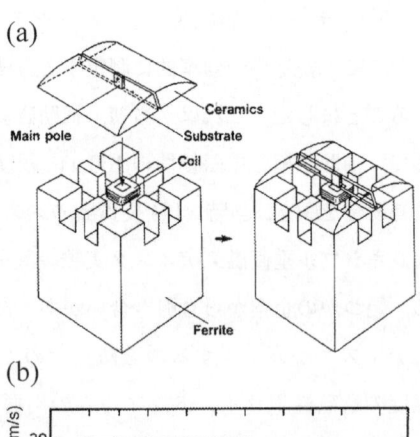

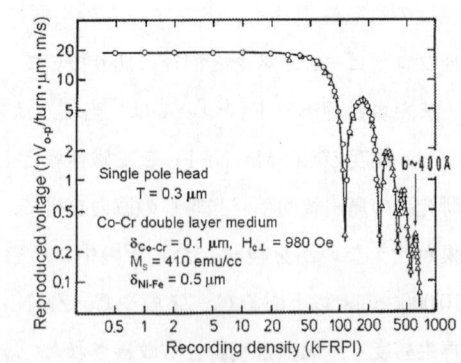

図8 (a) 主磁極励磁型単磁極ヘッドの構造と(b) それを用いて測定されたフレキシブル垂直磁気ディスクの記録密度特性

第1章 序論 — 研究開発の発端・経緯・将来展望 —

ヘッドを用いて，筆者らは，当時としては世界最高の記録密度である 620kFCI 以上で書き込み，かつ同じヘッドで読み出すことにも成功した（図 8b）[26]。つまり垂直磁気記録では，ビット間隔 40nm 以下でも書き込め，かつ S/N はまだ十分ではないにしても，同じヘッドでこれを読み出せることを確認した訳である。

　この頃，垂直磁気記録ではトラック方向にも切れの良い書き込みができることは，狭トラック記録のシミュレーションで確認している。これらから，1988 年頃には，単磁極ヘッドと二層構造メディアの組み合わせによる垂直磁気記録で，少なくとも 250Gbits/inch^2 以上の高密度記録，つまり 1 ビットを 50 nm 四方内に書き込める極めて高い面記録密度の可能性を予測しており[27]，筆者自身では，このとき，これが実現できることをすでに強く確信するに至っている。

　以上のように，垂直磁気記録の研究は，1980 年代前半までは順風満帆であった。どうすれば上手く行くかを考え，思いついて実践すると，思った通りの結果が出る。そしてその度にデータが着実に伸びていく。これほど楽しいことはなかった。垂直磁気記録の研究が進むと共に，磁気記録装置に関わる世界中の企業はもちろん，新規参入を試みる企業も，垂直磁気記録に関心を持ち，実際に記録メディアや磁気ヘッド，記録装置の開発に加わった。この頃はそんな時期だった。

　しかし 1980 年代も終わりに近付くにつれ，ひたひたと冬の時代が近づいていた。

　今から思うと，補助磁極励磁形ヘッドを使うための実験装置として導入したはずのフレキシブル磁気ディスク装置であったが，いつの間にか実用化できると勘違いさせてしまったことが，結果的に間違いであった。プラスティックフィルムに硬い金属膜を被着させたことに，実用上の無理があったのである。ヘッドとディスクを接触させて長時間摺動させておくことにより，ディスクに被着させた金属膜が疲労し，その摩耗痕などでヘッドが削られ，その破片でさらにディスク面が傷つけられることで，十分な耐久性が確保できなかった。

　磁気テープやハードディスクでの実用化を考えていた企業も，この時点で記録メディアとして必須の条件である信頼性の確保に不安を抱き，結局，ほとんどの企業が実用化をあきらめて，開発から撤退した。技術的にも時期尚早で，実用的な観点からも思ったような記録特性を得られなかったことが原因であったように思う。

　このため，1980 年代後半から 1990 年代前半にかけて，それまでの仲間が垂直磁気記録の研究から離れるなど，大変寂しい思いをした。とくに岩崎教授が退官された 1989 年以降の 1990 年代前半は，垂直磁気記録にとって，また筆者にとっても，大変厳しい時期であった。筆者は，これを「冬の時代」と呼んでいる。

3.4 冬からの脱出，そして開花

　1980 年代までは，INTERMAG に垂直磁気記録関連のセッションもでき，たくさんの発表や

垂直磁気記録の最新技術

聴衆が集まった。しかし次第に減って，1995年頃には，長手記録関連の発表が終わると，大きな会場に十人程度しか残らないこともあった。筆者らの科学研究費補助金すら，岩崎教授が退官された後の1992年から3年間は，ゼロであった。

このような状況を「死の谷」と呼ぶ人もいる。しかし，寂しい思いはしたが，決して死の谷とは思っていなかった。前述したように，垂直磁気記録の可能性を確信していたので，「ガリレオではないが，誰が何と言おうと垂直が高密度化の鍵だ」と，当時の『日経エレクトロニクス』の記者に語ったらしい。これが1995年5月24日号の同誌に書かれていることは，後で教えてもらった。

この冬の時代を迎えた頃から，筆者は，垂直磁気記録の研究をフレキシブルディスクからハードディスクによる実験に切り替えた。そのため，研究室内は比較的活気を維持しており，「やがては垂直磁気記録を実現する」という思いに変わりはなかった。それでも窓の外は木枯らし吹く冬であり，時折，研究室内に吹き込むこともあった。

そんな中でまず行ったことは，それまでのフレキシブルディスクでの実験結果をハードディスクで再現することであった。ハード磁気ディスクと云えばヘッドを浮上させて使うのが常識である。当時，筆者らにはそのような技術はなく，それまで使っていたフレキシブルディスク用の主磁極励磁型ヘッドをそのままディスクに接触走行させて使うことに挑戦した（図9a）。

この実験のために，自重で主磁極先端がディスクに接触し，上下変動にも追従して当たるようなヘッド支持機構を，渡辺技官に試作してもらった（図9b）。丁度このとき，1988年春に，日立製作所から福岡弘継君が垂直磁気記録の勉強のために研究生として派遣されてきた。筆者らとしては初めての，この極めて素人っぽいハードディスクの実験を，恐る恐る，HDDの専門家集団から受け入れたこの研究生に携わってもらうことにした。

この実験が極めて上手くいき，フレキシブルディスクで問題になったディスクの損傷も，したがってヘッドの損傷も全くなく，フレキシブルディスクで確認できたのと同じ高記録密度特性を，しかも長時間，安定に測定できた[28]。だから

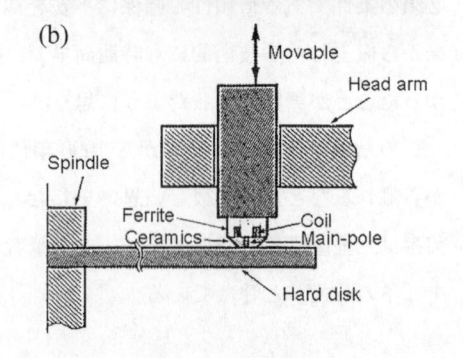

図9 (a) 東北大学における最初のハード垂直磁気ディスク試験機の記録再生部と (b) 自重型磁気ヘッド支持機構

第1章 序論―研究開発の発端・経緯・将来展望―

といって，レコードの針のように自重でディスクに接する方式では，すぐに垂直磁気記録をHDDに適用する動きもなく，筆者らは，この独自方式による実験をさらに進め，垂直磁気記録の基本性能の把握と，性能改善のためのブレークスルーの発見に努めた。

　記録再生特性が安定に測定できるようになって，次に挑戦したのが狭トラック化であった。厚さ数百nmの軟磁性主磁極膜の幅をエッチングなどで厚みと同程度になるまで狭めるのは，精度良いプロセス技術がない筆者らには至難の業であった。また当時の技術から推察して，この方法での狭トラック化には限界があると考え，磁性膜を90°回転させ，磁性膜の厚みをトラック幅にして書き込む方法を思いついた[29]。数百nm厚の主磁極膜を用いて，当時としてはかなり狭いトラック幅で書き込み，磁化状態をMFMで観察し，MRヘッドで読み出せることも確認した[30]。

　計算機シミュレーションでは，この方法で狭トラック化しても，主磁極先端部のディスクとの対向面積が変わらなければ記録能力が劣化しないことや，トラック幅よりも走行方向に長い主磁極でも，トレーリングエッヂでの磁界勾配が急峻なら十分高密度記録できることも明らかにしている[31]。さらに走行方向幅400nm，トラック幅75nmの主磁極により，トラックピッチ125nm（約200,000track/inch以上），線記録密度500kFCI程度（ビット間隔で約50nm）で，面記録密度100Gb/in^{2}以上が記録できることも，計算機シミュレーションで確認した（図10）。今から10年以上も前の，1995年頃のことである。

　さらに特筆したいことは，この主磁極をスタックし，マルチトラックで高密度・高速に記録する方式を提案し，そのために，それらの主磁極の先端部を薄膜導体で挟んで励磁する方法を考案した。この励磁法の可能性を実証するため，積層薄膜構造の単磁極ヘッド単体を試作し，わずか1ターンのコイルでも十分な書き込み・読み出し感度が得られることを確認した[30]。

　そこで，この新ヘッド構造の実用可能性を実証するため，これを浮上ヘッド用のスライダーに搭載することに挑戦した。1995年頃からである。これを引き受けてくれたのが，当時，縦型MRヘッドの実用化に取り組んでいたソニー仙台工場であった。縦型MRヘッドの開発で忙しい中，大学院生を指導し，主磁極膜の上下を薄膜導体で挟んだ僅か1.5ターンの浮上型積層薄膜単磁極ヘッドを試作し，スライダーに搭載してくれた（図11）。インダクタンスの測定は，東北大学電気通信研究所内の山口助教授（当時）にお願いしたが，かなりのご苦労の結果，数nH以下であることを確認し，将来，かなりの高周波でも動作することを期待させた[32]。

　さらにそれまでの経験から，HDD開発エンジニアの開発意欲を揺さぶるには，記録再生特性や記録密度特性のような基礎特性だけでは弱いと考え，この新構造のヘッドと垂直磁気記録の可能性を示すために，思い切ってエラー・レート特性の測定にも挑戦した。新たにスピン・スタンドを用意し，垂直磁気記録用のエラー・レート測定信号処理回路がまだ世の中にないため，長手

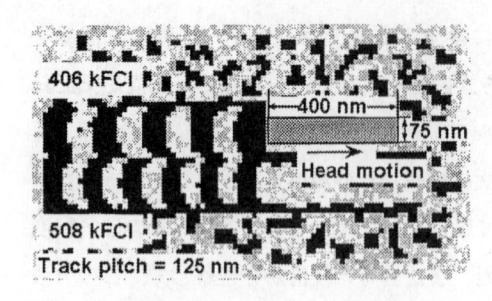

図10　計算機シミュレーションで予測された100Gbit/inch² の垂直磁気記録状態

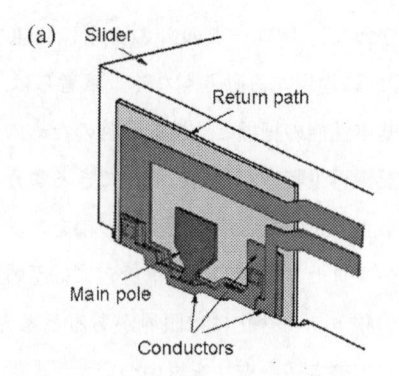

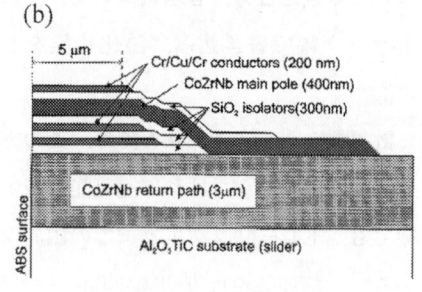

図11　浮上スライダーに搭載された薄膜積層単磁極ヘッドの構造
（a）ヘッド部分の全景　（b）断面図

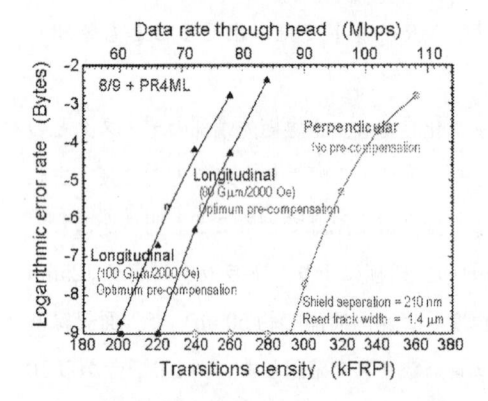

図12　薄膜積層単磁極ヘッドを用いて書き込まれた三層ハード垂直磁気ディスクのエラー・レート特性

用を垂直用に改良して用いた。これを実行してくれたのが，当時の村岡助教授であった。

磁気ディスクには，軟磁性層を単磁区化するために，その下に磁区制御層であるSmCo層を敷いた三層構造のものを用いた。これは当時，軟磁性層に起因するノイズを抑制するためにJVCが初めて提案し，試作していたものである[33]。筆者らが手に入れられる当時の最先端の長手記録用ディスクとヘッドとを組み合わせた場合に比べて，かなり良好なエラー・レート特性が得られたので，これを直ちに学会で報告した（図12）[34]。1998～99年頃である。

一方，1990年代に入って，HDDの技術が飛躍的に進展し，面記録密度が急速に伸びた。それには，これ以前の薄膜ヘッドや金属薄膜ディスクの採用があったが，読み出し感度の高いMRヘッドや，S/Nに強いPRMLなどの信号処理方式の採用も大きな要因であった。その原動力になったのは，1980年代に相次いで米国の大学に設置された磁気記録研究センターである。垂直磁気記録だけでなく，交流バイアス方式やメタルテープの発明が東北大学から生まれたことを知ったことが，そのきっかけの一つになったと聞いている。

さらに1991年，米国には産学官でNSIC（National Storage Industry Consortium）が結成さ

れ，HDDの面密度向上の勢いが加速された。これに危機感を抱いた我が国にも，1995年，産学でSRC（Storage Research Consortium）が結成され，さらに1996年から2001年まで，NEDOの支援でASET（Association of Super Advanced Electronics Technologies）の中に，HDDの開発プロジェクトが置かれた。当時としては疑問視されるような記録密度$40Gb/in^2$の実現が開発目標であった。

このプロジェクトの当初の眼目は，熱減磁に強い長手高密度記録用薄膜磁気ディスクとそれ用のGMR読み出しヘッドの開発であった。この頃，長手記録方式では高密度化のために記録層がかなり薄くせざるを得なくなり，結晶粒の微細化による熱緩和が問題になりはじめていた。大勢として，当初は，プロジェクト内に垂直磁気記録を期待する声はほとんどなかったように記憶している。この頃，長手磁化方式では，熱緩和対策のためにSFあるいはAFC膜を用いた磁気ディスクの開発が盛んであった。今から思うと，この動きと並行して，熱減磁を回避できる垂直磁化方式を開発する動きが一方であり，幾つかのHDD企業は密かに垂直磁気記録の開発を進めていたようである。この動きは，筆者らが垂直磁化方式によるHDDの可能性をエラー・レートのデータをつけて学会で報告して以来，活発になったように感じる。

筆者らは，それ以前から日立製作所のグループとは陰に陽に協力し合っていた。ASETのプロジェクトが始まってからは，筆者らの研究室の卒業生である高野公史氏のグループと，かなり頻繁に技術的な意見交換の場をもった。その結果，2000年4月に，高野氏らのグループが初めて$52.5Gb/in^2$の実用可能性を示すデモンストレーション結果を発表した。それ以来，とくにHDD業界の動きが激しくなり，それまで潜行して開発を進めていた各社が海面に姿を現した。そして2005年から，次々と製品化の発表と出荷が始まり，今日に至っている。

4 これからの垂直磁気記録

4.1 高密度化の課題

垂直磁気記録はHDDとして実用化された。しかし，これで研究開発が終わったわけでない。むしろこれから，膜面に垂直な磁化で情報を書き込むことを原則とする方式で，新たな高密度化への旅立ちが始まる。

垂直磁気記録の高密度化を阻害する要因については，村岡裕明教授が三浦健司助手とともに，丹念に調べてくれた。高密度ほど減磁界の影響がなくなり，垂直磁気記録の磁化転移が鋭くなることは，理論的に明らかであり，また実験的にもその兆候は見える。それにも関わらず，それほど急速に高密度化が進まないのは，一つは，新たに開発された垂直磁気ヘッドやディスクがまだ発展途上にあり，材料的にも構造的にも，その性能を十二分に発揮できるまでには至っていない

ことである。その中の一つは，記録層が磁性微結晶粒の集合体であることに要因がある。

記録層は，磁気テープが発明された昔から，磁性微粒子の集合体である。磁性粒の大きさに比べてビット間隔や記録波長が十分長いときには，磁性粒の大きさを微細化すると共に均一化し，かつ分散性良くすることで，S/N比の良い高分解能な書き込みを可能にしてきた。しかし，面記録密度が$100Gb/in^2$を超えると，1ビットの占有面積は$6452nm^2$以下になり，トラック幅を200nmとすると，磁化転移の間隔は32nm以下になる。したがって，磁性粒の直径が10nmもあると，磁化転移領域付近にある磁性粒の大きさや位置のばらつきの影響が無視できなくなる。

磁気記録で1ビットは磁化の極性反転，いわゆる磁化転移で書かれる。この付近で隣接する磁性粒間では磁化の極性が完全に逆転していても，磁性粒の大きさや位置にばらつきがあれば，磁化転移の位置がトラックに直行するクロストラック方向で揺らぎ，トラック端がヘッドの走行するダウントラック方向に対して乱れる（図13）。これが実効的に磁化転移幅やトラック幅を拡げるだけでなく，その揺らぎが読み出し電圧の揺らぎであるノイズを誘発して，高密度で書き込むことを妨げる。

ましてや，磁性粒間に静磁気あるいはスピン交換相互作用が働くような状況があると，磁性粒が数個集まってクラスタ状になって磁化反転する。このため，磁化転移位置やトラック端の揺らぎがさらに大きくなり，その影響は一層深刻なものになる[35]。磁性粒間の静磁気あるいは交換相互作用を極力弱め，粒径を小さく，かつ磁性粒を互いに孤立させるようにできれば，この問題はかなり回避でき，高密度化を促進できる。

CoPtCr系膜は，CoPtが主成分の磁性結晶粒の周りをCrが主成分の非磁性粒界が囲んで，膜面に垂直に成長している柱状結晶粒からなっている。実用になっている垂直磁気ディスクでは，結晶粒をSiO_2層が粒界として囲み，粒径を小さくし，孤立化を促進させている。しかし，単磁区のままで粒径だけを細く成長させるのは難しく，記録層厚の1/3程度が限界であるという報告もある[36]。粒全体の体積が小さくなると，垂直磁化といえども熱緩和から逃れられなくなる。

球状Co微粒子の強磁性を室温で100秒以上維持するには，7.6nm以上の直径が必要であるといわれている[37]。垂直磁気記録用のCoPtCr系膜ではCoより異方性定数が少し大きいので，この粒径はもう少し小さくなる。強磁性を半永久的に維持する必要がある記録メディアとしては，球状で直径10nmが限界とする

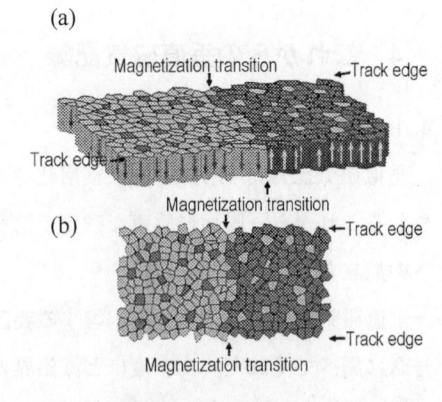

図13 現用ハード垂直磁気ディスク記録層の微細構造と書き込み状態のモデル図
（a）鳥瞰図　（b）上面図

第1章 序論—研究開発の発端・経緯・将来展望—

と，膜厚 15nm の薄膜では，高さ 15nm の柱状結晶粒で，直径 6.6 nm が限界になる。このような柱状粒を円周方向に整列させ，同心円状にも順序よく半径方向に並べた微細構造の記録層が実現でき，かつ粒径に相当するビット間隔と，粒径分だけトラックを離して粒径の 2 倍のトラックピッチで 1 ビットを書き込めるとすると，1 ビットの占有面積はおよそ $87nm^2$ になる。つまり，$7.4Tb/in^2$ 程度がこの場合の面記録密度の限界になる。

4.2 さらに高密度化のために

面記録密度をさらに高めるには，理想的には，結晶磁気異方性のさらに大きな新素材を見いだし，粒径をさらに小さくするか，粒子の成長する位置を規則的に制御したり，面内交換相互作用の比較的大きい連続膜に規則的にピニング・サイトを入れて磁気構造を制御したりするなどにより磁性粒が理想的に整列したような膜構造（図14）を，これまでと同じスパッタ法などで実現できればいうことはない。このような膜構造にあわせて，ヘッド構造や信号処理法を含めた書き込みと読み出しの方法を開発すれば，テラビット記録が実現できるであろう。しかし現状の真空製膜技術では，このような磁性膜はまだできない。最近漸く，これを可能にする研究に挑戦している報告も出始めたが[38]，まだ道は遠そうである。

自己組織化現象を使って FePt 微粒子を化学的に並べる報告が 2000 年頃出て[39]，かなり期待された。しかし，その後，大きな進展があったとの報告はまだない。そこで，気の短い HDD 開発技術者達の始めた挑戦が，パターンメディア記録（PMR：Patterned Media Recording）である。パターンメディアは，磁性膜にナノ加工技術で磁性粒に相当する単磁区ドットを縦横に並べたもので，これを腕ずくで実現しようとするものである（図15）。0 か 1 の 2 値情報を，膜面に

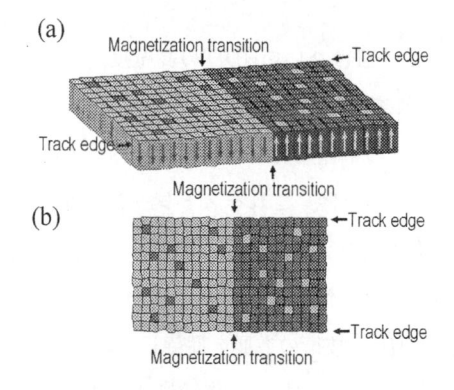

図14 磁化転移やトラック端揺らぎの少ない理想ハード垂直磁気ディスク記録層微細構造の一例と記録状態のモデル図
　　（a）鳥瞰図　（b）上面図

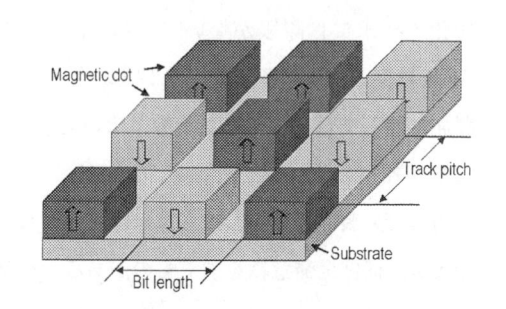

図15 パターンメディア記録のモデル図

垂直な正か負の磁化で，1ドット毎に書き込む。

このような考え方は，1994年頃にChouらによって報告されているが[40]，つい最近まで，これを真剣に取り上げようとする動きはほとんどなかった。いよいよこれまでの方法では高密度化の行方が不透明であると感じはじめて，急速に研究開発が展開されている。

これで1 Tb/in^{2}を実現しようとすると，1ビットの占有面積は625nm^{2}であるから，例えばビット間隔を25nmとすると，トラックピッチは25nmである。隣接ビット間に10nm，隣接トラック間に10nmの溝をナノ加工すると，1辺15nmの正方形単磁区ドットを縦横に並べたものが記録メディアになる。言うは易しいが，「15nm間隔に10nmの溝を縦横に正確に刻むことができるのか？」。半導体技術でも未踏の世界を磁気ディスクの量産技術に導入することで，今は無謀とも思える技術への挑戦である。

5 むすび

HDD技術では，1990年代初頭に1 Gb/in^{2}から10Gb/in^{2}の可能性を議論する論文が次々に出て，当時は「本当だろうか？」と疑いの目でも見ていた。しかしそれから15年。面記録密度は100Gb/in^{2}を超えた。このことを思うと，今は無謀と思っても，信念をもって辛抱強く進めば，やがて有望な技術に変わるであろう。

それにしても，現在の連続膜メディアからパターンメディアへは技術内容に差があり過ぎる。多くの知恵と時間と資金が必要である。できれば，これまでの連続膜での技術の習熟度を上げ，ブレークスルーを加えながら，この技術の線上でテラビット記録に向けて進めれば理想的なのだが，これは無理であろうか？

これからの情報爆発時代，HDDの進展なくして，その受け皿はない。HDDの高密度・大容量化の要求には際限がない。これに応えるには，知恵と研究開発力の結集が不可欠である。HDDの要素技術の多くは，我が国が支えている。しかし，その中核であるディスクとヘッドの開発に関しては，まだまだ十分とはいえないし，HDDにまとめ上げ，これをストレージ装置としてシステム化する技術に関しても米国に及ばないものが多々ある。何よりも，苦労して，折角素晴らしい製品を開発しても，それが報われないかのような価格の低下は，ユーザとしては嬉しくても，研究開発意欲を削ぐものがある。バランスの良い，HDD技術の進展を期待したい。

最後に，東北大学に入学して磁気記録を研究している研究室に巡り合い，永井健三教授，岩崎俊一教授という，この分野での第一人者のご指導を得て，磁気記録の研究に伸び伸びと携わらせて頂いたことを心から感謝したい。とくに垂直磁気記録の研究に関しては，岩崎先生の手のひら

第1章 序論 ─ 研究開発の発端・経緯・将来展望 ─

の上で，思う存分，好きなようにやらせて頂き，その結果として製品化のお役に立てたことに，自分自身の運の良さを感ずると同時に，それを見守ってくださった先生に心より御礼申し上げる．

また，ここに至るまでには，研究室の同僚やスタッフ，たくさんの卒業生はもとより，垂直磁気記録の研究開発に携わってくださった多くの企業の研究者，エンジニアの全ての方々の多大なご苦労があった．これに対しても衷心から感謝申し上げて，本文を終える．

序論にも関わらず，垂直磁気記録だけでほぼ30年，それまでの記録減磁に関するプロローグ的な研究も含めると45年の思いが籠もり，思わぬ長文になってしまった．お許し頂きたい．

文　　献

1) S. Iwasaki, Y. Nakamura, "An analysis for the magnetization mode for high density magnetic recording", *IEEE Trans. Magn.*, **13**, 1272 (1977)
2) 中村，岩崎，"短波長領域における磁気記録機構"，テレビ学誌，**18**, 638 (1964)
3) 近角聰信責任編集，"実験物理学講座17　磁気"，p.187，共立出版，東京 (1968)
4) 中村，"連載講座「垂直磁気記録I」"，応磁誌，**1**, 159 (2006)
5) 中村，岩崎，"磁気記録におけるベクトル磁化機構について"，信学技報，磁気録 66.5-6 (1966)
6) 岩崎，中村，"記録のモデル(2)～とくに記録過程における減磁作用について～"，信学技報，MR66-24 (1966)
7) 岩崎，中村，鈴木，"媒体の反作用磁界を考慮した磁化領域の計算方法について"，信学技報，MR67-15 (1967)
8) 中村，大股，田河，岩崎，"長手磁気記録の計算機シミュレーション"，信学技報，MR87-13, 23 (1987)
9) 岩崎，竹村，"短波長記録における回転磁化モードとその験証"，昭49信学全大，S17-1, 63 (1974)
10) 岩崎，平田，"粉末図形法による磁気テープの記録状態の観察"，信学技報，MR75-25, 13 (1975)
11) S. Iwasaki, K. Takemura, "An analysis for the circular mode of magnetization in short wavelength recording", *IEEE Tran. Magn.*, **MAG-11**, 1173 (1975)
12) 浮田，岩崎，"Co系薄膜を用いた光メモリの熱磁気記録機構"，信学誌，**57-C**, 426 (1974)
13) 中村，岩崎，"Co-P薄膜の熱磁気記録機構とその理論的評価"，信学技報，MR74-31, 9 (1975)
14) 岩崎，中村，渡辺，単磁極型磁気ヘッドの記録特性，信学技報，MR76-16, 19 (1976)
15) 岩崎，山崎，垂直磁気異方性をもつCo-Crスパッタ膜について，昭和50東北連大，

2A-17, 27 (1975)
16) 岩崎, 大内, 垂直磁気異方性を有する Co-Cr 記録媒体, 信学技報, **MR78-4**, 1 (1978)
17) 岩崎, 中村, 山森, 垂直記録用磁気ヘッドの磁界分布, 信学技報, **MR77-25**, (1977)
18) S. Iwasaki, Y. Nakamura, K. Ouchi, Perpendicular Magnetic Recording with a Composite Anisotropy Film, *IEEE Trans. Magn.*, **MAG-15**, 1456 (Nov. 1979)
19) 岩崎, 中村, 大内, 渡辺, 立田, 石田, 英, 堀内, 垂直磁化形磁気ディスク装置の試作結果, 学振 144 委員会資料, **17-1** (1979)
20) 中村, 岩崎, 垂直磁気記録による SN 比, 応磁誌, **6**, 119 (1982)
21) 岩崎, 中村, 渡辺, 山川, 狭トラック垂直磁気ヘッド, 信学技報, **MR82-4** (1982)
22) 岩崎, 中村, 山本, 垂直磁気記録におけるオフトラック特性, 信学技報, **MR82-6** (1982)
23) 岩崎, 中村, 田中, 西原, 垂直磁気記録による録画実験, 信学技報, **MR82-8** (1982)
24) 中川, 横山, 中村, 岩崎, 垂直磁気記録におけるパーシャルレスポンス方式の応用, 昭 56 信学半導体・材料全大, **S7-12**, 530 (1981)
25) 渡辺, 中村, 岩崎, 主磁極励磁形垂直磁気ヘッドの感度, 学振 144 委員会資料, **59-2** (1981)
26) 山本, 中村, 岩崎, 単磁極形垂直磁気ヘッドによる高密度記録, 応磁誌, **11**, 109 (1987)
27) Y. Nakamura, I. Tagawa, Possibilities of Perpendicular Magnetic Recording, *IEEE Trans. Magn.*, **24**, 2329 (1988)
28) 福岡, 中村, 非浮上型磁気ヘッドによるリジッド垂直磁気ディスクの評価, 信学技報, **MR89-04** (1989)
29) 村岡, 中村, 垂直磁気記録によるサブミクロントラック幅記録の試み, 信学技報, **MR94-83** (1994)
30) H. Muraoka, Y. Nakamura, Multi-Track Submicron-Width Recording with a Novel Integrated Single Pole Head in Perpendicular Magnetic Recording, *IEEE Trans. Magn.*, **30**, 3900 (1994)
31) 中村, 田河, 清水, 磁気記録の超高密度化―3 次元シミュレーションによる予測―, 信学会論文誌 C-I, **J79-C-I**, 152 (1996)
32) 佐藤, 村岡, 中村, 片倉, 佐藤, 矢沢, 薄膜導体励磁型単磁極ヘッドの試作とその記録特性, 応磁学誌, **22**, 273 (1998)
33) T. Ando, M. Mizukami, T. Nishihara, Effects of In-Plane Hard Magnetic Layer on Demagnetization and Media Noise in Triple-Layered perpendicular Recording Media, *IEICE Trans. Electron.*, **E78-C**, 1543 (1995)
34) H. Muraoka, K. Sato, Y. Sugita, Y. Nakamura, Low Inductance and High Efficiency Single-Pole Writing Head for Perpendicular Double Layer Recording Media, *IEEE Trans. Magn.*, **35**, 643 (1999)
35) M. Hashimoto, K. Miura, H. Muraoka, H. Aoi, Y. Nakamura: Influence of magnetic cluster-size distribution on signal-to-noise ration in perpendicular magnetic recording media, *IEEE Trans. Magn.*, **40**, 2458 (2004)
36) T. Shimatsu, H. Uwazumi, T. Oikawa, Y. Inaba, H. Muraoka, Y. Nakamura, Magentic clister size and activation volume in perpendicular recording media, *J. Appl. Phys.*, **93**, 7734 (2003)

37) B. D. Cullity, Introduction on magnetic materials, p. 414, Addison-Wesley Publishing Company, Reading, MA (1972)
38) D. E. Laughlin, Y. Peng, Y.-L. Qin, M. Lin, J.-G. Zhu, Fabrication, Microstructure, Magnetic, and Recording Properties of Percolated Perpendicular Media, *IEEE Trans. Magn.*, **43**, 693 (2007)
39) S. Sun, C. B. Murray, D. Weller, L. Folks, and A. Moser, Monodisperse FePt Monoparticles and ferromagnetic FePt nanocrystal superlattices, *SCIENCE*, **287**, 1989 (2000)
40) S. Y. Chou, M. S. Wei, P. R. Krauss, and P. B. Fischer, Single-domain magnetic pollar array of 35nm diameter and 65 Gbits/in.^{2} density for ultrahigh density quantum magnetic storage, *J. Appl. Phys.*, **76**, 6673 (1994)

第2章 垂直磁気記録の原理と特徴

1 記録・再生原理

村岡裕明[*]

1.1 はじめに

近年のIT技術の長足の進展の中でも，ハードディスクドライブ（HDD）の面記録密度の進歩は際立っている。特に，1990年代以降急速な高密度化を続け，最近では100Gbits/inch^{2}を超える極めて高い記録面密度の量産製品が実現されるようになった。垂直磁気記録[1,2]は，従来の長手記録方式による高密度化が限界に達した後に，この面密度の進歩を継続する道を拓き大きな意義を果たしている。今後，HDDと磁気記録技術が引き続き垂直磁気記録によって牽引されるのは間違いなく，近い将来の課題である1 Tbits/inch^{2}を超える超高密度記録に向けて挑戦が続いている。

1 Tbits/inch^{2}の面記録密度は25nm四方以下のビットをディスク上に形成する超高密度記録技術であるが，このための設計論は未だ確立されているとは言えず原理的な考察に立ち返る必要があるように思われる。特に，垂直磁気記録における今後の高密度を主として担う新たな記録再生系の基本設計を行うことが重要であろう。これまでの磁気記録理論に加えて，ナノサイズ微細磁気物性に基づく設計論が高密度記録のための諸条件を考察する基礎となる。

1.2 長手記録における減磁界と記録分解能

長手記録において減磁界が記録密度と記録分解能を支配する大きな要因であった。長手磁化モードでは転移点で磁化が突き合せているから磁化転移中心ほど大きな減磁界が作用する結果，磁化が減衰して磁化転移は緩やかにならざるを得ない[3]。こうして減磁界の作用による記録分解能の劣化がまず顕在化した。記録媒体の残留磁束密度B_rと記録層厚みδ，それに保磁力H_cを加えて$B_r\delta/H_c$とする記録媒体のパラメータが記録分解能を適切に表す指標として広く用いられ，記録層を薄膜化するとともに高保磁力化すると再生パルス幅が狭くなって高分解能化されるという経験則[3,4]によく適合した。これは，記録層の薄膜化によって減磁界強度を低減し，高保磁力化によって減磁界による磁化減衰を防ぐことであると定性的に理解できる。より厳密には，記録過程における磁化転移は動的に決定されるものであり，定量的な解析にはヘッド磁界によって生

---

[*] Hiroaki Muraoka　東北大学　電気通信研究所　教授

第2章　垂直磁気記録の原理と特徴

じた記録磁化には減磁界が同時に作用しており，記録磁化が発生した瞬間に減磁界が記録磁化の大きさを修正しているという非線形解析が必要である。この考え方がセルフコンシステント理論であり[5]，今日の電子計算機による記録シミュレーションのさきがけとなる詳細な数値解析に発展した[5,6]。一方で，この本来は複雑な磁化過程で決まる記録分解能を巧妙にモデル化して解析式で表現した Williams-Comstock の式[7]が有名である。この近似式は比較的定量性がよくヘッドディスク系の静的なパラメータから転移幅が容易に導出できるので多用される。この近似式の本質的な要請も記録媒体の高保磁力と薄膜化である。

　減磁界の制約から逃れるには記録媒体の薄膜化と高保磁力化が必要であるから，高密度化に伴い記録層の薄膜化が急速に進んだ結果，著しい再生磁束の減少を引き起こした。これを補うには再生ヘッドの高感度化が必須になり再生ヘッドの高感度化が磁気抵抗効果型ヘッド（MRヘッド[8]，まず AMR ヘッド，後に GMR ヘッドと TMR ヘッド）によって極限まで高められた。MRヘッドは再生専用であるために記録ヘッドを別途具備する必要があった。これがかえって磁極材料の選択や構造の最適化など，記録ヘッドと再生ヘッドを別々に最適化できる利点を生み高密度化に幸いした。

　一方，高保磁力化された記録媒体を飽和記録できる強い磁界強度を備える磁気ヘッドの開発が続いている。ヘッド記録磁界強度は磁極構造の形状と磁極コアの飽和磁束密度によって決まるが，前者はトラック幅やプロセスの制約のため最適化に限界があり，後者についてはすでにSlater-Pauling 曲線上で最大の 2.4T 程度の飽和磁束密度を持つ低保磁力 FeCo 系薄膜[9]が実用化されて磁極材料による磁界強度の改善は限界に近付いている。

1.3　記録媒体ノイズとナノ微細構造

1.3.1　ノイズと微細磁気構造

　上述の減磁界制約を逃れるために記録媒体の薄膜化が進んだが，このために塗布媒体に代わって導入された初期の長手薄膜媒体は微細磁気構造制御が不十分なために磁化転移に明瞭なジグザグ磁壁が現れてしまい[10]，記録分解能，SN 比ともに不十分であった。これは長手磁化が磁化転移で突き合せ磁区を形成して大きな減磁界を生じるためであり，この結果，等価的な磁化転移幅はジグザグ磁壁の振幅に相当する大きな劣化を生じ，同時に高密度では転移のジグザグ磁壁同士が互いに干渉してランダムな磁気構造を形成して大きな媒体ノイズを生じた[11]。

　これを避けるために導入されたのが磁壁の生じない微粒子型の薄膜構造を持つ記録媒体である。たとえば，CoCr 系の薄膜は Co リッチな磁性粒子を Cr リッチな非磁性粒界が取り囲んで磁気的な分離構造を形成した[12]。結局，薄膜媒体においても磁気的には塗布媒体と同じ微粒子構造が要求されたわけである。この磁気分離は粒子間のクラスタリングによって等価的に粗大な粒子

が生じる交換結合も効果的に切断して低ノイズ化を果たした。

　このような微粒子構造を持つ記録媒体で観測される代表的なノイズが転移ジッタノイズである。図1にはジッタノイズの発生要因を媒体の微細構造をモデルによって示している。磁化転移はランダムな微粒子境界に沿って形成されるので，理想的な直線ではなく粒子サイズに応じた不規則な折れ線になる。これを再生ヘッドで読み出すと，この揺らぎのある磁化転移をトラック幅で平均化した位置に再生パルスが生じるから，そのパルス位置は転移ごとにわずかに前後に揺らぐことになる。このようにして再生パルスが本来あるべき位置からのずれを生じている場合，このずれ分がジッタノイズとして観測される。ジッタ量は通常は数nm以下という微小なものであるが，高密度記録での数十nm以下のビット長に対しては無視できないものである。

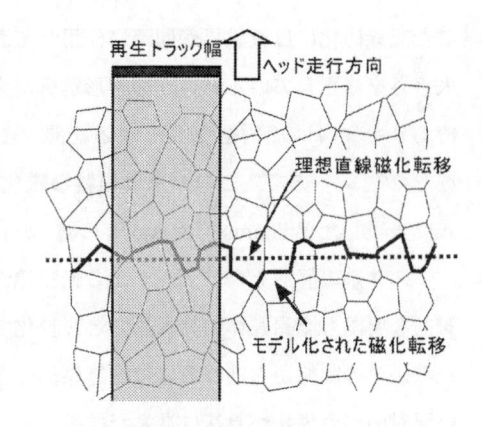

図1　記録媒体の微粒子構造をボロノイ図形でモデル化し，有限の粒子サイズのために磁化転移の揺らぎから再生パルスの位置ずれが発生する説明図

1.3.2　熱磁気緩和

　微粒子構造の記録媒体では，1ビットの記録磁化を多くの磁性微粒子が集団的に担うことになる。従って粒子体積はビット体積よりかなり小さく，記録ビットの高密度化が進めば数nmサイズにしないと上述のジッタノイズを抑えることができない。このようにして微細化を進めた結果に現れた限界が熱磁気擾乱による記録磁化の消失である[13]。極度に微細化された磁性粒子では，熱擾乱エネルギーが磁性微粒子の磁化反転をとどめるバリアエネルギーに近付いて熱的な安定性の確保が課題になる。図2はこの熱磁気緩和の影響を端的に示すために，粒子のサイズ分散がないという大変粗い仮定のもとに近似的に計算した結果である。10nmの粒子サイズから1nmずつ微細化するにつれて指数関数的に安定性が損なわれ，あるサイズより小さくすることで急速に影響が深刻になることが分かる。この減磁を防ぐには，磁気異方性エネルギーK_uと粒子体積Vの積であるバリアエネルギーK_uVを，ボルツマン定数と温度の積k_BTである熱エネルギーに対して十分に大きい値に高めて（通常は60程度以上），熱安定性を確保しなければならない。粒子体積は記録密度と記録層厚で決まり薄膜化が必要な長手記録では大きくできないので，高磁気異方性化が必須となる。しかし，磁気異方性エネルギーが大きい微粒子では異方性磁界が増加して飽和記録するためのヘッド記録磁界が極めて大きくなってしまう。粒子サイズ，磁気異方性エネルギー，ヘッド磁界強度の3因子のトレードオフで記録密度限界が決定されることになる。

第2章　垂直磁気記録の原理と特徴

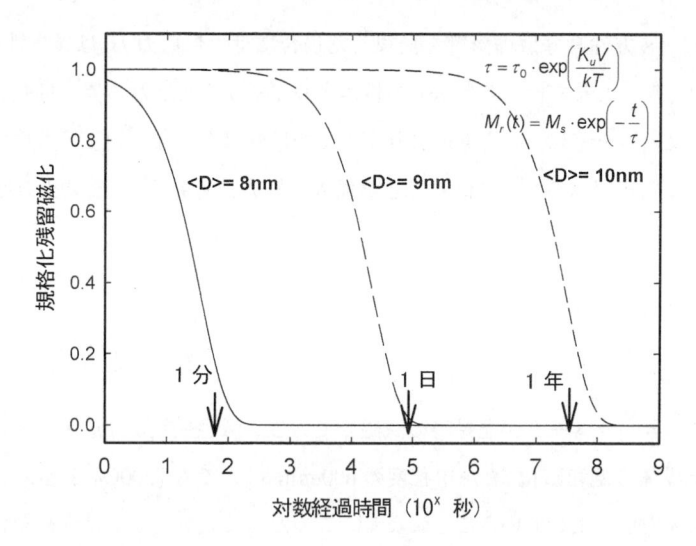

図2　対数時間でプロットした直径〈D〉の円筒状粒子の磁気緩和の計算例
磁気異方性エネルギーK_uは$2\times10^6 \mathrm{erg/cm^3}$，粒子高さは10nm，温度は300K。粒子サイズ分散と減磁界はゼロと仮定。

1.4 微粒子構造を持つ記録媒体における面記録密度限界

上述のような微粒子型の記録媒体構造を前提とした面記録密度の向上においては，記録媒体の微細化による媒体ノイズの低減と粒子体積の低下による熱緩和減磁とのトレードオフを考慮することになる。前者の媒体ノイズは有限の粒子サイズのために転移位置が揺らぐ転移ジッタがその本質である。これらの記録機構について定量的な見積りを例に取って以下に説明する。

ここでの議論は，与えられた記録ヘッド磁界によって，デジタル磁気記録の原則である飽和記録できる記録媒体の磁気異方性定数の上限値から出発する。その上で，この磁気異方性定数を前提とした際に熱的な安定性を満たすことのできる粒子体積を求める。この粒子体積から粒子サイズが決まるが，この粒子サイズから磁化転移位置ジッタが決定される。高密度記録として成立するのは，このジッタがビット長に対して十分小さいことが条件になる。

1.4.1 飽和記録可能な条件

まず，飽和記録がデジタル磁気記録の前提である。与えられた最大ヘッド磁界強度H_{max}によって飽和磁化できる範囲で，記録媒体の磁気異方性エネルギーH_kを最大にして熱安定性を確保した設定にできる。従って，最初の制約は記録媒体の飽和磁界が記録ヘッドの最大磁界強度を下回ることである。垂直磁化モードでは減磁界は本来小さいが，記録の瞬間には反平行の垂直磁モードが形成されていないから有限の減磁界を考えるのが現実的である。この減磁界係数をN_wとすると，保磁力に反磁界（$N_w M_s$）を加えたものが近似的には飽和磁界である。一斉回転型の磁化

モードで熱緩和や異方性軸分散の影響を無視した場合には，保磁力 H_c は異方性磁界 H_k に等しくなるから，記録媒体として使える磁気異方性エネルギーから導かれる異方性磁界はヘッド最大磁界から上述の反磁界を差し引いたものより小さくなければならない。この条件によってヘッド磁界強度に応じて飽和記録のために許容できる最大の異方性磁界 H_k と磁気異方性エネルギー K_u が決定される。

$$H_{max} \geq H_c + N_w M_s \tag{1}$$

$$H_k \geq H_c = H_{max} - N_w \cdot M_s \tag{2}$$

ここで注目すべきパラメータが記録時の減磁界である。減磁係数が 4π （CGS 単位系）と最大であれば，記録媒体の飽和磁化 M_s が中程度の 600emu/cm^3 でも 7500Oe を超える極めて大きい減磁界が記録媒体内部に生じていることになる。このために磁気ヘッドは元来記録媒体を磁化するのに必要な磁界強度に加えて，この大きな減磁界を克服する磁界を発生する必要がある。逆に減磁界がなければ記録媒体の固有の保磁力で良いからより容易に飽和磁化できる。実際，2つのポールピースで Co-Cr 垂直膜をはさんで励磁することで減磁界をキャンセルしたヒステリシス曲線を観測した例[14]では，著しい飽和磁界の低減と保磁力点でのヒステリシス曲線の傾きの増加，さらに負の大きな核生成磁界（Nucleation field）が実現されている。記録過程における減磁界は重要なパラメータである。

1.4.2 熱的に安定な条件

記録媒体の微粒子が一斉磁化回転型（Stoner-Wohlfarth 型）の磁化反転機構に従うならば，上記のようにして決定された異方性磁界 H_k に対して，磁気異方性エネルギー K_u は飽和磁化 M_s を乗じた $H_k M_s$ を 2 で割って得られる。即ち，

$$K_u = \frac{H_k M_s}{2}$$
$$\therefore \quad H_k = \frac{2 \cdot K_u}{M_s}$$

と表される。上記の最大ヘッド磁界に応じて飽和記録が可能な最大異方性エネルギー K_u が決まる。従って，飽和磁化の大きい媒体ほど同じ異方性磁界 H_k に対して異方性エネルギーが大きくできる。（上記の減磁界制約は考慮する必要があるが）この結果，熱緩和に対抗するバリアエネルギー E_b も大きくなる。ここでも記録後の自己減磁過程での減磁界 H_d に配慮が必要である。減磁係数が N_s であったとき，下式の通り減磁界によってバリアエネルギーは低下するので[15]，飽和磁化 M_s はここでも重要なパラメータである。

$$E_b = K_u V \cdot \left(1 - \frac{H_d}{H_k}\right)^2 = K_u V \cdot \left(1 - \frac{N_s M_s}{H_k}\right)^2 \tag{3}$$

第 2 章　垂直磁気記録の原理と特徴

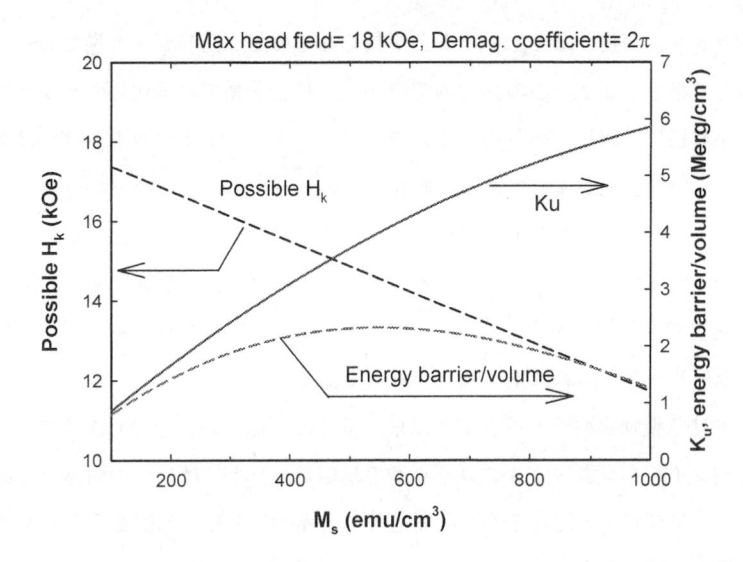

図3　記録媒体の飽和磁化 M_s に対する，一定の記録ヘッド磁界強度下で飽和記録可能な異方性磁界 H_k と異方性エネルギー K_u の上限とその際のバリアエネルギー。ヘッド磁界強度は18kOeを仮定

次に，このようにして求まったバリアエネルギーに対して，前節で述べた異方性エネルギー K_u の下で熱的に安定な条件 $E_b/k_BT=60$ を満たすための粒子体積 V を決めることができる。この体積から，膜厚をパラメータにして熱的な安定なクラスタサイズ $\langle D \rangle$ の下限が決まる。

このときの減磁界の影響を見積もった一例を図3に示す。同図では，18kOeの記録ヘッド磁界強度と π の減磁係数を仮定したとき，飽和磁化 M_s に対して前節で述べた飽和記録可能な最大異方性磁界 H_k，その H_k と M_s との積の2/1で与えられる異方性エネルギー K_u，さらには上式から得られるバリアエネルギー E_b/V をプロットしている。なお，ここでは一斉回転型の磁化反転を仮定してスイッチング磁界は H_k に等しいと考えている。H_k は減磁界によって $M_s=800$emu/cm^3 で15%程度の減少となる。このために異方性エネルギー K_u も比例関係から下方にずれる。バリアエネルギーも飽和傾向を示しているが，この減磁界の大きさでは高 M_s ほど大きなエネルギー障壁が期待できる。なお，ここでの減磁係数は π であるが，その倍の 2π であれば，有効バリアエネルギー E_b/V はこの M_s 範囲で極大値を持ち，高 M_s ほど低下する部分がある。

1.4.3　粒子サイズとジッタの関係

次に，このクラスタサイズとリードトラック幅 TW から転移ジッタ σ_{jitter} を導くことができる。定量的な依存性はグレイン形状に依存するが，ジッタはトラック幅の平行根に反比例し，グレインの平均直径に比例する。エラーレートとの関係における転移ジッタはビット長に規格化した量が本質的である。再生信号のジッタはマイクロトラックで定義される各記録磁化転移位置ジッタの平均値であり，リードトラック幅の平方根に逆比例して小さくなる。一方，アスペクト

比が小さくトラック幅が狭いほど，ビット長が長くなるので，同じジッタ量でもビット長に対する割合が比例して小さくなる。この両者の関係から，ビット長で規格化したジッタ量はビットアスペクト比の平方根に比例して小さくなるので，ビットアスペクト比が小さければクラスタサイズが大きくとも高い面密度が達成できる。媒体設計の立場からは，ヘッドのトラック加工が可能な範囲でなるべくビットアスペクト比は小さくし，また同じアスペクト比であればリードトラック幅を可能な限り広くするのが良い訳である。この最小体積と記録層膜厚 δ から粒子直径の上限 D が定まり，実現できるジッタ σ_{jitter} とパルス幅が求められる。この結果，エラーレートが決まり，所望のエラーレートであれば系が成立する訳である。

単磁極ヘッドは薄膜励磁型浮上ヘッド[16]以来，多くの可能性が追求されてきた。2枚のリターンポールと励磁コイルを有するカスプコイル型の単磁極ヘッド[17]は一つの到達点であろう。このヘッドについて，テラビット記録条件[18]を仮定して磁界強度と磁界勾配を有限要素法によって計算した結果[19]によれば，現在得られる最大と思われる2.4Tの主磁極を用いることで，スキューを避けるために磁極先端の絞りを用いて断面積を狭めながら，磁界勾配を近接リターン磁極により改善して18kOe程度の磁界強度が可能と見積もられている。この磁界強度は既存のヘッド作製プロセスに収まらない意欲的な構造で得られるものであるが，ここではこの磁界強度を実現できるものとした。

図4は，以上の手順で1Tbits/inch^{2}の面記録密度に対して（ビットアスペクト比を4として，線密度は2000kbpiを想定する条件）求めたビット長に対して規格化した転移ジッタ量を，減磁界をパラメータに記録媒体の飽和磁化に対してプロットしたものである。再生トラック幅は34nmとした。同図のパラメータの減磁界係数において，上記の N_w も N_s もいずれも等しく仮定している。反磁界が小さいほど全体的な傾向は右下がりであり，ジッタは高飽和磁束密度の媒体ほど小さくできることが示されている。これは飽和磁化の増加とともに，同一の異方性磁界でも異方性エネルギーが増加するので，熱的に安定なクラスタサイズが小さくできるためである。ただし，減磁界の影響は小さくなく減磁界係数が大きい場合は高飽和磁束密度の利点を生かせない。これまでの検討では中本らが 2π 程度の値を得ているが[20]，ここでの1Tbpsi条件（ビットアス

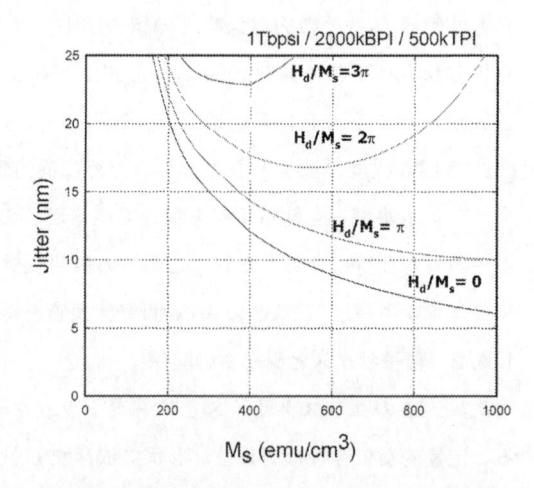

図4 減磁界をパラメータにした際の，熱安定性を確保できる粒子サイズによって実現できる転移ジッタの記録媒体飽和磁化 M_s 依存性。ヘッド磁界強度は18kOeを仮定

第2章　垂直磁気記録の原理と特徴

ペクト比は4）のための最小ジッタ10%は反磁界係数をπ程度以下にしないと実現できない。逆に，ビット長に対して10%のジッタを実現するには，比較的大きな飽和磁化の媒体を用いて低反磁界条件を実現することで可能性が生じる。

　ここで，粒径分散がないことと，熱緩和を決めている個々の磁性粒子が一つの磁気揺らぎ単位であってクラスタリングはないとしている点である。現状では，上述のようにジッタノイズ特性やMFMで測定されるクラスタサイズはTEM等で観測される粒子サイズに比べてかなり大きく，グレインサイズとは乖離がある。この粒子サイズとクラスタサイズの差異の解明は垂直媒体のノイズと熱緩和を理解する重要な課題である。

1.5　次世代の垂直磁気記録方式への展望

　上述した記録密度限界を決めている基本条件には，記録媒体が磁性微粒子から成るグラニュラ構造であることと，その個々の微粒子の磁化反転が一斉回転モードであることが仮定されている。これは現在の高密度記録媒体を成立させている重要な性質であるが，逆に言えば，この2つの仮定による制約を取り去ることで面記録密度限界を打破できる可能性が生じる。

　グラニュラ構造を維持してはいても，その磁化反転モードを非一斉回転型とすることで記録密度限界を引き上げることが期待できる。熱減磁に耐えるためには高い一軸磁気異方性エネルギーが不可欠であるが，一斉回転型ではない適切な磁化反転機構を導入することで反転磁界自体を低減できれば，磁気ヘッドの記録磁界がさほど大きくなくても高異方性エネルギーの記録媒体を飽和記録できる可能性がある。近年提案されたECC型（Exchange Coupled Composite）媒体[21]はこの効果を狙っている。

　一方，記録媒体のグラニュラ性の仮定が成立しない媒体構造としては，粒子同士を互いに交換結合して等価的な粒子体積を増加させたものが考えられる。また，連続層を被膜したCGC型媒体[22]では粒子同士を交換磁気エネルギーで結合することで等価的な粒子体積を増加できるものであるし，さらには微細なピンニングサイトを密に配置した面内に交換結合した記録膜を用いるPercolated媒体[23]も提案されている。ただし，交換結合した記録媒体の膜構造では磁化転移が乱れて大きな転移ノイズを生じるのが通常である。これを防ぐためには何らかの方法でビットの境界を強制的にピン止めすることが必要である。CGC型媒体では面内交換結合の強い連続層の下層にグラニュラ磁性膜を置き，両者の磁気的な相互作用で連続層の磁壁をピン止めする記録媒体であり，Percolated媒体はピンニングサイトによって転移磁壁を止めることを意図している。人工格子膜やアモルファス膜など光磁気材料の垂直磁気記録への応用研究が活発であるが，昇温によって記録時の等価的な異方性エネルギーを下げる熱アシスト型の記録[24]は室温においては高い磁壁保磁力によって強固なピン留めがなされている。

垂直磁気記録の最新技術

近年特に大きな注目を集めているビットごとに記録膜をパターニングして形成するパターン媒体（Bit Patterned Media）[25]ではビット内で密に交換結合した構造を持ち，非グラニュラ媒体の例である。このために理想的には粒子体積とビット体積を等しくできて熱緩和限界を大きく打破できる可能性を持つ。また，磁壁の制御については，パターン媒体では物理的に磁性膜の一部を取り除く構造を導入してビット内で単磁区化された磁化を強制的に規定するものと理解することができる。これらに共通した利点は熱体積とビット体積が等しいことで，上記の議論で前提となっている微粒子型媒体におけるノイズ体積をビット体積よりも小さくする必要がない点にある。

垂直磁化モードは転移では反平行磁化状態であり，静磁エネルギーが極小値となる特徴を持つ[1]。このため長手記録で起こったような突合せ磁化で起こる反磁界によるジグザグ転移が生じないはずである。ビット体積が活性化体積に等しければ，垂直磁気記録の面記録密度限界は数10Tbit/inch^{2}に達するから，新しい構造の次世代垂直磁気記録媒体への期待は大きい。ただ，この媒体によって高密度記録を行う汎用的な方法論は未だ確立されていないから，今後の精力的な研究開発が必要である。

文　献

1) S. Iwasaki, *IEEE Trans. Magn.*, **MAG-20**, 657-662 (1984)
2) S. Iwasaki, Y. Nakamura, *IEEE Trans. Magn.*, **MAG-13**, 1272-1277 (1977)
3) D.E. Speliotis, J.R. Morrioson, *IBM J.*, **10**, 233-243 (1966)
4) 岩崎俊一，電子通学会誌 **52**, 1241-1248 (1969)
5) S. Iwasaki, T. Suzuki, *IEEE Trans. Magn.*, **MAG-4**, 269-276 (1968)
6) R. I. Potter, R.J. Schmulian, *IEEE Trans. Magn.*, **MAG-7**, 873-880 (1971)
7) M. L. Williams, R. L. Comstock, *17th Annu. AIP Conf. Proc.*, **5**, 738-742 (1971)
8) R. P. Hunt, *IEEE Trans. Magn.*, **MAG-6**, 602-603 (1970)
9) N. X. Sun, S. X. Wang, *IEEE Trans. Magn.*, **36**, 2506-2508 (2000)
10) H. C. Tong, *et al.*, *IEEE Trans. Magn.*, **MAG-20**, 1831-1833 (1984)
11) N. R. Belk, P. K. George, G. S. Mowry, *IEEE Trans. Magn.*, **MAG-21**, 1350-1355 (1985)
12) Y. Maeda, M. Asahi, *IEEE Trans. Magn.*, **MAG-23**, 2061-2063 (1987)
13) S. H. Charap, P-L Lu, Y. He, *IEEE Trans. Magn.*, **33**, 978-983 (1997)
14) 岩崎，大内，中塚，信学技報，MR81-8 (1981)
15) H. Zhou, H. N. Bertram, and M. Schabes, *J. Appl. Phys.*, **91**, 8378-8380 (2002)
16) H. Muraoka, K. Sato, Y. Nakamura, T. Katakura, K. Yazawa, *IEEE Trans. Magn.*, **34**,

1474-1476 (1998)
17) K. Ise, K. Yamakawa, and K. Ouchi, *IEEE Trans. Magn.*, **36**, 2520-2523 (2000)
18) R. Wood, *IEEE Trans. Magn.*, **36**, pp. 36-42 (2000)
19) Y. Kanai, R. Matsubara, H. Watanabe, H. Muraoka, Y. Nakamura, *IEEE Trans. Magn.*, **39**, 1955-1960 (2003)
20) 中本, H.N. Bertram, 日本応用磁気学会誌, **26**, 79-85 (2002)
21) R. H. Victora, X. Shen, *IEEE Trans. Magn.*, **41**, 537-542 (2005)
22) H. Muraoka, Y. Sonobe, K. Miura, A. M. Goodman, Y. Nakamura, *IEEE Trans. Magn.*, **38**, 1632-1636 (2002)
23) J.-G. Zhu, Y. Tang, *J. Appl. Phys.*, **99**, 08Q903 (2006)
24) J. J. M. Ruigrok, *J. Magn. Soc. Japan*, **25**, 313-321 (2001)
25) R. L. White, R. M. H. New, R. F. W. Pease, *IEEE Trans. Magn.*, **33**, 990-995 (1997)

2 記録特性評価技術

田中陽一郎*

2.1 記録性能評価

2.1.1 記録分解能

記録分解能は磁化転移幅の狭さを表す指標であり,高い記録密度特性を特徴とする垂直磁気記録方式にとって最も重要な指標のひとつである。垂直2層膜メディアを用いた垂直磁気記録における磁化転移幅は,以下の式で表される[1]。

$$a_{1\pm} = \frac{1}{\alpha\left(x_0, d+\frac{\delta}{2}\right)}\left[\pm \Delta H_c \mp 2\pi\beta M_s \pm 4M_s\left\{\frac{\pi}{2} - \tan^{-1}\left(1+\frac{\delta}{2a_{1\pm}}\right)\right\}\right] \quad (1)$$

α:記録ヘッドの磁界傾度(gradient of head magnetic field)

d:ヘッド表面とメディア記録層表面の間隔(spacing between surface of head to surface of recording layer)

δ:メディア記録層厚(thickness of recording layer)

β:磁性粒子間の交換相互作用係数(inter-particle exchange interaction coefficient($(H_c - H_n)/4\pi M_s$))

H_c:抗磁力(coercive force)

H_n:(nucleation field)

M_s:飽和磁化

更に,記録ヘッドが通過した後の最終的な磁化転移幅は以下の式で表される。

$$a_{2\pm} = \pm a_{1\pm}\tan\left[\frac{\pi}{2M_s}\left[\pm\frac{M_r}{2} - M_s\left[1+\frac{2}{\pi}\tan^{-1}\left[\frac{2\pi M_r}{\Delta H_c}\left[\beta \pm \left\{1-\frac{2}{\pi}\tan^{-1}\left(1+\frac{\delta}{2a_{2\pm}}\right) - \frac{H_c}{2\pi M_r}\right\}\right]\right]\right]\right]\right] \quad (2)$$

ΔH_c:抗磁力分散

M_r:残留磁化

上記の式で表される磁化転移幅は,理論計算により求められる理想的な値である。しかし現実のメディアでは,磁化転移の位置や幅が局所的に変化しており分布を有することから,再生ヘッドの信号読み出し波形により磁化転移幅を評価する場合には,磁化転移自体の幅と,局所的な磁化転移位置(jitter)や幅の変化の両方が混在して評価されることに注意しなければならない。

---

* Yoichiro Tanaka ㈱東芝 デジタルメディアネットワーク社 ストレージデバイス事業部 HDD商品企画部 部長

第2章　垂直磁気記録の原理と特徴

　磁化転移幅の評価には，再生ヘッドによる信号読み出しを通した間接的な手法と，メディアからの漏れ磁界や記録磁化を顕微鏡で観察する直接的な手法がある。前者は，トラック幅を積分した信号出力として得られ，またトラック長さ方向の非常に多くの磁化転移からの信号を測定できるため，トラック長さ方向（時間軸方向）に対する高い測定分解能が得られることが特徴である。一方，後者は磁気力顕微鏡などに代表される評価観察手法で，メディア表面の磁化状態を2次元等方的な分解能で観察することができる。磁化転移位置の局所的な変化などを評価することに適している。垂直磁気記録の磁化転移幅は約数nmと非常に狭い一方で，数nmから数10nm規模の上述した局所変化がある。従って，いずれの方法で評価する場合でも精度と誤差を十分に考慮した評価が必要であり，更に両方法を組み合わせることで，記録分解能に関する深い評価が可能となる。

　まず，再生ヘッドによる再生信号を用いた間接的な評価手法について述べる。幅数nmの磁化転移の形状は，線形的な応答特性関数を持つ再生ヘッドを仮定することにより評価が可能である。再生ヘッドの分解能はGMR素子またはTMR素子の厚さと，シールド間隔（G_s），更に再生ヘッドとメディア磁性層間の磁気的なスペーシング（d_{mag}）によって決まる。孤立磁化転移をGMRヘッドやTMRヘッドなどの再生ヘッドで再生した波形は，磁化転移毎に傾斜したステップ関数に近い形状を示す。傾斜（スロープ）の幅が磁化転移幅を反映した指標となり，正負の飽和値のそれぞれ50%を示す幅 T_{50} が分解能指標となる。また，再生波形を微分してパルス状波形に変換し，その半値幅 ΔPW_{50} を分解能指標として用いることも多い。これは，多くの測定機器において，パルス幅評価の方が容易であるからである。T_{50} と ΔPW_{50} は必ずしも一致しないことに注意しなければならない。

　磁化転移をhyperbolic tangent functionで近似し，メディアの ΔH_c を変化させた場合の磁化転移幅 πa と ΔPW_{50} を(1)(2)式をもとに求めた結果を図1に示す[2]。この例では再生ヘッドのGsを90nm，d_{mag} を62nmに設定した。メディアの ΔH_c を小さくすることにより，再生波形の ΔPW_{50} が小さくなることが分かる。磁化転移幅 πa は直接測定することができないため，ΔPW_{50} の値からシミュレーションを併用して求めることになる。図1の条件で測定した ΔPW_{50} が例えば80nmだった場合，πa は約30nm（a は約9.6nm）と求められる。

　図1には実測した ΔPW_{50} も合わせて示す。こ

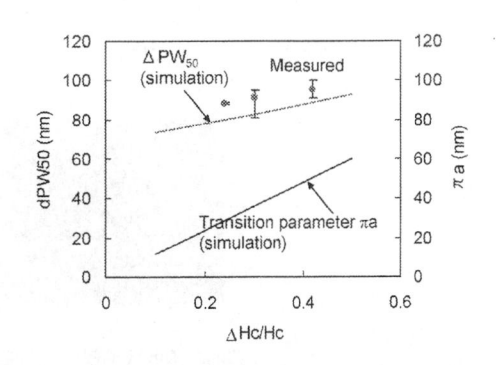

図1　磁化転移幅 πa と再生波形半値幅 ΔPW_{50} [2]

垂直磁気記録の最新技術

こで注意しなければならない点は，実測 ΔPW_{50} は同じく実測したメディアの ΔH_c を基にシミュレーションした ΔPW_{50} より見かけ上数 nm 程度大きな値を示すことである。この主な原因は，磁化転移形状が一様ではなく，局所的に磁化転移位置が異なることにある。

再生信号の ΔPW_{50} に対する局所的な磁化転移形状の揺らぎの影響を考察するために，磁化転移形状の直接評価手法を活用することが効果的である。直接的な評価手法とは，再生ヘッドを通さずに直接メディア表面における記録磁化からの漏れ磁界を測定することである。その代表例として，磁気力顕微鏡（Magnetic Force Microscopy；MFM）を用いたメディアからの漏れ磁界観察の手法がある。通常再生ヘッドは約 100nm の幅を持つため，再生波形は記録磁化転移の再生幅全体の積分波形として得られる。MFM では，先端曲率半径数 nm の磁性プローブが受ける磁気的な力をもとにミクロな磁界の分布を観察する。したがって，得られる MFM 像は，プローブとメディア磁性層表面間の僅かな距離とプローブ先端曲率半径に依存する検出分解能（約 10 nm）で磁化転移形状を観察することができる。

図2に，MFM で観察した磁化転移形状を示す。図中の磁化転移位置が揺らいだ形状をしているが，これは磁気的な反転単位である磁気クラスタがある大きさを持つことによる。MFM により磁気クラスタの等価円半径（磁気クラスタサイズ）を求めることができる[3]。

磁気クラスタサイズが大きいほど，再生波形の ΔPW_{50} を見かけ上大きくする影響が働く。磁気クラスタサイズの半径 r と，それに起因する磁化転移位置の変動（jitter）δ_j の関係は以下の式で表される。

$$\delta_j = \frac{1}{\sqrt{2\pi}\,2r} e^{-x^2/2(2r)^2} \tag{3}$$

また，磁化転移位置変動 δ_j が存在する場合の実効的な磁化転移幅は下式で表される。

$$a_3 = \sum_i (a_{2\pm} + \delta_j)/TW \tag{4}$$

TW：トラック幅（track width）

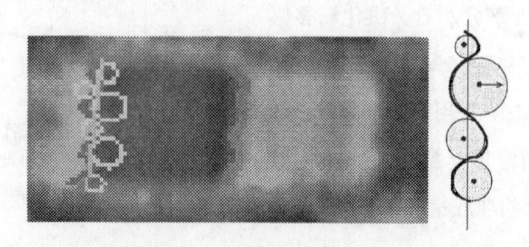

図2　MFM で観察した垂直磁気記録の磁化転移形状[3]
　　　右は磁気クラスタと磁化転移形状の概念図

第2章 垂直磁気記録の原理と特徴

これらの磁気クラスタサイズ（直径2r）が ΔPW_{50} に与える影響を図3に示す。磁気クラスタが存在しない場合と比べ，磁気クラスタが20nmの場合は3nm程度，同40nmの場合は8nm程度 ΔPW_{50} が大きくなる。従って，ΔPW_{50} による記録分解能評価の際には，磁気クラスタサイズの影響を十分に考慮することが必要である[3]。

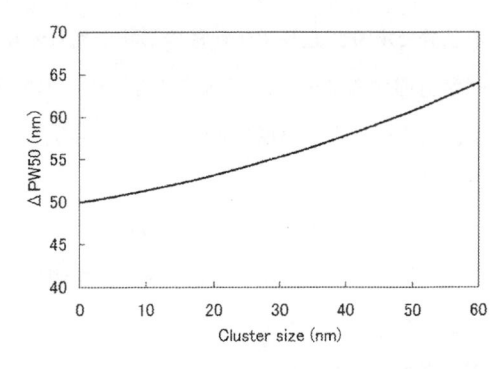

図3 磁気クラスタサイズの ΔPW_{50} に与える影響[3]

2.1.2 オーバーライト性能

オーバーライト（overwrite）は，新しい信号を古い信号の上に重ね書きした場合に，新しい信号強度と消し残りの古い信号強度の比をdBで表したものである。面内磁気記録の場合は，低記録密度で記録した信号（LF）を高い記録密度の信号（HF）で重ね書きする場合が最悪条件となるため，最初にLFを記録しその上にHFを重ね書きし，HFとLF消え残りの信号強度比 HF/LF（dB）をオーバーライトとして評価する。一方，垂直磁気記録においては，面内磁気記録とは反対に，高密度で記録した信号（HF）がより安定で消去しにくいため，最初にHFを記録し，その上をLFで重ね書きした場合のLFとHF消え残りの信号強度比 LF/HF（dB）をオーバーライトとして評価する。いずれの信号についても，スペクトラムアナライザによる評価を行うため信号の基本波強度を用いる。なお，最初にHFを記録した後にLFを記録する場合には，LFの高調波成分がHF基本波と重ならないように，記録周波数の関係を適切に選ぶことが必要である。

オーバーライトは記録性能を示す重要な指標であり，記録電流や記録周波数によっても変わる。また，周波数の異なる2つの信号を重ね書きするため，両周波数における記録トラック幅の若干の違いがトラックエッジ消し残りをもたらす場合があり，トラック上の消え残りとトラックエッジの消え残りを区別して評価することも重要である。また，記録周波数が十分低い場合は，測定対象となる基本波振幅自体が小さくなるため，周波数依存性の絶対値評価を行う際には注意を要する。図4に垂直磁気記録におけるオーバーライト特性の周波数依存性の例を示す[4]。

2.1.3 トラックエッジ

トラックエッジは，記録ヘッドからの磁界の急峻さ（磁界傾度）と磁界強度が大きく低下す

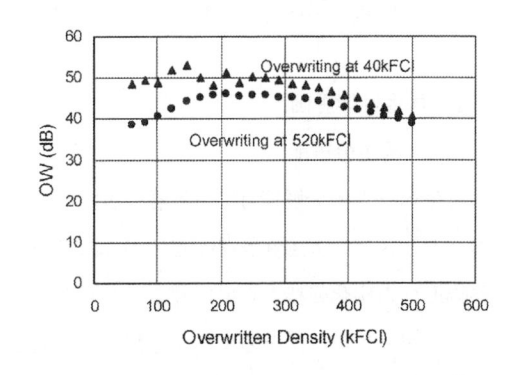

図4 垂直磁気記録のオーバーライト特性[4]

る部分であり，記録磁化転移の形状が崩れる場所である。信号品質評価の観点では，磁化転移形状が湾曲することで，等価的に再生ヘッドで再生した信号の分解能が低下して見えることがある。再生ヘッドの感度分布がトラックエッジの領域まで及んでいないか，評価の際には注意しなければならない。

トラックエッジは不完全な記録がされている場所であるため，ノイズも大きくなる。メディアノイズのクロストラックプロファイルを測定することで，トラックエッジでのノイズが大きくなることが分かる。前述と同様に，オントラックノイズ測定の際にもトラックエッジノイズの影響を考慮する必要がある。

トラックエッジは，比較的狭い領域であるため，再生ヘッドによる再生信号でその状況を知ることは容易ではない。MFMによる評価では，磁化転移の湾曲やノイズの状況を良く観ることができる。

2.1.4 記録歪と非線形性

記録磁化転移間隔が近接すると，記録磁化転移の磁化同士が相互干渉を起こし，磁化転移の形状を変化させることがある。これは，面内磁気記録で顕著であり，局所的に磁化転移が消失する現象 Partial Erasure (PE) や，磁化転移の位置が周辺の磁化転移の影響で変化する現象 Transition Shift として観測される。周辺の磁化が，磁化反転を起こしたヘッド磁界の方向と逆方向の場合は，周辺の磁化からの減磁界がヘッド磁界を増強する方向に働くために，磁化転移の位置はヘッド磁極中心よりも遠ざかる方向にシフトする。また，周辺の磁化が磁化反転を起こしたヘッド磁界と同極性の場合は，逆の作用で磁化転移はヘッド磁極の中心方向にシフトする。

また，直前に記録した磁化による影響は，直前の記録ビットパターンが既知であるため，容易に予測が可能である。従って，磁化転移を形成する際に，ヘッド磁界を反転させるタイミングを磁化転移シフトと逆方向に事前に調整（記録前置補償；Write Pre-compensation）することにより，磁化転移位置を正しい位置に形成することが可能である。一方，これからオーバーライトする記録磁化状態は知る手立てがないため，その影響はランダムとみなす。

2.2 再生性能評価

2.2.1 再生分解能

再生ヘッドの分解能はGMR素子またはTMR素子の厚さと，素子とシールド間隔，更に再生ヘッドとメディア磁性層間の磁気的なスペーシングによって決まる。再生分解能は，理想的な転移幅ゼロの磁化転移からの信号をスペーシングゼロの状態で再生することで理論上得られることになるが，現実にはそのような理想条件で測定することは不可能である。したがって，再生分解能は基本的にはヘッド素子の形状から理論的に算出される。実験的に評価する場合は，前述の記

第2章 垂直磁気記録の原理と特徴

録分解能同様に，ある一定の幅が推定された磁化転移からの再生信号の$\Delta \mathrm{PW}_{50}$により推定する手法をとる。

2.2.2 再生感度

再生感度は，再生ヘッドの磁界検出の感度を表す指標である。再生出力は，再生感度，再生トラック幅，メディア厚tと残留磁化M_rの積（$M_r t$）にほぼ比例する。したがって，再生ヘッド自体の再生感度を評価する場合には，再生信号出力値を再生トラック幅とメディア$M_r t$で規格化する。再生スペーシングの影響も考慮する必要があるが，記録密度が低く，記録波長に比べてスペーシングが十分小さい条件の孤立磁化転移波形の出力を用いることで，スペーシングの影響を無視することができる。

2.2.3 ビット間干渉

記録磁化転移間隔が再生分解能程度に近接してくると，各磁化転移から得られる再生パルス同士が干渉を起こす。これは，再生分解能の範囲に2つ以上の磁化転移が入ってくるために起きる現象で，再生ヘッドが線形的に動作している限りは，孤立磁化転移波形の再生プロセスにおける線形重畳により説明できる。

2.2.4 再生非線形性

GMR素子やTMR素子は，線形的な動作が必要とされるが，様々な理由で十分な線形性が維持できないことがある。その場合には，再生信号に非線形歪をもたらせることになる。垂直磁気記録方式では，面内磁気記録方式に比べメディアの$M_r t$が大きいため，適切な設計をしないと，ヘッド素子の線形領域を超えたメディア磁界が加わり再生素子の飽和を引き起こすことがある。

再生素子飽和は，再生素子のtransfer curveが正負対象に飽和する場合には，孤立波形の上下非対象性には原理的に現れない。従って，非線形転移点シフト（NLTS）の測定と同様に5次高調波法を用いることが効果的である[5]。図5は，メディア$M_r t$と5次高潮波法測定値の関係を実測した図である。$M_r t$が大きくなり飽和の程度が顕著になるほど，5次高調波法の測定値が上昇

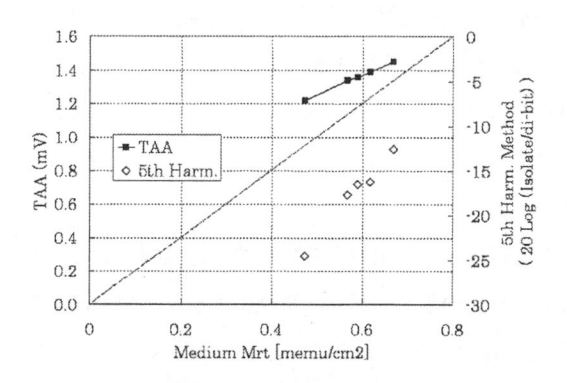

図5　5次高調波によるGMR素子の飽和現象評価[5]

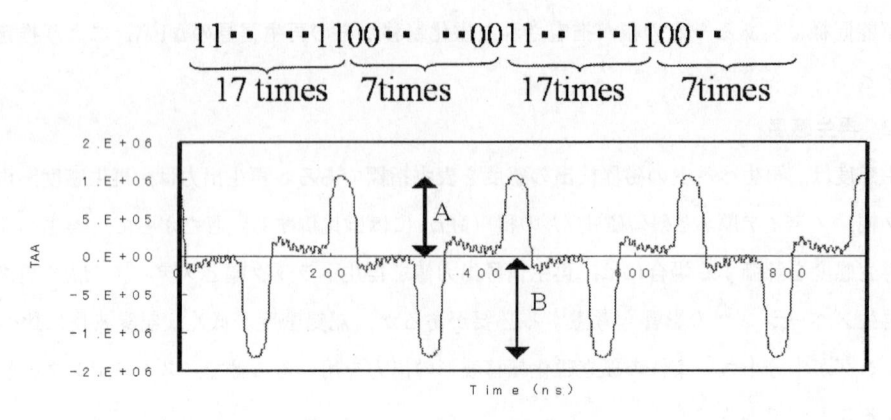

図6 再生素子の上下非対称飽和評価の手法[5]

していくことが分かる。

また，再生素子の飽和が正負非対称の状態で発生した場合，孤立磁化転移応答がパルス型波形の面内記録では波形の上下非対称として容易に観測可能であるが，ステップ型波形の垂直記録では波形のDCベースレベルが変動するのみで，一般にDC成分を除去するチャネルでは判定が容易ではない。この現象に対しては，奇数ビットの"111…11"パターンと奇数ビットの"000…00"パターンを交互に記録して，ベースレベルを明確にした上で上下非対称性を評価する手法が効果的である[5]。図6は，本評価手法を図示したもので，$(A-B)/(A+B)$を評価指標として飽和現象を把握することができる。

2.3 記録密度性能評価

2.3.1 線記録密度

線記録密度は垂直磁気記録の性能評価の中で最も重要な評価指標のひとつである。前述の記録分解能が磁化転移幅に焦点をあてた評価指標であるのに対し，線記録密度特性は波長軸における特性評価である。最も単純には連続磁化転移を記録し，孤立磁化転移の出力の50％の出力を与える記録密度D_{50}を用いる。同様に30％や20％の出力を与えるD_{30}やD_{20}を規定することもできる。これは垂直記録特有の評価ではなく，面内記録と同じ手法である。D_{50}やD_{30}等の指標は，基本的に磁化転移幅，再生ヘッドG_s，スペーシングd_{mag}の影響を受けて決まる。

2.3.2 トラック密度

トラック幅は，単一の記録ヘッドが記録する磁気的な記録幅である。トラック密度は，単位長さあたりに記録できるトラックの本数であり，単純にトラック幅で決まるものではない。トラック密度を決定する要因は，隣接トラックからの干渉と，再生ヘッドのオフトラック許容性である。つまり，HDD等の記録装置において，再生ヘッドが位置決め精度の点で一定のオフトラック量

第2章　垂直磁気記録の原理と特徴

を許容しなければならないという前提において，オフトラックした再生ヘッドが所望のエラーレートを得ることができる最低限の記録トラックピッチとしてトラック密度を規定することが一般的である。当該記録トラックの再生信号品質が，隣接トラックからの記録干渉により阻害される臨界点の条件（トラックピッチ）を求めるという評価手法である。横軸にトラックピッチ，縦軸に規定のエラーレートを下回る限界の再生オフトラック量（Off-track capability；OTC）をプロットするチャートを用いる。その曲線がBoeing747型機のコックピット形状に似ていることから，747-Curveと呼ばれる。図7に，垂直記録方式の747-Curveの一例を示す。OTCがトラックピッチの何％まで許容できるかをシステム毎に判断して，トラック密度を判定する。例えば，同図でOTCをトラックピッチの15％まで許容する場合には，747-CurveとOTC＝0.15×トラックピッチの直線との交点のトラックピッチ（0.27μm）が，可能な最高トラック密度（94kTPI）を示す値となる。

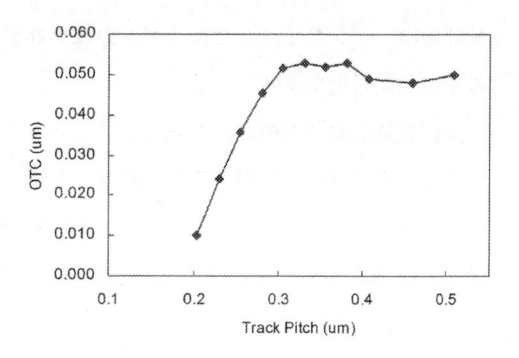

図7　垂直記録の747-Curveによるトラック密度評価例

2.3.3　ノイズ

ノイズには，メディアから発生するノイズ，再生ヘッドから発生するノイズ，信号回路系から発生するノイズがあるが，特に垂直磁気記録において留意しなければならないのはメディアからのノイズである。図8にメディアノイズ要因分析図を示す。

一般に，エラーレートに最も影響の大きいノイズは信号相関性ノイズであり，特に磁化転移が急峻な垂直磁気記録では，磁化転移位置変動（jitter）の影響が大きい。ノイズ電力の記録密度依存性を評価することで信号相関性ノイズを磁化転移あたりのノイズ電力として抽出することができる。更に，転移位置変動と転移幅変動を分離するためには，時間軸評価が必要である。時間

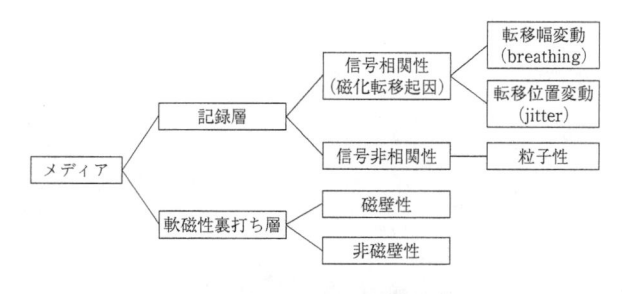

図8　メディアノイズの要因分析図

軸評価は，デジタイズした長スパンの波形群データをベースに，磁化転移毎の波形変動を分析する手法が効果的である。

　垂直磁気記録特有のノイズ源として，メディアの軟磁性裏打ち層がノイズを発生させる可能性がある。軟磁性裏打ち層が磁壁を形成した場合には，それを再生ヘッドが横切ることでスパイク状のノイズを発生させる[6]。ディスク全体を評価する手法としては，再生ヘッドによるスパイクノイズのマッピング測定[6]と，Kerr効果顕微鏡による大面積同時観察[7]などが挙げられる。

文　献

1) Y. Nakamura, *JAP*, **87** (9), 4993 (2000)
2) Y. Tanaka, Recording performance and system integration of perpendicular magnetic recording, *J. Magn. Magn. Mater.*, **287**, 468 (2005)
3) Y. Aoyagi, T. K. Taguchi, M. Takagishi, Y. Tanaka, Practical resolution analysis of perpendicular recording, *J. Magn. Magn. Mater.*, **287**, 149 (2005)
4) Y. Tanaka, A. Takeo, T. Hikosaka, Dynamic Read/Write performance characterization of perpendicular recording, *IEEE Trans. Magn.*, **38** (1), pp.68-71 (2002)
5) A. Takeo, T. Taguchi, Y. Sakai, Y. Tanaka, Characterization of GMR nonlinear response and the impact on BER in perpendicular magnetic recording, *IEEE Trans. Magn.*, **40** (4), pp.2582-2584 (2004)
6) A. Kikukawa, K. Tanahashi, Y. Honda, Y. Hirayama, Distribution and characteristics of spike noise, *J. Magn. Magn. Mater.*, **235**, 68 (2001)
7) Y. Tanaka, T. Hikosaka, Perpendicular recording with high squareness CoPtCrO media, *J. Magn. Magn. Mater.*, **235**, 253 (2001)

第3章 磁気記録ヘッド技術

1 単磁極記録ヘッドの原理と構造設計

山川清志*

1.1 単磁極ヘッドの基本構造と動作

　垂直磁気記録方式は長手記録方式に比べて強い記録磁界を発生できることが大きな特徴の一つである。垂直磁気記録用単磁極ヘッドは，図1に示すように，記録磁界の発生源となる主磁極と，これを励磁するコイル，主磁極からの磁束を導いて二層膜垂直磁気記録媒体の軟磁性裏打ち層と共に磁気回路を構成するリターンヨークから成る。コイルにより励磁された主磁極先端から生じる磁界の主に垂直成分によって，対向する垂直磁気異方性を有する記録媒体に信号磁化が記録される。単磁極ヘッドが強磁界を発生できるのは，励磁された主磁極と媒体軟磁性裏打ち層に形成されたその磁気映像とで記録層を挟み込む，いわゆる，in gap recording の状況が実現されるためである。従って，より強くて鋭い分布の磁界を発生するための基本要件は，第一に，主磁極の先端が強く磁化され，その上で，第二に，媒体との間に磁気的相互作用が強く働くことである。

　垂直磁気記録方式の提案と共に開発された補助磁極励磁型単磁極ヘッド[1]は，媒体裏面側に配置した補助磁極を用いて主磁極先端部を最も強く励磁する構成を採り，正に，上記第一の要件を満たすものである。この主磁極先端励磁の重要性は，トラック幅が開発当初の1/10000に狭小化

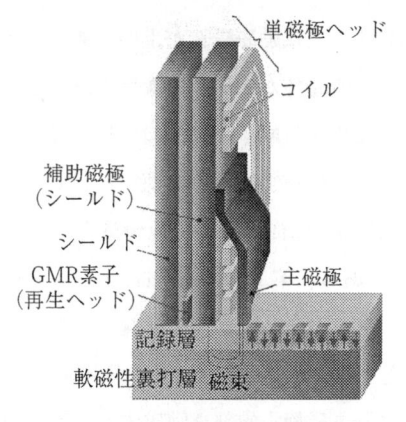

図1　垂直磁気記録用単磁極ヘッドと二層膜媒体（トラック幅中心での切断図）

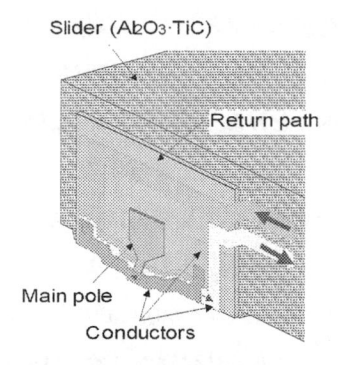

図2　主磁極先端励磁構造を有する単磁極ヘッド

＊　Kiyoshi Yamakawa　秋田県産業技術総合研究センター　高度技術研究所　主席研究員

された現在でも変わりはない。図2の単磁極ヘッドは主磁極先端部を取り囲むように巻線を施し，コイルからの励磁磁界が主磁極先端部に最も強く印加できるように意図した構造である。このヘッドは高効率に強磁界を発生できるだけでなく，低インダクタンスという特徴も併せ持つ[2]。従来，薄膜単磁極ヘッドは製造技術の観点から薄膜リングヘッドの部分変更によって開発されてきたが，それらとは異なる同図の構造は，前記の第一要件に適った構造といえる。さらに，主磁極先端部に傾斜を付与する構造も提案されており[3,4]，それらは主磁極先端をより強く磁化する構造として有効である。一方，第二の要件については，主磁極と媒体記録層との磁気的スペーシングと媒体の記録層厚や非磁性中間層厚の合計である主磁極―軟磁性裏打ち層間距離を主磁極トラック幅に対して相対的に小さくすることで実現できるが，このことは磁界強度を増すことに加え，特に，磁界の急峻性を増す上で有効な手段である。しかし，低ノイズ媒体の実現には十分な厚みの非磁性中間層が必要なことなどから，狭トラック化の進展に同期した幾何学的スケーリング則による改善が困難な状況にある[5]。このため，磁界分布の急峻化改善策として主磁極側面から媒体への磁束流入を阻止する磁気シールド[6]が採用されている。また，実験とシミュレーションの両面から確認されているように，主磁極と媒体記録層との磁気的相互作用も記録磁界を決める要因となる[7~9]。このため，記録ヘッドとしての記録分解能の観点からは媒体記録層の飽和磁化は高いことが望ましく，媒体側からのアプローチも重要である。ここでは高密度化に向けた単磁極ヘッドの取り組みについて概要を述べる。

1.2 先端励磁型単磁極ヘッド
1.2.1 先端励磁型単磁極ヘッドの種類と特徴

単磁極ヘッドでは，主磁極先端部を優先的に励磁する先端励磁構造が重要であることを前節で述べた。薄膜ヘッドとしての先端励磁構造では，コイル導体が主磁極先端部の最も近い位置に配置されること，即ち，コイル導体がヘッド浮上面に露出する配置が究極の構造と考えられる。では，具体的にどのようなヘッド構造が適当であろうか。先端励磁型の典型例として，図3に示す3種類のヘッドについて考察する。第一の構造（図3a）は従来型の磁極構造を踏襲し，コイル位置だけを変更して主磁極先端部に配置したものである。第二の構造（図3b）は主磁極の両側に一対のコイル導体とリターンヨークを配置したカスプコイル励磁型単磁極ヘッド[10]と呼ばれるものである。左右のコイル層に逆極性の電流を通電することで付き合わせの磁界（カスプ型磁界）が発生し，コイル導体付近のコイル外向き磁界により主磁極先端部を励磁する。第三の構造（図3c）は図2のヘッドと同様主磁極先端部に巻き付けるようにコイルを配置し，両側にリターンヨークを備えたものである。図3bのヘッドとはコイル構造のみ異なる。以上の3種類の単磁極ヘッドを本節ではそれぞれ，従来ヨーク型ヘッド，カスプコイル型ヘッド，ヘリカルコイル型

第3章 磁気記録ヘッド技術

(a)従来ヨーク型ヘッド　　(b)カスプコイル型ヘッド　　(c)ヘリカルコイル型ヘッド

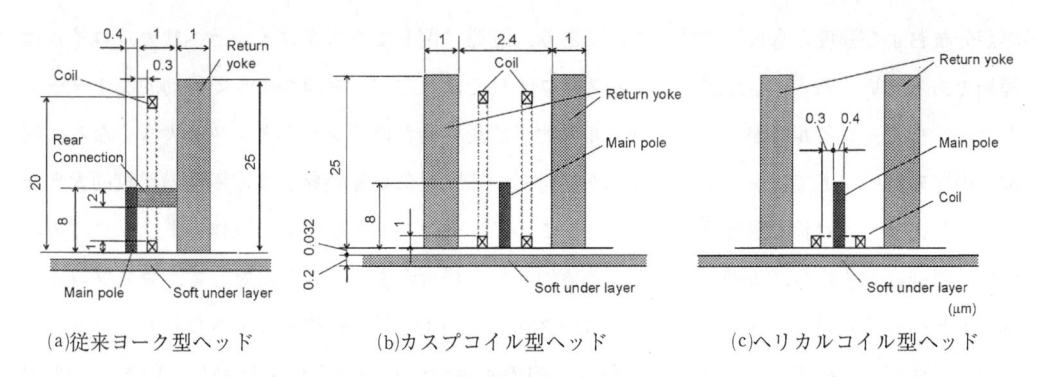

図3 主磁極先端励磁構造を有する各種単磁極ヘッドのダウントラック方向断面模式図

ヘッドと呼び，対応するコイルをそれぞれ，従来型コイル，カスプコイル，ヘリカルコイルと呼ぶこととする．以下に示す有限要素法を用いた磁界計算では，ヘッドトラック幅は200 nm，主磁極厚は400 nm，主磁極と媒体軟磁性裏打ち層の飽和磁束密度は1.9Tと仮定し，特に断らない限り，主磁極直下の媒体記録層中心位置における磁界の垂直成分を示す．

初めに，磁気ヨーク構造の等しいカスプコイル型ヘッドとヘリカルコイル型ヘッドとを比較する．これらのヘッドのダウントラック方向の磁界分布は，図4b,cに示すように主磁極厚中心に関して対称性を示し，両分布は極めて良く一致する．これは，主磁極位置に作る励磁コイルの磁

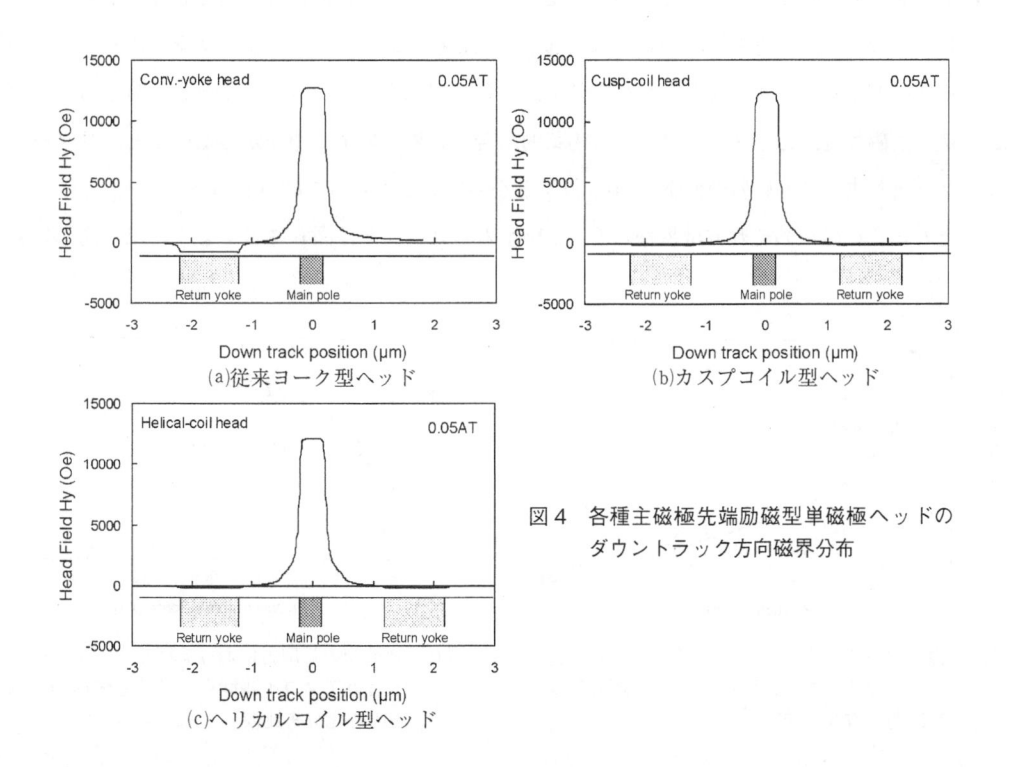

(a)従来ヨーク型ヘッド　　(b)カスプコイル型ヘッド

(c)ヘリカルコイル型ヘッド

図4 各種主磁極先端励磁型単磁極ヘッドのダウントラック方向磁界分布

界が分布および強度ともにほぼ同じためであり，励磁に関してカスプコイルとヘリカルコイルは等価であるといえる[11]。したがって，カスプコイルでは，左右1対のコイルで実効的な1ターンとなる。また，コイル長がヘリカルコイルに比べて長い分だけインダクタンスは大きくなる。同図aの従来型ヘッドでは，リターンヨークに対応する位置に記録磁界とは逆極性の比較的大きな磁界の存在する非対称な磁界分布を呈する。このリターンヨーク磁界は，媒体のトラック幅方向の広い領域に亘る信号消去やノイズ発生の原因となる場合がある。これに対して，カスプコイルヘッドとヘリカルコイルヘッドは従来型ヨークヘッドの1/5以下の極めて小さなリターンヨーク磁界を示す[11]。この違いは，ヘッド磁気回路内の磁束の流れ方の違いを反映している。従来型ヨークヘッドでは，主磁極とリターンヨークが媒体の軟磁性裏打ち層と共に閉磁気回路を構成し，コイルからの磁界の垂直成分のみならず水平成分にもよって磁気回路全体が励磁される。主磁極の中心軸上での垂直方向磁化（$4\pi M_s$）の分布を図5に示すように，起磁力の増大によって主磁極全体が磁化する様子が分かる。主磁極からの磁束はリターンヨークに流入するため，リターンヨークを除去すると40%以上の著しい磁界低下が生じる。一方，カスプコイルヘッドとヘリカルコイルヘッドのコイルは，その導体に挟まれた主磁極領域に集中して磁界を発生し，導体から主磁極奥行き方向に離れるにしたがって急峻に磁界が低下する。このため，図5に示すように，主磁極後端に近づくにつれて磁化はゼロに漸近する。すなわち，磁束は主磁極側面から漏れ出て，主磁極後端にまで到達しない。また，リターンヨーク位置に作る励磁磁界も小さい。これらのことは，主磁極先端領域の磁束は大部分が主磁極後端とリターンヨークを経由せず，主磁極とリターンヨークに挟まれた空間を実効磁路として記録媒体に還流することを示唆する。このことは，主磁極後端とリターンヨークの磁気的結合が磁界の増大につながらないこと，リターンヨークを取り去っても磁界の低下は10%以下と小さいことからも支持される。

以上のように磁束の流れ方は異なるが，3種類の磁気ヘッドは図6に示すようにほぼ同じ磁界

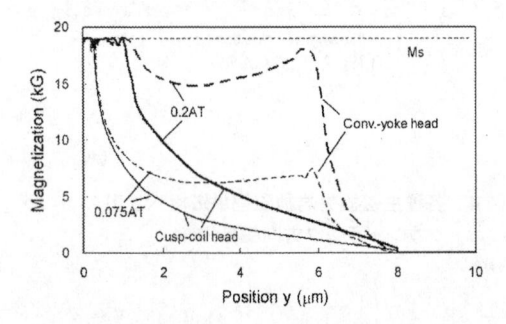

図5　従来ヨーク型ヘッドとカスプコイル型ヘッド，ヘリカルコイル型ヘッドの磁界強度の起磁力依存性比較

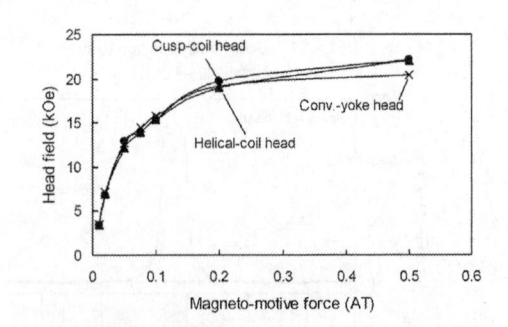

図6　2種類の起磁力における従来ヨーク型ヘッドとカスプコイル型ヘッドの主磁極中心軸上の磁化分布比較

第3章 磁気記録ヘッド技術

強度の起磁力依存性を示し,磁界勾配についても同様である。従来型ヨークヘッドでは高効率な磁気回路により発生した磁束が主磁極のテーパによって絞り込まれる効果により,主磁極先端が強く磁化するものと考えられる[9,12]。一方,カスプコイル型ヘッドやヘリカルコイル型ヘッドでは,コイル導体に挟まれた主磁極先端位置に集中して励磁磁界が印加されるため,主磁極先端が強く磁化される。しかも,少ない磁束で効率よく磁化されるため,インダクタンスはそれぞれ,24.8 pH, 8.4 pHと,従来型ヨークヘッドの43.2 pHに比べて著しく小さい。上記のような励磁様式の違いから,コイル位置の後退に対する同一起磁力での磁界の強さ,すなわち,感度の劣化は従来ヨーク型ヘッドで小さく,カスプコイル型ヘッドやヘリカルコイル型ヘッドで大きい。この様子を,コイルが媒体位置に直接作る磁界を差し引いた強度の起磁力依存性として図7に示す(カスプコイル型ヘッドと同様のためヘリカルコイル型ヘッドについては図示無し)。しかし,いずれのヘッドでもコイル後退量が大きくなると実用起磁力範囲での最大磁界強度の低下は避けられないことから,先端励磁の必要性が改めて伺える。

以上のことから,純粋に記録性能の観点からはヘリカルコイル型の先端励磁ヘッドが最も優れているといえる。これに対して,インダクタンスが多少増えるものの同等の記録磁界が得られるカスプコイル型ヘッドは,コイル作製の容易性も兼ね備えることから最も実用的な単磁極ヘッドであると考えられる。これら2種類のヘッドに組み合わされる記録媒体では,主磁極からの磁束がダウントラック方向逆向きに分流することから,薄い軟磁性裏打ち層が使える効果も期待できる。

1.2.2 カスプコイル型単磁極ヘッドの特性

図8に,実際に試作されたカスプコイル型ヘッドの構造と写真を示す[10]。主磁極の両側にコイル導体とリターンヨークが配置されていることがスライダ浮上面写真から見て取れる。前述の通り,単磁極ヘッドは媒体と磁気的に結合しているため,一般に外部浮遊磁界の印加によって主磁

(a)従来ヨーク型ヘッド　　(b)カスプコイル型ヘッド

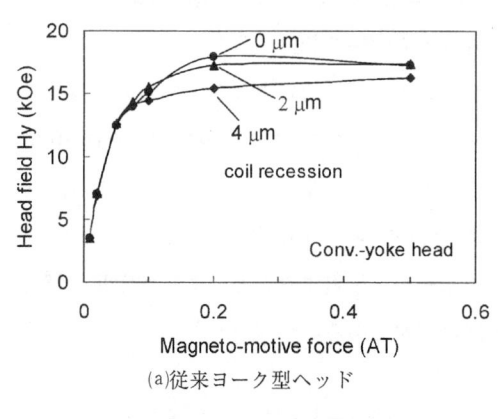

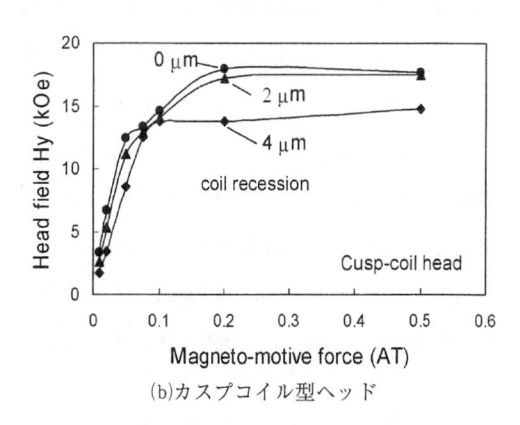

図7 コイル後退量が0, 2, 4μmの場合における磁界強度の起磁力依存性

垂直磁気記録の最新技術

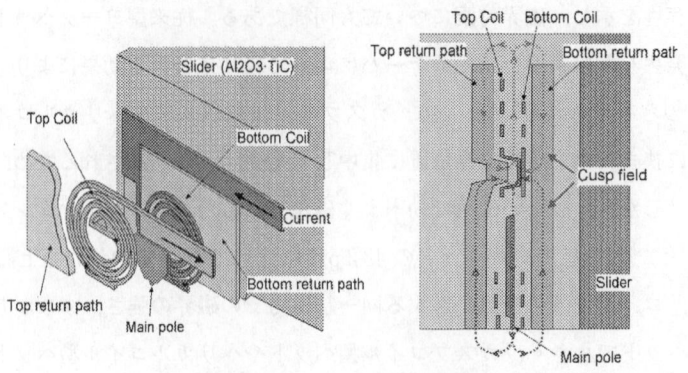

(a)試作ヘッドの具体的構造

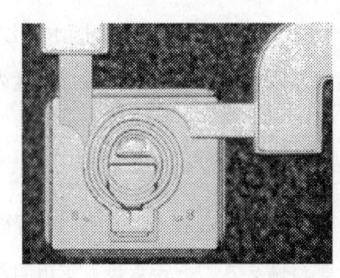

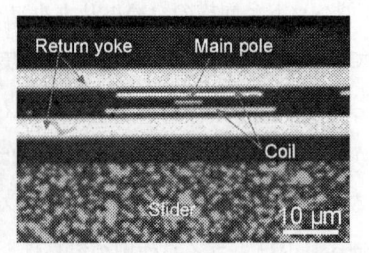

(b)試作ヘッド写真（左：リターンヨーク形成前のヘッド素子，右：完成後のヘッド浮上面素子近傍）

図8　試作カスプコイル型ヘッドの構造と写真

極先端部が容易に磁化する。また，記録動作後に主磁極に残留磁化が生じることもある。その結果，媒体に不要な磁界が印加され，記録信号の減衰やノイズ発生などの問題が生じる[13]。このため，磁極構造による外部磁界耐性の向上[14]や，主磁極材料・膜構造による残留磁化対策[15]が検討されている。カスプコイル型ヘッドでは主磁極を一対の磁性層（リターンヨーク）の間に配置し，しかも，これらを磁気的に結合していないため，外部から印加された磁界は主磁極に届きにくい。このシールド効果により，図9に示すように優れた外部磁界耐性を発揮する[16]。

カスプコイル型ヘッドでは，本例のようにスパイラルコイルの採用により巻数の増大が容易である。実効巻数がそれぞれ2，3ターンのヘッドについてインダクタンスの実測結果[17]を図10に示す。7ターンの長手記録用リング型ヘッドと比較して極めて小さなインダクタンスを示し，回路共振周波数も10GHz程度と十分に高い。これらにより，本ヘッドの高周波動作が期待できる。なお，スパイラルコイル内周側のコイル導体が主磁極先端から後退することにより感度低下が生じるため，コイルピッチの狭小化による後退量の低減が課題である。

第3章　磁気記録ヘッド技術

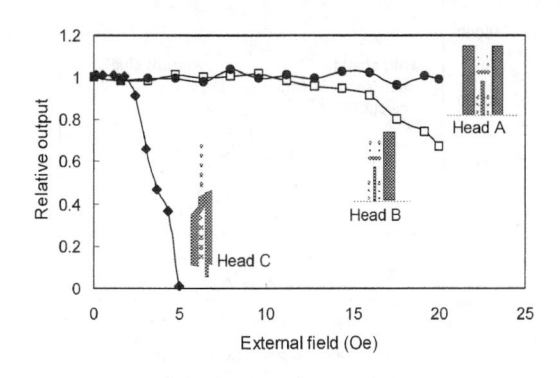

図9　ヘッド構造による外部磁界印加に対する信号出力低下の比較
ヘッドA：カスプコイル型ヘッド，ヘッドB：カスプコイル型ヘッドから片側のリターンヨークを取り除いた構造，ヘッドC：従来型のヨーク・コイル構造のヘッド

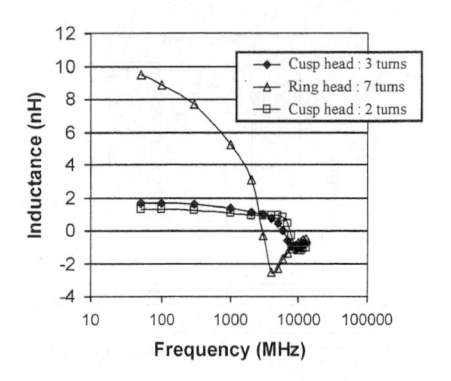

図10　7ターンコイルを持つリング型ヘッドと比較した実効2，3ターンのカスプコイル型ヘッドにおけるインダクタンスの周波数特性

1.3　単磁極ヘッドの高密度化設計

　高密度化に伴う狭トラック化によって，益々記録磁界の確保が困難になりつつある。このため，熱磁気安定性を確保しつつ記録性能を改善できるHard/Soft Stack媒体[18]やパターン媒体[19]などの提案が行われている。これらの媒体においても高密度化の進展には継続的な磁界強度の増大とダウントラックおよびクロストラック両方向の急峻化が求められる。

1.3.1　高分解能化

　記録磁界の急峻化手段としては，①主磁極 ― 媒体軟磁性裏打ち層間距離の短縮，②主磁極先端部への磁気シールドの設置[6,11,20]，③垂直磁気異方性主磁極の採用[21]などが挙げられる。①の主磁極 ― 媒体軟磁性裏打ち層間距離の短縮が最も本来的で，かつ有効な方法であるが，記録層の微粒子性と磁気的孤立性を確保するために軟磁性裏打ち層との間に比較的厚い非磁性中間層が必要とされ，今後一気に短縮できる技術は今のところ提案されていない。一方，③のヘッドは，通常は主磁極のトラック幅方向に付与する磁気異方性の方向を垂直方向に変え，異方性の大きな材料を用いることで主磁極先端部の磁束の発散を抑制し，記録磁界の強度と勾配の増大を意図したものである。しかし，磁化反転速度や残留磁化に課題がある。したがって，②のシールド付与が現実的な手段として採用されている。

　シールド型ヘッドは，図11aに示すように，主磁極先端部のトレーリング側に磁気ヨークを配置した構造である。主磁極側面からの漏洩磁束を磁気ヨーク（以下，シールドヨークと呼称）が捕捉し，媒体に直接流入するのを抑制する。この結果，記録磁界の急峻化が図られる（図11b）。シールド構造の重要な設計因子は，シールドヨークの高さと主磁極 ― シールドヨーク間

(a) シールド構造

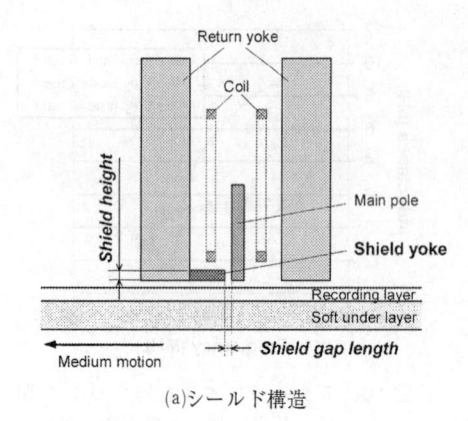

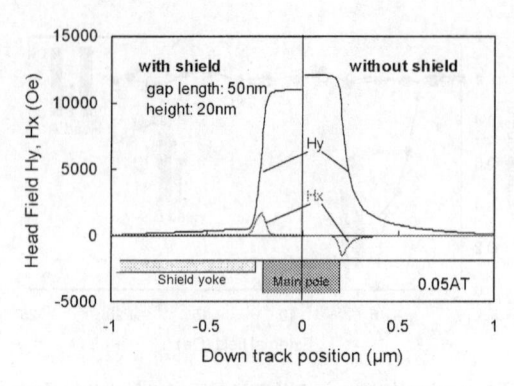

(b) シールドの有無による磁界分布の変化（左半分：シールド有り，右半分：シールド無し）

図11　カスプコイル型ヘッドを基礎とするシールド付き単磁極ヘッドの構造と磁界分布

距離（以後，シールドギャップ長と呼称）である．それぞれの影響を図12に示す．シールドへの過度の磁束流入はヘッド磁界の低下を招くため，シールド高さを数十nmに抑え，シールドギャップ長を主磁極 ― 媒体軟磁性裏打ち層間距離と同程度の値に設定することで，磁界強度の低下を抑制しつつ磁界急峻化効果が最大に発揮される[22]．このとき，磁界勾配の最大値が増すだけでなく，広い磁界強度範囲に亘って磁界勾配が増す．シールドのないヘッドの場合に，最大値の70％程度の磁界強度で磁界勾配が最大となる特性とは異なり，記録媒体の反転磁界強度において高い磁界勾配を実現し易い．前述の通り，主磁極側面からの磁束をシールドヨークが一旦受けた後，媒体軟磁性裏打ち層へ導くことでシールド効果が発揮されるため，シールドヨークは必ずしもリターンヨークに接続して配置される必要はなく，磁気飽和を回避する体積と高い飽和磁束密度を備えることが求められる．シールドヨークの高さは，一般に研磨加工によって決定され

(a) シールドギャップ長依存性

(b) シールド高さ依存性

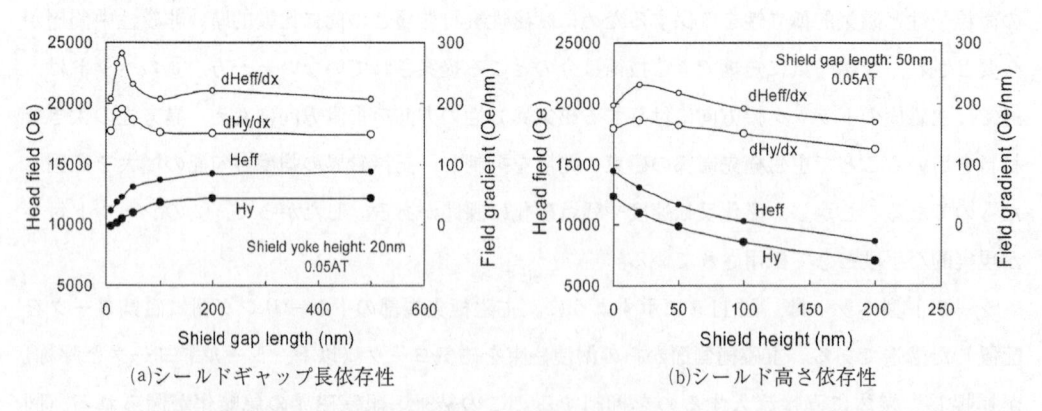

図12　ヘッド磁界の垂直成分 H_y と実効値 H_{eff}，およびそれらの勾配 dH_y/dx，dH_{eff}/dx に対するシールドギャップ長とシールド高さの影響

第3章　磁気記録ヘッド技術

る。前述の通り，磁気飽和と磁界低下の相反する要求から数十 nm のシールド高さが目標となるが，これを実現するためには研磨精度の一段の向上，あるいは，従来と異なる作製法[22]の開発が必要となる。

このような主磁極トレーリング側に配置したシールドによる磁界の急峻化により記録磁化転移幅の狭小化やジッター性媒体ノイズの低減が期待でき[23]，実際にも線記録密度特性の向上が確認されている。その結果，一例として，40%程度の面記録密度向上が報告されている[24]。一方，トラック幅方向にもシールド効果が期待できる。主磁極先端部のトラック幅方向にシールドヨークを配置することで，ヘッド磁界の広がりを抑制でき，隣接トラック消去を改善することで高トラック密度化が可能になる。したがって，トレーリング側に加えて主磁極側面にもシールドを配置したラップアラウンド型シールドが今後の高密度化に有効な構造であると考えられる。

磁気的孤立粒子からなり Stoner-Wohlfarth 型の磁化反転特性を有する記録媒体では，印加磁界の角度が垂直方向から傾斜することによって磁化反転に必要となる磁界強度が最大 1/2 まで変化する。シールド型磁気ヘッドを用いた記録では，シールドのないヘッドに比べて磁界の面内成分が増し，媒体に印加されるヘッド磁界は垂直方向からより傾斜する。このため，より小さな磁界で記録が可能となる[20]。言い換えれば，磁界の傾斜により実効的なヘッド磁界が増大するといえる。図 12 にはこの実効磁界を見積りプロットしており，垂直成分に比べて実効的な磁界強度と磁界勾配が共に向上しているのが分かる。ヘッド磁界の傾斜はまた，軟磁性裏打ち層の薄層化によって低下する磁界の垂直成分を面内成分が補う効果をもつため，薄い軟磁性裏打ち層の利用を可能とする。このような有効な作用の一方で，トラック幅方向には磁界分布の幅を広げる不具合も生じる。

熱磁気安定性を確保しつつ飽和記録が可能な媒体として期待されている Hard/Soft Stack 媒体では磁化反転磁界の角度依存性が緩やかなので，上述の実効磁界強度や磁界勾配の増大の効果が期待しにくい。この場合には，磁界の垂直成分の増大を図ることが重要となる。

1.3.2　高記録磁界化

ヘッド磁界の増大には，①主磁極材料の飽和磁束密度を増す，②主磁極スロートハイトを短縮する，③コイルが直接記録媒体に作る磁界を利用する[25]，④主磁極先端構造を工夫する，などが考えられる。①については FeCo 系材料の採用によって当面の目標値であった 2.4T が達成され，これを超える 2.57T の FeCo/Pd 積層膜[26]が提案されるに至っているが，実用までには暫く時間を要するものと思われる。②に関しては，狭トラック化に合わせたスロートハイトの短縮が求められ，将来の 1 Tbit/in^2 記録では 10～50 nm の領域が想定されている。加工精度向上の進展が鍵を握ると考えられる。③は，主磁極先端部の断面積と同程度のコイル面積までコイルを小型化することで，主磁極からの磁界に匹敵するコイル磁界が重畳して得られるものである。カーボン

ナノチューブなどの大電流密度を許容するコイル材料と配線形成法の開発を待たねばならない。④は，これらの中で今後最も有効な手段と考えられ，以下に詳述する。

主磁極先端のリーディング側にテーパを付与することで磁界の増大が図れることが報告されている[3]（図13）。さらに3次元的に拡張した図14の2種類の構造について，主磁極材料の飽和磁束密度を超える強磁界発生の可能性が，表面磁荷法による理論的な考察から示されている[4]。これらの構造は，記録トラック幅を決める先端磁極の後段（ヘッド浮上面から遠ざかる位置）に水平，あるいは傾斜した広い面積の磁極を備えるものである。先端の磁極面の作る磁界に後段の磁極面からの磁界が重畳されることにより，磁極材料の飽和磁束密度を超える強磁界を得ることも可能である。その際，水平構造に比べてテーパ構造がより磁界を強め易い。他にも同様の提案[27]が成され，主磁極先端の3次元絞込み構造の有効性が認識されつつある。これらのヘッドでは原理的に磁界の裾引きが大きいことから，シールドなどの磁界分布矯正手段と組み合わせて利用することになる。

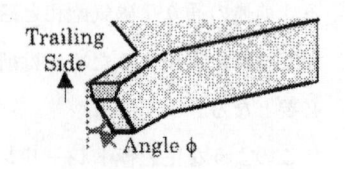

図13　テーパ主磁極構造

1.3.3　高密度記録用ヘッドの具体的設計

これまでに述べた磁界の高強度化・急峻化技術を利用して設計された将来の高密度記録用単磁極ヘッドを紹介する。図15は，1 Tbit/in^{2}の面記録密度を想定して設計提案されたカスプコイル型ヘッドである[28]。主磁極のトレーリング側にテーパを設けて磁界の増大を図ると共に，対向するトレーリング側リターンヨークにもテーパ形状を付与して主磁極先端部に延伸させることで磁界の急峻化を図っている。これにより，トラック幅38 nmのヘッドにおいて18kOeの磁界強度（図16）と481Oe/nmの磁界勾配の得られることが有限要素法を用いた磁界計算により示されている[28]。また，主磁極のテーパ部分に対向してシールドを配置することで，ダウントラック

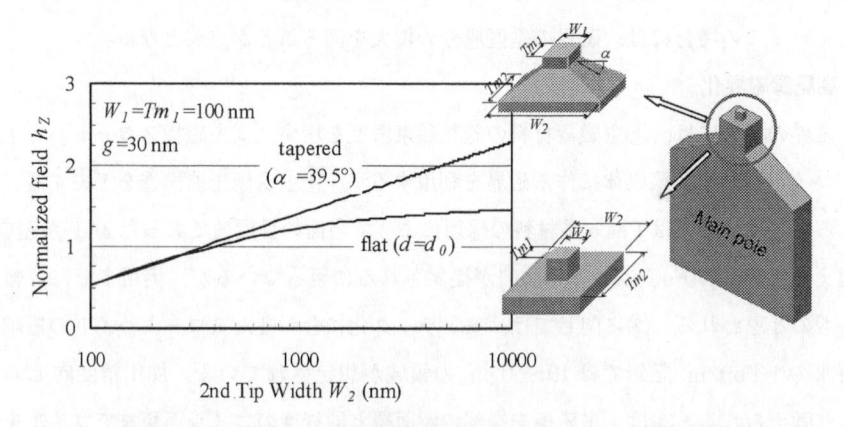

図14　3次元的主磁極構造と，表面磁化を仮定して求めた磁界（飽和磁束密度で規格化した磁界 hz）の磁極寸法依存性

第3章　磁気記録ヘッド技術

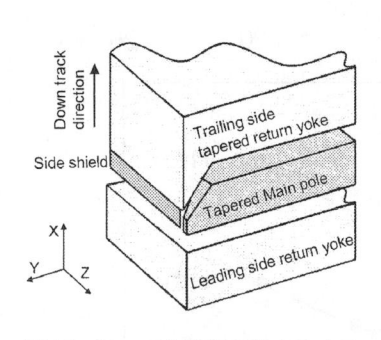

図15　テーパ主磁極を有するカスプコイル型単磁極ヘッド（トラック副中心での切断図）

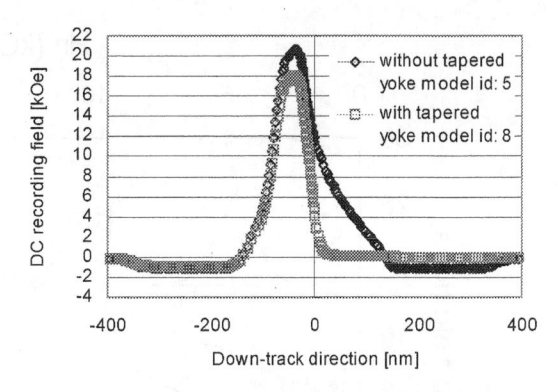

図16　テーパ型主磁極を有する狭トラック単磁極ヘッドのダウントラック方向磁界分布（Model id：8）

方向に不要な磁界の広がりが生じることを防ぎ，スキュー問題を軽減している．主磁極のトラック幅方向にもテーパ形状のシールドヨークを配置し，磁界の低下に配慮しつつ磁界の広がりを抑制して，隣接トラック位置での漏れ磁界強度を記録トラックの16％に低減している．以上の優れた磁界特性から1 Tbit/in^2 の実現に向けたヘッドとして期待されている．

上記のヘッドを従来法で作製するには，製造プロセス技術の一段と高い進展を待たねばならない．一方，従来から知られているプレーナ構造ヘッド[29]では，ヘッド浮上面の法線方向に薄膜を積み上げて作製することから，テーパ主磁極やラップアラウンドシールドなどの3次元的構造が作製し易いと考えられる．このプレーナ構造とSi基板の異方性エッチング手法を組み合わせて上記ヘッドの先端磁極構造を実現しようとしたのが図17に示すシールドプレーナ型ヘッド[30]である．作製法の詳細は第3章3節に譲るが，Si基板のエッチング溝に主磁極膜を埋め込み製膜することで，4面テーパからなる四角錐台形を有する主磁極先端構造を容易に実現できる．本ヘッドでは狭トラック幅においても強い磁界が得られることが有限要素法磁界計算から確かめられ，14 nmのトラック幅で15kOe程度の最大磁界が得られる．このヘッドと長手方向に伸びた直方ドット形状のパターン媒体[31]の組み合わせで行ったマイクロマグネティックスによる記録シミュレーションから1 Tbit/in^2 記録密度の可能性が示されている[32]．この計算では，隣接トラックにある磁性ドットの磁化反転開始磁界を超えることなく，即ち，隣接トラックに影響を与えることなく目的トラックへの記録が行えることを確認しているが，実際には熱磁気緩和による影響を考慮する必要がある．仮に，トラックピッチを54 nmとして，10^6 回ヘッドが隣接

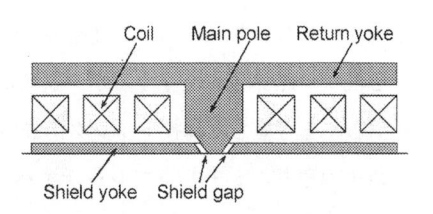

図17　シールドプレーナ型単磁極ヘッドの構造

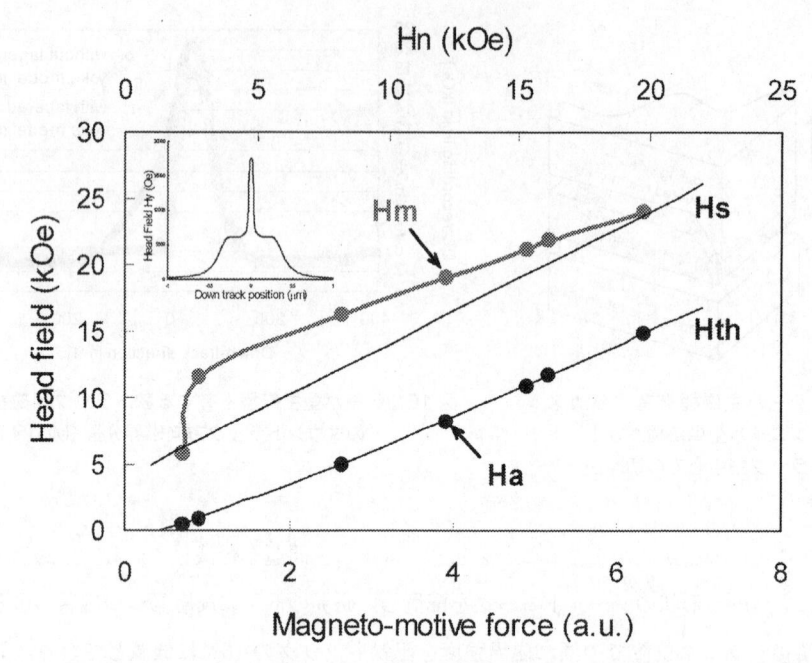

図18 記録に必要となる磁界 Hs と隣接トラック許容磁界 Hth に対するシールドプレーナ型の単磁極ヘッドの最大磁界 Hm と隣接トラック漏洩磁界 Ha の関係

トラックを通過したときの特定ドットの磁化反転確率とみなしたエラーレートとして 10^{-5} を確保する必要があるとした場合，これを満たす隣接トラック中央位置での許容磁界 H_{th} は Sharrock の式[33]から求めることができる．磁性ドット寸法を幅 25 nm×長さ 7 nm×厚さ 10 nm，主磁極先端寸法を幅 40 nm×長さ 100 nm，ディスクのトラック半径が 15 mm，ディスク回転数が 10000 rpm と仮定すると，特定磁性ドットに磁界が印加される積分時間は 6.4 msec となる．媒体異方性磁界として抗磁力 H_c に替えて磁化反転開始磁界 H_n を採用し[32]，先の時間を用いて計算した H_{th} を図 18 に示す．磁性ドットの磁化反転に必要な磁界 H_s を H_n + 4 kOe（H_c における M-H 曲線の傾き α = 6.28）とすると，ヘッド磁界の最大値 H_m が H_s 以上でかつ，隣接トラック位置での磁界 H_a が H_{th} 以下であれば良いことになる．同図で，H_a を H_{th} の曲線に重なるように起磁力軸を調整してプロットすると，対応する H_m は，最小と最大の起磁力を除く広い範囲で H_s を超す．すなわち，本ヘッドは起磁力の大きい場合に同図中に示すような磁界の裾が持ち上がった2段状の磁界分布を呈するが，適切な磁化反転磁界 H_n の媒体と組み合わせることにより，熱磁気緩和を考慮した隣接トラック消去のない記録が実現できるものと期待される．

以上の通り，シールドプレーナ型ヘッドは主磁極の4面テーパ構造により強い磁界を得ており，このような3次元絞込み構造が今後ますます重要な技術となると考えられる．シールドプレーナ型ヘッドはまた，シールド構造による急峻な磁界勾配を示し，主磁極に巻き付けるように

第3章 磁気記録ヘッド技術

配置した小型コイルにより高感度で低インダクタンスも期待できることから，カスプ型ヘッドの次に用いられる高密度用単磁極ヘッドとして有望なヘッドであるといえる。

文　献

1) S. Iwasaki, Y. Nakamura, *IEEE Trans. Magn.*, **14** (5), pp.436-438 (1978)
2) H. Muraoka, K. Sato, Y. Sugita, and Y. Nakamura, *IEEE Trans. Magn.*, **35**, pp.643-648 (1999)
3) M. Mochizuki, Y. Nishida, Y. Kawato, T. Okada, T. Kawabe, and H. Yakano, *J. Magn. Magn. Mat.*, **235**, pp.191-195 (2001)
4) 高橋慎吾，山川清志，大内一弘，電子情報通信学会技術研究報告，MR2001-1, pp.1-8 (2001)
5) 大内一弘，まぐね, **2** (5), pp.255-261 (2007)
6) M. L. Mallary, US Patent, #4 656 546, April 7, 1978; M. L. Mallary and S. C. Das, Reissued #33 949, June 2, 1992
7) S. Iwasaki, *IEEE Trans. Magn.*, **MAG-20** (5), pp.657-662 (1984)
8) Shaoping Li and Lei Wang, *Applied Physics Letters*, **82** (12), pp.1896-1898 (2003)
9) 中村慶久，まぐね, **2** (1), pp41-51 (2007)
10) K. Ise, K. Yamakawa, N. Honda, K. Ouchi, H. Muraoka, Y. Sugita, and Y. Nakamura, *IEEE Trans. Magn.*, **36**, pp.2520-2523 (2000)
11) K. Yamakawa, K. Ise, S. Takahashi, and K. Ouchi, *IEEE Trans. Magn.*, **38** (1), pp.163-168 (2002)
12) K. Fudano, Y. Suzuki, and Y. Nakamura, *J. Magn. Soc. Jpn.*, **31**, 306-311 (2007)
13) W. Cain A. Payne, M. Bauldwinson, R. Hempstead, *IEEE Trans. Magn.*, **32**, pp.97-102 (1996)
14) K. Ito, Y. Kawato, R. Arai, T. Okada, M. Fuyama, Y. Hamakawa, M. Mochizuki, Y. Nishida, T. Ichibara, and H. Takano, *IEEE Trans. Magn.*, **38**, pp.175-180 (2002)
15) K. Nakamoto, T. Okada, K. Watanabe, H. Hoshiya, N. Yoshida, Y. Kawato, M. Hatatani, K. Meguro, Y. Okada, H. Kimura, M. Mochizuki, K. Kusukawa, C. Ishikawa, and M. Fuyama, *IEEE Trans. Magn.*, **40**, p.290 (2004)
16) K. Ise, K. Yamakawa, and K. Ouchi, *J. Magn. Magn. Mat.*, **235**, pp.187-190 (2001)
17) P. George, K. Yamakawa, K. Ise, N. Honda, and K. Ouchi, *IEEE Trans. Magn.*, **39**, pp.1949-1954 (2003)
18) R. H. Victora, and Xiao Shen, *IEEE Trans. Magn.*, **41**, pp.537-542 (2005)
19) I. Nakatani, T. Takahashi, M. Hijikata, T. Furubayashi, K. Ozawa and H. Hanaoka, Japan patent 1888363 publication JP03-022211A (1991)
20) M. Mallary, A. Torabi, and M. Banakli, *IEEE Trans. Magn.*, **38** (4), pp.1719-1724 (2002)

21) R. H. Victora, Jianhua Xue, and Mohammed Patwari, *IEEE Trans. Magn.*, **38** (5), pp.1886-1891 (2002)
22) K. Ise, K. Yamakawa, N. Honda, K. Ouchi, H. Muraoka, and Y. Nakamura, *IEEE Trans. Magn.*, **39** (5), pp.2374-2376 (2003)
23) A. Shukh and J. V. Ek, *J. Appl. Phys.*, **93** (10), pp.7837-7839 (2003)
24) 西田靖孝, 田河育也, 日本応用磁気学会第144回研究会資料, pp.15-19 (2005)
25) K. Yamakawa, K. Ise, K. Ouchi, K. Sagae, H. Muraoka, H. Aoi, and Y. Nakamura, *J. Magn. Magn. Mat.*, **287**, pp.367-371 (2005)
26) K. Noma, M. Matsuka, H. Kanai, Y. Uehara, K. Nomura, and N. Awaji, *IEEE Trans. Magn.*, **42** (2), pp.140-144 (2006)
27) K. Z. Gao and H. N. Bertram, *IEEE Trans. Magn.*, **38** (5), pp.3521-3527 (2002)
28) 松原亮, 渡辺英暁, 金井靖, 村岡裕明, 中村慶久, 信学技報, **MR-2002-65**, pp.1-6 (2002)
29) J. P. Lazzari, and P. Deroux-Dauphin, *IEEE Trans. Magn.*, **25**, pp.3190-3193 (1989)
30) 伊勢和幸, 高橋慎吾, 山川清志, 本多直樹, 信学技報, **MR2006-3**, pp.13-17 (2006)
31) 本多直樹, 信学技報, **MR-2005-15** (2005)
32) N. Honda, K. Yamakawa, and K. Ouchi, *IEICE Technical Report*, **MR2006-55**, pp.97-100 (2006)
33) M. P. Sharrock, *IEEE Trans. Magn.*, **26** (1), pp.193-197 (1990)

2 単磁極ヘッドの技術課題と対策

押木満雅[*]

単磁極ヘッドの役割は,コンピューター本体からの電気信号を磁場信号に変換して,その磁場で磁気記録媒体上に磁化情報を記録することにある。そのためヘッドは,記録媒体上の所望位置に,時間的にまた空間的に,忠実な記録磁場を発生しなければならない。単磁極ヘッドは,前節で詳述されているように,磁性薄膜で形成された磁極とその周囲を取り巻く薄膜コイルで構成されており,薄膜コイルに流れる信号電流の電磁誘導効果により磁極から記録磁場を発生させている。本節では単磁極ヘッドの技術課題とその対策について述べる。

2.1 大記録磁場

記録磁場は,記録媒体に磁化反転を起こさせる磁場(抗磁力 H_c)より十分に大きく,通常 H_c の約2倍以上の大きな磁場強度が要求されている。大きな記録磁場を発生させるには,コイルに通電して発生する磁場のみでは到底足りず,コイル発生磁場を利用して近傍に配置した強磁性体(磁極)を磁化させることによって大きな記録磁場を得ている。ヘッドは身近な例では鉄芯(磁極)の周りに銅線(コイル)を配した電磁石を思い浮かべて頂ければ良い。

2.1.1 高飽和磁束密度軟強磁性材料

単磁極ヘッドから発生する記録磁場は,磁極材料の飽和磁束密度(B_s)にほぼ比例するため,磁極材料には大きな B_s 材料でしかも小さなコイル磁場で容易に磁化することのできる軟強磁性材料が使用されている。一般的にパーマロイと呼ばれる Fe と Ni の合金薄膜が用いられている。Fe と Ni の合金は,その組成により B_s は異なるが,磁気歪効果の少ない組成領域で使用され通常1T(テスラ)程度の B_s を示す[1]。この場合,磁極先端から約 10 nm の距離で約 10,000 Oe の記録磁場を得ることができる[2]。また,記録密度のたゆまない向上に伴い記録媒体抗磁力 H_c を上昇せざるを得ない状況にあるので,ヘッド設計には常に大きな記録磁場の発生が要求されている。そのため,大 B_s 材料を求めて,パーマロイの Fe および Ni 組成の調整や,Co を導入した Co,Fe と Ni の三元合金系の磁極材料なども研究が進められており,実用化に至っている合金系もある[3]。

2.1.2 最適形状(配置)

大きな記録磁場を得るには,コイルと磁極の位置関係や磁極形状の最適化および記録媒体との相互作用の積極的利用などが設計上重要なポイントとなっている。

---

[*] Mitsumasa Oshiki 情報ストレージ研究推進機構 常務理事

(1) 先端駆動（励磁）

　磁気ヘッドの保有する最大記録磁場を発生させるためには，駆動コイルを可能な限り単磁極先端部分に配置し，磁極先端を垂直方向に飽和磁化させて，記録媒体との相互作用を最大限利用することが肝要である。駆動コイルの位置を磁極先端から離すにしたがい，単磁極の磁気飽和領域が先端から離れることにより，記録磁場分布はブロードになり，記録磁場が減少する[4]。そのため，高密度記録に用いるヘッドではコイルおよび磁極の位置関係が，ヘッド設計での重要なパラメーターとなっており，コンピューターシミュレーションによる最適化が図られている。

(2) 磁極形状の最適化

　薄膜磁気ヘッドの磁極は，磁気回路の磁気抵抗低減のために先端部分より後端に向かってその断面積は増大するように設計されており，薄膜の厚み方向に太らせるか，または横幅を広げるなどの手法で断面積増大を図っている。形成プロセスの容易さから，通常は，磁極形状はホームベース状の五角形で，その尖った先端部で記録し，後部は横幅を広げて断面積を増大するように考案されている。図1に模式図を示した。図1(a) に見られるように，五角形のままでは先端磁極幅（コア幅）が加工精度で変化することになるため，図1(b) のように最終加工位置に因らずいつも一定のコア幅が得られるように直線部分が先端に構成されている。この先端直線部分（スロートハイトまたはネックハイトと呼ばれている）が長いと記録磁場強度は減少してしまう[2]。そのため加工精度を考慮した磁極形状の最適化が重要となっている。

2.2 時間的に忠実な記録磁場

2.2.1 低インダクタンス

　単磁極ヘッドの構造は，前節（第3章1節　単磁極記録ヘッドの原理と構造設計）で述べられているように，電流を通すコイルが磁極を周回するように配置されており，電磁誘導により記録磁場を発生させる。一般的に，高周波電気信号をコイルに通電する場合，周波数とコイルインダクタンスの大きさに対応した位相の遅れを生ずる。磁気ディスク装置に用いられている，電気信

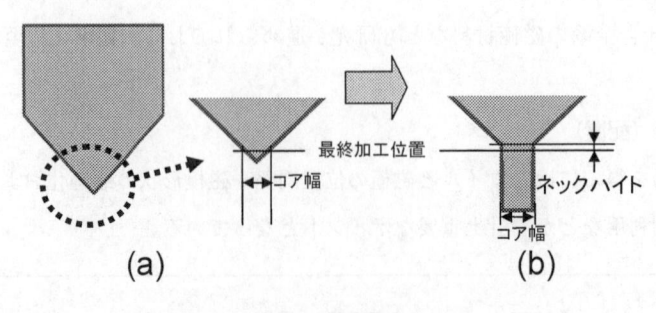

図1　磁極形状

第3章 磁気記録ヘッド技術

号使用周波数帯域は記録密度,信号符号処理方式,記録媒体径や回転速度によって決まるが,最近の2.5″記録媒体,7200 rpmの装置ではおおよそ100 MHz～300 MHzとなっており,位相遅れは大きな量となる。ヘッド設計の際,その遅延量を可能な限り小さくする,すなわち,コイルインダクタンスの最小化を念頭に設計を行っており,コイルの取り囲む面積を小さくするなどさまざまな薄膜コイルが薄膜プロセス作成技術との兼ね合いで,考案,実用化されている[5,6]。

2.2.2 残留磁化および磁気余効の抑制

磁極材料の軟磁性材料は,理想的には印加磁場の無い状態では磁区構造を形成しており残留磁化を持たないが,一般的に材料の組成揺らぎや内部ひずみのような内的要因と外形形状のひずみや非対称性など外的要因により残留磁化を持つ。特に,垂直磁気記録に用いる単磁極ヘッドでは記録媒体裏打ち層との相互作用が大きく,磁極の記録媒体方向の磁極残留磁化により記録の一部を消去あるいは,記録状態の変形が発生し,再生出力の低下などS/N劣化を生ずる場合がある[7]。そのため,磁極の記録媒体方向残留磁化を減らす努力が要求されており,トラック幅方向への一軸磁気異方性付与や多層化[8]により記録媒体方向の残留磁化低減および磁化回転モード利用などの工夫が取り入れられている[9]。

2.3 空間的に忠実な記録磁場

2.3.1 ダウントラック(記録媒体円周)方向の急峻化

垂直磁気記録では記録媒体磁化遷移領域からのノイズが,ノイズの大半を占めている[10,11]。磁化遷移は,理想的にはステップ関数的変化が望まれている,しかし,通常では磁気ヘッドの記録磁場の空間分布や記録媒体の磁気特性分布,磁性粒径分布などによって磁化がなだらかに変化する遷移領域を形成している[12]。この遷移領域のため記録情報を再生した再生信号は緩やかにその極性を変化させる。遷移領域の幅やその位置は,記録媒体の磁気特性,粒径などの平面内分布のため再生波形形状やピーク位置にバラツキが生し,ジッタノイズや遷移幅ノイズとして捉えられる。これらのノイズ低減のため,ヘッド側には鋭い磁場勾配の記録磁場を発生することが強く要求されている。更に記録媒体は高速回転しているため,記録媒体記録層に加わる磁場の時間変化は,空間的な磁場傾斜に回転速度を乗じた変化となるため可能な限り急峻な記録磁場勾配が要求されている。そのため最近の単磁極ヘッドは,単磁極の近傍に反対極性を持つ磁極(トレーリングシールド)を配置している[13]。図2に単磁極ヘッドの磁極模式図を示した。トレーリングシールドの極性は,単磁極の極性と逆極性であるため記録磁場の空間的分布(磁場勾配)は急峻になる。また,記録磁場の磁場ベクトルは記録媒体表面に平行な成分を有しており記録磁場ベクトル(図2(b)中に右斜め下向きの矢印で示した)は垂直方向からの傾斜を持つので記録し易さをもたらしている。良いことばかりであるが,トレーリングシールド設計では,必要な垂直方向

垂直磁気記録の最新技術

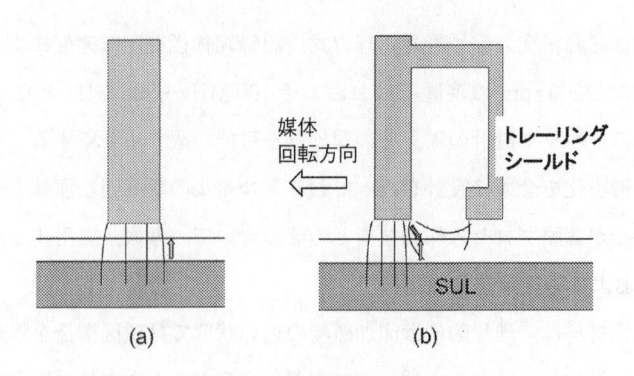

図2 単磁極ヘッド模式図

の記録磁場強度を損なわずに所望の磁場勾配や磁場傾斜を得るべく，トレーリングシールドの膜厚，磁気特性や配置距離などが重要な設計パラメターとなっており，記録媒体特性との最適化が図られている．

2.3.2 オフトラック（記録媒体半径）方向の急峻化

単磁極ヘッドの発生磁場は磁極端から裾広がりの分布を持つ[2]．そのため，記録磁場を大きくすればするほど，記録しようとする領域（記録ビット）以外の領域でも記録媒体に大きな磁場を加えることになる．この効果は，ダウントラック方向では一旦記録した記録ビットを記録磁場分布の裾野磁場で消去する（書き換える）記録減磁を引き起こす．またオフトラック方向では隣接するトラックの記録情報を消去してしまうまたは記録してある情報を書き換えるという隣接トラック干渉（ATI：Adjacent Track Interference）を引き起こす[14]．これらの障害を軽減するには，所望の記録位置にのみ記録を行なうことのできる記録磁場分布の急峻化が重要である．前述のトレーリングシールドはダウントラック方向のみならずオフトラック方向への磁場広がりの抑制効果も併せ持つのでATIに関しても軽減の効果が見られるが，しかし，高密度記録による高トラック密度化によって，トラック間隔が狭まっており，ATIがますます大きな問題点となってきている．そのため，オフトラック方向の磁場分布急峻化のため磁極の両サイドに磁性膜を配置したサイドシールド型単磁極ヘッドが考案されている[15]．このサイドシールドは先述のトレーリングシールドと同様の磁場急峻化の効果を示すが，磁気特性および配置距離などで磁場強度や磁場勾配が同時に変化するので，記録磁場印加範囲や記録磁場強度などを前提に設計されるが，製造技術を考慮した最適化が難しい．

2.4 超精密製造技術

単磁極ヘッドは，従来の面内記録に用いられた薄膜磁気ヘッドと同様の製造技術を用いて製作される[16]．製造技術は，①薄膜パターンファブリケーションプロセスと，②スライダー加工プロ

第3章 磁気記録ヘッド技術

セスの二段階に大別され，それぞれ数nmレベルの精度が要求されており製作上の大きな技術課題を抱えている。

2.4.1 薄膜パターンファブリケーションプロセス

単磁極ヘッドは，通常，アルチック（Al_2O_3とTiO_2で構成されたファインセラミック）と呼ばれる基板上に半導体のウエファープロセスを応用して一括（例えば5"φ基板で1万数千ヘッド）パターン形成される。特に，単磁極ヘッドは，立体的な多層ヘッド構造を持つため，平面内のパターン形成精度以上に各層の重ね合わせの精度が要求されている。単磁極ヘッドでは特に磁極形成に注意が払われている。

(1) 薄膜成膜

単磁極ヘッドの磁性薄膜や導電性薄膜などは，スパッタリング法および電気めっき法などの薄膜形成法が採られている。特に磁性薄膜は，ヘッド製作各社の設計思想に従って成膜法を含め，その層構成などの最適化が図られている。磁性薄膜中の挟雑物や組成の不均一が不要な磁気余効や残留磁化を発生させる要因となるため，要求されている磁気特性を安定に得るために，それぞれの成膜法での管理運営に多大な努力が払われている。

(2) パターン形成プロセス

薄膜を所望の磁極やコイル形状に形成するプロセスは，フォトプロセスとエッチングプロセスに大別される。フォトプロセスは，フォトレジストをフォトマスクの形状に現像してフォトレジストパターンを形成するプロセスであり，単磁極ヘッドのパターン線幅は，半導体の場合より少し広く平面的に数μmから$1/10\mu$m程度である[17]。磁気回路やコイルは立体的な構造となるため，層ごとの重ね合わせが重要で，特に，コイルと磁極の配置や磁極形状などの位置あわせ誤差がそのまま記録特性のバラツキの要因となっている。別の言い方をすれば，記録特性に対する位置あわせマージンが少なく，量産製造では，この重ね合わせ誤差によって製造歩留まりが大きく変動する。エッチングプロセスは，磁性薄膜や導電性薄膜などをフォトレジストパターン形状にエッチング加工成形するプロセスであり，最近は，ドライエッチング法が主流である。イオンミーリング，RIE (Reactive Ion Etching) やFIB (Focused Ion Beam) など，ガスを被加工物に衝突させて，物理的にまたは化学的に加工をすすめる技術が使用されている[18]。磁極形成では断面積を確保するために薄膜厚みを取らねばならない。また，磁気ディスク装置で回転型ヘッドポジショナーが採用されているのでATI防止のために磁極の逆台形形状成形が必須となっている[19]。それらのため，磁極形成では厚い（数μm）磁性膜の精密エッチングが要求されている。その際，加工イオンガスの流路や飛翔軌跡と被加工物ウエファーの位置関係で加工分布が生じる，また加工ガス電荷でウエファーが帯電し静電破壊する場合もあり，安定した均一加工のためのチェックポイントは多い。

2.4.2 超精密機械加工

ウエファープロセス終了後，基板を機械加工して記録媒体とおおよそ10 nm程度の所定空隙を設けて浮揚して記録再生するスライダーを形成する。スライダーの外形寸法は，mm単位の加工であるが，単磁極ヘッドの加工で最も重要な工程は，媒体対向面（浮上面）の加工である。前述したスロートハイト（ネックハイト）はこの加工工程で決められる。加工は先ず，基板（ウエファー）をバー状に機械加工で切断して研削加工を行い，その後，浮上面加工をラッピング法で最終寸法に仕上げる。ラッピングは金属定盤の上面にダイヤモンド砥粒を塗布して，機械加工されたバーに適度な加重を加え擦りあわせて加工を進める。加工状況の監視や加工終点管理には，ウエファープロセスで形成したELG（Electric Lapping Guide）と呼ばれるラッピングマーカーの電気抵抗変化を用いている。ELGは，ウエファープロセス工程内で磁極形成と異なる工程で製作されるため，相互の位置あわせ誤差がそのまま加工誤差につながる。また，ELGの電気抵抗は，外形寸法や薄膜膜厚により変化するので，一義的に終点抵抗を決めることができず，さまざまな工夫が行われている。また被加工物である基板加工面は種々の硬度を持つ金属，絶縁物やセラミックスなどが露出しているため，研磨スピード差による凹凸（リセション）ができてしまう。そのため，砥粒種類，砥粒の量，Ph，使用経過時間や定盤状態により加工スピードやスライダー加工面形状が変化するので，安定な加工を継続するには多くの管理工数を要している。

本節では，単磁極ヘッドの課題とその対策について述べた。この領域はノウハウに属する部分を多々含んでいるため，参考文献も少なく一般的な記述に留まざるを得なかった。

文　　献

1) 近角聰信，強磁性体の物理（上），裳華房，p.32 (1991)
2) Y. Kanai, *J.M.M.M*, **235**, p.368-374 (2001)
3) 逢坂哲彌，信学技報，6, 27-32 (2005)
4) H. Muraoka, *et al.*, *IEEE Trans. Magn.*, **35**, 643 (1999)
5) K. Ise, *et al.*, *J.M.M.M*, **235**, p.187-190 (2001)
6) K. Yamakawa, *et al.*, *J.M.M.M*, **287**, p.367-371 (2005)
7) K. Hirata, *et al.*, *J.M.M.M*, **287**, p.352-356 (2005)
8) M. Mochizuki, *et al.*, *J.M.M.M*, **287**, p.372-375 (2005)
9) K. Takano, *J.M.M.M*, **287**, p346-351 (2005)
10) Y. Nishida, *et al.*, *J.M.M.M*, **235**, p.454-458 (2001)
11) Y. Okamoto, *et al.*, *J. Magn. Soc. Jpn.*, **28** (4), p.490-500 (2004)

第3章 磁気記録ヘッド技術

12) H. Muraoka, *et al., IEEE Trans. Magn.*, **42**, 2261 (2006)
13) M. Mallary, U. S. Patent 4656546 (1987)
14) R. Wood, *et al., IEEE Trans. Magn.*, **36**, 36 (2000)
15) Y. Kanai, *et al., IEEE Trans. Magn.*, **39**, 2405 (2003)
16) 押木満雅, 日本学術振興会 薄膜第131委員会 第15回薄膜スクール資料 (10. 7.1), p.155
17) 山田一彦, 日本応用磁気学会 第108回研究会資料, p.67 (1999.1.28)
18) 市原勝太郎, 日本応用磁気学会 第108回研究会資料, p.75 (1999.1.28)
19) 中本一広, 日本応用磁気学会 第135回研究会資料, p.29 (2004.3.12)

3 シールドプレーナ型ヘッド

伊勢和幸*

　垂直磁気記録方式で記録媒体に記録するためには，使用する記録ヘッドから記録媒体に対して垂直方向の磁界を発生する必要がある。そのような記録ヘッドとして，1枚の軟磁性膜（主磁極膜）を記録媒体に対して垂直に配置し，これをコイルで励磁することによって垂直記録に必要な垂直の磁界を発生する記録ヘッドが使われている。従来の長手記録方式用のリング型ヘッドでは2枚の薄膜の磁極が記録媒体に対向するような構造であったのに対して，前述の通り単一の磁極で構成されることからこのヘッドは単磁極記録ヘッドと呼ばれている。この単磁極記録ヘッドのように，記録ヘッドの観点から高密度記録の実現を目指した場合，記録トラック幅を狭くして，トラック密度を高くしていく必要がある。しかしながら，単磁極記録ヘッドの記録トラック幅が狭くなると，主磁極先端の面積の減少に伴い，発生するヘッド磁界の強度が低下する。その一方で，高密度記録になるほど用いる記録媒体においては，熱安定性を確保するために磁気異方性が大きくなる傾向にあり，その結果として記録ヘッドにおいては，ますます大きな磁界強度が必要になるというジレンマにある。大きな記録磁界を発生させる代表的な手段の一つとしては，主磁極に飽和磁束密度の高い磁性材料を用いることがある。しかしながら，近年の磁性材料の研究開発の進展により，飽和磁束密度が2.4T級の軟磁性材料に関する報告がすでに数多くされるようになってきている。このことはすなわち，主磁極として用いられる軟磁性材料の飽和磁束密度はすでに物性限界近くまで達しているものと考えられ，現状よりも飛躍的な磁性材料の高飽和磁束密度化は早急には望み難い。従って，強磁界強度化のためには磁性材料以外からの取り組みが必要であり，その取り組みの一つとしてヘッド構造自体の改良が今後は重要になってくるものと考えられる。このような背景の中，単磁極記録ヘッドにおいて強磁界強度を得る構造の一つとして，テーパー形状[1~4]や複合磁極面型[2]の主磁極構造を採用することが提案されている。このテーパー形状の主磁極構造において強い記録磁界が得られる理由としては，電磁石を例に考えると理解しやすい。電磁石は強い磁界を発生するものの代表的な例であるが，電磁石においてその磁極片（pole pieces）を円錐形とすることによって，円錐面に発生する磁荷による磁界が重畳されることにより強い磁界を発生でき，磁極片に用いた磁性材料の飽和磁束密度を超える磁界強度を得ることさえもできる。このとき，磁極の角度（磁極中心軸からの角度）が54.7度の時に最大磁界強度が得られる[5]。この考え方を磁気ヘッドに適用したものがテーパー形状の主磁極構造であるといえる。もう一方の複合磁極面型の主磁極構造も，単磁極記録ヘッドの主磁極先端を2段構造

　＊　Kazuyuki Ise　秋田県産業技術総合研究センター　高度技術研究所　主任研究員

第3章 磁気記録ヘッド技術

にすることによって，主磁極先端面の作る磁界に後段面の磁界が重畳されることにより，テーパー形状の主磁極構造と同様に強いヘッド磁界の発生が可能となる。テーパー形状の主磁極構造を単磁極記録ヘッドに適用すると，主磁極は磁極片，リターンヨークは外部磁路となり，垂直記録媒体の軟磁性裏打ち層（soft-under layer：SUL）の鏡像により電磁石（より具体的にはビッター型電磁石）と類似の構成をとることができる。従って，これによりギャップ内となる主磁極直下の記録媒体位置には，極めて強い記録磁界を発生できることになる。

また，記録トラックの幅が狭くなると，磁界強度の低下の他にも記録にじみの影響も大きな問題となってくる。従って，高密度記録を目指した狭トラックの単磁極記録ヘッドにおいては，強磁界化と記録にじみを抑えるためにフリンジング磁界の抑制（磁界の急峻化）との両立が求められることになる。この磁界の急峻化に関しては，磁気シールド構造[6,7]が一般的に提案されている。この磁気シールド構造では，主磁極先端の近傍に設けられた磁気シールドによって，主磁極側面からの余分な漏れ磁界を遮断することにより，急峻な磁界分布を実現することができ，将来の高密度化には必須の構造であると考えられる。

しかしながら，ここに取り上げたテーパー形状の主磁極や磁気シールドのような複雑な構造から構成される単磁極記録ヘッドを実現しようとすると，3次元的な主磁極先端の形成や高精度な磁気シールドの厚さ制御等の従来とは異なる作製技術が必要になると考えられ，これらを現在一般的に用いられている薄膜磁気ヘッドの作製プロセスの中で実現しようとすることは決して容易なことではない。また，これらのテーパー形状の主磁極と磁気シールドとを組み合わせた単磁極記録ヘッドの構造について，その作製方法まで考慮しての具体的な提案はなされていない。

ところで，従来からの一般的な薄膜磁気ヘッドとは異なる作製方法を用いるヘッド構造として，ヘッドの浮上面（air bearing surface：ABS）がヘッド素子を形成する基板面に対して平行に形成されるプレーナ型ヘッドが長手記録方式用のリング型ヘッドでいくつか提案されている[8,9]。例えば文献9)によれば，図1のような，Si基板上にヘッド素子を形成し，作製プロセスの最後にそのSi基板を除去して現れた面をヘッド浮上面とするヘッド構造及び作製方法が報告されている。このようなプレーナ型のヘッド構造を適用することによって，従来の薄膜磁気ヘッドの構造では難しかったヘッド構造も実現できる可能性があると考えられる。

そこで新たなヘッド構造を実現する手段の一つとしてこのプレーナ型のヘッド構造に着目し，前述のテーパー形状主磁極や磁気シールドを取り入れることを考察した。なお，プレーナ型ヘッドにおいては，記録と再生の両素子ともに従来の薄膜磁気ヘッドとは異なる構造となるため，両方の素子構造について議論する必要があるが，本節では記録素子部についてのみ議論する。すなわち，プレーナ型ヘッドの構造とその作製技術を発展させ，テーパー形状の主磁極構造と磁気シールド構造との両方を組み合わせた新たな垂直磁気記録用単磁極記録ヘッド（以下，シールド

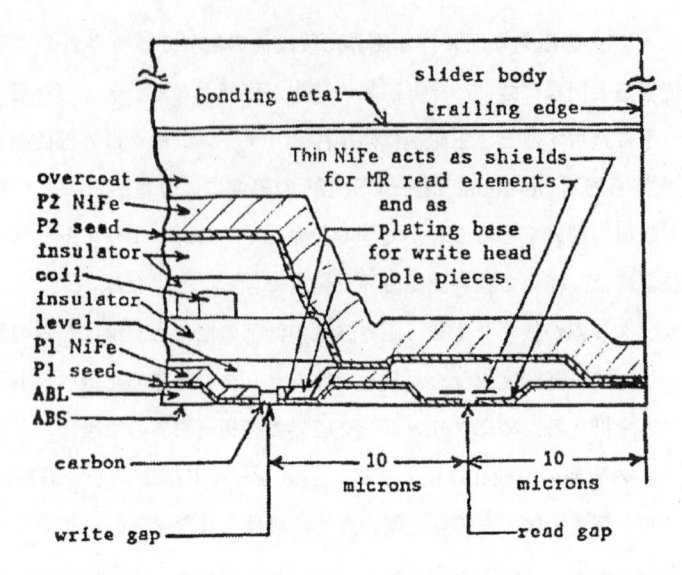

図1 誘導型記録素子とMR型再生素子を搭載した長手記録用のプレーナ型（水平型）ヘッド
（引用文献9)図7より）

プレーナ型ヘッド）について以下に記していく。

　シールドプレーナ型ヘッドを議論するにあたり，初めにテーパー形状の主磁極構造と磁気シールド構造の特徴について，3次元の有限要素法を用いた磁界解析によって検討を行った。図2にはその磁界解析に用いた単磁極記録ヘッドと軟磁性裏打層のみを考慮した記録媒体との組み合わせによる解析モデルの断面図を示す。なお，各磁性材料の飽和磁束密度は2.4Tとした。主磁極先端は3次元的な四角錐形状（ピラミッド形状）になっており，その周囲にはコイルが巻かれている。磁気シールドは，主磁極側壁のテーパー面に対して平行な端部を有し，主磁極の四方を取り囲んでいる。すなわち，ダウントラック方向とクロストラック方向の両方向に磁気シールドが配置されている。このような解析モデルを用いて，主磁極側面のテーパー角が磁界強度に及ぼす影響について計算した結果を図3に示す。主磁極側面のテーパー角が，一般的な主磁極のそれと

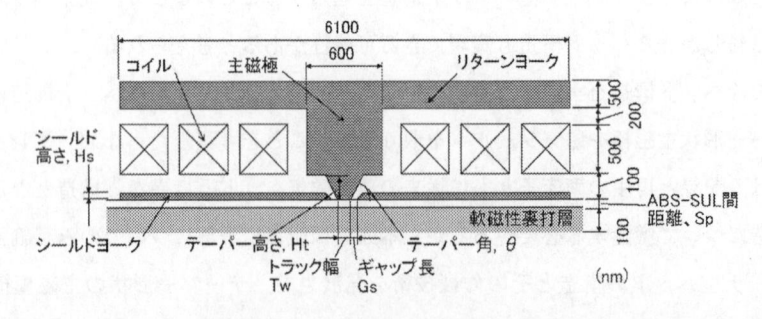

図2 磁界計算に用いた単磁極記録ヘッドと軟磁性裏打層を組み合わせた解析モデル（断面図）

第3章　磁気記録ヘッド技術

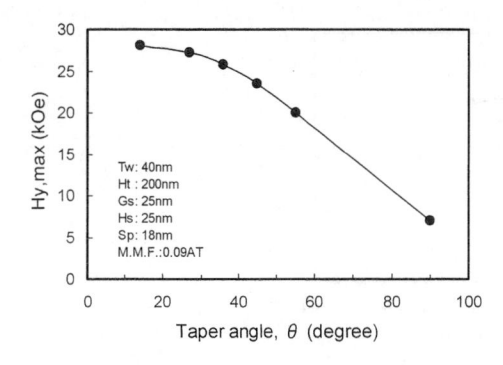

図3　主磁極のテーパー角による最大磁界強度の変化の様子

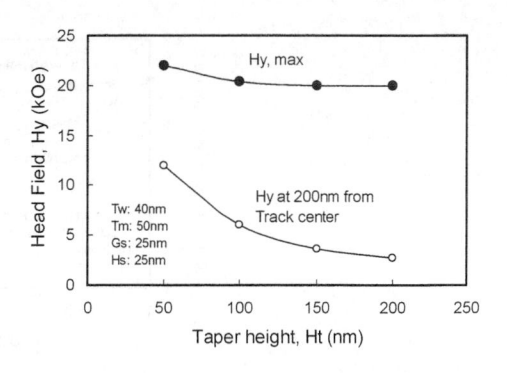

図4　主磁極のテーパー部分の高さによる最大磁界強度とトラック中心から200nm離れた位置での磁界強度の変化の様子

同じである垂直の90度から小さくなるにつれて磁界強度が著しく増大していき，電磁石の磁極片の角度の場合に比べて小さな30度以下のテーパー角でほぼ飽和することがわかる。従って，テーパー形状を主磁極の構造に上手く取り入れることができれば，狭トラック化に伴う磁界強度の低下の抑制に極めて有効であるといえる。次に主磁極のテーパー部分の高さが磁界強度に及ぼす影響について計算した結果を図4に示す。併せてトラックの中心から200nm離れた位置での磁界強度を計算した結果も示す。このテーパー部分の高さは，一般的な単磁極記録ヘッドのスロートハイトに相当すると考えられる。一般的な単磁極記録ヘッドにおいては磁界強度のスロートハイト依存性が強く，将来の超高密度記録に対応するような強い記録磁界を発生するためには，数十nm程度の小さなスロートハイトが検討されている[3,10]。しかしながら，このように小さなスロートハイトを実現するためには，極めて寸法精度の高い機械研磨技術を必要とすることから，実際のヘッド作製の観点からはスロートハイトが高く，かつ，寸法精度に対するマージンが大きいことが望ましい。これに対して，図4に示したように，テーパー形状の主磁極構造の場合には，スロートハイトに対応するテーパー部分の高さを高くしても磁界強度の低下は比較的小さい。これはテーパー部分の高さが高くなるとテーパー部分の面積が増大し，その結果，テーパー部分に発生する表面磁荷も増加する効果によるものと推測される。また，トラックの中心から200nm離れた位置での磁界強度に関しては，テーパー部分の高さが高くなるにつれて磁界強度が低下している。このことから，テーパー部分の高さはある程度高くした方が，隣接トラックへの影響を低減できることがわかる。

　このようにテーパー形状の主磁極は，狭トラック時における磁界強度の低下の影響を抑制する上で極めて有効な主磁極構造ではあることがわかる。しかしながら，テーパー形状の主磁極では本質的に磁界分布が広がりやすいという問題もあり，狭トラック記録に必須となる急峻な磁界分布を得るためには磁気シールドの付与が必要不可欠である。そこで引き続き，磁気シールドの高

垂直磁気記録の最新技術

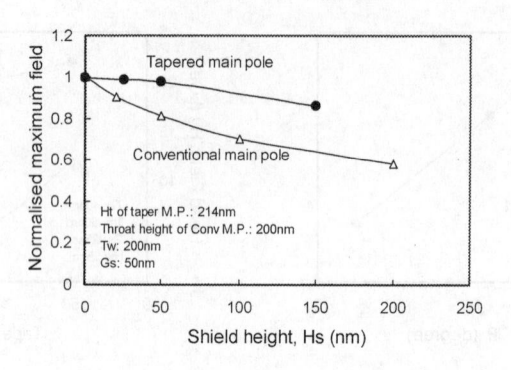

図5 テーパー形状と従来形状の主磁極構造におけるヘッド磁界の磁気シールド高さ依存性

さの影響について計算し，その結果を図5に示す。比較のために，主磁極の側面が垂直である通常の主磁極構造での計算結果も併せて示す。通常の垂直な主磁極構造では，磁気シールドが高くなると単調に磁界強度が低下していき，その高さがわずか50nmでも磁界強度が20%も低下してしまう。一方のテーパー形状の主磁極構造では，磁気シールドの高さが50nm程度の高さではほとんど磁界強度の低下が見られず，その高さが150nm程度に高くなっても磁界強度の低下はわずか10%程度に抑えられている。このことは通常の垂直な主磁極形状に比べて，テーパー形状の主磁極では，より高い磁気シールドの利用も可能であることを示している。すなわち，テーパー形状の主磁極構造は，磁気シールドも含めた主磁極先端部の寸法の観点からは，機械加工における寸法精度のマージンが緩和された比較的作製の容易な単磁極記録ヘッド構造であるといえる。但し，ここでの計算例はトラック幅が200nm程度の場合であり，これよりもトラック幅が一層狭くなっていくと，テーパー形状の主磁極構造の場合においても，磁気シールドの高さの増大に伴い磁界強度は大きく低下していくので，最適化が必要であると考えられる。続いてダウントラック方向での磁界分布の起磁力依存性を図6に示す。起磁力の大きさが0.03AT程度までは磁界の裾引きが小さく，それ以上の起磁力では裾引きの増大とともに最大記録磁界も増加していくことがわかる。これは主磁極先端面の磁荷からの磁界に重畳されるテーパー部分の表面磁荷による磁界の影響が増大していくためと考えられる。また，磁気シールドを配置する場合，主磁極と磁気シールドの間のギャップも重要なパラメーターとなる。図7に主磁極とシールド間のギャップ長，それと，ABSとSUL間の距離を変化させたときの磁界分布の様子を示す。これより，ギャップ長とABS-SUL間距離を共に同程度に小さくすることが，急峻な磁界分布を得る上で有効であることがわかる。

以上のような特徴を持つテーパー形状の主磁極構造を有する単磁極記録ヘッドと通常の垂直な主磁極構造を有する単磁極記録ヘッドとの磁界分布を起磁力が0.03ATと0.09ATとで比較した

第 3 章　磁気記録ヘッド技術

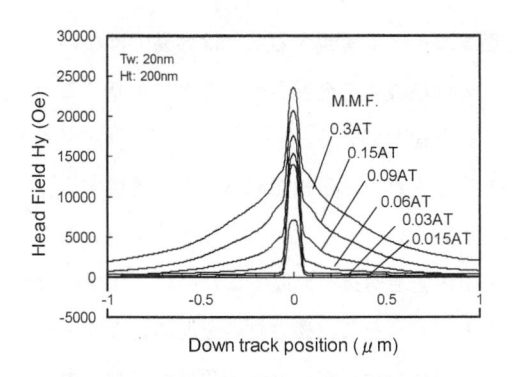

図6　テーパー形状の主磁極におけるダウントラック方向での磁界分布の起磁力による違い

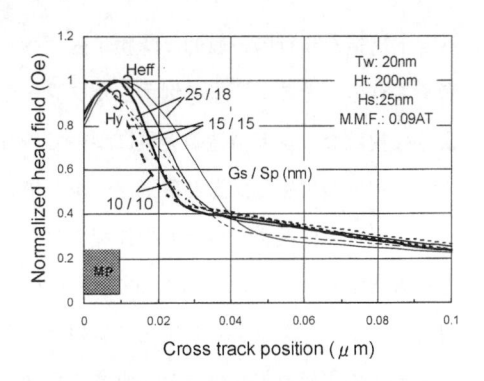

図7　主磁極－シールド間ギャップ長，及びABS-SUL間距離の様々な組み合わせにおける垂直方向の磁界H_yと実効磁界H_{eff}の分布の様子

結果を図8に示す．なお，どちらの単磁極記録ヘッドにも磁気シールドを配置している．0.03ATの低い起磁力においては，テーパー形状の主磁極構造の方が磁界強度に対する優位性が発揮されている．しかも，通常の垂直な主磁極構造における起磁力が0.09ATの場合よりも磁界強度が依然として大きく，また，それにもかかわらず磁界の裾引きは小さい．仮に大きな記録磁界の裾引きを許容する垂直記録媒体を用いることができれば，0.09ATという大きな起磁力を印加することで，通常の主磁極先端構造に比較して著しく大きな磁界強度を利用することもできると考えられる．

ここまで記してきたように，テーパー形状の主磁極構造を有する単磁極記録ヘッドは，狭トラック時においても強い記録磁界を発生することができ，更に，磁気シールド構造と組み合わせることで，記録磁界の裾引きも改善でき，これらは今後の超高密度記録を実現する上で極めて有望なヘッド構造の一つと考えられる．しかしながら，初めに記したように，このような複雑な

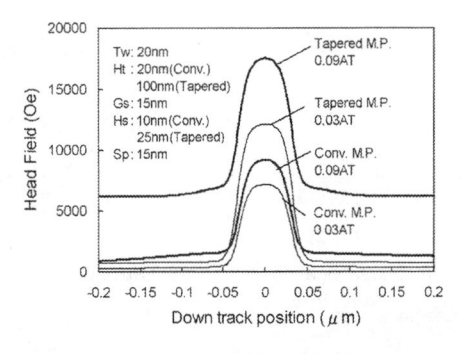

図8　テーパー形状と従来形状の主磁極構造における磁界分布の比較

垂直磁気記録の最新技術

ヘッド構造を現行の一般的な薄膜単磁極ヘッドの作製プロセスで実現することは容易ではないと考えられる。そこで，先に例示したプレーナ型ヘッドの作製技術を発展させることにより，このような複雑なヘッド構造の実現についての詳細を引き続き記していく。

テーパー型主磁極構造と磁気シールド構造の両方を取り入れた単磁極記録ヘッドを実現するために，現行の薄膜磁気ヘッドの作製プロセスでは通常用いないような次のような手法を用いることを考案する。一つは，3次元的なテーパー形状の主磁極先端構造を形成するために，化学的な異方性エッチングにより3次元形状のテンプレートを形成し，そこに磁性材料を埋め込んでテーパー形状の主磁極先端構造を形成する手法である。この手法では，テーパーの角度が作製に用いる単結晶基板の面方位によって決まるため，極めて高精度に角度を規定できるという特徴を有する。もう一つの手法としては，主磁極と磁気シールド間のギャップ長，及び，磁気シールドの厚さを制御するために，成膜する薄膜の厚さによって自己整合的に制御する手法である。この手法では，テーパー形状の主磁極先端に非磁性ギャップ層と磁気シールド層を連続して成膜し，その後，その主磁極先端の突起部だけを除去することで，極めて精度よくギャップ長とシールドの高さを制御できる。これらの手法を取り入れたシールドプレーナ型ヘッドの基本的な作製プロセスを図9に示す。その作製プロセスは順に以下のようになる。

1) 単結晶のSi(100)基板に，主磁極先端形成用のテンプレートのためのエッチングマスクを形成する。エッチングマスクの材料には，後述のエッチング溶液に対して耐性があり，基板のSiに比較して十分な選択比のとれる酸化珪素（SiO_2）や窒化珪素（Si_3N_4）などを用いる。

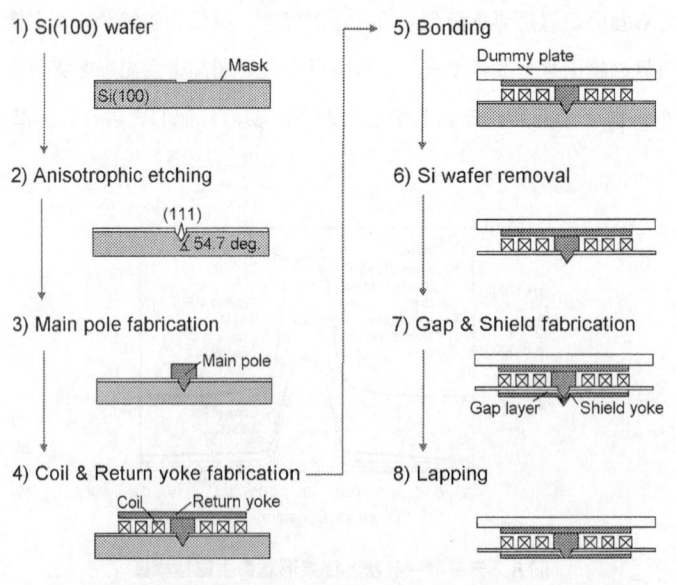

図9 シールドプレーナ型ヘッドの基本的な作製プロセスの例

第3章 磁気記録ヘッド技術

このマスク材に四角形もしく円形の開口部のパターニングを行い，化学的な異方性エッチングのマスクとする。

2) テンプレート用のエッチングマスクを形成した Si(100) 基板を，水酸化カリウム溶液（KOH）やエチレンジアミンピレカテコール（EDP），もしくは水酸化3メチルアンモニウム（TMAH）などのエッチング溶液に浸して異方性エッチングを行う。すると，Si 基板の表面の (100) 面に比べて (111) 面のエッチング速度が桁違いに遅いことによって異方性エッチングが行われる。この時，正方形や円形の開口を持つマスクを用いると，ウェハー面に対して 54.7 度のテーパー角を持つ四角錐形状，すなわち，ピラミッド形状の溝のテンプレートを極めて精度よく形成できる。

3) 形成したテンプレートの溝に主磁極用の軟磁性材料を埋め込むことによって，ピラミッド形状の主磁極先端部を形成する。

4) 主磁極先端部を形成後，その周囲にスパイラル状のコイルを形成し，引き続いて絶縁層やリターンヨーク，更に保護膜等を適宜形成していく。

5) その後，ヘッド素子を形成している Si 基板の面と，後述の Si 基板除去時にヘッド素子を保持し，且つ，ヘッドスライダーとしての役目も担う保護基板との接合を行う。基板同士の接合にはいくつかの手法が考えられるが，ここでは陽極接合を例に挙げて説明する。この陽極接合は，Si 基板などの導電性を持つ基板とガラス基板とを 200〜500 度程度に加熱し，更に Si 基板側に 100〜1000V 程度の電圧を印加することで行う。すると，ガラス基板中の電荷が分離を始めて，アルカリイオン（負電荷）が Si 基板側に引きつけられる際に，基板の界面に働く静電力による強力な吸引力によって極めて強固に基板同士の接合が行われるものである。ヘッド素子を形成している Si 基板の最表面が絶縁物の場合，その最表面に Hf 等[9]の導電膜を成膜し，その導電膜の面に電圧を印加することで，ガラス基板との接合を行うことができる。

6) 基板同士を接合後，KOH 溶液等によるウェットエッチングや XeF_2 ガス等によるドライエッチング等により Si 基板を完全に除去することによって，ヘッド素子がガラス基板側に残り，その最表面にはピラミッド形状の主磁極先端部が出現する。

7) ピラミッド形状の主磁極先端のある面に，主磁極と磁気シールド間のギャップとなる非磁性層と，磁気シールドのヨーク材となる軟磁性層を連続して成膜する。すると，ギャップ長や磁気シールドの厚さはこの時の成膜する膜厚の精度で制御できるため，機械研磨等によってシールドの厚さを制御する場合に比べて極めて高い精度でその寸法を制御できる。

8) ギャップ層と磁気シールド層を成膜後，主磁極先端の不必要な突起部を研磨等により適当量除去することによってトラック幅が規定され，磁気シールドとの間にギャップを介して主

磁極先端が現れる。最後に，保護膜，スライダー浮上面もしくは摺動パッドを形成し，チップ切断などの後工程を経ることによって，シールドプレーナ型ヘッドの作製プロセスが完了する。

上記の作製プロセスを実際に応用し，2層構成で巻き数が6ターンのコイルを有するシールドプレーナ型ヘッドを試作した例を以下に示す。図10に試作の途中段階におけるシールドプレーナ型ヘッドの写真を示す。断面写真からはテーパー形状の主磁極を確認でき，先に記した作製プロセスによって，3次元的なテーパー形状の主磁極構造を有するヘッド構造を実現できることがわかる。この試作したコイル数が6ターンのシールドプレーナ型ヘッドのインダクタンスの周波数特性を図11に示す。例示した試作ヘッドにおいては，その作製に使用したフォトリソグラフィー技術の精度による制限のため，コイルの最外径は30μm以上もあるが，ヘッドのインダクタンスは1GHz以上の周波数まで0.4～0.6nH程度と非常に小さく，このことからシールドプレーナ型ヘッドは高周波特性にも優れているものと期待される。

以上のように，プレーナ型のヘッド構造とその作製方法を適用することで，テーパー形状の主磁極と磁気シールドを有するシールドプレーナ型ヘッドを実現することができる。本節で紹介したシールドプレーナ型ヘッドは記録素子部についてのみであり，これとの一体化に適した再生素子部についての検討が今後必要である。また，プレーナ型ヘッドにおいては，図1に例示してあるように，記録素子部と再生素子部との距離が大きくなりやすく，実効的なスペーシングが大きくなることが懸念される。従って，より高精度なリソグラフィー技術を用いるなどにより素子の小型化を図り，その影響を軽減していく必要もある。その他に，ここで例示した構造，並びに作製方法では，主磁極の先端突起部分の除去量によってはトラック幅が変わってしまうなどの課題

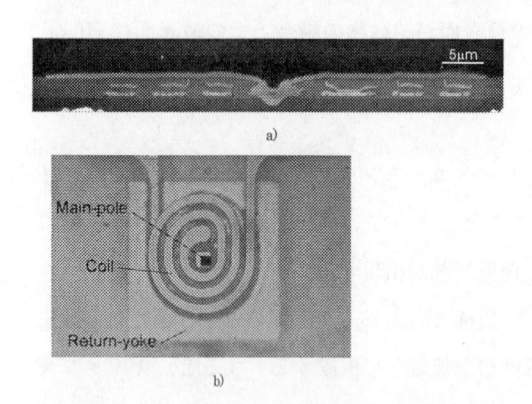

図10　シールドプレーナ型ヘッドの試作例
a) リターンヨーク形成後の断面図（図9のプロセス4に相当）
b) シールド形成前の主磁極先端側からの平面図（図9のプロセス6に相当）

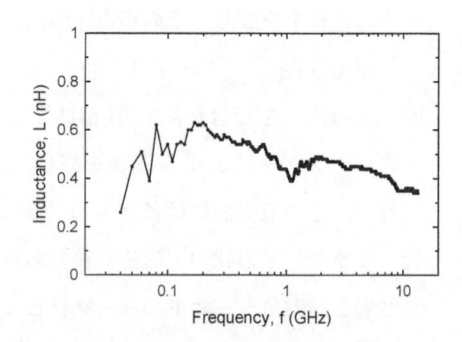

図11　シールドプレーナ型ヘッドのインダクタンスの周波数特性の測定例（コイル数6ターン）

第 3 章　磁気記録ヘッド技術

はあるものの，テーパー形状の主磁極構造と磁気シールド構造を組み合わせたシールドプレーナ型ヘッドは将来の高密度化に必要な強磁界強度を得る上で極めて有望なヘッド構造の一つであることは間違いなく，適切に設計されたパターン媒体等と組み合わせることによって，1 Tbit/in^2 以上の高密度記録の実現も期待される[11]。

文　　献

1) M. Mochizuki *et al., J. Magn. Magn. Mat.* **235**, 191（2001）
2) 高橋慎吾ほか，信学技法，MR2001-1, p.1（2001）
3) K. Z. Gao *et al., IEEE Trans. on Magn.* **38**, 2063（2002）
4) Y. Kanai *et al., IEEE Trans. on Magn.* **39**, 1955（2003）
5) Y. Ishikawa *et al., J. J. Appl. Phys.* **1**, 155（1962）
6) M. Mallary, U.S. Patent 4,656,546（1987）
7) K. Yamakawa *et al., IEEE Trans. on Magn.* **38**, 163（2002）
8) J. P. Lazzari *et al., IEEE Trans. on Magn.* **25**, 3190（1989）
9) D. W. Chapman *et al., IEEE Trans. on Magn.* **25**, 3686（1989）
10) M. H. Kryder *et al., J. Magn. Magn. Mat.* **287**, 449（2005）
11) 本多直樹ほか，信学技法，MR2006-58, p.7（2006）

4 磁気ヘッドコア用高 B_s 材料

逢坂哲彌[*1], 杉山敦史[*2]

4.1 はじめに

情報の記録方式として主流となっているハードディスクドライブ（HDD）は高密度化，小型化が加速し，その用途はあらゆる分野に拡がっている。これまで HDD は主に演算装置の記録ユニットとして使用されてきたが，カーナビゲーションやポータブルミュージックプレーヤ等の家電製品の記憶用としても利用が進み，これからのユビキタス社会において必要不可欠な基幹装置と言える。

HDD の高密度化を図るには次世代型の新システムの提案と共にそれらを下支えする優れた新規材料の開発が急務不可欠となっている。HDD のキーデバイスの一つである磁気ヘッドに注目すると，記録媒体の磁化転移幅[1]を狭めるために磁気ヘッドサイズを縮小することが必然であるが，縮小化に伴い記録ヘッドコア部の軟磁性材料から励磁する磁束も小さくなり，年々保磁力が大きくなる記録媒体に記録ビットの書き込みが出来なくなる問題が生じる。このため記録ビット形成に必要な磁束を確保するために磁気ヘッドコア用の軟磁性材料には，高い飽和磁束密度（B_s）が第一の特性として挙げられることになる。また，B_s の他に記録周波数特性向上のためにバルクハウゼンノイズ[2]や渦電流[3]を抑制する低磁歪，低膜応力および高比抵抗の特性も磁気ヘッドコア材料には求められている。現在，記録ヘッドのヨーク長を短縮するといった磁気ヘッドデザインの改良[4]によって周波数特性に係る材料の欠点を補うことは可能と考えられるが，今後の記録密度の向上には材料自体の高性能化が本質的に必要と言える。さらに実用化のためには耐食性や三次元構造体である磁気ヘッド形成プロセスに係る手法や経済的な考慮も必要である。

本節では筆者らが進めているめっき法を用いた軟磁性薄膜の開発を主に磁気ヘッドコアに適した材料形成について述べる。

4.2 磁気ヘッドコア材料の変遷

図1は実用化あるいは試作されてきた HDD 面記録密度と薄膜磁気ヘッドの記録用コア材料の変遷を示す[5]。記録密度増加は磁気ヘッドの開発，より端的に言えば1記録ビット当たりを占める面積の縮小化に対応するための磁気ヘッドの小型化に律せられてきたといっても過言ではない。図2はここ十数年の磁気ヘッド素子部の断面写真から見た薄膜磁気ヘッドサイズの変遷を示す。年々小型化していることがわかる。

[*1] Tetsuya Osaka　早稲田大学　理工学術院　教授
[*2] Atsushi Sugiyama　早稲田大学高等研究所　客員准教授

第3章 磁気記録ヘッド技術

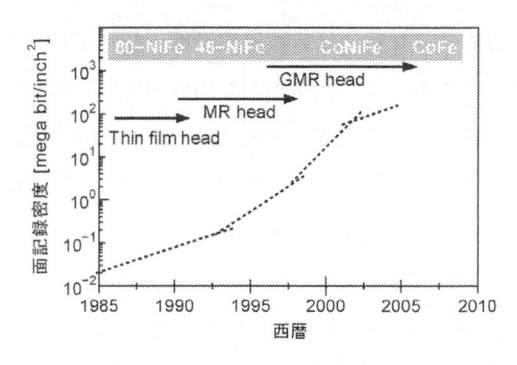

図1 HDD記録密度と磁気ヘッド主磁極材料の変遷

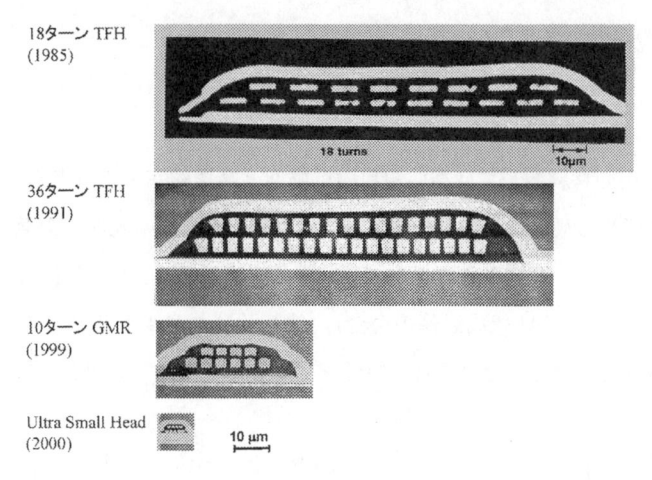

図2 薄膜ヘッドのコア部断面写真から見たサイズの変遷

 HDDは1956年に米国IBM社が演算装置（RAMAC 305）用の記憶ユニットとして容量5MBのHDD（IBM Type 350）を初めて開発した。当初，磁気ヘッドコアにはヘッド隙間に銅を詰めたMu-metal（Ni-Fe-Mo-Cu）を薄層にしたものからできていたが，1966年からB_sが0.5T程度の酸化第二鉄Fe_2O_3を主成分とするフェライトが用いられるようになった。このヘッド材料は高い比抵抗を持つために薄膜にする必要が無く，また焼結製造したフェライトのブロックをコア形状に切り出して銅線を巻いたシンプルなバルク型の構造を持ち，ヘッド作製プロセス上の利点を有していた。しかしながら，当時の技術ではヘッドの間隙を$1\mu m$以下の精度で加工することが難しく，バルク型であることが記録密向上のボトルネックになる新たな問題を生じさせた。このため，1970年代の初め頃から，フォトリソグラフィー，めっきといった新しい技術の導入が試みられるようになり，1979年には同じくIBM社が軟磁性薄膜コア，コイル，電極，絶縁層を基板に成膜して，スライダに組み込んだ間隙がサブミクロンの薄膜ヘッドをめっき法で実用化

した[6]。薄膜ヘッドの軟磁性コア材料には飽和磁束密度 1 T の 80 パーマロイ（$Ni_{80}Fe_{20}$）が 20 年間にわたり長く用いられてきた。またその間には NiFe 中の Fe 含有率を 20at％から 55 at％に増加させることで飽和磁束密度を 1.5T まで高めた 45 パーマロイも一部で使用されてきている。

初期薄膜ヘッドでは記録と再生を同一コアで行っていたため，再生電圧を上げるために銅コイルのターン数は多く，ヨーク長（図2の各写真横幅）も $200\mu m$ 以上になっていた。1990年代には読み取り部が分離され MR（磁気抵抗）ヘッドになるとコイルのターン数は 10 巻程度で十分となり，さらに小型化が推し進められるようになった。そして，新しい再生信号処理方式 PRML の採用や巨大磁気抵抗（GMR），トンネル MR（TMR）再生素子への移行といった磁気ヘッドの高機能化に係る環境が整備されるに従い，ますます記録密度向上のためには記録コアに用いる高 B_s 材料の開発が重要になっていった。

4.3 ナノ結晶による軟磁気特性の改善

磁気ヘッドコア用の材料としては高い飽和磁束密度と高透磁率を兼ね備えた材料が好ましい。日本（特に東北大学）は硬磁性材料に加えて軟磁性材料に関しても発明・開発の最先進国であり世界の先導的立場にある。開発されてきたパーマロイ，珪素鋼[7]，フェライト，センダスト[8]（Fe, 9.5 mass％-Si, 5.5 mass％-Al 組成近傍の合金），鉄基及びコバルト基アモルファス合金などは種々の優れた物理特性を持ち，それぞれの特性を生かして工業的に有用な材料として広範囲に使用されている。

B_s すなわちマクロに出現する磁気モーメントの求め方については1907年 P. Weiss の「分子磁場」の仮定から今に続くまでに様々な取り組みが行われている[9,10]。電子相関による磁気モーメントの問題や高エネルギー放射光X線による金ナノ粒子体における強磁性磁気偏極の確認といった体積効果と磁気モーメントとの因果[11]と言った新しい研究が進められているが，遷移金属またはその周期表近傍の金属元素間の合金が発現する磁気モーメントについては，J. C. Slater が提唱した結晶内の $3d$ 軌道電子を集団的に扱う集団電子模型が比較的測定された結果と適合する。また，ベガード則に1原子当たりの平均磁気モーメントの項を加えることで遷移金属合金の格子定数と磁気モーメントが簡単な式で表されてもいる[12]。それらによると遷移金属の CoFeNi 三元系合金の場合には Co リッチ，Fe リッチな領域で B_s は 2.4T 以上の高い値になる。図3に Co-Fe-Ni 三元系合金の B_s マップを示す[13]。

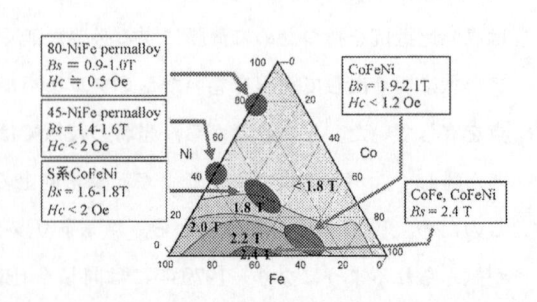

図3 Co-Fe-Ni 三元系合金の B_s マップ

第3章 磁気記録ヘッド技術

このため上記の軟磁性材料のうち，まず鉄基やコバルト基アモルファス合金が高B_s材料として着目された。アモルファス合金には，原子配列の並進対称性が無く結晶磁気異方性がゼロで，また，結晶粒界のような不均一な構造も無いために低保磁力が期待され，1970年の初めから液体急冷法を主に多くの軟磁性材料が開発されはじめた。しかしながら，スパッタリング法で作製したアモルファス$TbFe_2$薄膜は，液体ヘリウム温度下で20〜30kOe，室温でも3kOeという硬磁性領域の大きな保磁力を示した[14]。このこと等を機に，アモルファス構造と磁気特性についてより一層の検討が行われた結果，アモルファス構造でも原子レベルでの局所的磁気異方性が存在していて，それらがアモルファス軟磁性の諸性質を支配していることが明らかになった[15,16]。そして，低保磁力を得るには磁歪がゼロであることが必要で，磁歪は合金組成に依存しているために図3のB_sマップ中の任意の高飽和磁束密度の組成を利用できるというわけにはいかなかった。また，BやSiのメタロイド元素またはHfやZrの遷移金属元素のアモルファス金属中への混入はFeやCoの各単組成が持っているB_sを上回ることが無かった。

この打開に登場したのがナノ結晶による軟磁気特性の実現である[15,16]。マクロ領域の磁気異方性の消失がアモルファスのような原子レベルの構造の乱れが無くても，ナノメートルオーダーの結晶の微粒子化でも可能ということである。図4にナノ結晶膜のイメージを示す。粒径を小さくすることと同時に粒径分散を少なくすることが軟磁気特性改善のために肝要である。

ナノ結晶による軟磁気特性の理由をHerzerのモデル[17]を通して以下に要約する。通常，磁壁幅は交換長：$\lambda = (A_{ex}/K)^{1/2}$ [A_{ex}は交換スティフネス定数，Kは磁気異方性定数]に相当し，強磁性体の種類によってその長さが異なり数ナノメートルから数百ナノメートルの開きがある。磁性粒子の結晶粒径Dが磁壁幅より大きい場合には粒子内の磁気モーメントは強磁性結合して自発磁化を形成し，それらの状態はKに支配されて保磁力はD^{-1}に比例する。一方，結晶粒径が磁壁幅程度まで小さくなると，ある磁性粒子の磁化方向はKに逆らって近傍粒子の自発磁化の向きに揃えられ，あるいは近傍粒子の磁化方向を自身の磁化の向きに揃えようとする。Herzerは実効的なKが粒径とともに低下すると考え，バルク形状の場合の保磁力はD^6に比例することを予測した。

ナノ結晶の考えは1940年代にHoffmannによる磁化リップルの問題として理論的に検討[18]されてきているが，材料開発の手法として用いられたのは1988年吉沢らによる鉄にジルコニウム，ニオブなどの遷移金属を少量加えた合金組成（$Fe_{77.5}Si_{13.5}B_9Nb_3Cu_1$）で，厚さ10〜20$\mu$mの非晶質合金薄帯を液体急冷法によって得た後，熱処理してナノメーターサイズの鉄結晶を非晶質相中に均一に析出さ

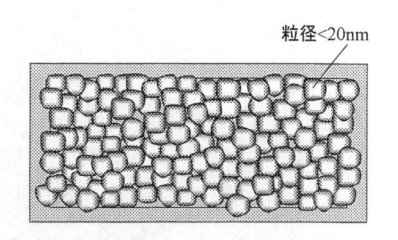

図4 ナノ結晶による軟磁気特性の改善の模式図

せる手法[19]．スパッタリング法では1989年に長谷川らによるスパッタFeHfCアモルファス膜を熱処理して結晶化させる方法[20]が最初である．

一方，電気めっき法については薄膜ヘッド作製以来，ヘッドコアを含め複雑なヘッド全体の構造の作製に広く採用されてきたにも関わらず1998年の$B_s=2$TのCoFeNi電気めっき膜の発表[21]までナノ結晶の作製は無理とされてきた．その理由は多分にそれまでの「めっき」から受ける先入観が働いていたことがある．しかしながら，いわゆる「ナノ電気めっき」によって得られるCoFeNi薄膜は熱処理の必要が無く，結晶構造のbcc-fcc相境界をダイレクトに利用する新しいナノ結晶制御法として位置づけられる．

4.4 電気めっき法によるナノ結晶の作製
4.4.1 CoFeNi薄膜

図5は2000年に日本電気㈱（NEC）が試作したヨーク長10μmの小型GMRヘッドである[22,23]．記録用ヘッド（主磁極）部には，$B_s=2$Tの電析CoFeNi膜が形成されている．主磁極以外の電気接点，励磁用コイル，リード，シールドの作製にも電気めっき法が用いられている．これらの部分は微細でかつアスペクト比の高い成膜が必要である．特に磁極先端部はサブミクロンオーダーで，磁極全体の形状も複雑であるため，磁気ヘッドの多くは電気めっき法とリソグラ

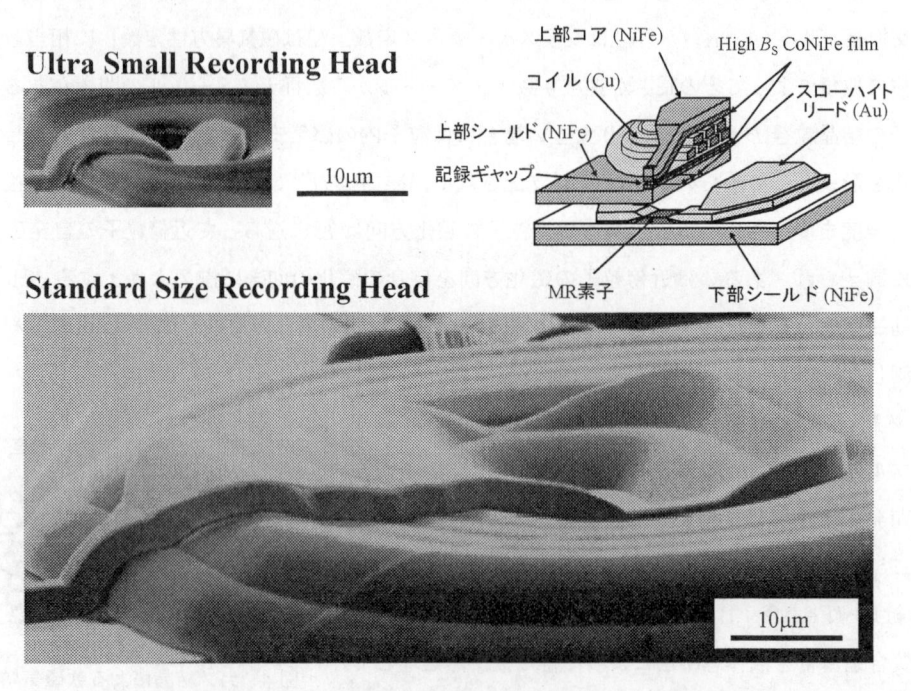

図5 電析CoFeNi軟磁性膜が搭載されたGMRヘッド（NEC試作）

第3章 磁気記録ヘッド技術

フィーによる微細パターン形成，化学機械研磨（CMP）を組み合わせたダマシン法[24]およびフレームめっき法[25]，さらにはパドルめっき装置[26]を組み合わせたプロセスが用いられ，ナノレベルの精密めっきが実現されている[27]。

開発端緒，図4の模式図のようなナノ結晶の実現策として，吸着力の強い添加剤をめっき浴に加えることで析出粒子の微細化を予測し，めっき浴中に有機系硫黄添加剤，いわゆるS系添加剤を加える方法を採用した。S系添加剤はめっき膜の光沢性や応力を改善するために用いられるのが一般的認識であったが，Sの結合方式によって界面吸着挙動が異なり，発現する磁気的機能も異なる[28,29]。従来のパーマロイ浴の添加剤として標準的に用いられているサッカリンは比較的電極表面への吸着力が弱くレベリング効果が高いだけである。さらに吸着力が強いチオ尿素を添加剤として用いた場合には粒子は微細化され，45パーマロイよりもB_s，H_c共に優れた$B_s=1.7T$，$H_c=0.9Oe$の$(Co_{65}Fe_{22}Ni_{13})_{99.1}S_{0.9}$膜が得られた[30]。さらにチオ尿素以外の添加剤を検討すべく，チオ尿素，サッカリンで行った結果の三元系マップを見比べると，チオ尿素とサッカリン浴では結晶構造の変換点に変化が見られた。すなわちCo-Fe-Ni合金の元素配合比によって，面心立方構造（fcc）と体心立方構造（bcc）のいずれかの構造となるが，チオ尿素のとき，fccとbccの結晶構造の変換点（$fcc-bcc$相境界線）はB_sが高い方に移動している。ここで，チオ尿素系とサッカリン系の膜のS混入量は，チオ尿素0.9at%，サッカリン0.35at%である。そこでSがゼロの場合も併せて比較した結果が図6である。

図6(a)にサッカリン，チオ尿素を添加しためっき浴及び添加剤を含まないめっき浴（無添加浴）から作製したCoFeNi膜の$fcc-bcc$相境界線を示す。サッカリン浴，チオ尿素浴，無添加浴から作製した薄膜の相境界線を比較すると，この順で相境界線はFe含有量が大きくB_s値が高い領域に移動している。また，無添加浴から作製した薄膜のS含有量は検出限界の0.1at%以下であり，サッカリン浴，チオ尿素浴から作製した薄膜はそれぞれ，上記通り0.35at%，0.9at%である。つまり，S含有量が小さくなるほど相境界線はB_sが大きな高Fe含有量の領域方向に移動

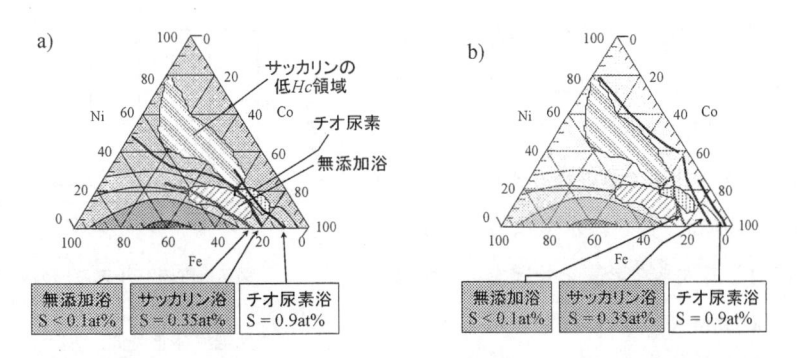

図6　薄膜中の微量共析Sによるa) $fcc-bcc$ 混相線およびb)零磁歪線の変化

している。また，fcc-bcc 相境界は結晶の変換点であるので粒子の微細化が起こりやすいと考えられ，析出粒子の微細化により H_c が低くなることが予想された。

無添加浴に対してめっき膜の構造が fcc 主構造，bcc 主構造，fcc-bcc 混相構造をとる金属組成比になるようにめっき液の金属イオン濃度を調整して，それぞれの結晶粒径を走査型透過顕微鏡により測定すると，fcc 主構造と bcc 主構造のときにはそれぞれ 20nm と 40nm であるのに対し，fcc-bcc 混相構造のめっき膜は 10nm から 15nm まで結晶粒子が微細化されていることが明確に確認できた。また，図6(b)の磁歪 $\lambda_s=0$ のラインに注目すると，相境界線と同様 S 含有量の減少と共に高 Fe 含有量側にこのラインがシフトし，無添加浴から作製した薄膜は，低い磁歪を併せ持つ軟磁性薄膜となり，ヘッド材料として大きな利点を有することが分かった。この知見を基に作製した平均組成 $Co_{65}Fe_{22}Ni_{13}$ のめっき膜は，B_s が 2.0T，H_c が 1.2Oe という優れた特性を持ち，しかも，磁歪は 10^{-6} オーダーで，かつパーマロイ以上の高耐食性が確認された。また，この材料は伊勢らが提案した垂直磁気記録用のカスプ励磁型単磁極ヘッド[33]に搭載した場合にも十分な性能を発揮している[34]。

4.4.2 CoFe 薄膜

CoFe 電気めっき膜については，めっき浴中の Fe^{2+} イオンが酸化されて形成される Fe^{3+} イオン濃度の増加を抑制することが高 B_s 化のために必須であり，浴中 Fe^{2+} イオンの酸化防止剤（還元剤）としてトリメチルアミンボラ(TMAB)をめっき浴中に添加する方法[31]あるいは，Fe^{3+} の生成が主に陽極で生じていることから陰極用めっき浴と陽極用電解質浴を完全に物理的に分けたデュアルセルシステム[32]を用いることで $B_s>2.4T$ の達成が可能である。保磁力の低下については析出結晶粒子の微細化および結晶性の向上に有効なパルス電析法あるいはパルスリバース電析法の適用が有用である。図7はパルス電析法の電流パルス波形である。矩形の電流波形は電流ゼロの休止時間 t_{off} と還元電流密度 (i_p) の印加時間 (t_{on}) の1サイクルをパルス周期 (T) とする。パルス電析法では休止時間の組み込みにより電極界面近傍の金属イオン濃度や pH の勾配が緩和されるため，電極に大きな還元電流を与えることが可能である。大きな還元電流は金属結晶核の生成速度の増加およびステップ移動成長の抑制に寄与し結晶粒子の微細化を促す。また，パルス周期に対する還元電流印加時間の比率で示されるデューティサイクル（$\gamma=t_{on}/T$）は，図8に示すように CoFe 電析膜の H_c に対して大きな影響を及ぼす。いずれの膜も膜厚は $300\mu m$ で，B_s は 2.4T を示している。$\gamma=1$（定電流法）で作製した CoFe 膜の容易軸と困

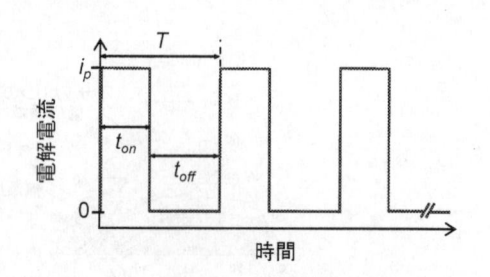

図7 電流パルス波形の模式図
i_p は還元電流密度，t_{on} は還元電流印加時間，t_{off} は還元電流休止時間，$T(=t_{on}+t_{off})$ はパルス周期時間。

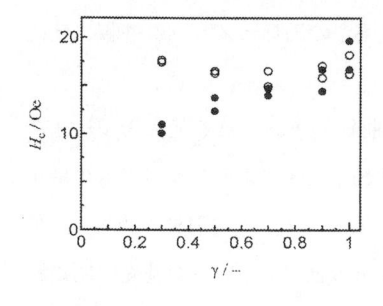

図8 CoFe薄膜H_cのデューティサイクル依存性
○は容易軸のH_c, ●は困難軸のH_c. $i_p = 75\mathrm{mAcm}^{-2}$。

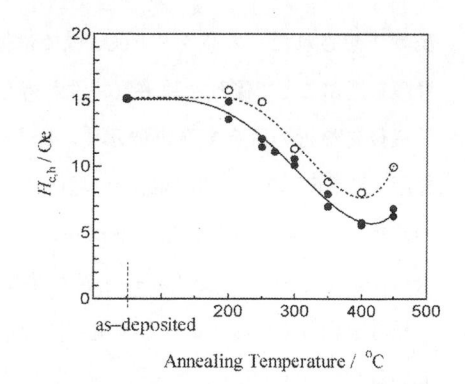

図9 CoFe薄膜の保磁力のアニール処理温度依存性
○は定電流法（$\gamma = 1$, $i_p = 20\mathrm{mAcm}^{-2}$）で作製した薄膜, ●はパルス電析法（$\gamma = 0.3$, $i_p = 75\mathrm{mAcm}^{-2}$）で作製した薄膜。めっき装置には回転ディスクを用いている。

難軸のH_cは，15Oe以上で同程度の値を示し磁気的に等方な膜となっている。しかしながら，γが小さくなるに従い，つまり1周期当たりの析出時間が短くなってくると容易軸のH_cは大きいままで，困難軸のH_cが10Oe程度まで小さくなり磁気的異方性の付与が認められる。アニール処理を行うことで，定電流法とパルス電析法を用いて作製したCoFe薄膜構造由来の磁気特性の差はさらに明確になる。図9は，それぞれの薄膜の困難軸保磁力$H_{c,h}$の熱処理温度依存性である。パルス電析法で作製した薄膜の熱処理前の$H_{c,h}$は定電流法と同程度であるが，$H_{c,h}$が下がりはじめる熱処理温度は約200℃と定電流法に比し50℃程度低温側へのシフトが見られ，それ以上の熱処理温度領域では定電流膜より2から3Oe程度の小さい値で，およそ最小値5Oeまで減少している。400℃で$H_{c,h}$が最小値をとる理由については，400℃までの温度領域では理論bcc-CoFe（110）面間隔への緩和（伸張）による$H_{c,h}$減少の寄与が優勢，400℃以上の温度領域では結晶粒径増大による$H_{c,h}$増加が優勢になることをXRD測定によって確認できたことから，パルス電析法で作製した薄膜の磁気特性の向上は結晶粒の微細化と同時に結晶格子歪（膜応力）の変化に由来することが挙げられる。

実用化に関しては，Seagate Technology 社の I. Tabakovic が中心に開発したCoFe電気めっき薄膜は2003年から同社製HDDの磁気ヘッドへの採用を開始している[35]。

4.5 ナノグラニュラーによる軟磁気特性の向上

強磁性相と絶縁相とがナノスケールで混在するグラニュラー膜は，GHzオーダーの高周波特性に優れた軟磁性材料として注目が集まっている[36]。FeCoB-F, CoFe-O, CoFeB-N等多くの組み合わせがスパッタリング法で見出されている。絶縁相成分の元素の添加量を少なくしていくと比抵抗も小さくなるが磁性粒子同士が高い比率で接触するためにナノ結晶と同様な機構で高い

B_s が予想された。スパッタ FeCo 膜では微量の Al_2O_3[37]または B[38]の添加とスパッタ基板に軟磁性膜を選ぶことで優れた軟磁気特性が得られている。

最後に最近の研究を簡単に示す。野間らは Slater-Pauling 曲線で予想される最大 B_s の 2.45T を超える 2.6T の [Fe70C30/Pt]$_n$ 超格子膜による報告[39]および SPring8 によるパラジウムの磁化の確認,Iota らによる GPa オーダーの高圧下における Fe の磁気モーメントの消失の報告[40],須永らによる α'-Fe-N 及び γ'-Fe-N の磁気モーメントの体積効果の検討[41]といった基礎学問領域の検討を行っている。これら基礎学問の推進が再び軟磁性材料開発を加速させる可能性が出てきている。

文　献

1) T. Abe, K. Miura, H. Muraoka, H. Aoi, Y. Nakamura, *IEEE Trans. Magn.*, **40**, 2573 (2004)
2) H. Barkhausen, *Phys. Zeitschrift*, **20**, 201 (1919)
3) 曽川禎道,川島麻子,横島時彦,中西卓也,南孝昇,逢坂哲彌,大橋啓之,日本応用磁気学会誌,**24**, 699 (2000)
4) I. Tagawa, T. Koshikawa, Y. Sasaki, Magnetics, *IEEE Trans. Magn.*, **36**, 177 (2000)
5) S. Ikeda, Y. Uehara, Y. Miyake, D. Kaneko, H. Kanai, I. Tagawa, *J. Magn. Soc, Jpn.*, **28**, 963 (2004)
6) A. Chiu, I. Croll, D. E. Heim, R. E. Jones, Jr., P. Kasiraj, C. D. Mee, R. G. Simmons, *IBM J. Res. Develop*, **40**, 263 (1996)
7) 荒井賢一,石山和志,日本金属学会誌,**31**, 429 (1992)
8) 高橋研,応用物理,**56**, 1289 (1987)
9) 山田耕筰,日本物理学会誌,**60**, 88 (2005)
10) 溝口正,日本応用磁気学会誌,**29**, 80 (2005)
11) Y. Yamamoto, T. Miura, M. Suzuki, N. Kawamura, H. Miyagawa, T. Nakamura, K. Kobayashi, T. Teranishi, H. Hori, *Phys. Rev. Lett.*, **93**, 116801 (2004)
12) 志賀正幸,日本金属学会会報,**17**, 582 (1978)
13) R. M. Bozorth, "Ferromagnetism", p. 160, D. Van Nonstrand Company Inc. (1951)
14) A. E. Clark, *Appl. Phys Lett.*, **23**, 642 (1973)
15) 藤森啓安,日本応用磁気学会誌,**21**, 99 (1997)
16) 鈴木清策,日本応用磁気学会誌,**26**, 165 (2002)
17) G. Herzer, *IEEE Trans. Magn.*, **25**, 3327 (1989)
18) Hoffman, *J. Appl. Phys.*, **44**, 63 (1943)
19) Y. Yoshizawa, S. Oguma, K. Ymamauchi, *J. Appl. Phys.*, **64**, 6044 (1988)
20) 長谷川直也,斎藤正路,電子情報通信学会技術報告,MR89-12 (1989)

21) T. Osaka, M. Takai, K. Hayashi, K. Ohashi, M. Saito, K. Yamada, *Nature*, **392**, 796 (1998)
22) T. Osaka, *Electrochim. Acta*, **45**, 3311 (2000)
23) Y. Nonaka, H. Honjyo, T. Toba, S. Saito, T. Ishi, M. Saito, N. Ishiwata, K. Ohashi, *IEEE Transactions on Magnetics*, **36**, 2514 (2001)
24) R. E. Jones, Jr, *IBM Disk Storage Tech.*, 3 (1990)
25) E. E. Castellani, J. V. Powers, L. T. Romankiw, U.S. Patent, 4102756 (1974)
26) L. T. Romankiw, *Electrochem Soc Proc.*, **90-8**, 39 (1990)
27) 逢坂哲彌，横島時彦，日本応用磁気学会誌，**29**, 59 (2005)
28) T. L. Ritzdorf, G. J. Wilson, P. R. McHugh, D. J. Woodruff, K. M. Hanson, D. Fulton, *IBM J. RES. DEV.*, **49**, 65 (2005)
29) T. Osaka, M. Takai, K. Hayashi, Y. Sogawa, K. Ohashi, Y. Yasue, M. Saito, K. Yamada, *IEEE Trans. Magn.*, **34**, 1632 (1998)
30) T. Osaka, T. Yokoshima, *J. Magn. Soc. Jpn.*, **24**, 1333 (2000)
31) T. Osaka, T. Yokoshima, D. Shiga, K. Imai, K. Takashima, *Electrochem. Solid-State Lett.*, **6**, C53 (2003)
32) T. Yokoshima, K. Imai, T. Hiraiwa, T. Osaka, *IEEE Trans. Magn.*, **40**, 2332 (2004)
33) K. Ise, K. Yamakawa, K. Ouchi, H. Muraoka, Y. Sugita, Y. Nakamura, *IEEE Trans. Magn.*, **36**, 2520 (1998)
34) 田口香，横島時彦，内田勝，高橋慎吾，山川清志，大内一弘，逢坂哲彌，日本応用磁気学会誌，**30**, 353 (2006)
35) I. M. Tabakovic, J. A. Medina, M. T. Kief, US Patent Applicaton # 20070047140 (2007)
36) 大沼繁弘，増本健，日本 AEM 学会誌，**10**, 271 (2002)
37) 新宅一彦，山川清志，大内一弘，電子情報通信学会技術報告，MR2002-20 (2002)
38) 岡本健氏志，孔硯賢，中川茂樹，日本応用磁気学会誌，**29**, 37 (2005)
39) 野間賢二，松岡正昭，金井均，上原裕二，電子情報通信学会技術報告，MR2006-18 (2006)
40) V. Iota, J-H. P. Klepeis, C-S. Yoo, *Appl. Phys. Lett.*, **90**, 042505 (2007)
41) 須永和晋，角田匡清，高橋貢，応用磁気学会誌，**29**, 553 (2005)

第4章 再生磁気ヘッド技術

1 磁気抵抗効果再生磁気ヘッドの基本原理

安藤康夫[*]

1.1 はじめに

ハードディスクドライブ（Hard disk drive；HDD）の高密度化，大容量化は様々な技術の集大成により成り立ってきた。特筆すべきは，1990年代に入って面記録密度の年増加率がそれまでの約30%から年60%に一気に上昇した点であるが，これに関しては再生用磁気ヘッドに異方性磁気抵抗効果（Anisotropic magnetoresistance；AMR）が導入されたことに依るところが大きい[1]。さらに1990年代の後半にはその増加率がさらに100%近くに達したが，これは，スピンバルブ型巨大磁気抵抗（Giant magnetoresistance；GMR）ヘッドの導入が少なからず寄与している。

そもそも磁気抵抗効果（Magnetoresistive effect）とは，磁化の付随現象として取り扱われ，外部から磁界を印加すると物質の電気抵抗が変化する現象を総称するものである。磁気抵抗効果に関する研究は非常に古く，1857年にはFe，Niの磁気抵抗効果に関する研究が発表されている[2]。その後1960年までに3d遷移金属・合金におけるAMR効果の研究が行われ，その後，AMR効果を解釈するために，二流体モデル（Two current model）に立脚した議論が行われた[3,4]。

これらの研究が単体（単層膜）の金属・合金あるいは化合物を対象として行われた研究であるのに対して，1988年にFe/Cr人工格子において発見されたGMR効果はこの分野の研究を一新させた[5,6]。この磁気抵抗効果の発見は，磁化の情報から直接に伝導を制御する，いわゆる磁気と伝導（磁気抵抗効果）が飛躍的に向上するものであり，これにより，多くの研究者がGMRの研究を始めた。GMRヘッドを用いた再生磁気ヘッドはGMR効果の発見から10年もしないうちに実用化されたことは，それまでの技術の商品までの応用の期間を考えると驚異的な速さであり，磁気記録の高密度化の発展に重要な役割を果たした。本稿はこれらの磁気抵抗効果の基本原理を概説し，その再生磁気ヘッドへの応用に関して述べる。

---

[*] Yasuo Ando 東北大学 大学院工学研究科 応用物理学専攻 教授

第4章 再生磁気ヘッド技術

1.2 異方性磁気抵抗効果

磁気抵抗効果は前述のように物質に磁界を印加したときに電気伝導に変化が生じる現象の総称である。一般に非磁性金属に磁界を印加すると電気抵抗が増加する，すなわち正の磁気抵抗効果が現れる。これを正常磁気抵抗効果（Ordinary magnetoresistance effect）と呼び，伝導電子が単純な自由電子からずれていることによる。これに対して，強磁性金属においては自発磁化を持つことにより，磁化状態に依存して電気抵抗が変化する。これを異常磁気抵抗効果（Anomalous magnetoresistance effect）と呼ぶ。このなかでも，強磁性金属のスピン軌道相互作用を起源として変化する磁気抵抗効果が異方性磁気抵抗効果（AMR）である。図1はAMRによる磁気抵抗曲線の例を示す。AMRは強磁性体の磁化方向と流す電流方向のなす角度に依存し，磁化と電流が平行のときが垂直のときと比較して電気抵抗が大きい。電流と同じ方向に磁界を印加したときの比抵抗を $\rho_{//}$，垂直のときのそれを $\rho_\perp$，消磁状態におけるそれを ρ_0 とおくと，磁気抵抗比は

$$\frac{\Delta \rho}{\rho_0} = \frac{\rho_{//} - \rho_\perp}{\frac{1}{3}\rho_{//} + \frac{2}{3}\rho_\perp} \approx \frac{\rho_{//} - \rho_\perp}{\rho_\perp} \approx \frac{\rho_{//} - \rho_\perp}{\rho_{//}} \tag{1}$$

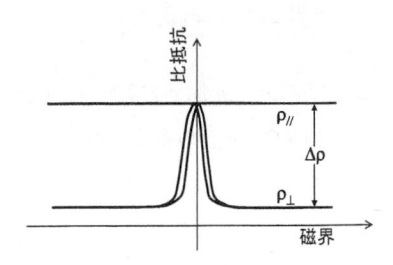

図1 異方性磁気抵抗効果（AMR）による磁気抵抗曲線の例
ただし，電流と同じ方向に磁界を印加したときの比抵抗を $\rho_{//}$，垂直のときのそれを $\rho_\perp$ としている。AMRは強磁性体の磁化方向と流す電流方向のなす角度に依存し，磁化と電流が平行のときが垂直のときと比較して電気抵抗が大きい。

と表すことができる。強磁性体においては上向きスピン（↑），下向きスピン（↓）の電子があることから，これらの電子がそれぞれ独立に振る舞うと考えるのが二流体モデルである。上向き，下向きのそれぞれの電子による比抵抗を $\rho_\uparrow$，$\rho_\downarrow$ とすると全比抵抗は

$$\rho = \frac{\rho_\uparrow \rho_\downarrow}{\rho_\uparrow + \rho_\downarrow} \tag{2}$$

と表すことができる。この関係は $\rho_{//}$ と $\rho_\perp$ それぞれについて成り立つ。また $\rho_{//}$ と $\rho_\perp$ の上向き，下向きスピンはそれぞれ以下の関係で結びついている[4]。

$$\begin{aligned}\rho_{//,\uparrow} &= \rho_{\perp,\uparrow} + \gamma \rho_{\perp,\downarrow} \\ \rho_{//,\downarrow} &= \rho_{\perp,\downarrow} - \gamma \rho_{\perp,\downarrow}\end{aligned} \tag{3}$$

ここで γ はスピン軌道相互作用に関係する係数であり，3d遷移金属系合金においては0.01程度の大きさである。これらを用いて，異方性磁気抵抗効果の大きさは以下のように変形できる。

$$\frac{\Delta\rho}{\rho_0} = \gamma(\alpha - 1) \tag{4}$$

ここで，$\alpha \equiv \rho_\downarrow/\rho_\uparrow$ である。Fe-Ni-Co三元合金金属膜においては，$\Delta\rho/\rho_0$ は80%Ni，5%Fe，15%Co付近の組成を中心とした付近で大きな値を示す[7,8]。これに対して α の組成依存性を調べると $\Delta\rho/\rho_0$ の組成依存性において大きな値を示した範囲の近傍で大きな値を示す傾向がある。

1.3 巨大磁気抵抗効果

巨大磁気抵抗（GMR）効果は1988年にFe/Cr人工格子において発見された[5,6]。図2はFe/Cr人工格子における磁気抵抗曲線を示す[6]。Fe/Cr人工格子においては，極薄のCr層を介して隣接するFe層間に反強磁性的な相互作用が生じ，両強磁性の磁化が反平行に結合する。印加磁界がゼロのときがこの場合に相当し，このとき抵抗値が高い。両強磁性層を平行にするのに充分な磁界（飽和磁界，H_S）を印加すると抵抗が低下する。このときの抵抗変化の大きさが，AMRと比較して一桁近く大きい。また，GMR効果において最も特徴的なことは，抵抗の変化率が電流と磁界のなす角度に依存しないことであり，この点がAMRとの大きな違いである。

図3にGMR効果の原理の模式図を示す。人工格子は強磁性金属で非磁性金属をサンドウィッ

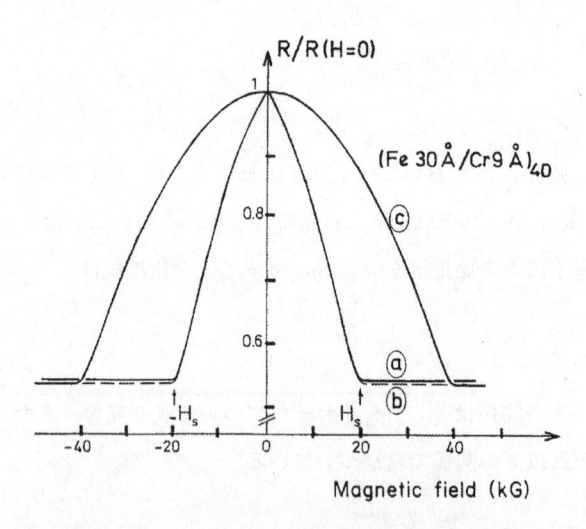

図2　Fe/Cr人工格子における磁気抵抗曲線[6]
印加磁界がゼロのとき両強磁性層は反平行に結合し，抵抗値が高い。両強磁性層を平行にするのに充分な磁界（飽和磁界，H_S）を印加すると抵抗が低下する。図中のaが電流と磁界の方向が同じ場合，bが直交する場合であり，抵抗の変化率が電流と磁界のなす角度に依存していない。

第4章 再生磁気ヘッド技術

チ状にした構造をしており，それぞれの薄膜の厚さは数 nm と非常に薄い。前節で述べたように強磁性体は上向きスピンと下向きスピンの数が異なり，それぞれのスピンが独立に伝導する，二流体モデルで考える。図中で右向きと左向きの矢印は上向きおよび下向きスピンをもつ伝導電子であり，それぞれ左向きおよび右向きに磁化した強磁性層で散乱されるものとする。両磁性層の磁化が互いに平行配列の場合，右向きスピンは散乱を受けず長い平均自由行程を有する。左向きスピンはいずれの磁性層でも著しく散乱されるが，電子全体の移動に対する抵抗値は右向きと左向きスピンの伝導の並列回路とみなされるため小さくなる。一方，両磁性層の磁化が互いに反平行配列の場合，右向き，左向きスピンはともに大きく散乱されるため，抵抗値は大きくなる。これらを前節のように比抵抗を用いて表すと以下のようになる。それぞれの強磁性層の磁化の方向が平行のときは全体の比抵抗は

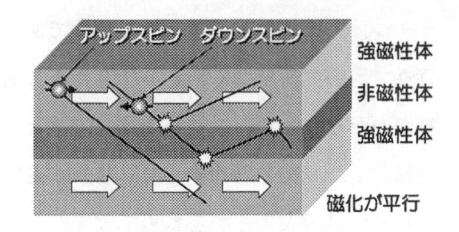

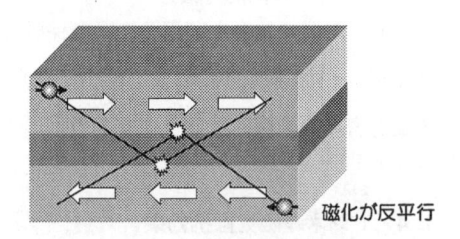

図3　GMR効果の原理の模式図
図中で右向きと左向きの矢印は上向きおよび下向きスピンをもつ伝導電子。両磁性層の磁化が互いに平行配列の場合，右向きスピンは散乱を受けず長い平均自由行程を有する。一方，両磁性層の磁化が互いに反平行配列の場合，右向き，左向きスピンはともに大きく散乱されるため，抵抗値は大きくなる。

$$\rho_F = \frac{\rho_\uparrow \rho_\downarrow}{\rho_\uparrow + \rho_\downarrow} \tag{5}$$

一方，両強磁性層の磁化の方向が反平行のときはいずれの向きのスピンも等しく散乱されるため，

$$\rho_{AF} = \frac{\rho_\uparrow + \rho_\downarrow}{4} \tag{6}$$

となる。これらから磁気抵抗比は以下のように与えられる。

$$\frac{\Delta \rho}{\rho_0} = \frac{\rho_{AF} - \rho_F}{\rho_F} = \frac{(\rho_\uparrow - \rho_\downarrow)^2}{4\rho_\uparrow \rho_\downarrow} = \frac{(\alpha - 1)^2}{4\alpha} \tag{7}$$

すなわち $\alpha \gg 1$（$\alpha \ll 1$）のとき GMR 効果は大きくなり，$\alpha = 1$ のとき GMR はゼロとなることがわかる。

この GMR 効果の発見は二つの意味で重要である。一つは磁性と伝導の関連に言及した点である。磁気構造の変化は電気伝導には大した影響を与えないというそれまでの概念を打ち破るとともに，磁気的な情報を電気信号として直接取り出せることは産業応用上非常に有用であった。も

う一つは，電子の持つ量子的な側面であるスピンを，強磁性体薄膜の磁化の方向というマクロな特性で制御可能であることを示した点である。これらにより磁性薄膜を用いたデバイス開発に拍車がかかるとともに，量子効果をもっと増大させるべく，ナノ構造制御および微細加工の研究が活発化した。発見当初のGMR素子は磁性層間の結合が強くそれにうち勝ち抵抗変化を得るための外部磁界の大きさがきわめて大きかったため，応用の可能性は疑問視されていた。しかしその後，磁性層間の結合を利用しない，保磁力の異なる磁性層を用いる構造が提案されるに至って[9]，応用研究が加速度的に増し，現在では高密度HDDの読み出し用磁気ヘッドに搭載され，HDDの記録密度の飛躍的な向上を促した。

1.4 トンネル磁気抵抗効果

トンネル磁気抵抗（Tunnel magnetoresistance；TMR）効果[10～12]は，強磁性金属で非常に薄い絶縁体をはさんだ（強磁性／絶縁体／強磁性）構造の強磁性トンネル接合において，両強磁性体の磁化が平行と反平行のときでトンネル電流が変化する現象である。図4に磁気抵抗曲線の一例を示す[13]。膜構造は基板/Ta(3nm)/FeNi(3nm)/Cu(20nm)/FeNi(3nm)/IrMn(10nm)/$Co_{75}Fe_{25}$(4nm)/Al(0.8nm)-oxide/$Co_{75}Fe_{25}$(4nm)/FeNi(20nm)/Ta(5nm)である。これらのうち，$Co_{75}Fe_{25}$/Al-oxide/$Co_{75}Fe_{25}$の部分が強磁性トンネル接合部であり，他の層はそれぞれの強磁性層を固定層およびフリー層とするため，およびその膜質を向上するために設けられている。この詳細に関しては参考文献を参照されたい[15,16]。図に見るように，両強磁性が平行のときに抵

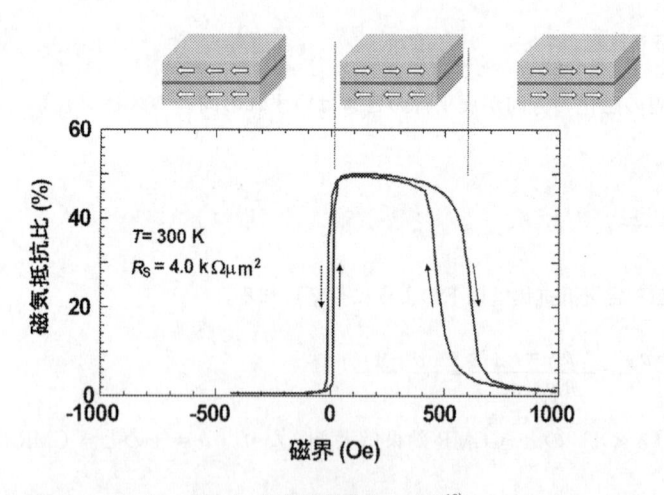

図4　磁気抵抗曲線の一例[13]
膜構造は基板/Ta(3nm)/FeNi(3nm)/Cu(20nm)/FeNi(3nm)/IrMn(10nm)/$Co_{75}Fe_{25}$(4nm)/Al(0.8nm)-oxide/$Co_{75}Fe_{25}$(4nm)/FeNi(20nm)/Ta(5nm)である。両強磁性が平行のときに抵抗が低く，反平行のときに抵抗が高くなる。

第4章 再生磁気ヘッド技術

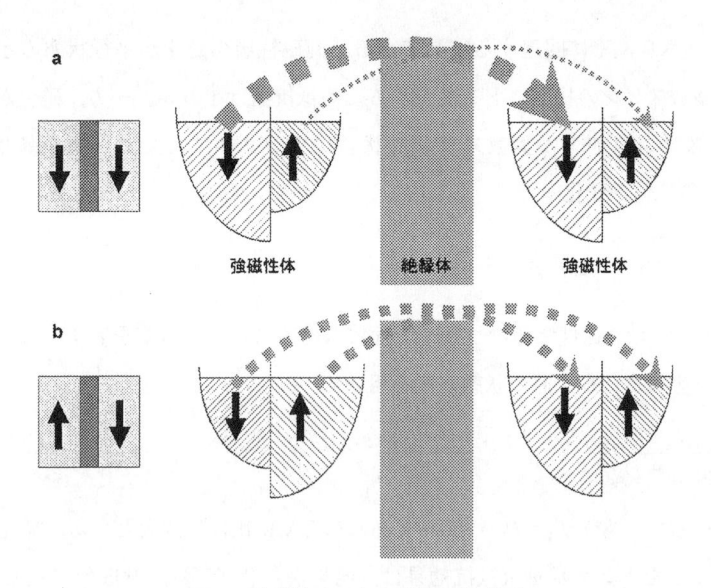

図5 強磁性トンネル効果の模式図
強磁性体金属中の電子の状態密度はスピンの方向により異なる。多数スピンと少数スピンはそれぞれ磁化の方向と一致および逆方向スピンである。トンネルの前後で電子のスピンの向きは変わらないため，両強磁性体の磁化が（a）平行のときと（b）反平行の時で抵抗値が異なる。

抗が低く，反平行のときに抵抗が高くなっている。この点に関しては先に述べた GMR 効果と同様である。

強磁性トンネル効果に関する先駆的な研究は Julliere によって 1975 年に報告された[10]。このときの接合の構成は Fe/Ge/Co で Ge の表面を酸化させてトンネル接合とし，磁気抵抗比は 4.2K で 14% であった。このようなトンネル接合の磁気抵抗効果は以下のような現象論的な解釈で説明されている（後に前川ら[11]によりモデルが修正されている。ここでは前川らの説明を用いる）。図5に示すように，強磁性体金属中の電子の状態密度はスピンの方向により異なる。多数スピンと少数スピンはそれぞれ磁化の方向と一致および逆方向スピンであるとし，第 1(2) の電極のそれぞれのフェルミ面の状態密度を $D_{M,1(2)}$, $D_{m,1(2)}$ とする。トンネル障壁が単純な絶縁層であり，電子のトンネルの際にいかなる散乱も受けないと仮定した場合，トンネルの前後で電子のスピンの向きは変わらない。両方の強磁性体が（a）平行状態のときと（b）反平行状態のときのトンネル接合の電気抵抗 R_P, R_{AP} は次の式で表される。

$$\frac{1}{R_P} = A(D_{M,1}D_{M,2} + D_{m,1}D_{m,2})$$
$$\frac{1}{R_{AP}} = A(D_{M,1}D_{m,2} + D_{m,1}D_{M,2})$$
(8)

ここで A はトンネル確率に関連する定数である。両磁性層の磁化が平行状態のときは，多数スピンは他方の多数スピンの状態にトンネルするため抵抗値は小さい。一方，磁化が反平行状態のときは，多数スピンは他方の少数スピンの状態にトンネルするため，抵抗値は大きくなる。TMR 比はこの抵抗値の変化率で，

$$\frac{\Delta R}{R} \equiv \frac{R_{AP} - R_P}{R_P} = \frac{2P_1 P_2}{1 - P_1 P_2} \tag{9}$$

となる。ここで $P_{1(2)}$ は両磁性電極のフェルミ面におけるスピン分極率を表す。このモデルではスピン分極率は上記のフェルミ面の状態密度を用いて，

$$P_{1(2)} \equiv \frac{D_{M,1(2)} - D_{m,1(2)}}{D_{M,1(2)} + D_{m,1(2)}} \tag{10}$$

と表される。従って，もし $P_1 = P_2 = 100\%$ であれば TMR 比は無限大となる。発見当初はほとんど注目されなかったトンネル磁気抵抗効果は，発見から 20 年後の 1995 年に室温で 18% を超える TMR 比が得られるようになったことにより[12,13]，世界中でこれを用いたデバイス開発の研究が展開されている。

1.5 磁気抵抗効果を利用した再生磁気ヘッド

これまで述べてきた磁気抵抗効果を用いた再生磁気ヘッドは 1990 年代に入ってから実際に HDD に搭載され，高密度化に寄与してきた。これらはいずれも磁性膜（磁性積層膜）に流した電流の方向に対して磁化の方向が変化すると抵抗が変化することを原理として応用している。図 6 に磁気記録再生の原理の模式図を示す。媒体に記録された磁化から磁束の洩れだしおよび吸いこみが生じる。これにより磁性膜の磁化が回転するため，素子に一定の電流を流すことによりその抵抗変化から電圧変化として情報を読み出すことができる。AMR を素子として用いた場合には，電流の方向と磁化の方向が平行の場合に抵抗が高くなり，垂直の場合に抵抗が低くなる。このときの抵抗の変化率は数%程度である。媒体からの磁束の変化率を検出する，従来型のインダクティブヘッドと比較して，磁気抵抗ヘッドにおいては磁束そのものの大きさを検出することから，ヘッド－媒体間の相対速度により再生出力が変化しない点から，高密度化による媒体ディスクの小型化に伴う相対速度の低下に対する優位性を持っている。

GMR 素子はスピンバルブ構造を持たせることにより，再生磁気ヘッドとして実用化に至った。スピンバルブ型 GMR 素子は，自由層（フリー層）／非磁性層／固定層（ピンド層）／反強磁性層の基本構造により構成される。固定層の磁化は PtMn あるいは IrMn などの反強磁性層との交換結合により媒体面に対して垂直方向に磁化が固定される。一方自由層の磁化は外部磁界がない場合に固定層と 90 度の方向をもつように磁気異方性を付与させる。媒体からの洩れ磁束が GMR

第4章 再生磁気ヘッド技術

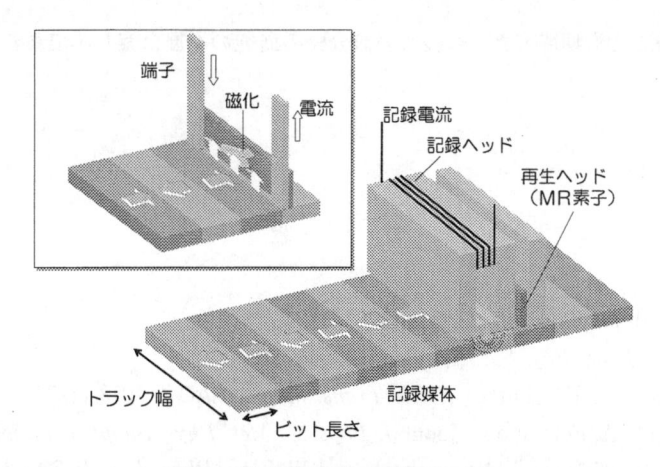

図6 磁気記録再生の原理の模式図
媒体に記録された磁化から磁束の洩れだしおよび吸いこみが生じる。これにより磁性膜の磁化が回転するため、素子に一定の電流を流すことによりその抵抗変化から電圧変化として情報を読み出すことができる。

素子に印加されると、自由層と固定層の磁化の相対角度が変化するために再生信号を検出することができる。GMR素子を用いることにより、AMRと比較して数倍の変化率を確保することができる。GMR素子の再生出力向上のための対策および課題に関しては、後の章のページを参照されたい。

　GMR素子の出力をさらに大幅に上回る可能性を秘めた素子としてTMR素子を用いた再生磁気ヘッドが開発されてきている。TMRヘッドGMR素子の非磁性層が極薄の絶縁層に置き換わったもので、原理的にはスピンバルブ型のGMR素子の技術を用いているが、大きく異なる点はGMRヘッドが素子の膜面内方向にセンス電流を流すいわゆるCIP (Current-in-plane) 構造であるのに対して、TMRヘッドでは素子膜面に垂直方向にセンス電流を流すCPP (Current-perpendicular-to-plane) 構造となっている点である。これにより、再生出力が大きい利点に加えて、再生分解能が高いという特徴を有する。しかしながら、TMRヘッドは抵抗値が高い、ショットノイズが発生するなど、技術的課題も多い。

1.6 おわりに

　本稿は磁気抵抗効果の原理からその再生磁気ヘッドへの応用に関しての概観を述べてきた。それぞれの技術に関しては世の中に良い解説、レビュー[17,18]があるので参考文献に載せておいたので参照していただきたい。磁気抵抗効果は本稿において述べた再生用磁気ヘッドへの応用以外にも、高密度かつ高速の不揮発メモリMRAMへの応用、さらには、スピン流を用いた新しいデバ

イスが創製されることも期待でき，今後の当該分野の研究の進展は楽しみである．

文　　献

1) C. Tsang, *J. Appl. Phys.*, **55**, 2226 (1984)
2) W. Thomson, *Proc. Roy. Soc.* (London), **8**, 546 (1857)
3) T. R. Mcguire and R. I. Potter, *IEEE Trans. Magn.*, **MAG-1**, 1018 (1975)
4) I. A. Campbell, A. Fert and O. Jaoul, *J. Phys. C: Met. Phys. Suppl.*, No.1, S95 (1970)
5) G. Binasch, P. Grünberg, F. Saurenbach, and W. Zinn, *Phys. Rev. B*, **39**, 4828 (1989)
6) M. N. Baibich, J. M. Broto, A. Fert, F. Nguyen Van Dau, F. Petroff, P. Eitenne, G. Creuzet, A. Friederich, and J. Chazelas, *Phys. Rev. Lett.*, **61**, 2472 (1988)
7) T. Miyazaki, M. Ajima, *J. Magn. Magn. Mater.*, **97**, 171 (1991)
8) 辰巳富彦，山田一彦，木村嘉啓，浦井治雄，日本応用磁気学会誌，**13**, 237 (1989)
9) B. Dieny, V. S. Speriosu, S. Metin, S. S. P. Parkin, B. A. Gurney, P. Baumgart, and D. R. Wilhoit, *J. Appl. Phys.*, **69**, 4774 (1991)
10) M. Julliere, *Phys. Lett.*, **54A**, 225 (1975)
11) S. Maekawa and U. Gäfvert, *IEEE Trans. Magn.*, **MAG-18**, 707 (1982)
12) T. Miyazaki and N. Tezuka, *J. Magn. Magn. Mater.*, **139**, L231 (1995)
13) J. S. Moodera, L. R. Kinder, T. M. Wong and R. Meservey, *Phys. Rev. Lett.*, **74**, 3273 (1995)
14) X. F. Han, T. Daibou, M. Kamijo, K. Yaoita, H. Kubota, Y. Ando and T. Miyazaki, *Jpn. J. Appl. Phys.*, **39**, 439 (2000)
15) Y. Ando, H. Kubota, M. Hayashi, M. Kamijo, K. Yaoita, Andrew C. C. Yu, X.-F. Han, T. Miyazaki, *Jpn. J. Appl. Phys.*, **39**, 5832 (2000)
16) Y. Ando, M. Hayashi, S. Iura, K. Yaoita, C. C. Yu, H. Kubota and T. Miyazaki, *J. Phys. D*, **35**, 2415 (2002)
17) 新庄輝也，人工格子入門，材料学シリーズ，内田老鶴圃 (2002)
18) 宮﨑照宣，スピンエレクトロニクス，日刊工業新聞社 (2004)

2 各種MR効果の進展と将来展望

湯浅新治[*]

2.1 磁気抵抗効果（MR効果）とは

固体物質や素子に磁界を印加すると電気抵抗が変化する現象が「磁気抵抗効果」（MagnetoResistanceを略してMR効果とも呼ばれる）である。MR効果を利用すれば磁界信号を電気信号に変換できるため，ハードディスク（HDD）再生磁気ヘッドなどの磁気センサー素子に利用されている。本節では，応用上重要な巨大磁気抵抗効果（GMR効果）とトンネル磁気抵抗効果（TMR効果）について詳しく解説したい。なお，GMR効果やTMR効果以外にも以下のような種々の磁気抵抗効果が知られているが，これらに関する詳しい解説は割愛する。

〈常磁性体の磁気抵抗効果〉 常磁性の金属や半導体に磁界Hを印加すると伝導電子の運動がローレンツ力によって曲げられるため，一般に電気抵抗が増加する。これは正常磁気抵抗とも呼ばれる。キャリア移動度が非常に高い半導体に数テスラ（T）の高磁界を印加すると，電気抵抗が数桁も変化することがある[1]。このため，HDD再生ヘッドへの応用が試みられたこともあるが，応用上重要な100ガウス（gauss）以下の低磁界では抵抗の変化率が小さいため，磁気ヘッド応用は不成功に終わっている。

〈異方性磁気抵抗効果〉 強磁性金属では，自発磁化Mと電流Jの相対的な角度に依存して電気抵抗が変化する。これは異方性磁気抵抗効果（Anisotropic MagnetoResistance（AMR）効果）と呼ばれ，スピン－軌道相互作用に起因すると考えられている。通常，$M // J$のとき高抵抗，$M \perp J$のとき低抵抗となり，その変化率は室温では1～2％以下である。パーマロイなどの強磁性金属のAMR効果を利用した磁気ヘッド（MRヘッド）は1990年代前半に実用化され，GMRヘッドに置き換わるまでの数年間，HDDの再生ヘッドとして利用された歴史がある。

〈超巨大磁気抵抗効果（CMR効果）〉 金属－絶縁体相転移を示すMnペロブスカイト酸化物に磁界を印加して相転移を誘起すると，それに伴って電気抵抗が大きく変化する[2]。これを超巨大磁気抵抗効果（CMR効果）という。強磁界を印加すると抵抗変化が数桁に達するが，応用上重要な100gauss以下の低磁界では抵抗の変化率が小さいため，応用には不向きである。

上述の磁気抵抗効果では低磁界における磁気抵抗が小さいため，工業応用には不向きである。これに対して，本節の主題であるGMR効果やTMR効果では応用上重要な室温・低磁界におい

---

[*] Shinji Yuasa ㈱産業技術総合研究所 エレクトロニクス研究部門 スピントロニクス研究グループ 研究グループ長

て約10%〜500%という大きな磁気抵抗が得られる。また，GMR効果やTMR効果はメゾスコピック系のスピン依存伝導という観点からも興味深い現象である。これらの現象は，伝導電子がスピンの向きを保持したまま磁性体ナノ構造中を伝搬することに起因したものである。磁界印加によってnmスケールの磁気構造が変化すると，伝導電子スピンと原子スピンの相互作用によって系全体の電気伝導特性が変化する。このような固体中の電子の電荷とスピンの両方を利用した新しい電子工学の分野は「スピントロニクス」と呼ばれ，近年急速な発展を見せている[3,4]。本節では以下，2.2で磁性金属多層膜のGMR効果，2.3で酸化アルミニウム（Al-O）トンネル障壁のTMR効果，2.4で酸化マグネシウム（MgO）トンネル障壁の巨大TMR効果，について解説する。

2.2 巨大磁気抵抗効果（GMR効果）

2.2.1 Fe/Cr多層膜のGMR効果

1988年にフェルト（A. Fert）ら[5]はFeとCrをnm周期で積層した多層膜を作製し，磁界を印加すると電気抵抗が数十％も変化する現象を観測した（図1）。このような磁性金属多層膜における大きな磁気抵抗効果は「巨大磁気抵抗効果」（Giant MagnetoResistance（GMR）効果）と呼ばれている。ここで"巨大"と名付けられた理由は，従来から知られていた強磁性金属の異方性磁気抵抗効果に比べて約10倍大きな磁気抵抗であったためである。この現象は，磁性金属多層膜の磁気構造の変化に伴って起こる。Cr層を特定の厚さにすると，Cr層を介して隣接するFe層間に反強磁性的な交換相互作用（層間交換結合という）が働き，零磁界では隣接するFe層の磁化が互いに反平行な向きに配列する（反平行磁化状態（AP状態）：図1参照）。これに十分強い外部磁界 H を印加すると，Fe層の磁化は全て H の方向に揃う（平行磁化状態（P状態）：図1参照）。平行磁化と反平行磁化の場合で伝導電子の散乱過程が変化することによって，系全体の電気抵抗が変化するのがGMR効果の起源である。

次に，Fe/Cr多層膜の場合を例にとって，GMR効果の物理機構についてもう少し詳しく解説したい。FeやCrのような3d遷移金属では，主に3d軌道と4s, 4p軌道の混成軌道が伝導バンドを形成している。Feの下向き（↓）スピンバンド（少数スピン（minority spin）バンド）とCrの伝導バンドは構造が似ているため，↓スピンの伝導電子はFe/Cr界面を横切る際にポテンシャル変化をほとんど感じない[6]。つまり，平行磁化のとき，↓スピン電子はほとんど散乱を受けずに多層膜内を自由に伝導することができる（図2(a)）。一方，Feの上向き（↑）スピンバンド（多数スピン（majority spin）バンド）は，Crの伝導バンドよりも深いエネルギー準位にあるため，↑スピンの伝導電子にとってはFe/Cr界面にポテンシャルの段差が存在する[6]。このため，↑スピン電子はCr層からFe層に入るときに反射・散乱されやすい（図2(a)）。ここで

第4章　再生磁気ヘッド技術

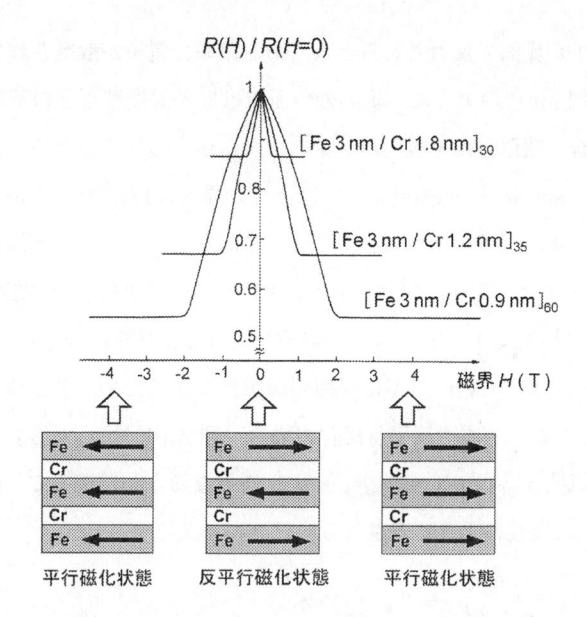

図1　Fe/Cr多層膜の巨大磁気抵抗（GMR）効果[5]

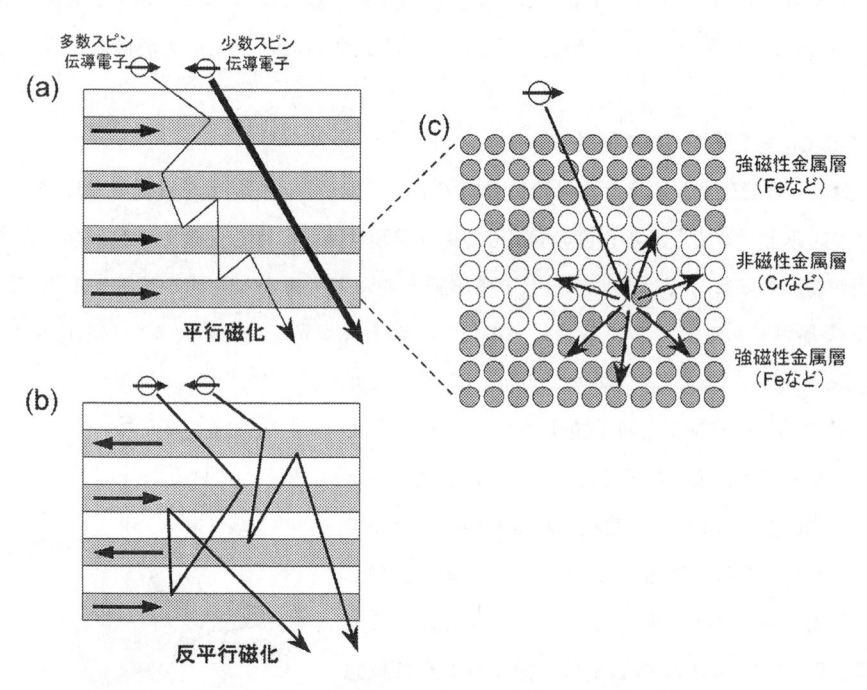

図2　磁性金属多層膜中の電子の伝導過程の概念図
（a）平行磁化状態の場合。（b）反平行磁化状態の場合。（c）界面の乱れによる電子散乱。

重要な点は，伝導電子が界面で反射されるとき，ある確率で電子が散乱されて電気抵抗が生ずるということである。図2(c)のように，現実の界面では原子置換型などの不規則性が存在するため，不純物原子の場合と類似した不規則ポテンシャルが生ずる。このため，界面における電子反射は完全な鏡面反射（specular reflection）ではなく，界面反射に伴って電子が散乱され，その結果電気抵抗が増大する。電子の伝導過程でスピンの向きが変わらないと仮定すると，磁性金属多層膜の伝導経路は↑スピン電子の抵抗$\rho_↑$と↓スピン電子の抵抗$\rho_↓$の並列回路として考えることができる。一つの界面で↑（↓）スピン電子が受ける抵抗をρ_+（ρ_-）とすると，平行磁化の場合，$\rho_↑ = N\rho_+$，$\rho_↓ = N\rho_-$（Nは界面の総数）であるため，系全体の抵抗ρ_Pは$\rho_P = N(1/\rho_+ + 1/\rho_-)^{-1}$となる。一方，反平行磁化の場合（図2(b)），$\rho_↑ = \rho_↓ = N(\rho_+ + \rho_-)/2$であるため，系全体の抵抗$\rho_{AP}$は$\rho_{AP} = N(\rho_+ + \rho_-)/4$となる。したがって，磁気抵抗比（MR比 $\equiv (\rho_{AP} - \rho_P)/\rho_P$）は次式のように表される。

$$\text{MR 比} = (\rho_- - \rho_+)^2 / 4\rho_+\rho_- = (\alpha - 1)^2 / 4\alpha \tag{1}$$

ここで，$\alpha = \rho_-/\rho_+$である。よって，$\alpha \ll 1$または$\alpha \gg 1$の場合に大きなMR比が得られ，$\alpha = 1$のときはMR比$= 0$となる。上述のように，Fe/Cr多層膜では↑スピン電子が界面で散乱を受けやすいため，$\rho_+ \gg \rho_-$，つまり$\alpha \ll 1$となり，(1)式から大きなMR比が得られることが分かる。

2.2.2 Co/Cu多層膜のGMR効果

強磁性金属／非磁性金属の多層膜構造において平行・反平行磁化状態を実現できれば，どのような物質の組み合わせでもある程度のGMR効果は発現する。しかし，全ての組み合わせで大きなMR比が得られるわけではない。Fe/Cr多層膜と並んで大きなMR比が得られる代表的な系がCo/Cu多層膜である[7,8]。この系でも，ρ_+とρ_-が大きく異なるため大きなMR比が生ずる。しかし，Co/Cu系がFe/Cr系と異なる点は，CuのフェルミレベルE_Fには4sバンドしか存在しないということである。したがって，伝導を担うs電子がCoの磁気モーメント（主に3d電子）によって散乱されるというモデルで考えるのが適当である。界面でCu原子を不規則に置換したCo原子は，Cu中の不純物原子のように取り扱うことができる。Cu中のCo不純物原子は，図3のように仮想束縛状態（virtual bound state）と呼ばれる幅の狭いdバンド（不純物準位）を形成する[9]。↑スピンの仮想束縛状態はE_Fよりも下に潜り込んでいるため，↑スピンの伝導

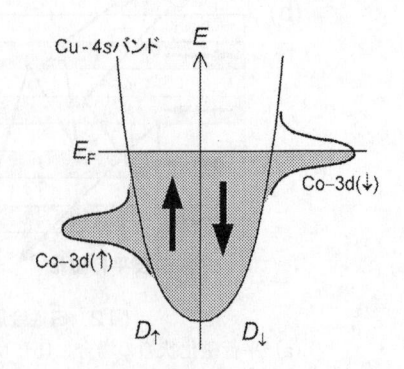

図3 Cu中のCo不純物原子が作る仮想束縛状態

第4章　再生磁気ヘッド技術

電子はほとんど散乱を受けない。これに対して↓スピンの仮想束縛状態はちょうどE_F上に位置しているため，↓スピンの伝導電子はCoのdバンドと混成する結果，強い散乱を受ける。したがって，Co/Cu多層膜の場合，Fe/Cr多層膜とは逆に，$\rho_+ \ll \rho_-$となる。つまり，Co/Cu多層膜では$\alpha \gg 1$となるため，式(1)により大きなMR比が得られることが理論的にも説明される。Co/Cu系では大きなGMR効果だけでなく応用上重要な低磁界における高い磁界感度も得やすいため，Co/Cu系を基本にしたスピンバルブ素子はHDD再生ヘッド（GMRヘッド）に応用された（後述）。

2.2.3　CIP，CPP，スピンバルブ構造

図2では電流が多層膜に対して斜め方向に流れている場合を描いたが，電流が膜面に対して平行あるいは垂直方向に流れる場合でもGMR効果は出現する。電流を膜面に平行に流す場合（図4(a)）をCIP (Current In Plane)，垂直に流す場合（図4(b)）をCPP (Current Perpendicular to Plane)と呼ぶ。CIPの場合，一見GMR効果が起こらないように思えるかもしれない。しかし，各層の厚さが数nm以下であるため，電子は各層内だけを流れるわけではなく，図4(a)のように界面を何度も横切りながら伝導するため，GMR効果が生ずる。CPPの方がCIPよりも界面を通過する頻度が多いので，理論的にはCPP-GMRの方がCIP-GMRよりもMR比が大きくなる[10]。一方，実験的にはCPP-GMRの正味のMR比を正しく測定することは容易ではない。

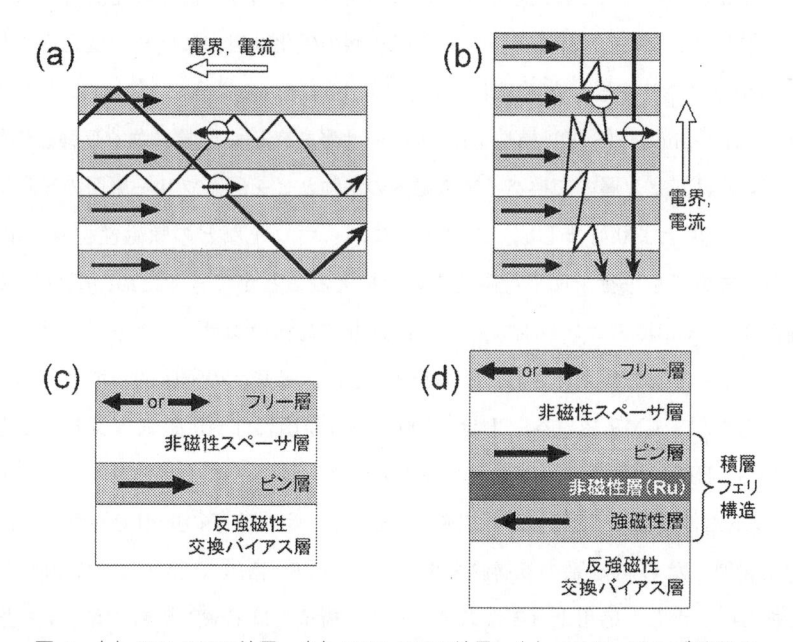

図4　(a) CIP-GMR効果，(b) CPP-GMR効果，(c) スピンバルブ薄膜の断面構造，(d) 積層フェリ構造ピン層を持つスピンバルブ薄膜の断面構造

CPP-GMR配置では，寄生抵抗が測定値に重なってしまうためである。たとえ多層膜を直径100 nmの柱状構造に加工したとしても，CPP方向の電気抵抗は非常に小さいのでリード線の寄生抵抗が直列に重なってしまい，観測されるMR比はCIP-GMRの場合よりも小さくなることが多い。この問題に対して小野ら[11]は，電流が界面に対して斜めに流れるような特殊な多層膜を作製してGMR効果を測定し，CIP-GMRよりも大きなMR比の観測に成功している。

2.2.4 GMR効果の工業応用

図1のFe/Cr多層膜の磁気抵抗曲線では，1T前後の高磁界を印加しないと磁気抵抗が飽和しない。これは，隣接したFe層間に反強磁性的な層間交換結合が働いているためである。これは結合型GMR効果と呼ばれ，低磁界における磁気抵抗効果が小さくなるため応用上は好ましくない。これに対して，非磁性層の物質や厚さを変えることにより層間交換結合をほとんど零にすることが可能である。例えば，Co/Cu系多層膜ではCuスペーサ層をある程度以上厚くすれば層間交換結合がほぼ零にすることができるため，低磁界で大きな磁気抵抗が得られる。層間交換結合がない場合でも，平行／反平行磁化状態さえ実現できれば，層間交換結合がある場合と同様にGMR効果が出現する。これは非結合型GMR効果と呼ばれ，その中でも応用上重要な構造がスピンバルブ（spin-valve）構造である（図4(c), (d)）。スピンバルブの基本構造は，図4(c)のような強磁性／非磁性／強磁性／反強磁性である。反強磁性層と接した強磁性層は，界面に働く交換バイアス磁界の影響で磁化の向きが一方向に固定されており，磁化固定層（ピン層）と呼ばれる。層間交換結合がないので，もう一方の強磁性層の磁化は自由に向きを変えることができるため，磁化自由層（フリー層）と呼ばれる。また，図4(d)のようにピン層に積層フェリ構造（Synthetic Ferrimagnetic (SyF) 構造：Ruスペーサ層を介して非常に強く反強磁性結合した3層構造）を用いれば，ピン層の交換バイアス磁界の増強とピン層／フリー層間の静磁結合の低減が可能となり，応用上より好ましい。フリー層にパーマロイなどの軟磁性材料を用いれば10 gauss以下の低磁界でも平行・反平行磁化を切り換えることができるため，低磁界域で大きなMR比が得られる。GMRスピンバルブ素子は1998年に磁気センサー（ハードディスク（HDD）の再生磁気ヘッド）として実用化され，その後のHDD記録密度の飛躍的な増大（年率2倍の伸び）を可能とした[3,4]。GMR磁気ヘッドは，2004-2005年頃にTMR磁気ヘッド（後述）に置き換わるまでの間，HDDの再生ヘッドとして使用された。ちなみに，上述のスピンバルブ構造はGMR磁気ヘッドだけでなく，2.3, 2.4で述べる磁気トンネル素子の応用でも用いられている。

数十層以上積層したCo/Cu系の多層膜を用いれば，CIP-GMRでも室温で数10％のMR比が実現可能である。しかし，応用上重要なスピンバルブ構造ではGMR効果に寄与する強磁性層が2枚しかないため，CIP-GMR効果のMR比は室温で5％〜10％程度となる。より大きなMR比の実現を目指してCPP-GMRスピンバルブ素子の研究開発が行われてきたが，電極の寄生抵抗

第4章　再生磁気ヘッド技術

の影響のため室温では10%未満のMR比しか得られていない。将来的にCPP-GMR効果を利用した再生磁気ヘッドが実用化できるかどうかは，今後のCPP-GMR効果および競合技術であるTMR効果（後述）の技術の進展にかかっている。特にCPP-GMRスピンバルブ素子の場合，抵抗値を低く保ちながらMR比を大幅に増大させることが最重要課題となる。必要なMR比はノイズレベルとも関連するが，少なくとも20～30%以上のMR比が望まれる。CPP-GMRスピンバルブ素子でこのような大きなMR比を実現するには，強磁性層にホイスラー合金などのハーフメタル材料を用いることが有望と考えられる。

2.3　アモルファス Al–O トンネル障壁のトンネル磁気抵抗効果
2.3.1　トンネル磁気抵抗効果（TMR効果）とは

　図5のように，厚さ数nm以下の絶縁体層（トンネル障壁）を2枚の強磁性金属層（強磁性電極）で挟んだ接合素子を「磁気トンネル接合」（以下，Magnetic Tunnel Junctionの頭文字を取ってMTJ素子と記す）という。MTJ素子ではCPP-GMR効果の場合と同様に電流が膜面に垂直方向に流れるが，金属伝導のCPP-GMR効果とは異なり，電子は絶縁体層をトンネル効果により透過する。したがって，MTJ素子の電気抵抗はCPP-GMR素子に比べて高いため，寄生抵抗の影響を受けにくい。MTJ素子は，GMR効果と同様に磁化配列の変化に伴った磁気抵抗効果を示す。つまり，平行磁化（図5(a)）と反平行磁化（図5(b)）の場合で，MTJ素子のトンネル抵抗が変化する。これをトンネル磁気抵抗効果（Tunneling MagnetoResistance（TMR）効果）と呼ぶ。MTJ素子をHDD再生ヘッドやMRAMに応用する場合，GMRスピンバルブ素子（図

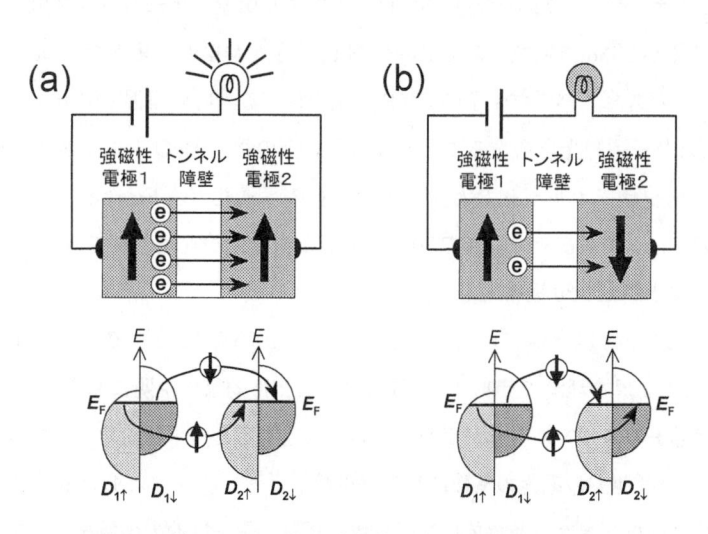

図5　磁気トンネル接合（MTJ）のTMR効果の概念図
　　　（a）平行磁化状態，（b）反平行磁化状態。

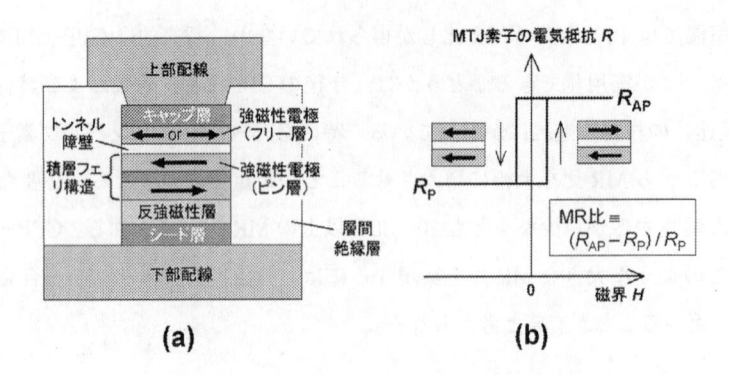

図6 (a) 応用に適したスピンバルブ型MTJ素子の断面構造，
(b) 磁気抵抗曲線の模式図とMR比の定義

4) と同様にスピンバルブ構造や積層フェリ型ピン層を用いる（図6(a) 参照）。平行磁化状態のMTJ素子のトンネル抵抗を R_P，反平行状態のそれを R_{AP} とすると，TMR効果の磁気抵抗比（MR比）は，MR比 $\equiv (R_{AP} - R_P)/R_P \times 100\%$ と定義される（図6(b) 参照）。これがMTJ素子の性能指数となる。

TMR効果の研究の歴史は実はGMR効果のそれよりも古く，1970年代に遡る。ジュリエール（M. Julliere）はFe/Ge-O/Coトンネル接合を作製し，低温で14%の磁気抵抗を観測した[12]。その当時は室温では磁気抵抗が得られなかったため，その後十数年の間あまり注目されることはなかった。しかし，1988年に磁性金属多層膜のGMR効果が発見され，これを用いたHDD再生ヘッドの研究開発が盛んになるにつれて，TMR効果にも再び注目が集まるようになった。1995年に宮崎ら[13]とムデーラ（J. Moodera）ら[14]は，トンネル障壁にアモルファス酸化アルミニウム（Al-O），強磁性電極に3d強磁性金属を用いたMTJ素子を作製し，室温で18%に達するMR比を実現した。これがスピンバルブ素子のGMR効果を越える当時の室温MR比の最高値であったため，TMR効果が一躍脚光を浴びることとなった。その後，Al-Oトンネル障壁の作製法の改良（プラズマ酸化やラジカル酸化など）や電極材料の最適化（CoFe合金やCoFeB合金など）が精力的に研究され，現在までに室温で70%を越えるMR比が実現されている（図7参照）。

2.3.2 TMR効果とスピン分極率

次に，TMR効果の物理機構について解説したい。1975年に低温でTMR効果を観測したJulliereが提案した簡単な理論モデル[12]は，現在でもTMR効果の説明に頻繁に用いられている。トンネル過程で電子のスピンの向きが変わらないと仮定すると，平行磁化状態では，多数スピン（少数スピン）電子は他方の電極の多数スピン（少数スピン）バンドにトンネルする（図5(a)）。磁化の向きが反平行なときは，多数スピン（少数スピン）電子は他方の電極の少数スピン（多数スピン）バンドにトンネルする（図5(b)）。この結果，MR比は次のように表される。

第 4 章　再生磁気ヘッド技術

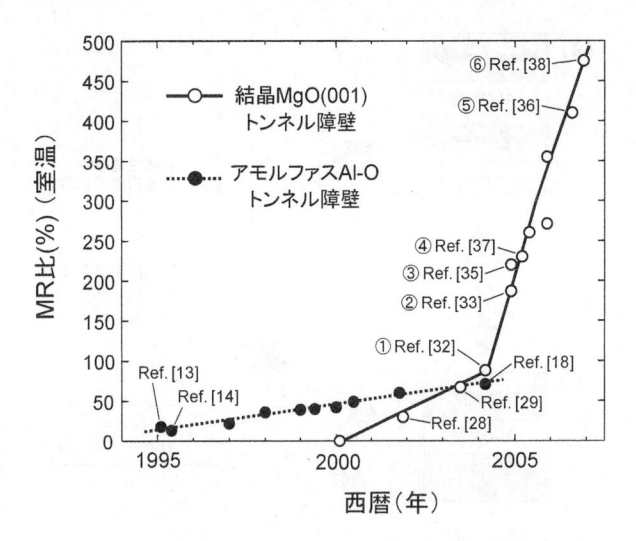

図 7　MTJ 素子の室温 MR 比の向上の歴史
黒丸はアモルファス Al-O トンネル障壁，白丸は結晶 MgO (001) トンネル障壁。

$$\text{MR 比} \equiv (R_{AP} - R_P)/R_P = 2P_1P_2/(1 - P_1P_2), \tag{2}$$

$$P_\alpha = (D_{\alpha\uparrow}(E_F) - D_{\alpha\downarrow}(E_F))/(D_{\alpha\uparrow}(E_F) + D_{\alpha\downarrow}(E_F)), \quad \alpha = 1, 2. \tag{3}$$

ここで P_α は強磁性電極のスピン分極率と呼ばれる量であり，フェルミレベル E_F における多数スピンバンドの状態密度 $D_\uparrow(E_F)$ と少数スピンバンドの状態密度 $D_\downarrow(E_F)$ によって（3）式のように定義される（$|P| \leq 1$，非磁性体では $P = 0$）。

次に，図 8 を用いて TMR 効果とスピン分極率 P の実際の関係について説明したい。低温における強磁性金属のスピン分極率は，強磁性金属／トンネル障壁／超伝導体という構造のトンネル接合を用いて実験的に直接求めることが可能である[15]。3d 強磁性金属（Fe，Co，Ni）およびそれらをベースとした強磁性合金のスピン分極率 P の実験値は，通常正の値であり，低温で $0 < P < 0.6$ の範囲の値を持つ[15]。このスピン分極率の実測値を(2)式に代入して MR 比を求めると，MR 比の実測値と比較的良い一致を見る。しかし，スピン分極率の実測値と(3)式の理論値は符号すら一致しないことが多い。次に，この不一致の理由について定性的に説明したい。

アモルファス Al-O 障壁のトンネル過程を図 9(a) に模式的に示す。ここでは，電極は典型的な強磁性金属の一例として Fe(001) とした。電極中には波動関数の対称性が異なる種々のブロッホ電子状態が存在する。しかし，Al-O トンネル障壁がアモルファスであり，トンネル障壁内および電極／障壁界面の構造に対称性がないため，種々の対称性のブロッホ状態が有限の確率でト

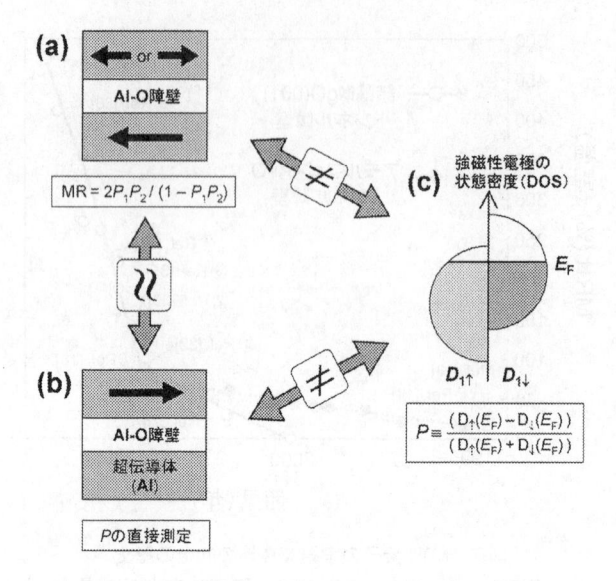

図8 TMR効果のMR比とスピン分極率Pの関係
(a) MTJ素子のTMR効果とJulliereモデル。(b) スピン分極率の直接測定。(c) Julliereモデルにおけるスピン分極率の定義。

ンネルすることができる。これは"インコヒーレント"なトンネル伝導(トンネル過程で電子の運動量や波動関数の対称性が完全には保存されないという意味)と言える。Feなどの3d強磁性金属・合金では,Δ_1ブロッホ状態(spd混成の高対称状態)はE_F上で大きな正のスピン分極率を持ち,Δ_2状態(d電子的な低対称状態)は負のスピン分極率を持つ場合が多い。前述のJulliereモデルは「全てのブロッホ状態についてトンネル確率が等しい」という仮定に基づいている。この仮定は,インコヒーレント・トンネルの極限(トンネル過程で電子の運動量,波動関数の対称性ともに全く保存されないという意味)に相当する。しかし以下に述べるように,この

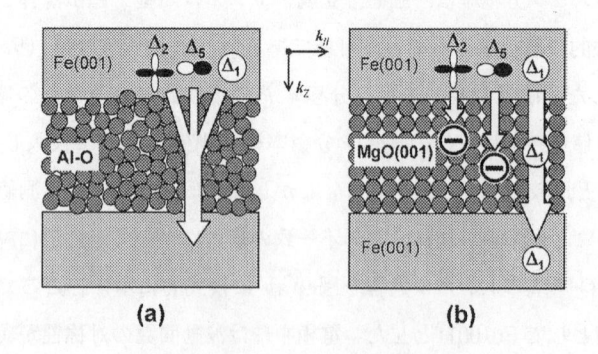

図9 電子のトンネル過程の模式図
(a) アモルファスAl-Oトンネル障壁の場合。
(b) 結晶MgO(001)トンネル障壁の場合。

第4章 再生磁気ヘッド技術

仮定はアモルファス Al-O 障壁の場合でも妥当ではない。Co や Ni の場合，(3)式で定義されるスピン分極率 P は負の値となる。一方，これらの電極物質の P の実測値は正の値であり，理論値とは符号すら一致しない。ここで，トンネル確率の波数ベクトル依存性（トンネル障壁に垂直方向（$k_{//}=0$ 方向）に入射する電子のトンネル確率が相対的に非常に高くなる）を考慮して(3)式を補正したとしても，スピン分極率の理論値と実験値は一致しない。この不一致は，トンネル確率が波動関数の対称性に大きく依存することに起因したものである。アモルファス Al-O 障壁においても，s 電子的な高対称ブロッホ状態が相対的に高いトンネル確率を持つことが種々の実験から間接的に示されている[16,17]。大きな正のスピン分極率を持つ高対称ブロッホ状態が高いトンネル確率を持つため，電極のスピン分極率 P も正の値になる。しかし，負にスピン分極した低対称ブロッホ状態も有限確率でトンネルするため，トータルなスピン分極率が $0 < P < 0.6$ の範囲の値を持つものと考えられる。

2.3.3 Al-O トンネル障壁 MTJ 素子の性能限界と打開策

3d 強磁性金属・合金の低温におけるスピン分極率 P の実測値（$0 < P < 0.6$）を(2)式に代入して得られる MR 比の上限は，低温で 100% 程度となる。スピンの熱揺らぎによる P の温度変化を考慮すると，室温における MR 比の上限は 70% 前後と予想される。実験的にも，Al-O 障壁 MTJ 素子において室温で 70% の MR 比が既に実現されている[18]。この限界を大きく越える巨大な MR 比を実現するために，完全にスピン分極した（$|P|=1$）ハーフメタル電極材料の研究が盛んに行われてきた。単純に $|P|=1$ を(2)式に代入すると，無限大の MR 比が理論上期待できる。ハーフメタル材料の候補として，ホイスラー合金（Co_2MnSi など），Mn ペロブスカイト酸化物（$La_{1-x}Sr_xMnO_3$ など），CrO_2，Fe_3O_4 などがある。その中でも，ホイスラー合金電極を用いた $Co_2MnSi/Al-O/Co_2MnSi$-MTJ 素子[19]および Mn ペロブスカイト電極を用いた $La_{1-x}Sr_xMnO_3/SrTiO_3/La_{1-x}Sr_xMnO_3$-MTJ 素子[20]において，低温でそれぞれ 570%，1800% という巨大な MR 比が実現されている。しかし，これらの MTJ 素子では TMR 効果の温度変化が非常に大きいため，室温では従来型 MTJ 素子の最高値（約 70%）を大きく越える MR 比はまだ実現されていない[21]。

巨大な TMR 効果を実現するためのもう一つの有力解が，結晶トンネル障壁のコヒーレント・トンネル効果である。もし図9(b)のように，高対称 Δ_1 ブロッホ状態だけが支配的にトンネルすることができれば非常に高いスピン分極率 P が実現され，巨大な TMR 効果の発現が期待できる。そのような理想的な"コヒーレント・トンネル"（トンネル過程で電子のエネルギー，運動量，波動関数の対称性が全て保存されるという意味）は，結晶 MgO(001) トンネル障壁を用いれば実現可能である。これについては 2.4 で詳しく述べたい。ちなみに，アモルファス Al-O 障壁の実際のトンネル過程は，Julliere モデルで記述されるインコヒーレント・トンネルの極限と

図9(b)のようなコヒーレント・トンネルの中間的なものであると考えられる。

2.3.4 Al-OトンネL障壁MTJ素子の工業応用

次に，Al-OトンネL障壁MTJ素子の工業応用について簡単に紹介したい。MTJ素子を用いたTMR磁気ヘッドが2004-2005年に実用化され，続いてMTJ素子と磁界書き込み技術を用いたMRAMが2006年に実用化された。これらの応用において，室温MR比と並んで重要な特性が「抵抗－面積積」(Resistance-Area (RA) product：トンネル接合面積で規格化したトンネル抵抗のこと，単位は慣例として$\Omega \cdot \mu m^2$を用いる）である。MRAM応用では半導体トランジスタ（CMOS）とのインピーダンス整合を満たすために約$1k\Omega \cdot \mu m^2$～$10k\Omega \cdot \mu m^2$という比較的高いRA値が要求される。この範囲のRA値は1nmより厚いAl-O障壁層を用いて得られるため，技術的に比較的容易に実現でき，室温で50％を越えるMR比も同時に実現されている。このようなAl-O障壁MTJ素子とトグル書き込み（磁界書き込み技術の一種）を用いたMRAMが2006年に米国フリースケール社によって初めて製品化され，優れた信頼性・書き換え耐性と不揮発性を兼ね備えた唯一のメモリとしてバッテリー保持SRAMの置き換え用途などに活用されている。さらに，高温動作という特長を生かした応用も期待されている。

一方，MTJ素子のHDD再生ヘッド応用では2～$3\Omega \cdot \mu m^2$以下という低いRA値が要求される。これを満たすためにはAl-O障壁層の厚さを1nm以下と極薄にする必要があり，トンネル障壁の信頼性の確保は技術的に容易なことではない。トンネル障壁層を少しでも厚く保ちながら低RA値を実現するために，米国シーゲイト社はAl-Oよりもバリア・ハイトが低い酸化チタン（Ti-O）を用いたMTJ素子を開発したが[22]，いずれにせよ2～$3\Omega \cdot \mu m^2$以下のRA値の実現は技術的に容易な課題ではなかった。しかし，HDD磁気ヘッドメーカー各社の精力的な研究開発によって，Ti-O障壁あるいはAl-O障壁を用いたMTJ素子でRA値＝2～$3\Omega \cdot \mu m^2$かつ室温MR比＝20～30％程度の性能が実現され，これを用いたTMR磁気ヘッドが2004年から2005年にかけて製品化され，面記録密度100Gbit/inch^{2}超のHDDに適用された。ただし，さらに高密度な次世代HDDの高速再生のためには，さらに高MR比かつ低RA値を持つTMR磁気ヘッドの開発が不可欠となる。そのために，2.4で述べる結晶MgOトンネル障壁を用いたMTJ素子が開発されている。

2.4 酸化マグネシウム（MgO）トンネル障壁の巨大TMR効果

2.4.1 コヒーレント・トンネルの理論予測

2001年にButlerら[23]とMathonら[24]は，結晶MgO(001)をトンネル障壁に用いたFe(001)/MgO(001)/Fe(001)構造のエピタキシャルMTJ素子に関する第一原理計算を行い，1000％を超える巨大なMR比を理論的に予測した。このTMR効果の物理的機構は，以下に述べるようにア

第4章　再生磁気ヘッド技術

モルファス Al-O 障壁の場合とは異なるものである。

　Fe(001)と MgO(001)の面内格子間隔には約3%の不整合があるが（バルク値の比較），この程度の格子不整合は格子歪みや界面転位の形成によって吸収されるため，高品質な Fe(001)/MgO(001)/Fe(001)構造のエピタキシャル薄膜が実験的に作製可能である。図9(b) は，エピタキシャル MTJ 素子のトンネル過程を模式的に示したものである。トンネル電子は自由電子と仮定されることが多いが，実際の絶縁体トンネル障壁のバンドギャップ中の浸み出し電子状態（evanescent states；エヴァネッセント状態）はバンド分散を持っており，自由電子とは性質が異なる。MgO(001) バンドギャップ内の $k_{//}=0$ 方向（トンネル確率が最も高い方向）には，Δ_1（spd 混成の高対称状態），Δ_5（pd 混成状態），$\Delta_{2'}$（d 状態）という3種類のエヴァネッセント状態が存在する。その中でも Δ_1 状態は，図10(a) のようにトンネル障壁中での状態密度の減衰が最も緩やかである（つまり減衰距離が長い）[23]。したがって，この Δ_1 状態を介したトンネル電流が支配的に流れることになる。波動関数のコヒーレンシーが保存される理想的なトンネル過程では，Fe(001) 電極のブロッホ状態の中で Δ_1 状態のみが MgO 中の Δ_1 エヴァネッセント状態と結合することができるため，支配的なトンネル経路は Fe-Δ_1 ↔ MgO-Δ_1 ↔ Fe-Δ_1 となる（図10(b) 参照）。次に，Fe(001) 電極の $k_{//}=0$ 方向のバンド構造を図11(a) に示す。E_F 上に多数スピンおよび少数スピンの電子状態が多数存在するため，(3)式で定義されるスピン分極率 P は小さな値となる。しかし，Δ_1 バンドは E_F 上で完全にスピン分極しているため（$P=1$），Δ_1 電子のみが支配的に流れるコヒーレント・トンネルでは巨大な TMR 効果の出現が理論的に期待される。Fe-Δ_1 状態が E_F 上で完全にスピン分極しているため，反平行磁化のときトンネル電流が全く流れないように一見思われるが，反平行磁化状態でも界面共鳴状態間の共鳴トンネルによっ

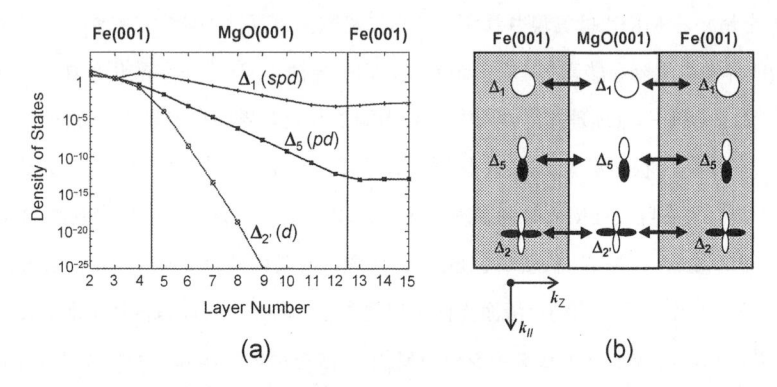

図10　(a) Fe(001)/MgO(001)/Fe(001)エピタキシャル MTJ 素子の MgO 中のエヴァネッセント状態の状態密度(DOS)の減衰に関する計算結果（平行磁化，多数スピン電子の場合）[23]，(b) Fe 中のブロッホ状態と MgO 中のエヴァネッセント状態の結合の模式図

て有限の電流が流れる[23]。しかし，平行磁化状態の$\Delta_{1\uparrow}$電子によるトンネル電流の方がはるかに大きいため，1000％を越える巨大なMR比が理論的に予想される。

なお，Δ_1電子のコヒーレント・トンネルによる巨大TMR効果はMgO(001)トンネル障壁に限った話ではなく，他の結晶トンネル障壁（ZnSe(001)[25]やSrTiO$_3$(001)[26]など）においても理論的に予想されている。しかし，ピンホールや界面における原子拡散などの問題があり，MgO(001)以外の結晶トンネル障壁では未だ巨大TMR効果は実現されていない。また，Δ_1ブロッホ状態がE_F上で完全にスピン分極しているのはFe(001)電極の場合に限ったことではない。FeやCoをベースにしたbcc構造の強磁性金属・合金では，多くの場合Δ_1ブロッホ状態がE_F上で完全にスピン分極しており，同様の機構で巨大TMR効果が理論的に期待される。その一例として，bcc Co(001)（準安定な結晶構造）のバンド構造を図11(b)に示す。第一原理計算によると，bcc Co(001)電極はbcc Fe(001)電極よりもさらに大きなTMR効果を示すと予想される[27]。後述するbcc CoFeB合金電極の場合も，同じ機構で巨大TMR効果が発現するものと考えられる。

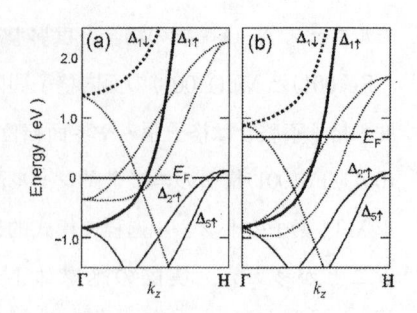

図11 (a) bcc FeのΓ-H方向（[001]方向）のバンド分散，(b) bcc CoのΓ-H方向（[001]方向）のバンド分散[36]

実線は多数スピンバンド，点線は少数スピンバンド，太い実線・破線はΔ_1バンドを表す。

2.4.2 結晶MgO(001)障壁の作製と巨大TMR効果の実現

2001年のMgO障壁の理論予測と前後して，実際にエピタキシャルFe(001)/MgO(001)/Fe(001)-MTJ素子を作製する試みが欧州の公的研究機関を中心に行われたが，不成功であった[28,29]。室温で67％という比較的大きなMR比が実現されたこともあったが[29]，従来のAl-O障壁MTJ素子を超えるMR比は実現されず，さらに実験の再現性が非常に悪かった。その原因としてFe/MgO界面に過剰な酸素(O)原子が入り込み，界面のFe原子が酸化されてしまうという問題が実験[30]および第一原理理論[31]の両方から指摘された。界面に過剰なO原子がない清浄界面の場合のみ，Fe-Δ_1状態がMgO-Δ_1状態に有効に結合することができ，Δ_1電子のコヒーレント・トンネルによる巨大TMR効果が理論的に発現する。一方，界面に過剰なO原子が存在する過酸化界面の場合，Fe-Δ_1状態がMgO-Δ_1状態に有効に結合できないためMR比が著しく減少してしまう。しかし，理想的な清浄界面を実現することは，当時は困難であった。

2004年に湯浅らは，分子線エピタキシー（MBE）法を用いてエピタキシャルFe(001)/MgO(001)/Fe(001)-MTJ素子を作製した[32,33]。超高真空の清浄な環境下でトンネル薄膜成長を行い，界面酸化を抑制する工夫を施した結果，初めてアモルファスAl-O障壁を大幅に越える室温MR比を実現した（図7の①，②）。断面の透過電子顕微鏡（TEM）写真（図12）のように，エ

第4章 再生磁気ヘッド技術

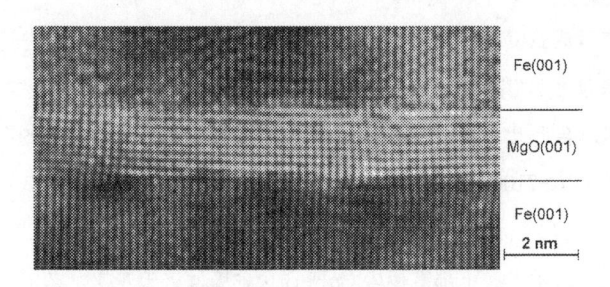

図12 Fe(001)/MgO(001)/Fe(001) エピタキシャル MTJ素子の断面の透過電子顕微鏡（TEM）写真[33]

ピタキシャル Fe(001)/MgO(001)/Fe(001) - MTJ 素子は高品質の単結晶 MgO トンネル障壁層と原子レベルで平坦かつ急峻な界面で構成されている。この MTJ 素子において，室温で180％という巨大な TMR 効果が実現された。また，この MTJ 素子において過剰酸化のない Fe(001)/MgO(001) 界面が実現されていることが，X線吸収（XAS）とX線磁気円二色性（XMCD）の測定によって確認されている[34]。一方，ほぼ同時期に Parkin らは（001）結晶面が優先配向した多結晶（テキスチャ構造）の Fe-Co(001)/MgO(001)/Fe-Co(001) - MTJ 素子をスパッタ法により作製し，室温で220％の MR 比を実現した（図7の③）[35]。微視的に見れば配向性多結晶 MTJ 素子はエピタキシャル MTJ 素子と基本的に同じ構造であるため，同じ機構で巨大 TMR 効果が発現しているものと考えられる。湯浅らはさらに，準安定構造である bcc Co(001) 層を電極に用いたエピタキシャル Co(001)/MgO(001)/Co(001) - MTJ 素子を MBE 法により作製し，室温で410％というさらに大きな MR 比を実現した（図7の⑤）[36]。bcc Co(001) 電極が bcc Fe(001) 電極よりも大きな TMR 効果を示すことは，理論計算[23]と定性的に一致している。このような結晶 MgO トンネル障壁のコヒーレント・トンネルに起因した非常に大きな室温 TMR 効果は，従来の TMR 効果とは区別して「巨大 TMR 効果（giant TMR effect）」と呼ばれている。

2.4.3 量産プロセスに適合した CoFeB/MgO/CoFeB 構造の MTJ 素子

前述のエピタキシャル MTJ 素子や配向性多結晶（テキスチャ）MTJ 素子は，そのままでは工業応用には不向きである。HDD 磁気ヘッドや MRAM に応用するためには図6(a) のようなスピンバルブ構造が不可欠であるため，反強磁性層によってピンされた積層フェリ構造の上に MgO(001) 障壁 MTJ 素子を作製しなければならない。また，生産効率の観点から，成膜方法は室温スパッタ成膜が望ましい。ここで，積層フェリ型ピン層（例えば CoFe/Ru/CoFe 三層構造）および反強磁性交換バイアス層（Ir-Mn や Pt-Mn など）は（111）面方位に優先配向した fcc 構造を基本構造としているため，NaCl 型構造（001）配向の MgO トンネル障壁や bcc(001) 構造の強磁性電極とは結晶の対称性も格子定数も全く整合しないという問題がある。つまり，湯浅らが開発したエピタキシャル MTJ 素子および Parkin らが開発したテキスチャ MTJ 素子は共に，標

準的なピン層の上には成長できない。

前記の問題の解決策として，Djayaprawira らは次に述べるようにアモルファス CoFeB 電極と MgO(001)障壁を組み合わせた新しい MTJ 素子構造を開発した[37]。標準的な生産用スパッタ装置（キヤノンアネルバ C-7100）を用いて，生産プロセスに準拠した室温スパッタ成膜により熱酸化シリコン基板の上に CoFeB/MgO/CoFeB 構造の MTJ 素子を作製した。成膜直後の断面 TEM 写真を図 13(a) に示す。下部電極の CoFeB 合金層はアモルファスであるが，その上に成長した MgO 障壁層は (001) 面配向した多結晶（テキスチャ構造）である。さらにその上に積層した上部電極の CoFeB 合金層はアモルファスである。下部電極層がアモルファスであるため，この MTJ 素子は任意の下地層の上に室温で作製可能であり，その製造プロセス適合性は理想的である。実際に，この MTJ 素子は図 13(b) のように標準的な積層フェリ型ピン層の上に作製されている。この CoFeB/MgO/CoFeB―MTJ 素子を 360℃で熱処理した結果，室温で 230％という巨大な MR 比が実現された（図 7 の④）[37]。その後，熱処理条件などに改良が加えられ，現在までに室温で 500％近い MR 比が実現されている（図 7 の⑥）[38]。

次に，なぜ CoFeB/MgO/CoFeB 構造の MTJ 素子が巨大 TMR 効果を示すのかについて簡単に述べたい。Δ_1 電子のコヒーレント・トンネルが起こるためには，トンネル障壁だけでなく強磁性電極も 4 回転対称の bcc(001) 構造を持っていることが必須である。したがって，電極層がアモルファス CoFeB の場合，巨大 TMR 効果は理論的に出現しえない。その後の詳細な構造解析の結果[39]，成膜後の熱処理によってアモルファス CoFeB 電極層が bcc(001) テキスチャ構造に

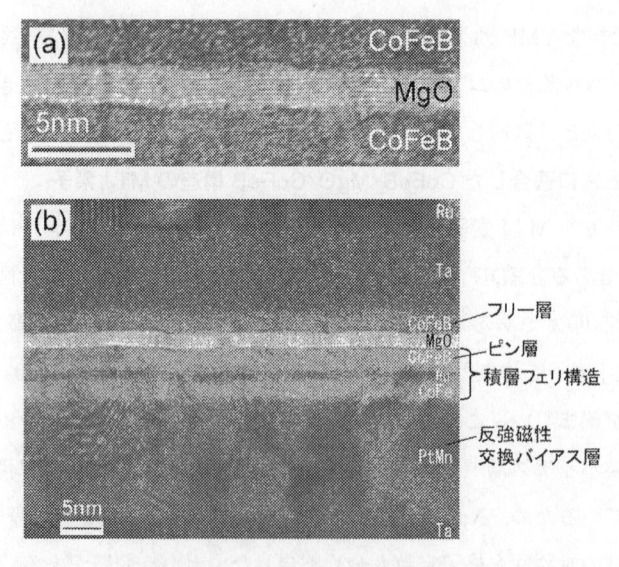

図 13 CoFeB/MgO/CoFeB-MTJ 素子の断面の透過電子顕微鏡（TEM）写真（成膜直後の状態）[37]

第4章　再生磁気ヘッド技術

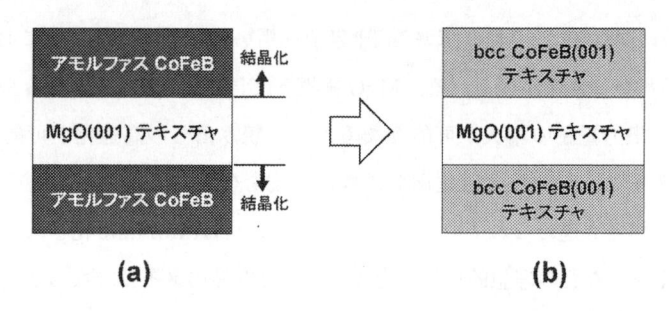

図14　CoFeB/MgO/CoFeB-MTJ素子の断面構造の模式図
(a) 成膜直後の構造。(b) 熱処理後の構造。

結晶化することが明らかになった（図14参照）。これは，MgO(001)層がテンプレートとなって，格子整合の良いbcc CoFeB(001)構造に結晶化する「固相エピタキシー」の機構によるものである。熱処理後のMTJ素子の構造は図14(b)のようにbcc CoFeB(001)/MgO(001)/bcc CoFeB(001)構造であるため，エピタキシャルMTJ素子と同様の機構で巨大TMR効果が発現すると考えて良い。

2.4.4　MgO(001)トンネル障壁MTJ素子の工業応用

MgO障壁MTJ素子の巨大TMR効果を利用した様々な次世代デバイス応用が期待されている（図15参照）。MgO障壁MTJ素子のHDD磁気ヘッド応用については，本節の最後に述べた

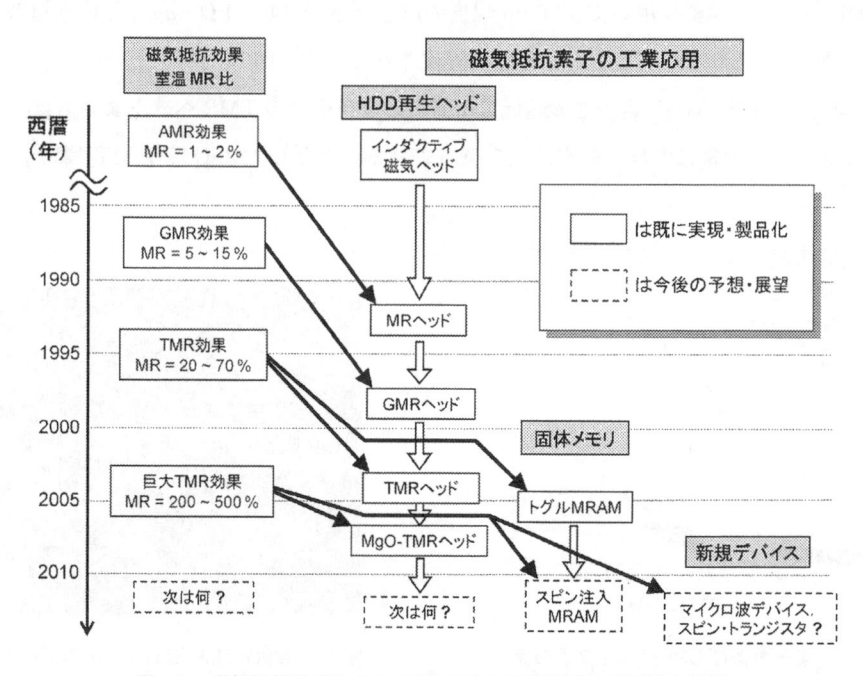

図15　磁気抵抗効果とその応用に関する研究開発の変遷と展望

い。MRAM応用に関しては，MgO障壁MTJ素子を用いれば適切なRA値において室温で200〜500%という巨大なMR比が得られる。MgO障壁MTJ素子を磁界書き込み型のMRAMに用いれば，読み出し出力電圧の増大が可能となるため，読み出しの高速化が可能となる。また，MgO障壁MTJ素子とスピン注入磁化反転書き込み技術を用いた大容量MRAM（スピンRAMとも呼ばれる）の開発も進められている[40,41]。もしスピンRAMが実用化されれば，不揮発・大容量・高書き換え耐性などの理想的な特性を兼ね備えた究極のメモリになると期待される。さらに，巨大TMR効果の実現によってMRAMや磁気ヘッド以外の新たなデバイス応用にも可能性が広がっている。例えば，MgO障壁MTJ素子の巨大TMR効果とスピン注入トルク誘起の強磁性共鳴の複合効果によって，高効率のマイクロ波発振・検波が可能となる[42]。マイクロ波応用に向けた研究開発はまだ緒についたばかりであるが，従来の半導体マイクロ波素子とは全く異なる物理原理で動作するため，将来的に半導体素子の性能を凌駕する可能性を秘めている。

最後になるが，MgO障壁MTJ素子のHDD再生ヘッド応用について紹介したい。2.3.4で述べたように，Ti-O障壁やAl-O障壁を用いたTMR磁気ヘッドはRA値＝2〜3Ω・μm^2，室温MR比＝20〜30%程度の基本特性を持ち，面記録密度100Gbit/inch^{2}超のHDDに適用されているが，200Gbit/inch^{2}超の次世代HDDの高速再生のためにはさらに高いMR比と低いRA値が不可欠となる。MgOトンネル障壁は有効なバリア・ハイトが非常に低いため[33]，超低RA値の実現にも非常に有利であることが実証されている[43,44]。CoFeB電極上に成長したテキスチャMgO(001)トンネル障壁に用いて，1.0nm程度の障壁厚さで0.4〜1Ω・μm^2という超低RA値を実現でき，50〜100%の高MR比が同時に実現されている（図16参照）[44]。つまり，MgO障壁MTJ素子は，CPP-GMR素子並の超低RA値，および従来のTMRヘッドよりもはるかに大きなMR比という非常に優れた基本性能を持っている。ただし，MgO障壁MTJ素子を用いた

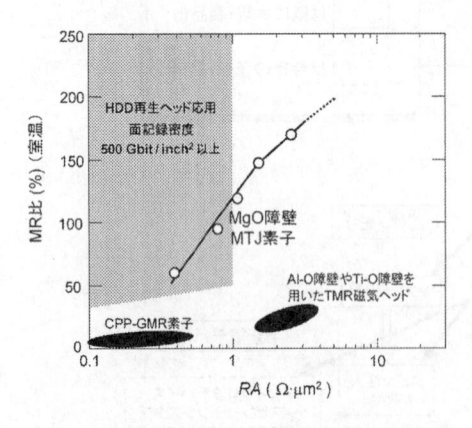

図16　MTJ素子およびCPP-GMR素子の室温MR比とRA値

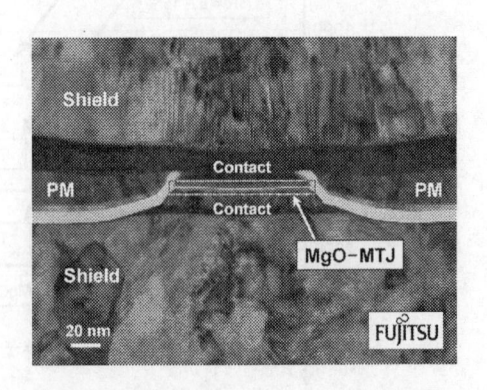

図17　MgO-TMR磁気ヘッドの断面透過電子顕微鏡（TEM）写真（富士通㈱提供）

第4章　再生磁気ヘッド技術

TMR磁気ヘッドの開発が開始された当初は，MgOトンネル障壁の信頼性や耐久性の確保，低ノイズ化，フリー層の低磁歪化や軟磁気特性化などの様々な課題を解決できるかどうか危惧されていた。しかし，HDDメーカーの精力的な研究開発と努力によってこれらの課題は克服され，既にMgO-TMR磁気ヘッドが富士通によって開発されている（図17参照）。このMgO-TMRヘッドは現状で250Gbit/inch^{2}の面記録密度に適用可能であり，将来的に500Gbit/inch^{2}まで対応できると期待されている。さらにその先の再生ヘッド技術がどうなるのかについては，今後のMgO障壁MTJ素子や競合技術（CPP-GMR素子など）の研究開発の進展にかかっている。

文　献

1) S. A. Solin *et al.*, *Science*, **289**, 1530 (2000)
2) S. Jin *et al.*, *Science*, **264**, 413 (1994)
3) G. A. Prinz, *Science*, **282**, 1660 (1998)
4) S. A. Wolf *et al.*, *Science*, **294**, 1488 (2001)
5) M. N. Baibich *et al.*, *Phys. Rev. Lett.*, **61**, 2472 (1988)
6) H. Itoh, J. Inoue and S. Maekawa, *Phys. Rev. B*, **47**, 5809 (1993)
7) D. H. Mosca *et al.*, *J. Magn. Magn. Mater.*, **94**, L1 (1991)
8) S. S. P. Parkin, R. Bhadra and K. P. Roche, *Phys. Rev. Lett.*, **66**, 2152 (1991)
9) H. Itoh *et al.*, *J. Magn. Magn. Mater.*, **136**, L33 (1993)
10) Y. Asano, A. Oguri and S. Maekawa, *Phys. Rev. B*, **48**, 6192 (1993)
11) T. Ono and T. Shinjo, *J. Phys. Soc. Jpn.*, **64**, 363 (1995)
12) M. Julliere, *Phys. Lett.*, **54A**, 225 (1975)
13) T. Miyazaki and N. Tezuka, *J. Magn. Magn. Mater.*, **139**, L231 (1995)
14) J. S. Moodera *et al.*, *Phys. Rev. Lett.*, **74**, 3273 (1995)
15) R. Meservy and P. M. Tedrow, *Phys. Rep.*, **238**, 173 (1994)
16) S. Yuasa, T. Nagahama and Y. Suzuk, *Science*, **297**, 234 (2002)
17) T. Nagahama, S. Yuasa, E. Tamura and Y. Suzuki, *Phys. Rev. Lett.*, **95**, 086602 (2005)
18) D. Wang *et al.*, *IEEE Trans. Magn.*, **40**, 2269 (2004)
19) Y. Sakuraba *et al.*, *Appl. Phys. Lett.*, **88**, 192508 (2006)
20) M. Bowen *et al.*, *Appl. Phys. Lett.*, **82**, 233 (2003)
21) ごく最近，結晶MgO(001)トンネル障壁とホイスラー合金電極を組み合わせたエピタキシャルMTJ素子において室温で200％超のMR比が得られているが（N. Tezuka *et al.*, *Appl. Phys. Lett.*, **89**, 252508 (2006) 参照），これはホイスラー合金のハーフメタル性よりも，むしろ2.4の主題であるMgO(001)障壁のコヒーレント・トンネルに起因したものと考えられる。本文中で述べているように，MgO(001)障壁と組み合わせれば，FeやCo

のような単純な強磁性電極ですら室温で 180%～400%超の MR 比が得られ，また量産性に優れた bcc CoFeB 合金電極でも室温で 200%～500%の MR 比が得られている．ちなみに，文献 19) ではアモルファス Al-O 障壁とホイスラー合金電極の組み合わせで低温において巨大な MR 比が実現されており，さらにハーフメタルの定義であるバンドギャップの特徴が観測されているので，この場合は真にホイスラー合金のハーフメタル性に起因した巨大 TMR 効果と考えて良い．

22) J.-G. Zhu and C. Park, *Materials Today*, **9**, no.11, 36 (2006)
23) W. H. Butler *et al.*, *Phys. Rev. B*, **63**, 054416 (2001)
24) J. Mathon and A. Umerski, *Phys. Rev. B*, **63**, 220403R (2001)
25) Ph. Mavropoulos, N. Papanikolaou and P. H. Dederichs, *Phys. Rev. Lett.*, **85**, 1088 (2000)
26) J. P. Velev *et al.*, *Phys. Rev. Lett.*, **95**, 216601 (2005)
27) X.-G. Zhang and W. H. Butler, *Phys. Rev. B*, **70**, 172407 (2004)
28) M. Bowen *et al.*, *Appl. Phys. Lett.*, **79**, 1655 (2001)
29) J. Faure-Vincent *et al.*, *Appl. Phys. Lett.*, **82**, 4507 (2003)
30) H. L. Meyerheim *et al.*, *Phys. Rev. Lett.*, **87**, 07102 (2001)
31) X.-G. Zhang and W. H. Butler, *Phys. Rev. B*, **68**, 092402 (2003)
32) S. Yuasa *et al.*, *Jpn. J. Appl. Phys.*, **43**, L588 (2004)
33) S. Yuasa *et al.*, *Nature Mater.*, **3**, 868 (2004)
34) K. Miyokawa *et al.*, *Jpn. J. Appl. Phys.*, **44**, L9 (2005)
35) S. S. P. Parkin *et al.*, *Nature Mater.*, **3**, 862 (2004)
36) S. Yuasa *et al.*, *Appl. Phys. Lett.*, **89**, 042505 (2006)
37) D. D. Djayaprawira *et al.*, *Appl. Phys. Lett.*, **86**, 092502 (2005)
38) J. Hayakawa *et al.*, *Appl. Phys. Lett.*, **89**, 232510 (2006)
39) S. Yuasa *et al.*, *Appl. Phys. Lett.*, **87**, 242503 (2005)
40) M. Hosomi *et al.*, *Technical Digest of IEEE International Electron Devices Meeting* (*IEDM*), 19.1 (2005)
41) T. Kawahara *et al.*, *Technical Digest of IEEE International Solid-State Circuits Conference* (*ISSCC*), 26.5 (2007)
42) A. A. Tulapurkar *et al.*, *Nature*, **438**, 339 (2005)
43) K. Tsunekawa *et al.*, *Appl. Phys. Lett.*, **87**, 072503 (2005)
44) Y. Nagamine *et al.*, *Appl. Phys. Lett.*, **89**, 162507 (2006)

3 磁気抵抗効果型再生ヘッド素子の技術課題と対策

佐橋政司[*]

3.1 はじめに

　100メガビット／平方インチ足らずであったハードディスクドライブ（HDD）の面記録密度は，90年代の磁気ヘッドの技術革新により飛躍的に向上した。この技術革新こそが，ここで取り上げる磁気抵抗効果を利用する再生ヘッドである。それまでも，バルクのフェライトヘッドから薄膜プロセスを取り入れた薄膜ヘッドへの技術革新がなされてきたが，これらのヘッドは磁気ヨークを用いたパッシブデバイスである電磁誘導型を基本とし，記録と再生を同一の磁気ヨークを用いて行う記録再生ヘッドであった。そのため，HDDは1ギガビット／平方インチの前に限界に達すると言われていた。この限界をものの見事に突破してみせたのが，パーマロイの異方性磁気抵抗効果を用いたアクティブデバイスであるAMRヘッド（Anisotropic Magneto-Resistive Head）である。考案者であるIBMの研究者達は，異方性磁気抵抗効果を磁気ヘッドに利用するため，①磁気抵抗効果素子にセンス電流を流すアクティブデバイスを再生ヘッドに用いる，②記録ヘッド機能と再生ヘッド機能を分ける，③シールド型再生ヘッドを考案し，一方のシールド膜に記録ヘッドのヨーク膜機能を兼ねさせるマージド型記録再生ヘッドとする，今日の磁気抵抗効果型磁気ヘッドの原型を開発した[1]。この構造は，磁気抵抗効果が垂直通電方式であるトンネル磁気抵抗効果（Tunnel Magneto-Resistance：TMR）[2~6]に，磁気記録方式が垂直磁気記録に替わった今も変わっていない。この構造の革新こそが，磁気抵抗効果型再生ヘッドの技術課題であり，対策であるのかも知れない。

　AMRは，90年代の後半には，AMRヘッドの開発とちょうど同時期に発見された巨大磁気抵抗効果（Giant Magneto-Resistance：GMR）[7,8]を用いたGMRヘッド[9]へと世代が交代した。このGMRヘッドの登場こそが，年率100％以上もの面記録密度の伸長を可能とし，100ギガビット／平方インチへと面記録密度を向上させ，コンピュータの記憶容量の飛躍的な大容量化，HDDの小型化，ビット単価の低下を促した。そして，HDDの用途はビデオレコーダ，カーナビゲーション，携帯オーディオプレーヤ，携帯ビデオレコーダ，携帯電話へと拡大の一途をたどり，今ではHDDがユビキタスや情報家電，ネットワークには欠かせない技術となっている。

　このGMRヘッドの実用化に際して開発された再生ヘッド素子の膜構造である，磁界検出層（フリー層）／非磁性層／磁化固着層（ピン層）／反強磁性層からなるスピンバルブ膜構造[10~12]とイリジウム・マンガン反強磁性層材料[13]は，今でも磁気抵抗効果型再生ヘッド素子の基本構造と基本材料になっている。

---

　[*]　Masashi Sahashi　東北大学　大学院工学研究科　電子工学専攻　教授

垂直磁気記録の最新技術

本稿では，このようにAMRからGMRへ，GMRからTMRへ，そしてTMRから次世代のMRへと素子技術が替わり，磁気記録方式も面内磁気記録から垂直磁気記録，そしてパターンドメディアへと技術革新していく今日においても，その重要さに変わりのない磁気抵抗効果型再生ヘッドが抱える技術課題とその対策ならびに次世代のMR技術について概説する。

3.2 磁気抵抗効果型再生ヘッドの構造とスピンバルブ再生

HDDは，情報を記録（記憶）する磁気ディスク（磁気記録媒体），ディスクを高速回転させるためのスピンドルモータ，磁気ヘッドのディスク上へのトラッキングを行うためのボイスコイルモータ（Voice Coil Motor：VCM）型アクチュエータ，そして薄膜記録・再生ヘッド部を端面に搭載したスライダとサスペンションとからなる磁気ヘッドより構成される。図1(a)に，CIP-GMRヘッドと面内磁気記録媒体を例に取り，スライダに搭載される薄膜記録・再生ヘッド部と磁気ディスクとの関係を示す。図1(b)に示すように，CIP-GMRヘッドは，磁気抵抗効果型特有のマージドピギーバック構造となっており，CIP-GMR素子と磁気シールドから構成される再生ヘッド部と記録コイルと磁気ヨークコアから構成される記録ヘッド部が薄膜一体化したシールド型構造となっている[1]。出力端となるCIP-GMR素子は，磁気ディスク信号の再生時に使われる。また，重ねて形成された記録コイルと磁気ヨークコアは，磁気ディスクへの入力端として記録時に使われる。再生ヘッドには，2枚の磁気シールド膜の間に，出力端子部となるCIP-GMR素子が配置され，2枚のアルミナギャップ膜によりそれぞれのシールド膜とは電気的に絶縁された構造となっている。磁気的にはCIP-GMR素子と2枚の磁気シールド膜で磁気回路を構成するため，このCIP-GMR素子と2枚のアルミナギャップ膜から成るシールド間距離が再生分解能な

(a)GMRヘッドと磁気ディスクの関係　　(b)GMRヘッドの構造

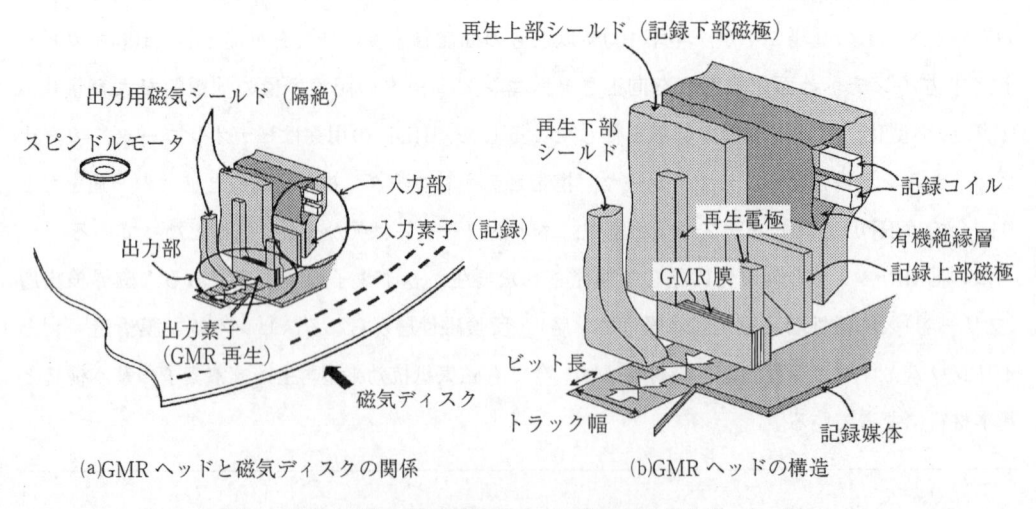

図1　記録・再生一体型GMRヘッド（マージドピギーバック）

第4章 再生磁気ヘッド技術

ど，ビット長（線記録密度）設計の上で重要なパラメータとなる。

TMRや同じGMRでも垂直通電型のCPP-GMRでは，センス電流を膜面に垂直に流すため，トラック幅相当に微細加工された素子部と電極を兼ねる磁気シールド膜は通電状態となるが，シールド間隔で再生分解能が決まることには変わりがなく，素子部と磁気シールド膜の間に挿入される電気的絶縁層（アルミナ膜）が取り除かれた分，再生分解能（線記録密度）の向上には有利である。しかしながら，トラック密度を向上させるためには，トラック幅をより狭くしていく必要があり，狭トラック化に伴う再生効率の減少やセンス電流の低減を補うために，より高い磁気抵抗変化率が求められることには変わりがない。

磁気ディスクの面記録密度（Area Recording Density：ARD）は，トラック上に記録される1インチあたりの情報ビット数である線記録密度（Bit Per Inch：BPI）と1インチあたりのトラック数であるトラック密度（Track Per Inch：TPI）の積で決まる。したがってビット長が短く，トラックピッチ（ヘッドのトラック幅）が狭いほど，面記録密度を高めることができる。ヘッド設計の観点からは，MR素子の磁区制御のための硬質磁性膜（アバティッドジャクション構造）間距離が再生ヘッドのトラック幅を，記録磁極（コア）幅が記録ヘッドのトラック幅を決める。

一方，磁気抵抗効果の原理は，CIP-GMRからCPP-TMR，CPP-GMR[14~20]に変わっても，再生ヘッドのスピンバルブ動作に違いはなく，フリー層／非磁性層／ピン層／反強磁性層からなるスピンバルブ膜を構成するフリーとピンの2つの強磁性層の磁化方向の関係により，媒体磁界の検出動作が行われる。両層の磁化関係は，①両層の磁化が同じ方向で，媒体からの信号磁界と平行，②同じ方向であるが，媒体磁界とは直交，③両層の磁化の方向が直交しており，磁化固着層磁化が媒体からの信号磁界と平行，④同じく磁化の方向は直交であるが，磁化固着層磁化が信号磁界とも直交，の4種類がある。①の場合，信号磁界により反平行と平行の両磁化状態を作ることが可能で大きなセンサ出力が期待できるが，一方向の信号磁界にしか感応しない。②は，±の信号磁界に感応するが，平行磁化配列から直交磁化あるいは反平行磁化配列から直交磁化への変化となり，出力特性が劣る。④は，直交磁化配列から平行または反平行磁化配列を経て，再び直交磁化配列に戻る変化となる。したがって，センサ動作が不安定になるとともに，一方向磁界にしか感応しない。唯一③の両層の磁化方向が直交しており，ピン層磁化が媒体からの信号磁界と平行の関係のみで，媒体磁界を検出するための再生動作が成立する。

図2に，磁化固着層磁化と磁界検出層磁化が直交配列しているときのGMR再生の原理模式図を示す。磁化の直交配列は，成膜時に印加する磁界を磁界検出層成膜時と磁化固着層ならびに反強磁性体層成膜時で直交させることと，その後の一方向異方性付与のための磁界中熱処理により実現される。スピンバルブと命名された所以は，このような磁界による磁化検出層磁化（スピン）の回転によって，電気抵抗（電子の流れ）が変化する様を水道のバルブの開閉による水の流れの

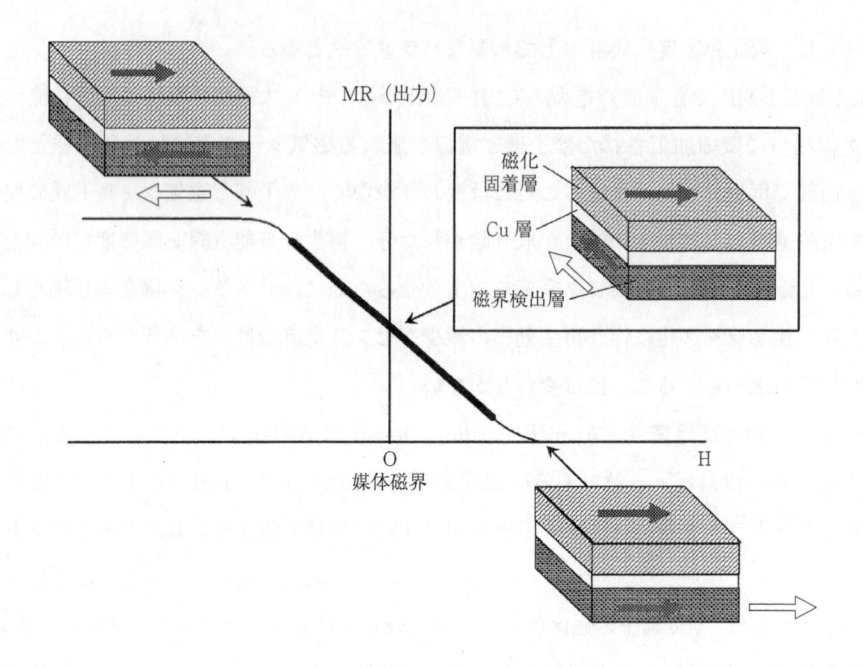

図2 スピンバルブにおける再生動作（磁界検出動作の原理）

変化になぞらえたためである．

3.3 磁気抵抗効果型再生ヘッドの技術課題

垂直磁気記録をベースに，今後さらにHDDの面記録密度を高め，平方インチあたりにテラビット級のディジタル情報の蓄積を可能にしていくためには，再生ヘッド素子の微細化が不可欠であり，10nm級の微細加工技術と素子構造の開発が重要課題であることは言うまでもない．磁気記録媒体がパターンドメディアへと変わる2テラビット／平方インチ超では，磁気記録の大きな利点であったビットアスペクト比（BPI/TPI比）が2～3程度となり，再生ヘッドトラック幅（TW），スロートハイト（SH），ギャップ長ともに20～30nmになることが予想[21]されており，微細加工技術については電子ビーム露光技術のさらなる取りこみが，素子構造についてはアバティッドジャクション構造，シールド型構造などのMRヘッド時代からの踏襲からの脱却がある．特に，後者の技術課題は重く，いまだ手が付けられていないのが現状である．

このような高面記録密度化にともない必然的に生じる微細加工技術と素子構造の変革に加えて，より深刻な課題が磁気抵抗効果原理における低面積抵抗（電気抵抗）と高磁気抵抗化の両立である．図3に2テラビット／平方インチの面記録密度を実現するために求められている面積抵抗（Resistance Area product：RA）とMR比の目標領域を示す[22]．高面記録密度化に伴う高

第4章 再生磁気ヘッド技術

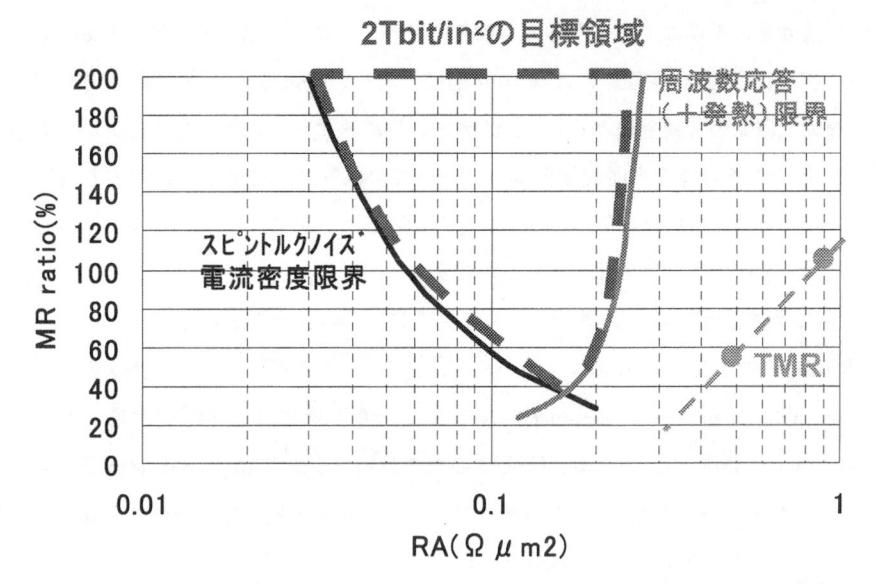

図3　2テラビット／平方インチの磁気記録に必要な再生ヘッドに用いる磁気抵抗効果の原理が満たす必要のある MR 比（磁気抵抗比）と RA（面積抵抗）の領域

転送レート（高周波数）における S/N 比（15dB 以上）の確保，磁気抵抗効果素子における発熱，微細化（高電流密度化）により顕著となるスピントランスファートルクノイズを考慮した高岸のシミュレーション結果では，$0.3\Omega\mu m^2$ 以下の低 RA と 40% 以上の高 MR 比が必要となる。しかしながら現在知られている最高の磁気抵抗効果特性を示す MgO トンネルバリアを用いた低 RA の MgO-TMR[23]（図中に表示）でも，この目標領域からはほど遠く，まったく新しい磁気抵抗効果の原理を磁気抵抗効果型再生ヘッドに導入していくことが求められる。また S/N 比の観点から，TMR ヘッドのショットノイズ，ジョンソンノイズなどのノイズ特性を考える問題はより深刻なものである可能性が高い。

3.4　技術課題の克服に向けて

　前項で述べた技術課題のうち，筆者の専門である磁気抵抗効果の原理と素子構造について，以下に議論する。

3.4.1　磁気抵抗効果の原理

　古くは良く知られていたパーマロイ薄膜の異方性磁気抵抗効果（AMR）を利用した MR ヘッド，MR ヘッドの開発とときを同じくして発見された巨大磁気抵抗効果（GMR）を利用した GMR ヘッド，GMR ヘッドの開発とときを同じくして室温での磁気トンネル効果が見出された[24] TMR ヘッドへと弛まぬ技術革新を遂げ，磁気記録媒体の進展と相まって HDD の高面記録密度化を牽引してきたのが磁気抵抗効果型再生ヘッドである。しかし，より高 MR 比を実現する新

しい磁気抵抗効果の原理は，古くから知られていたパーマロイの AMR を除いては，いずれも再生ヘッドの実用化（HDD 搭載）のほぼ 10 年前に，新しい磁気抵抗効果の報告がなされている。このような研究開発の背景を鑑みると，2 テラビット／平方インチ超（現行 HDD の 10 倍）のような 5～10 年後のさらなる高面記録密度化に向けての磁気抵抗効果原理に対する課題克服の議論には，近年報告されている磁気抵抗効果の原理のなかで，いまだ再生ヘッドに組み込まれていない原理を取り上げることに意味がありそうである。

そのような磁気抵抗効果の原理には，垂直通電型（Current-Perpendicular-to-Plane：CPP）GMR，電流狭窄型（Current-Confined-Path：CCP）CPPGMR[25]，ナノ狭窄磁壁型磁気抵抗効果（Domain Wall Magneto-Resistance：DWMR）[26]，量子伝導型磁気抵抗効果（Ballistic Magneto-Resistance：BMR）[27,28]がある。NEDO の技術戦略マップ 2007 のストレージ／メモリ分野のロードマップには，その他にスピン蓄積 MR，スピントランスジスタが挙げられているが，実現性に疑問があることから，ここでは取り上げない。

(1) **CPPGMR と CCP-CPPGMR について**

図 4 に，CIP 配置および CPP 配置におけるスピンバルブ膜内を流れる電流と電圧の分布を示す[29]。電流がスピンバルブ膜面内を流れる CIP では，電流がおもに導電率の高い中間層 Cu を流れるために，磁界検出層（フリー層）と中間層ならびに中間層と磁化固着層（ピン層）との界面でのスピン依存散乱が支配的となる。その結果，界面近傍のみが磁気抵抗効果に寄与する（図 4,

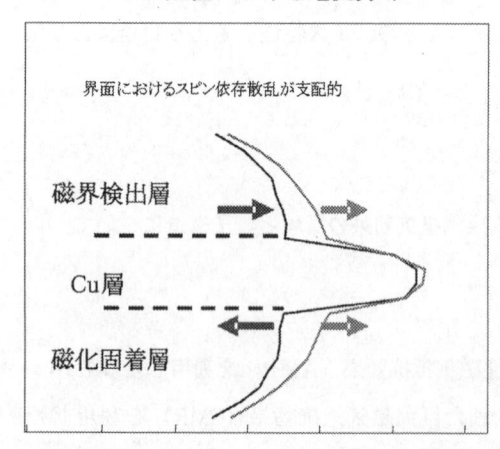

CIP 配置における電流分布　　　　CPP 配置における電圧分布
　　　　　　　　　　　　（電流は磁界検出層から磁化固着層にわたり均一）

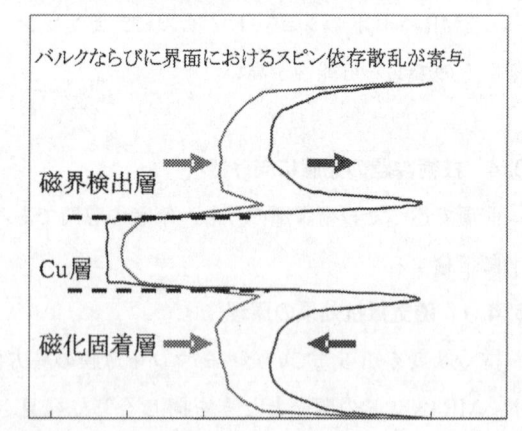

ボルツマン方程式に基づくシミュレーション結果

図 4　CIP 配置における電流分布（左図）と CPP 配置における電圧分布

第4章 再生磁気ヘッド技術

左図)．したがって，このCIPにおいては，電子の平均自由行程（$\lambda_\uparrow$，$\lambda_\downarrow$）と強磁性層／中間層界面における電子の弾性的透過確率（$T_\uparrow$，$T_\downarrow$）が重要な特性長とパラメータになる[30,31]．くわえて，フリー層とキャップ層との界面ならびにピン層と反強磁性層との界面における電子の鏡面反射率（スペキュラリティ）を限りなく1に近づけて伝導電子（スピン）が繰り返し界面近傍を流れる状況を作り出せば30％近いMR比が得られる[32]が，これが限界であり，再生ヘッド抵抗が数十Ωと抵抗面では大きな利点があるものの，高面記録密度化（狭トラック幅化，狭ギャップ化）にともなう再生ヘッド効率の低下はCIP配置においてはMR比および素子構造の両面から100ギガビット／平方インチが限界であった[33]．

一方，電流が膜面垂直方向に流れるCPP配置では，電流はフリー層，中間層，ピン層の順に均一に流れ，CoFeのような強磁性層内での↑スピン電子と↓スピン電子の伝導の非対称性（β：バルク散乱非対称パラメータ）およびCoFe/Cu，Cu/CoFe界面での↑スピン電子と↓スピン電子の界面抵抗の非対称性（γ：界面散乱非対称パラメータ）の両方が磁気抵抗効果に寄与し（図4，右図），フリー層／中間層／ピン層から成るスピン散乱ユニットが示す磁気抵抗効果は，CIPに比べて大きくMR比は100％に及ぶ．このようなCPP配置では，スピン蓄積とスピン拡散が伝導電子（スピン）輸送の基本となり，スピン拡散長（ℓ_s）とβならびにγが重要な特性長とパラメータになる[34]．図5に，磁化が反平行配列(a)のときと平行配列(b)のときの一般的な強磁性層(A)／非磁性中間層(B)／強磁性層(C)で構成される多層膜における各層に対応する↑スピンチャネルと↓スピンチャネルの抵抗配列図を示す（並列接続された2チャンネルモデル）．ここに，$\rho_{\uparrow,\downarrow}$はそれぞれ↑スピン電子と↑スピン電子の比抵抗，$\rho_F^*$，$\rho_N^*$は通常用いている強磁性金属，非磁性金属の比抵抗，$r_{\uparrow,\downarrow}$はそれぞれ↑スピン電子と↓スピン電子の界面における抵抗，r_b^*は通常用いる界面抵抗であり，t_F，t_N，β，γはそれぞれ強磁性層，非磁性層の厚み，バルク散乱非対称パラメータ，界面散乱非対称パラメータである．このように，$\ell_s \gg t_F$，t_Nの条件下でのCPP配置の電子（スピン）伝導は，t_F，t_N，β，γが与えられれば，↑スピン電子チャネルと↓スピン電子チャネルが並列接続された2チャンネルモデルで記述可能であり，とりわけスピン蓄積，スピン分極を表すβは重要な物理パラメータである．図6に，強磁性層に$Co_{90}Fe_{10}$合金膜を用いた場合と$(Fe_{50}Co_{50}\ 1\ nm/Cu\ 0.1\ nm)_n$積層膜を用いた場合のCPPGMR素子の面積抵抗変化量（$A\Delta R$）と強磁性層膜厚の関係を示す[19,20]．ハーフモノレーヤCu原子が体心立方晶（body centered cubic：bcc）$Fe_{50}Co_{50}$合金に強制固溶された$(Fe_{50}Co_{50}\ 1\ nm/Cu\ 0.1\ nm)_n$積層膜の$A\Delta R$は，$Co_{90}Fe_{10}$に比べて3倍ほど大きく，$\eta$（再生ヘッド効率）$\times \Delta R \times I_s$（センス電流）で表される再生ヘッド出力が強磁性層材料により，大幅に向上することが示されている．また，この$A\Delta R$の強磁性層膜厚依存性からValet-Fertモデル（2チャンネルモデル）を用いて見積もられた$Co_{90}Fe_{10}$および$(Fe_{50}Co_{50}\ 1\ nm/Cu\ 0.1\ nm)_n$の$\beta$と$\gamma$は，それぞれ0.55，0.62と

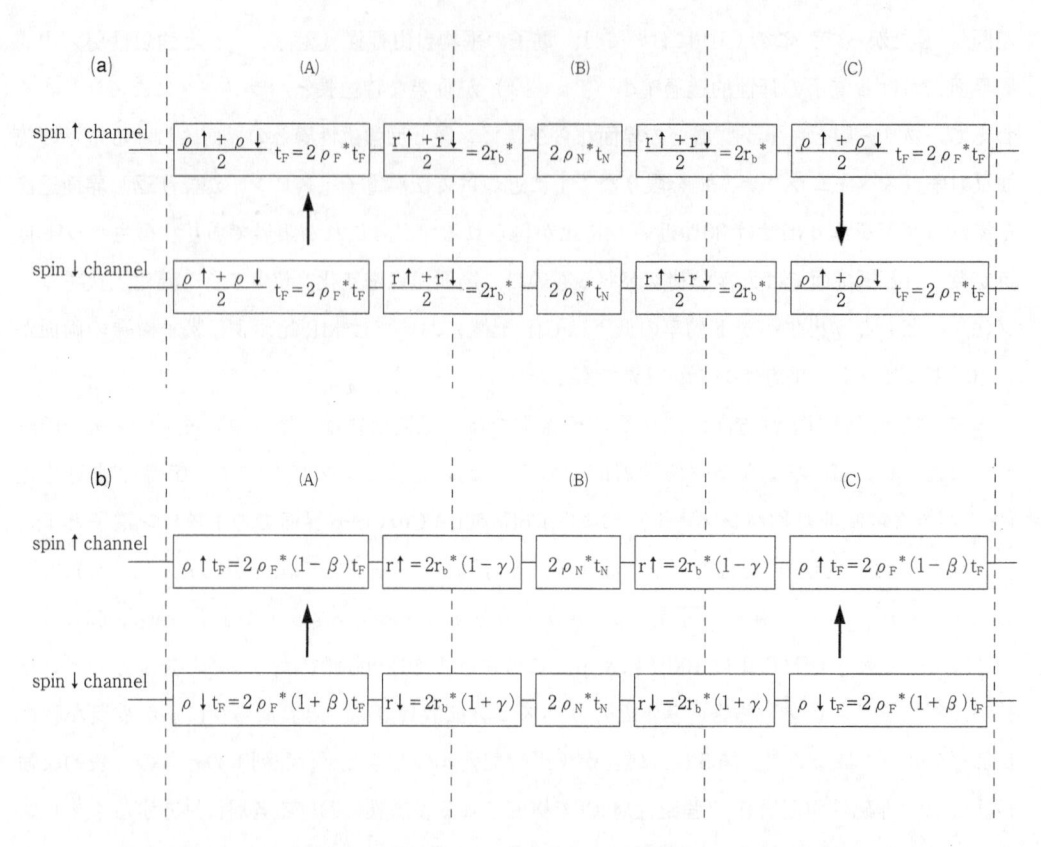

図5 Valet-Fertモデルによる↑スピンチャネルと↑スピンチャネルの抵抗値の配列図
（並列接続された2チャネルモデル）

0.77, 0.72になり，とりわけスピン蓄積，スピン分極に関係したβの向上が顕著であることが示されている．最近，筆者らがアンドレーエフ反射法を用いて行った[Fe(1 ML)/Co(1 ML)]$_{20}$(001)膜の測定においても55%以上のスピン分極率が得られており[35]，ButlerがMgO-TMRで理論的に導き出した(001)面配向bccFeにおける優れたMR特性はCPPGMRにも当てはまるものであり，スピン散乱ユニットのみでは100%を超えるMR比が期待できる．

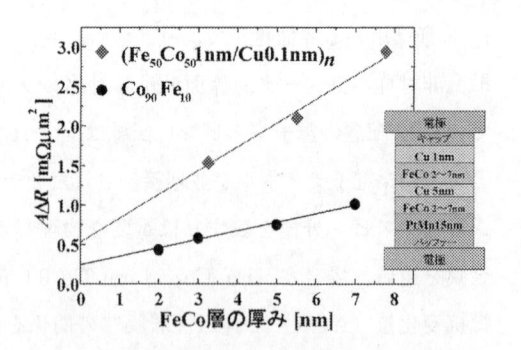

図6 強磁性層にFe$_{50}$Co$_{50}$合金膜を用いたCPP-GMRのAΔRとFe$_{50}$Co$_{50}$合金膜厚の関係（Co$_{90}$Fe$_{10}$合金膜は参考）

しかしながら，CPP配置のGMR素子では，反強磁性膜，バッファー層，キャップ層，電極などのスピンに依存しない寄生抵抗分が素子抵抗の大半を占め，再生ヘッド素子としてのMR比は

第4章 再生磁気ヘッド技術

デュアルスピンバルブ膜においても $Co_{90}Fe_{10}$ が1%，$(Fe_{50}Co_{50}\ 1\ nm/Cu\ 0.1\ nm)_n$ 積層膜が4%，スピン分極率の高い Heusler ハーフメタルが12%程度[37]（RA はいずれも $0.10\Omega\mu m^2$ 前後）である。CPP 配置は CIP 配置とは逆に素子サイズの縮小により出力が向上すること[15]，ノイズレベルが低いことなどの利点ももっているので，比較的抵抗が大きく，スピン分極率の高い Heusler ハーフメタルの適用が低面積抵抗と高 MR 比の両立といった難題へのひとつの対策解であるかも知れない。

　もうひとつの対策解が，スピン散乱ユニットのなかに電流狭窄層を挿入し，スピン散乱ユニットの抵抗を，寄生抵抗に対して相対的に高める方法である（図7）。このような電流狭窄型の CPP-GMR においては，電子（スピン）の伝導経路となる導電チャネル（チャネル径：5 nm 程度，チャネル長：1～2 nm）が多数埋め込まれた絶縁体層である電流狭窄層において電子（スピン）の流れが狭窄されることにより MR 比が増大し，チャネル径がスピン拡散長（$Co_{90}Fe_{10}$ の場合：12 nm 程度）より小さくなると，狭窄効果はより顕著なものとなり，チャネル径に逆比例して増大する。その増大の程度は狭窄部の形状にもよるが，30%以上の MR 比が実現可能なようである[38]。図8に狭窄されたスピン散乱ユニット部本来の MR を $x=\gamma^2/(1-\gamma^2)$ とし，MR を x で除した MR/x を，規格化された MR 比として表した MR 比と $1\mu m\square$ の素子抵抗（R）との関係および強磁性層に $Co_{90}Fe_{10}$ を用いた基板/電極/下地膜/反強磁性膜/$Co_{90}Fe_{10}$/Cu-AlO_x NOL/$Co_{90}Fe_{10}$/キャップ膜/電極構造の CCP-CPP-GMR 素子の実験結果（MR 比と RA との関係）を示す。γ は先に述べた Valet-Fert モデルにおける界面散乱非対称パラメータであるが，Cu 導電チャネル径が小さく，チャネル長も1 nm 程度である電流狭窄型では，バルク散乱非対称パラメータで，スピン蓄積に関係した β を用いても良さそうである。ここに規格化された MR 比である MR/x は $1/p\{1+[r_p/(R-r_p)]\}$ と記述され，p は電流狭窄層の完成度を表すパラメータで，Cu 導電チャネルの抵抗が Cu 本来の比抵抗を用いて表され，かつ AlO_x の絶縁体部がピンホール電流のような好ましくない電流が一切流れない完全な絶縁体であるときに1となる。導電

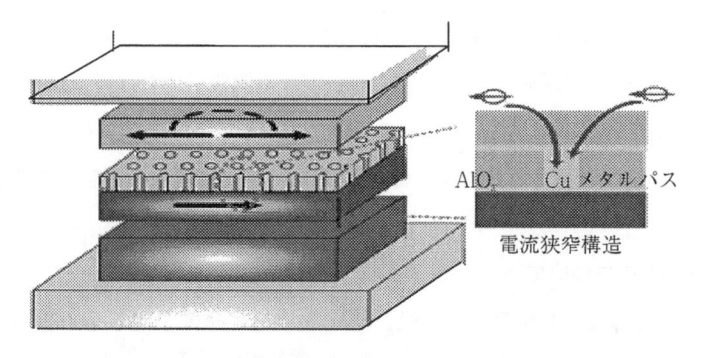

図7　電流狭窄型 CPP-GMR の構造図

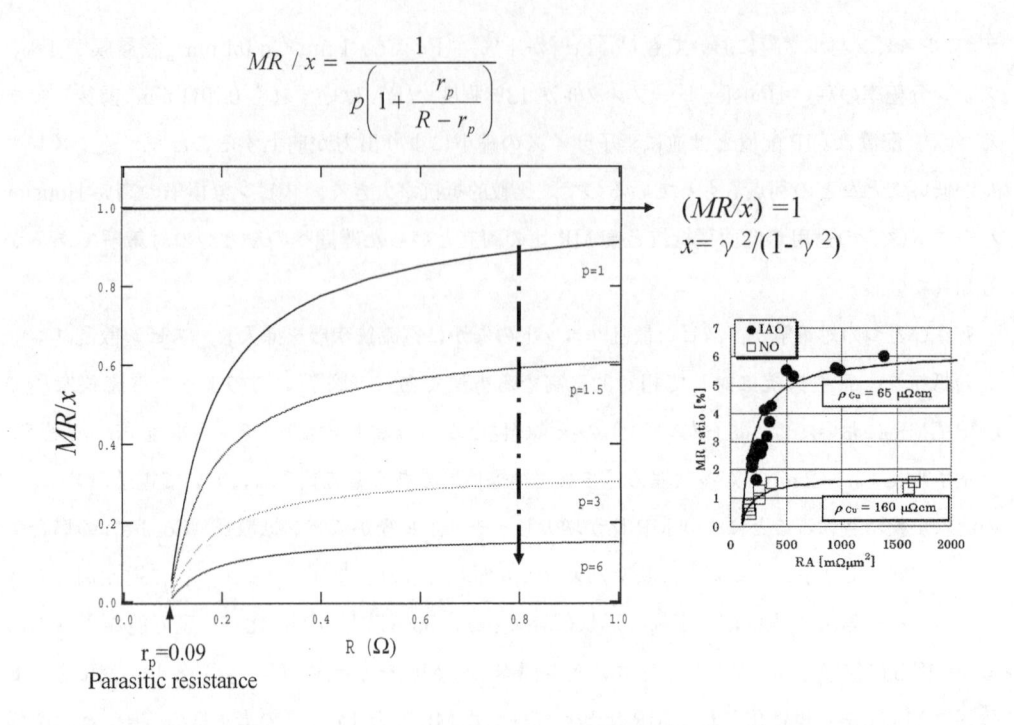

$$MR/x = \cfrac{1}{p\left(1+\cfrac{r_p}{R-r_p}\right)}$$

図8　p パラメータと寄生抵抗（r_p）を用いて数値計算した CCP-CPP-GMR の規格化された MR 比（MR/x）と R の関係（左図）
右図は強磁性層に $Co_{90}Fe_{10}$ を，CCP 層に Cu-AlO$_x$ NOL を用いた CCP-CPP-GMR の実験結果

チャネル部および／または絶縁体部が電気的に不完全になるほど p 値は増大し，それにともない MR 比は著しく減少する。また，r_p は寄生抵抗値である。少しラフ過ぎるかも知れないが，寄生抵抗 r_p が無視できるときの MR 比を上述の $x=\gamma^2/(1-\gamma^2)$ より見積もると，γ が 0.5（$Co_{90}Fe_{10}$ 相当）のときは 33% 程度，γ が 0.7（$Fe_{50}Co_{50}$ 相当）のときが 100% 程度である。実験験結果として示されている●と□の違いは，電流狭窄層である Cu-AlO$_x$ NOL（Nano-Oxide-Layer）の作製方法（酸化方法）の違いであり，●が IAO（Ion Assisted Oxidation）法を，□が NO（Natural Oxidation）法を用いて酸化したものであり，IAO-NOL の場合で p 値が 3-4，NO-NOL の場合で p 値が 6 を超える結果となっている。したがって，電流狭窄型ではこの狭窄層の作り方が鍵を握っており，導電チャネルを含む NOL 中のチャネルの形成メカニズムの解明が重要な課題となるが，Cu-AlO$_x$ NOL の形成メカニズムの考察については筆者らの報告を参考にして頂きたい[39,40]。

(2) DWMR と BMR について

CCP-CPP-GMR に替わる対策解としては，ナノ狭窄部に磁壁を閉じ込める DWMR と BMR が考えられる。これらの系については，Ni もしくはパーマロイのナノワイヤ（ナノコンタクト）

第4章　再生磁気ヘッド技術

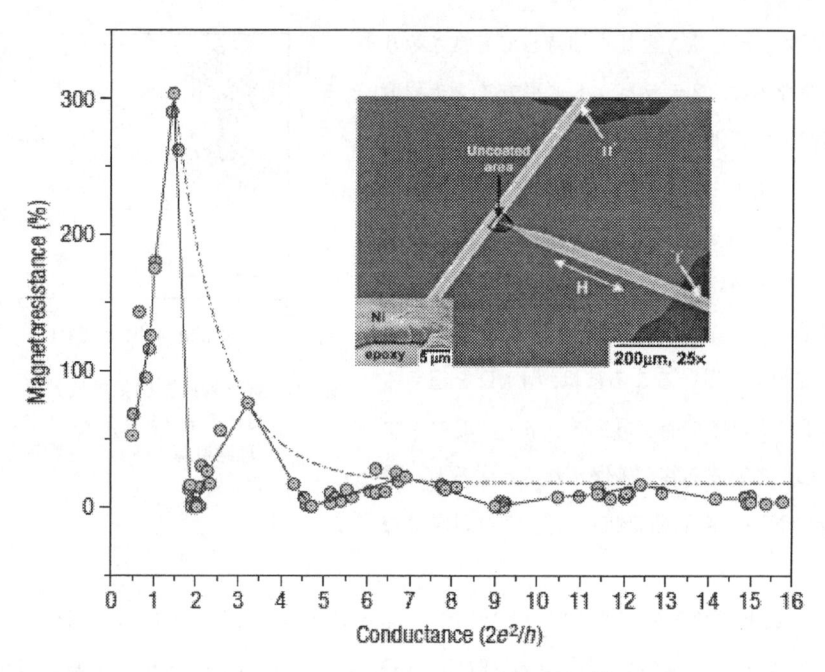

図9　量子伝導型磁気抵抗効果の実験例[27]

を用いた基礎物理の研究[27]（図9）がほとんどであり，再生ヘッドに適用可能なスピンバルブ膜構造での研究は皆無であった。しかし，最近筆者らは先に述べたCCP-CPP-GMRと同様にNOLを挿入する方法で，量子伝導型までは行かないが，DWMRを確認することに成功している[26]。したがってDWMRも対策解となり得るものと考えている。

　DWMRやBMRが，CCP-CPP-GMRと大きく異なるところは，1～2nm以下の極めて小さい強磁性ナノコンタクトとなる強磁性導電チャネルで上下の強磁性層であるフリー層とピン層がつながっていること（Cuのような中間層はない）であり，このように狭窄された強磁性体部にBruno磁壁が閉じ込められて，はじめて磁壁内におけるスピン依存散乱に起因した磁気抵抗効果であるDWMRやBMRが出現することであり，電流狭窄効果ではない。このように磁壁が狭窄部に安定して存在するためには，磁壁の幅（チャネル径：w）と磁壁の長さ（チャネル長＝NOL：d）の比w/dが1以下（w/d＜1）である必要がある[41]ため，1～2nm厚のNOL中に1nm程度以下の極めて小径の強磁性チャネルを作り込むことが必要となる。しかしながら，そのMR比のポテンシャルは極めて高く，低面積抵抗（＜0.3Ωμm^2）でも数百％のMR比が期待できるものである。また，この究極の姿である原子鎖レベルでのナノコンタクト（導電チャネル）がNOL中に実現できれば，図10に示すように，チャネル径（コンタクト径）がフェルミ波長程度の3オングストロームにおいて，平行磁化配列の導電率が$1G_0$（量子コンダクタンス$G_0=e^2/h$）であるのに対して，反平行磁化配列の導電率はゼロになるとの理論計算もなされてお

り[42]，数百％を超えるMR比を期待しても良さそうである。ちなみに，2テラビット／平方インチ程度の面記録密度で要求される再生ヘッド素子サイズである20 nm□素子中に強磁性導電チャネルが10個のときの面積抵抗を試算すると，量子伝導（1 G_0）の場合でRA〜$0.4\Omega\mu m^2$，1 nm$^\phi$のバリスティック伝導の場合で，RA〜$0.2\Omega\mu m^2$となり，量子伝導型磁気抵抗効果を用いるころには，1 kΩを超える高抵抗素子にも対応可能な再生ヘッドのプリアンプが開発され，高周波応答が確保されるとすると，量子効果型においても面積抵抗のうえでの問題はない。

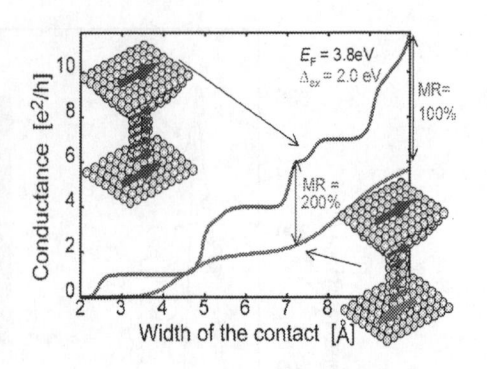

図10 量子効果型磁気抵抗効果（BMR）におけるコンダクタンスとコンタクト径（理論計算：平行磁化配列と反平行磁化配列）

図11に，最近筆者らが10％程度のDWMR（Nano-Contact MR：NCMR）を確認した基板／電極／下地膜／反強磁性膜／$Fe_{50}Co_{50}$／FeCo-AlO$_x$ NOL／$Fe_{50}Co_{50}$／キャップ膜／電極構造のDWMR素子におけるMR比とRAの関係（図11，右図）とFeCo-AlO$_x$ NOL表面のConductive-AFM像（電流像：導電チャネル像）（図11，左図）を示す。左図のc-AFMの電流像で白

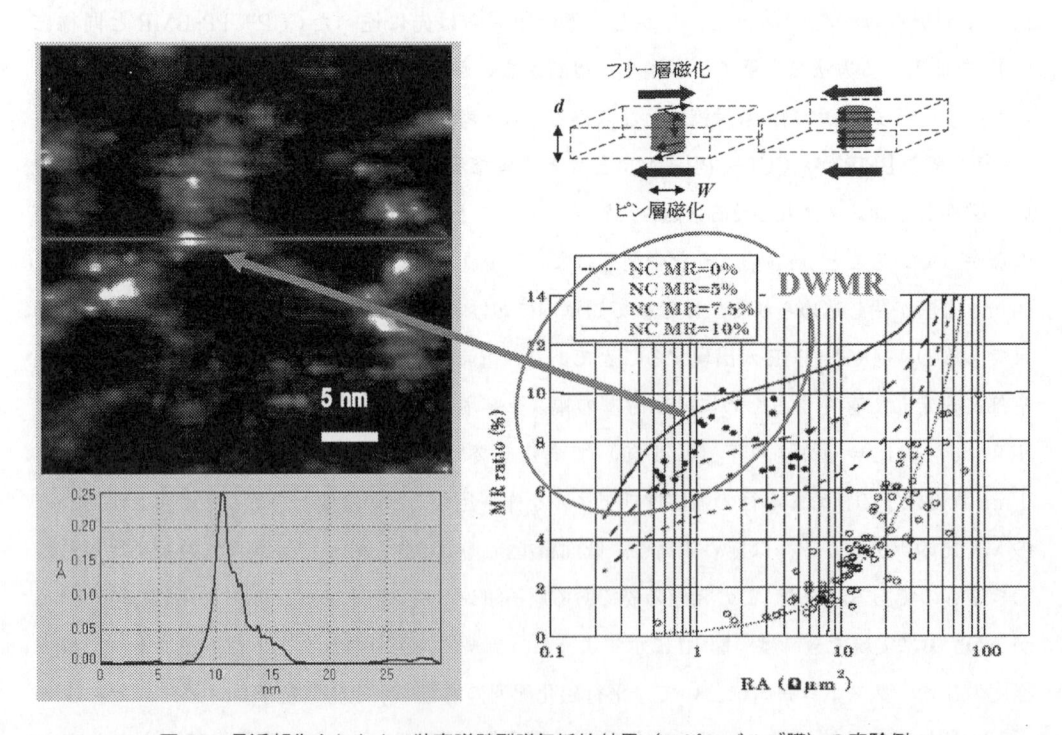

図11 最近報告されたナノ狭窄磁壁型磁気抵抗効果（スピンバルブ膜）の実験例

第4章 再生磁気ヘッド技術

く見えているのが導電チャネルであり，その径は概ね1nmである。形成メカニズムの検討，考察はこれからであるが，この結果は1nm程度の導電チャネルを形成することが可能であることと，10%程度とまだ小さいが確かにDWMRがこの1nm級の強磁性導電チャネル（ナノコンタクト）において確認されたことを示すものである。したがって，DWMRも対策解として現実味を帯びてきたものと言える。ただ，1nm級のシャープな電流プロファイルの周辺に電流がわずかに流れている領域が広がっていること，$0.5\Omega\mu m^2$以下の面積抵抗では7%程度のDWMR比であることなど，導電部と絶縁体部の分離がまだ不十分であることを示唆する結果となっており，このNOL系における導電チャネルの形成メカニズムの検討を材料科学の観点から行うことが，最も重要な課題かも知れない。

　以上，10年後を睨んで再生ヘッド素子技術として開発しなければならない実現可能な新しい磁気抵抗効果の原理について述べた。その候補は，ハーフメタルCPP-GMR，CCP-CPP-GMR，DWMR，BMRであり，右に行くほどMR比のポテンシャルは高いが，ブレークスルーに時間を要するものである。しかしながら，いずれも現在得られているMR比を大きく改善する必要はあるものの，既に現に研究開発が進められているものであり，近く解決されるものと期待される。

3.4.2 再生ヘッドの素子構造について

　垂直磁気記録のさらなる高面記録密度化を実現して行くにあたっては，磁気抵抗効果の原理のほかに，もうひとつ重要な課題がある。それは再生ヘッド素子構造の検討である。記録媒体が，垂直の連続媒体からパターンドメディア（1ビット／1ドット）へとさらに技術革新が進むことが予想され，高BPI化が鈍化する分，高TPI化への要求が強まり，ビットアスペクト比（BPI/TPI比）が2程度になってしまう可能性もある。このような低アスペクト比においては，再生ヘッドトラック幅（TW），スロートハイト（SH），ギャップ長ともに20nm以下の設計にする必要があり，MRヘッド以来今日まで，通電方向はCIPからCPPに替わったものの，使われ続けているシールド型に替わる新しい素子構造を考えるときに来ているようである。そのひとつが2枚の磁気抵抗効果膜を用いるデュアルストライプ型であり，具体的には電気的に直列回路となるように，2つのスピンバルブ膜のフリー層同士をギャップ設計用のCu膜層（5〜20nm）を介して突きあわせる構造を取り，フリー層を厚めに設計してギャップ設計用のCu膜層によって隔てられた2枚のフリー層を磁気ヨークとする磁気回路を形成する。このとき磁気回路のうえでのギャップが磁気記録媒体対抗面に形成され，垂直媒体からの漏れ磁束を吸引する。

　このデュアルストライプの磁気回路では，Cu膜厚によりギャップの設計ができることから20nm以下の狭ギャップも可能となるとともに，フリー層の体積の減少から来る熱揺らぎ，強磁

性共鳴ノイズ，スピントランスファートルクノイズの抑制にも効果を発揮する。CPP配置を基本とするCPP-GMR，CCP-CPP-GMR，DWMR，BMRのいずれにおいても厚いフリー層の設計は可能である。

　磁束の流れ方で，反平行磁化状態と平行磁化状態を作り出すスピンバルブの動作は同じであるが，ギャップ設計用のCu膜厚がさらに薄くなると，反強磁性体をなくして2膜のフリー層と中間Cu層（ギャップ設計膜を兼ねる）の構造として磁気回路を形成，2つのフリー層磁化の平行と反平行関係を利用して，磁気抵抗効果の原理で，信号再生することも可能となる。同じようにトラック幅の狭小化については，ポイントコンタクトピラーなどのCCP構造を使うと有効であると考える。

3.5 おわりに

　以上，本稿では磁気抵抗効果型再生ヘッドの生い立ち，その後の技術革新，素子構造とスピンバルブ再生を概観したのちに，面記録密度の高密度化でいっそう進む素子の微細化と信号応答の高周波化にともなう新しい磁気抵抗効果の原理と素子構造の開発の必要性を簡単に述べた。高面記録密度化と狭トラック化にともない，ますます要求が強くなる再生ヘッドの高感度化や低ノイズ化（S/N比の確保），高周波化を達成して行くための低面積抵抗化と高磁気抵抗比（MR比）化の両立は，現在まさに製品開発が進められているMgOトンネルバリアを用いたトンネル型磁気抵抗効果（MgO-TMR）にくわえて，電流狭窄型垂直通電の巨大磁気抵抗効果（CCP-CPP-GMR）やナノ狭窄磁壁型磁気抵抗効果（DWMR）においても成果が得られてきており，2テラビット／平方インチ超に向けての新しい磁気抵抗効果の原理についての準備は，難しさをともなうが着実に進んでいる。しかしながら，磁気記録方式の革新とも深く関わる再生ヘッド素子構造および再生原理についての研究はこれからといった感じである。磁気抵抗効果の原理の研究は，物理と材料科学にかかわる日本のお家芸的な学術領域であり，大学や国立研究所でも多くの研究がなされているが，方式や構造は日本が比較的に弱い領域である。日本発である垂直磁気記録の発明と開発に学び，よりいっそうの産学官連携を促進する新たな仕組みの構築が必要であるものと痛感する。

文　　献

1) John C. Mallinson, 林　和彦訳, 磁気抵抗ヘッド ― 基礎と応用 ―, 丸善 (1996)

2) S. Araki, K. Sato, T. Kagami, S. Sarui, T. Uesugi, N. Kasahara, T. Kuwashima, N. Ohta, Sun Jijun, K. Nagai, Li Shuxiang, N. Hachisuka, H. Hatate, T. Kagotani, N. Takahashi, K. Ueda, and M. Matsuzaki, *IEEE Trans. Magn.*, **38**, 72 (2002)

3) S. Mao, E. Linville, J. Nowak, Z. Zhang, S. Chen, B. Karr, P. Anderson, M. Ostrowski, T. Boonstra, H. Cho, O. Heinonen, M. Kief, S. Xue, J. Price, A. Shukh, N. Amin, P. Kolbo, P.-L. Lu, P. Steiner, Y. C. Feng, N.-H. Yeh, B. Swanson, and P. Ryan, *IEEE Trans. Magn.*, **40**, 307 (2004)

4) T. Kuwashima, K. Fukuda, H. Kiyono, K. Sato, T. Kagami, S. Saruki, T. Uesugi, N. Kasahara, N. Ohta, K. Nagai, N. Hachisuke, N. Takahashi, M. Naoe, S. Miura, K. Barada, T. Kanaya, K. Inage, and A. Kobayashi, *IEEE Trans. Magn.*, **40**, 176 (2004)

5) S. Yuasa, T. Nagahama, A. Fukushima, Y. Suzuki, and K. Ando, *Nat. Mater.*, **3**, 868 (2004)

6) D. D. Djayaprawira, K. Tsunekawa, M. Nagai, H. Maehara, S. Yamagata, N. Watanabe, S. Yuasa, Y. Suzuki, and K. Ando, *Appl. Phys. Lett.*, **86**, 092502 (2005)

7) M. N. Baibich, J. M. Broto, A. Fert, F. Nguyen Van Dau, F. Petroff, P. Etienne, G. Creuzet, A. Friederich, and J. Chazelas, *Phys. Rev. Lett.*, **61**, 2472 (1988)

8) G. Bisnach, P. Grunberg, F. Saurenbach, and W.Zinn, *Phys. Rev. B*, **39**, 4828 (1989)

9) 例えば，H. Yoda, H. Iwasaki, T. Kobayashi, A. Tsutai, and M. Sahashi, *IEEE Trans. Magn.*, **32**, 3363 (1999)

10) B. Dieny, V. S. Speriosu, B. A. Gurney, S. S. P. Parkin, D. R. Wilhoit, K. P. Roche, S. Metin, D. T. Peterson and S. Nadimi, *J. Magn. Magn. Mater.*, **93**, 101 (1991)

11) B. Dieny, V. S. Speriosu, S. S. P. Parkin, B. A. Gurney, D. R. Wilhoit and D. *Mauri, Phys. Rev. B*, **43**, 1297 (1991)

12) B. Dieny, V. S. Speriosu, S. Metin, S. S. P. Parkin, B. A. Gurney, P. Baumgart, and D. R. Wilhoit, *J. Appl. Phys.*, **69**, 4774 (1991)

13) H. N. Fuke, K. Saito, Y. Kamiguchi, H. Iwasaki, and M. Sahashi, *J. Appl. Phys.*, **81**, 4004 (1997)

14) 佐橋政司，岩崎仁志，高岸雅幸，湯浅裕美，船山知己，吉川将寿，日本応用磁気学会誌，**26**, 9, 979 (2002)

15) A. Tanaka, Y. Shimizu, Y. Seyama, K. Nagasaka, R. Kondo, H. Oshima, S. Eguchi, and H. Kanai, *IEEE Trans. Magn.*, **38**, 84 (2002)

16) M. Takagishi, K. Koi, M. Yoshikawa, T. Funayama, H. Iwasaki, and M. Sahashi, *IEEE Trans. Magn.*, **38**, 2277 (2002)

17) H. Yuasa, M. Yoshikawa, Y. Kamiguchi, K. Koi, H. Iwasaki, M. Takagishi, and M. Sahashi, *J. Appl. Phys.*, **92**, 5, 2646 (2002)

18) H. Yuasa, H. Fukuzawa, H. Iwasaki, M. Yoshikawa, K. Koi, M. Takagishi, and M. Sahashi, *J. Magn. Soc. Japan*, **26**, 942 (2002)

19) H. Yuasa, H. Fukuzawa, H. Iwasaki, M. Yoshikawa, M. Takagishi, and M. Sahashi, *J. Appl. Phys.*, **93**, 10, 7915 (2003)

20) H. Yuasa, H. Fukuzawa, H. Iwasaki, and M. Sahashi, *J. Appl. Phys.*, **97**, 11, 11397 (2005)

21) M. Takagishi, Private Communication

22) M. Takagishi, Private Communication
23) Y. Nagamine, H. Maehara, K. Tsunekawa. D. D. Djayaprawira, N. Watanabe, S. Yuasa, and K. Ando, *Appl. Phys. Lett.*, **89**, 162507 (2006)
24) T. Miyazaki and N. Tezuka, *J. Magn. Magn. Mater.*, **139**, L231 (1995)
25) H. Fukuzawa, H. Yuasa, S. Hashimoto, K. Koi, H. Iwasaki, M. Takagishi, Y. Tanaka, and M. Sahashi, *IEEE Trans. Magn.*, **40**, 2236 (2004)
26) H.-N. Fuke, S. Hashimoto, M. Takagishi, H. Iwasaki, S. Kawasaki, K. Miyake, and M. Sahashi, *IEEE Trans. Magn.*, **43**, 2848 (2007)
27) H. D. Chopra, M. R. Sullivan, J. N. Armstrong, and S. Z. Hua, *Nat. Mater.*, **4**, 832 (2005)
28) H. Imamura, N. Kobayashi, S. Takahashi, S. Maekawa, *Phys. Rev. Lett.*, **84**, 1003 (2000)
29) M. Takagishi, Private Communication
30) J. Barnas, A. Fuss, R. E. Camly, P. Grunberg and W. Zinn, *Phys. Rev. B*, **42**, 8110 (1990)
31) 上口裕三, 岩崎仁志, 橋本 進, 澤邊厚仁, 佐橋政司, 日本応用磁気学会誌, **18**, 341 (1994)
32) H. Yuasa, Y. Kamiguchi, and M. Sahashi, *J. Magn. Magn. Mater.*, **267**, 53 (2003)
33) H. Fukuzawa, K. Koi, H. Tomita, H.-N. Fuke, Y. Kamiguchi, H. Iwasaki, and M. Sahashi, *J. Magn. Magn. Mater.*, **235**, 208 (2001)
34) T, Valet and A, Fert, *Phys. Rev. B*, **48**, 7099 (1993)
35) In Chang Chu, Private Communication
36) W. H. Butler, X.-G.. Zhang, T. C. Schulthess, and J. M. Maclaren, *Phys. Rev. B*, **63**, 054416 (2001)
37) M. Saito, N. Hasegawa, Y. Ide, T. Yamashita, Y. Nishiyama, M. Ishizone, S. Yanagi, K. Honda, N. Ishibashi, D. Aoki, H. Kawanami, K. Nishimura, J. Takahashi, and A. Takahashi, Digest of Intermag 2005, FB-02, 2005 (unpublished)
38) H. Imamura, Private Communication
39) J. Y. Sho, S. P. Kim, Y. K. Kim, K. R. Lee, Y. C. Chung, S. Kawasaki, K. Miyake, M. Doi, and M. Sahashi, *IEEE Trans. Magn.*, **42**, 10, 2633 (2006)
40) S. Kawasaki, J. Y. Sho, K. Miyake, M. Doi, and M. Sahashi., *J. Magn. Soc. Japan*, **30**, 357 (2006)
41) P. Bruno, *Phys. Rev. Lett.*, **83**, 12, 2425 (1999)
42) H. Imamura, Private Communication

第5章　垂直磁気記録媒体技術

1　垂直磁気記録材料総論

大内一弘[*]

1.1　はじめに

　垂直磁気記録技術は東北大学岩崎俊一教授によって1975〜1977年に発明された高密度情報磁気記録技術である[1,2]。これに用いる記録媒体材料は当初から垂直磁気異方性を有するCo-Cr合金スパッタ膜が提案され垂直記録方式の開発に活用されてきた。このCo-Cr系記録媒体はその後もさまざまな添加元素による改良で進化し続け，かつ，ヘッド・メディアの組み合わせを中心としたさまざまな要素のIntegration[3]も加わりついに実用化を見た。一方で，Co-Cr系材料以外でも多様な記録媒体用材料が提案され開発されている。それぞれの詳細な議論は以下の第5章2節から8節までの各論に述べられている。将来の課題としての第8章2節，3節における媒体材料も含めここではこれらの開発の流れを俯瞰しつつ，将来の磁気記録材料に必須な基本的開発課題についての概略を述べる。

1.2　垂直記録方式と高密度化

1.2.1　垂直記録の特徴と記録媒体

　垂直記録方式では従来の面内記録方式のいわゆるhead-on（突合せ）磁化転移に対して反平行垂直磁化転移を情報の1ビットとすることで，従来方式での互いに反発しあう磁化の減磁現象による高密度信号の劣化を避け，反平行磁化により高密度記録ほど安定で強い磁化を残せるという吸引力の世界を創出する。これには媒体面に垂直な方向へ磁化のしやすいいわゆる垂直磁気異方性薄膜を媒体記録層として用いることが必須条件となる。図1に垂直記録の原理図を従来の面内型記録方式と比較して示す。垂直記録は記録媒体面に垂直方向に磁化を残し，互いに反平行な磁化の境界がいわゆる磁化転移であり情報で言えば1ビットに相当する。いわば磁化容易方向が面内から垂直方向へと90度転回した媒体を用いることになる。これにより垂直磁化転移では減磁界が転移上ではゼロで物性限界までの高密度化が可能となる。図2に面内および垂直の磁化転移に働く減磁界を計算した一例を示す[4]。面内では記録密度の増加につれて減磁界が大きくなる。一方垂直記録では高密度になるほど記録ビットへの減磁界が小さくなる様子が見て取れる。まさ

---

[*] Kazuhiro Ouchi　秋田県産業技術総合研究センター　高度技術研究所　名誉所長

垂直磁気記録の最新技術

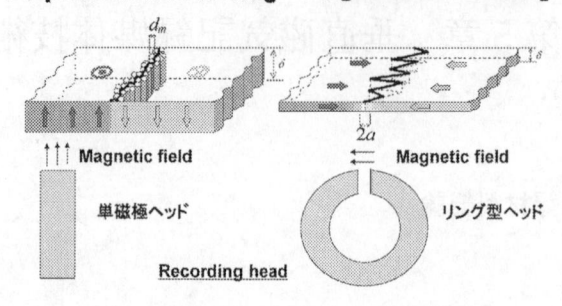

図1 垂直磁気記録と面内磁気記録の原理

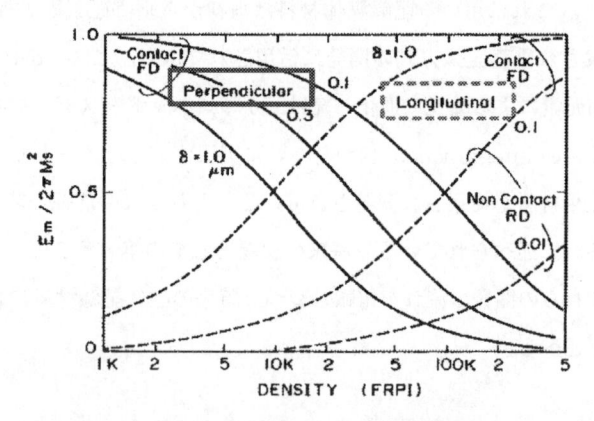

図2 面内記録と垂直記録の減磁界の相補性
ディジタル記録した場合のビットにかかる規格化静磁気エネルギー
（記録密度の関数として表現，パラメータは媒体膜厚 $\delta\,(\mu m)$）
After Toshiyuki. Suzuki, *IEEE Trans. on Magn.*,Vol.20, pp.675-680（1984）

に発明者の岩崎教授が命名した面内記録と垂直記録の相補的関係（complementary relationship）[5]がここにも現れている。このような磁化の方向を媒体面に水平ないし垂直に向けるには形の異なるヘッドにより磁界方向をそれぞれに向けることだけでは実現できない。記録媒体そのものに磁気異方性を持たせてそれぞれの方向に向きやすい性質を付与することが必須である。したがって垂直記録媒体には用いる材料の磁化容易軸を垂直になるように製造条件も含めて工夫することになる。

　高密度化とは如何に磁化転移の幅を狭くするかという命題に尽きる。磁化転移の幅は測定される波形の半値幅で表現される。波形が面内磁化と垂直磁化では異なるためそれぞれの半値幅は W_{50} と T_{50} が用いられている。これらの決定因子を簡単な数式で表したものが図3である。面内磁化記録では再生パルスの半値幅 W_{50} が突合せ磁化の減磁界に強く影響されるため媒体の保磁力 H_c，残留磁束密度 B_r，および媒体膜厚 δ がその重要な決定因子である。一方，垂直記録の矩

第5章　垂直磁気記録媒体技術

形状再生パルスの立ち上がり幅 T_{50} はこれら諸量には大きく依存せず，媒体の MH 曲線の傾斜 α とヘッド磁界の傾斜で決まる。すなわち記録密度は面内記録と異なり H_c, B_r, δ には大きな制限を受けない。しかし，MH 曲線の形やヘッド磁界には従来方式同様左右される。ただし，これらが十分シャープな場合には最終的に記録媒体の磁区構造や磁化反転様式

面内磁化記録方式　$W_{50} = (B_r \times \delta) / H_c$

垂直磁気記録方式　$T_{50} = 1 / (\alpha \times dHh/dx)$

図3　記録転移幅の決定要因

などに強く影響を受けることになる。このことが垂直記録の限界は物性的といわれる所以である。

一方，記録磁気ヘッドにおいても空隙を介した2つの磁極間の漏れ磁場を利用するリング型から，単磁極型ヘッドと呼ぶ主磁極と記録層の裏側に形成する軟磁性裏打ちとの間に発生するいわゆる in-gap 垂直磁界によって磁化反転を形成する方式へと転換された。この in-gap 記録によれば従来方式の漏れ磁界に比べ格段に強い磁界によって記録できる。高密度記録実現には微小磁化転移の熱的安定性も同時に確保する必要があり，そのため大きな H_c の媒体を用いることになるがこのような媒体に対しても記録可能となる。高密度化には上で述べた磁化転移を狭くする線記録密度の向上に加え，トラック密度の向上もその手段である。その意味で狭いトラックでも十分な記録磁界を発生できるかが記録ヘッドの課題である。媒体側で言えば転移が狭いほど狭トラック記録にも有利なことは言うまでもない。このように垂直記録用デバイスでは記録媒体も記録ヘッドも従来方式と異なる設計が必要になる。

1.2.2　記録ヘッドと媒体の構成

図4に Co-Cr 系垂直記録媒体の理想的柱状粒子構造を示す。同図は磁化転移の様子も示している。媒体記録層は厚いほど転移近傍の減磁界が小さく，Top view での微粒子寸法（円柱粒子直径）が小さいほど高記録分解能となる。またその体積は大きい（円柱の高さが高い）ほど磁化の対熱擾乱に優れる。粒子の磁気的孤立性は粒子間に働く交換相互作用を極力低減させることで達成する。垂直記録の開発当初にはこのようなモデルで表される Co-Cr 合金系垂直磁気異方性膜を単層で媒体とし，面内記録方式に用いるリング型ヘッドをそのまま用いる準垂直記録（quasi-perpendicular recording）方式も検討された[6]。記録感度，再生感度の向上のため，極薄い軟磁性裏打ち層を付与して裏面磁荷を打ち消す擬似二層膜媒体の研究も進められ

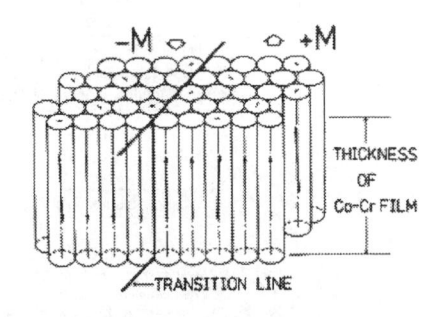

図4　垂直磁気異方性膜の円柱粒子構造モデルと理想記録磁化転移

た[7]。この準垂直記録方式では従来のヘッドをそのまま使える利点があり、企業を中心に開発が推進された。そのための材料として垂直磁気異方性を示すBa Ferriteスパッタ薄膜の提案（1981）もあった[8]。一方、従来の面内記録方式にもhcp C軸の面内配向を整えたCo-Cr系単層媒体が用いられ、1990年代の記録密度の飛躍的向上に寄与することになった。したがって準垂直記録は垂直記録の本質的な利点を十分に発揮できないままその開発は途絶えている。ただし、1984年に開発が始まった単層のBa Ferrite粉末塗布媒体は一時フロッピーディスクとして実用化された[9]。また、テープ媒体としての開発は今でも続いており一定の進展を見せている。

現在の垂直記録は1979年提案された裏打ち軟磁性層（近年はSUL；soft magnetic underlayerと呼んでいるが本来はSMBL；soft magnetic back layerと命名された）を付与したCo-Cr系二層膜媒体と単磁極記録ヘッドを組み合わせたいわゆる"純垂直記録"である[10]。その純垂直記録における記録ヘッドと媒体の構成を図5に示す。同図（a）は発明当初フレキシブルディスクでの実験に用いた系の場合で、励磁用の補助磁極は媒体を介して主磁極（main pole）と呼ばれる単磁極ヘッドの反対側（図面下側）にある。実用になった現在のシステムでは励磁コイルを備えた主磁極から発生する磁界の軟磁性裏打ち層（SUL）を経由して戻る還流路（すなわちreturn path）としてのリターンヨークを媒体に対し主磁極と同じ側に配置されている。記録媒体としては記録層より厚めの軟磁性裏打ち層を用いた二層膜構造の媒体であること、磁性層としては二層状態だが、同図（b）に示すように裏打ち軟磁性層と記録層の間に、記録層の微視的構造（結晶配向・結晶性や粒子径・ならびにその寸法均一性など）を制御するため、非強磁性の中間層（ref. 第5章9節）を設けることが普通になっている。図5（a）の初期のシステムに比べ同図（b）では主磁極と裏打ち層との距離があまりにも大きな相対スペーシング（S.A.R.；Spacing aspect ratio）となっており、磁界強度の損失のみならず磁界分布を広げ、記録分解能の低下をもたらす。

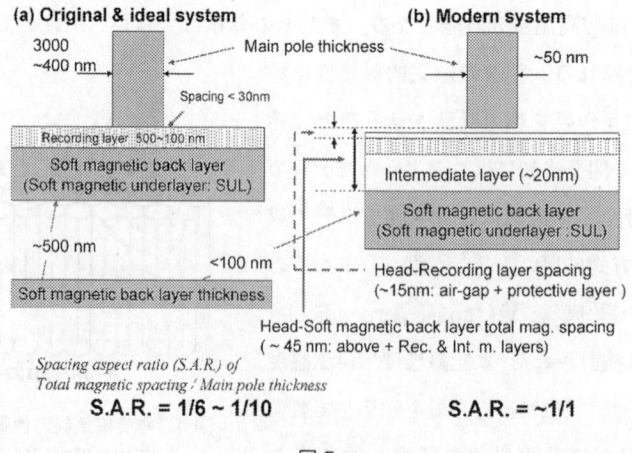

図5

第5章 垂直磁気記録媒体技術

現在この中間層をいかに薄くできるか，あるいは不要とするかが大きな開発課題となっている。一方でスペーシング低減にはダイヤモンドライクカーボン保護膜や潤滑剤層を薄くすること，より低浮上のニアコンタクト・ヘッドスライダー，0.1nm 以下の超平滑基板の実現など機構系の進歩も重要な鍵を握っている。

詳細なコイル配置やヨーク形状等には現在でもシールドプレーナー型などの新しい形態・構造[11]が提案されつつあり，テラビット級 HDD への対応技術の開発が進んでいる。これらについては原理や再生ヘッドとともに本書，第2章，第3章，第4章に詳細が述べられている（ref. 第2〜4章）。

1.3 垂直記録媒体の要件
1.3.1 微粒子性

磁気記録媒体は 1935 年の γFe_2O_3 粉末テープ以来，昨今のメタルテープや Barium Ferrite 粉末にいたるまで粉末塗布の形態を維持してきた。これら可撓性長尺テープの利点を生かし，巨大記録容量装置の家庭への進出を可能にした。微粒子の集合体からなる記録媒体では一個一個の磁性粒子はそれぞれの位置で自在に磁界に反応する磁気的な孤立性が必須である。この性質によって磁気ヘッドの磁界の極性反転に対し磁化転移構造を任意の位置にとることが可能となる。それぞれの磁性粒子は記録磁界の反転に対し単磁区で磁化を一斉に回転することで S/N の良い記録磁化転移が形成できる。単磁区粒子の印加磁界に対する振る舞いは 1948 年に Stoner と Wohlfarth による S.W モデルで記述される[12]。以後，磁気記録媒体の発展は微粒子磁石理論の発達と同時進行し今でもその理論体系は記録機構の解釈に不可欠となっている。図6に微粒子磁石の挙動の典型として保磁力の寸法依存性を示した[13]。粒子寸法が大きい場合は多磁区粒子と呼ばれ粒子内に複数の磁区が存在し磁化反転は磁壁移動を介して進む。寸法が小さくなるにつれ磁区数が減少しついには単磁区状態になる。さらに小さくなると室温でも磁化を一方向に保持することが難しくなりいわゆる熱擾乱効果が増して超常磁性的振る舞いになる。単磁区状態で最高の H_c を示し，その前後の寸法では保磁力低下が起こる。記録媒体ではこの単磁区粒子寸法が理想的で，情報蓄積エネルギーも最大となる。最大保磁力 H_{ci} は $H_{ci} = H_k = 2K_u/I_s$ の関係にあり一軸磁気異方性 K_u 値で支配されるが同じ K_u 値では単磁区粒子で最大となる。この基本的関係を図7に示す。単磁区粒子を示す寸法が重要だが，記録媒体のように磁気粒子が稠密に充填した構造では，その①寸法の分布や個々の粒子の② K_u 分散，あるいは単磁区でも寸法が大きいと Curling 様式などの③非一斉磁化回転で保磁力が低下する。④充填率が高いと静磁気的相互作用でやはり保磁力低下が起こる。

媒体開発ではこのような磁気粒子寸法を一方で超常磁性的振る舞いを排除しつつ単磁区とする

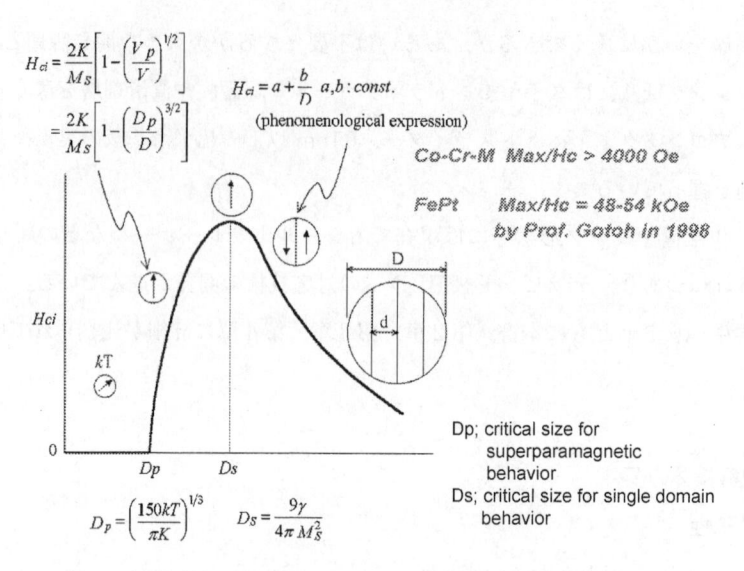

$$H_{ci} = \frac{2K}{M_S}\left[1-\left(\frac{V_p}{V}\right)^{1/2}\right]$$
$$= \frac{2K}{M_S}\left[1-\left(\frac{D_p}{D}\right)^{3/2}\right]$$

$H_{ci} = a + \dfrac{b}{D}$ $a, b : const.$
(phenomenological expression)

Co-Cr-M Max/Hc > 4000 Oe

FePt   Max/Hc = 48-54 kOe
by Prof. Gotoh in 1998

Dp; critical size for superparamagnetic behavior
Ds; critical size for single domain behavior

$$D_p = \left(\frac{150kT}{\pi K}\right)^{1/3} \quad D_S = \frac{9\gamma}{4\pi M_S^2}$$

図6 粒子寸法と磁区構造ならびに保磁力・磁化挙動変化の関係
(after B. D. Cullity, Introduction to magnetic materials, Addison Wesley, ISBN 0-201-01218-9, 1972)

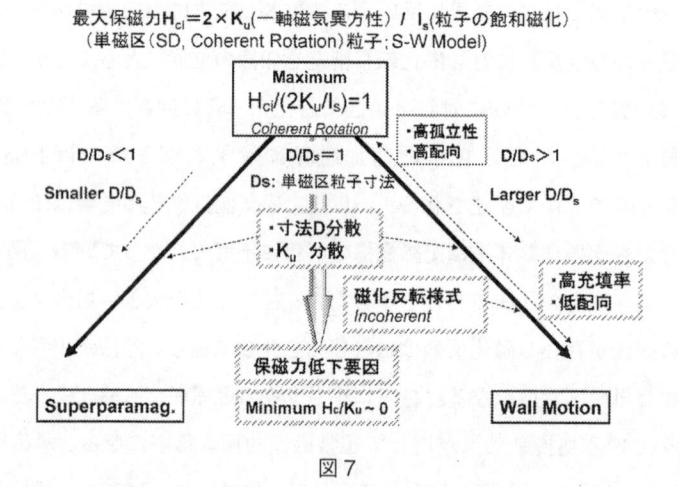

最大保磁力 $H_{ci} = 2 \times K_u$(一軸磁気異方性) / I_s(粒子の飽和磁化)
(単磁区(SD, Coherent Rotation)粒子;S-W Model)

Maximum $H_{ci}/(2K_u/I_s)=1$
Coherent Rotation

・高孤立性
・高配向

$D/D_s < 1$ $D/D_s = 1$ $D/D_s > 1$
Smaller D/D_s Ds: 単磁区粒子寸法   Larger D/D_s

・寸法D分散
・K_u 分散

磁化反転様式
Incoherent

・高充填率
・低配向

保磁力低下要因

Superparamag.   Minimum $H_c/K_u \sim 0$ Wall Motion

図7

よう寸法制御することが重要である。Co-Cr系薄膜のCr微細偏析構造により大幅な雑音低減が達成された経緯[14]から，今日では薄膜媒体といえども粉末塗布媒体の構造に倣った微粒子型 (granular type) が必要との考え方が一般的設計論になった。その考えは垂直記録媒体といえども変更する必要がない。むしろ，より高密度記録する上では踏襲すべき原理原則である。

微粒子型媒体開発では高密度を志向する中で雑音低減のために粒子寸法を小さくすることが肝要だが，熱的安定性を確保するため一定の値以下に小さくすることができない。一例として図8にAIT本多が2000年当時のロードマップや開発予測に基づいて記録密度向上に伴う設計粒子寸

第5章 垂直磁気記録媒体技術

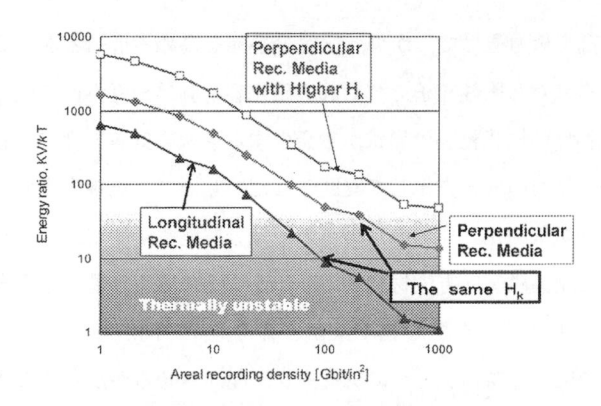

図8 Prospected energy ratio for aimed recording density
(after N. Honda of AIT, 2000)

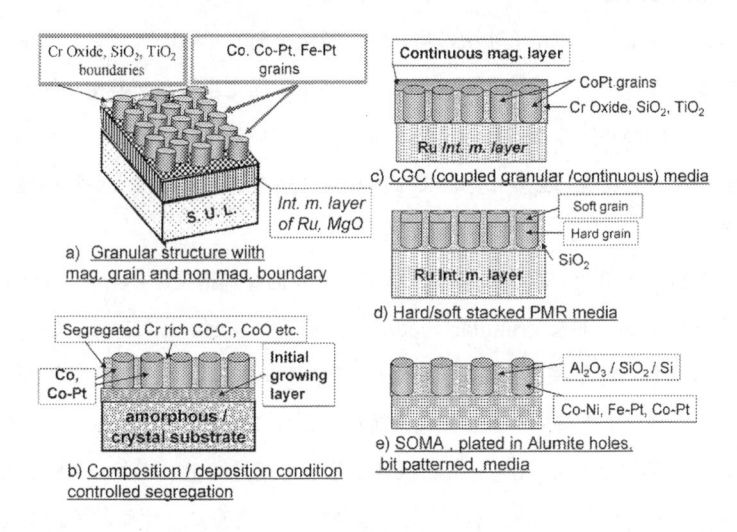

図9

法から図9 (a) のような円柱理想粒子に対し熱的安定性因子であるエネルギー比 K_uV/kT の変化する様子を計算したものである[15]。熱的に安定とはエネルギー比条件, $K_uV/kT \geq 60$ を満たすことを意味し, 同図の陰影部分は不安定領域となる。同図から面内記録 (longitudinal recording) 媒体に比べ垂直媒体がはるかに安定で, 1T bits/in^2 の記録密度まで実用できる可能性を示している。これは垂直磁化転移の反平行磁化の安定性からくるもので垂直記録の大きな特徴となっている。しかし, 垂直記録媒体でも今後の高密度化を図るにはより小さな粒子構造を達成するためこれまで以上に高い異方性エネルギーの材料へと開発を展開することになる。

1.3.2 垂直磁気異方性

図4の粒子構造は体積をできるだけ大きく, かつ, top view における粒子径がなるべく小さくなるような円柱粒子 (columnar particles) モデルで Co-Cr 膜の柱状粒子を模したものであ

る[16]。すなわち熱擾乱を極力避けて，かつ，記録分解能を高める構造となっている。垂直記録媒体ではこのような構造に対し円柱粒子それぞれの磁化容易軸は垂直方向に強く配向させることが必須である。開発当初は円柱状粒子の形状から発生する形状磁気異方性による垂直磁気異方性の確保も媒体設計上のひとつの考え方として実践された。しかし，記録密度の高まりに対して形状磁気異方性のみでは静磁気的相互作用のため高い記録分解能や熱的安定性を確保できなくなってきた。今日では大きな結晶磁気異方性材料を用い，かつその磁化容易軸を垂直に配向させる手法によっている。Co-Cr系スパッタ膜はそのhcp C軸の垂直方向が容易に実現できる性質を備えていた[17]。この結晶の磁化容易軸をいかにシャープに配向させるかが媒体の品質確保の大きな課題となっている。

1.3.3 粒子の磁気的孤立性

微粒子性の確保に加え，その粒子寸法の均一性，微粒子間で互いにスピンを拘束しないよう磁気的孤立性が重要になる。シミュレーションによればある程度適度な交換相互作用を仮定すると完全孤立よりは磁化転移が狭くなるとの結果が提示されている[18,19]。しかし，基本的にはまず完全孤立系の微粒子構造を実現し必要に応じて交換相互作用を導入するほうが制御性よく高性能媒体を実現できる。

図9に理想的な微粒子構造・粒子孤立性を示すモデル的媒体構造を示した。同図（a）は昨今実用あるいは開発中の典型的なgranular mediaの構造モデルを示している。Cr-oxide，CoO，SiO_2，TiO_2など非磁性の粒子境界物質でCoやCo-Pt，Fe-Ptなどの強磁性粒子が完全に隔離された極めて理想的な微粒子構造である。微粒子構造とともに強磁性粒子の磁化容易軸を垂直に向けるために非磁性中間層としてCo-Cr系記録層にはhcp構造のRuスパッタ層が有効とされている[20]。SUL（soft magnetic underlayer）上に堆積する中間層にまず微粒子構造を形成させ，かつ，高い結晶配向性を確保し，その上の記録層との異種界面で連続結晶成長（hetero-epitaxy）を促すことで記録層の粒子孤立性と結晶配向性の向上を同時に図るのである。

図9（b）は同図（a）の粒子構造が開発される以前（〜1995）の粒子構造モデルである。この場合はCr元素の粒界偏析を基本とした粒子孤立の手法であった。図に示したように一定の厚み以上ではhcp C軸の垂直配向にすぐれ，Cr richな粒子境界偏析層があり一定の粒子孤立型微粒子構造モデルが成り立つ。しかし，薄い膜厚の成長初期層[21]と呼ばれる結晶配向乱れが起こって軟磁性的となり粒子間の交換相互作用を完全には除去できなかった。加えて図10に示すように面内にC

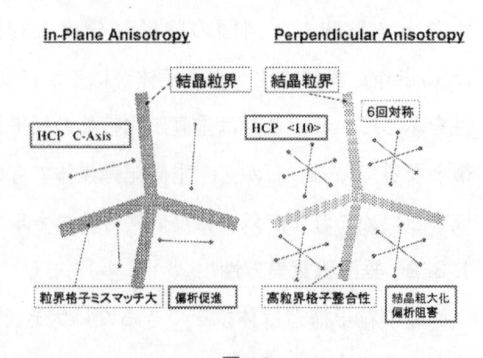

図10

第5章 垂直磁気記録媒体技術

軸を配向させた面内型の薄膜媒体と比べ，垂直媒体では隣接結晶との対称性がよく粒界での結晶乱れが少なく粒界へのCr偏析も十分ではなかった。これが面内型Co-Crにくらべ垂直型Co-Crで媒体雑音が多いとの評価をもたらした一つの原因になっている。

1.3.4 M-H曲線

微粒子型で孤立性が高く垂直磁気異方性が備わった場合マクロに見た薄膜のM-H曲線は膜面垂直方向にかかる減磁界で傾いた形状となる。このM-H曲線の形状は垂直記録の性能を大きく左右することになる。

図11はいくつかの典型的な垂直方向M-H曲線のモデル表現である。LoopⅠとⅢは完全孤立系でループ傾斜 (dM/dH) は1である。LoopⅡはLoopⅠと飽和磁化は同じだが，粒子間に交換相互作用が働くため傾斜1以上である。LoopⅢのように角型比 $M_r/M_s < 1$ の場合，残留磁化状態 (M_r) では膜全体が一方向を向くのではなく，(M_s-M_r)/2 に相当する逆向きの局部的に反転した磁区が発生する。これを逆磁区と呼びいわゆる逆磁区雑音（DC消去雑音）[22]の原因となる。したがって角型比を1にすることでまずこの直流消去雑音をなくすことになり，LoopⅠやⅡが垂直媒体の設計指標となった。ループの傾斜 α は大きいほど記録時に狭い転移幅 T_{50} を得るので高密度記録に適するはずであり前述の交換相互作用が適度にあることが必要となる。一方で交換相互作用が働く $\alpha>1$ ではしばしばジッター雑音の原因となりS/N比を下げる[23]。したがって α の値はあい矛盾する要求のもと慎重に設計されなければならない。制御性良くこの交換相互作用を導入するためにCGC（coupled granular/continuous）媒体[24]が提案された。そのモデルが図9(c)である。適度な連続薄膜の導入は α を高め，かつ，核発生磁界を負にするので熱安定性も増すことになる。加えて飽和磁界 H_s が小さくなり記録も容易になる。最近ではECC（exchange

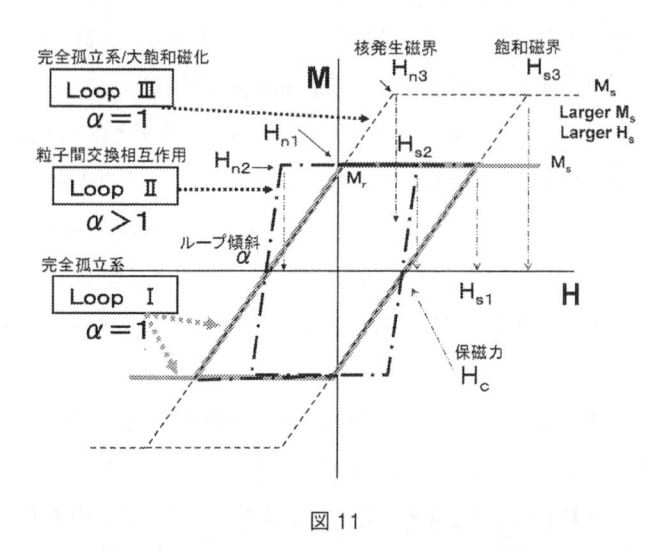

図11

coupled）媒体と呼ばれる交換相互作用の導入や percolated media, hard/soft stacked media[25]（図9（e））などの開発が活発化している。いずれも記録の容易さと熱的安定性の両立を狙った複合記録層の設計手法である。いずれの場合でもいわゆる記録を担うハード層においては完全孤立型微粒子構造で M-H 曲線としては Loop I の $\alpha = 1$ が望ましいといえる。

1.3.5 マクロな均質性

磁気記録は記録媒体上の任意の場所に任意に信号を記録できることを前提としている。そのため記録媒体は全記録領域面で均質であることが求められいささかの欠陥も許されない。その厳しさは尋常でなく極めて高度な品質管理を要求される。その理由のひとつは最低でも4層以上の複数異種材料の薄膜付着工程がありいずれの層も等しく厳しい均質性を求められていることである。基板には超平滑はもちろんのこと超清浄表面が求められている。記録層の微粒子構造の粒子寸法や結晶配向にも記録領域全面にわたり高度なマクロ均質性が求められる。粒子寸法の不均一性は非一斉磁化反転機構, 超常磁性, 磁壁ゆらぎ, などをもたらし転移線を乱し, かつ, ジッターの原因となる[26]。さらにはトラック端雑音の源ともなる[27]。また, 磁化容易軸の配向分散の広がりは一軸磁気異方性 K_u の実効値を低下させ熱的安定性を損なう。マクロに加えミクロな構造の均一性も記録性能に直接かかわっている。

1.4 垂直記録媒体の種類と製法

1.4.1 添加元素種の選択

垂直記録媒体の製造には上述の1.3.1～1.3.5を常に同時に達成することが求められる。いささかでもこれらに不備があればそのまま磁気記録媒体としての厳しい評価につながる。作製法においてもこれらの同時平行での実現が必須となる。垂直媒体としてのオリジナルな材料 Co-Cr スパッタ膜は図4に示すように理想に近い構造をしていた。しかし, 垂直記録の原則に反するにしても実際的問題として, 記録密度を高めるために高い記録分解能と高 S/N 比を目指してより薄い媒体での粒子寸法の減少が図られた。記録の点でもヘッド磁極と媒体裏打ち層 SUL とのスペーシングを下げ記録を容易にするためにも好都合だった。このような垂直媒体記録層を薄くすることに加え, さまざまな媒体としての諸性能を実現するため上述の要件を考慮しつつ作製法上の改良が加えられている。その第一が組成の元素種と組成量の選択である。Co-Cr 系スパッタ媒体を例に記録材料としての性質, 目標構造, そして, 実現のための制御因子の関係を図12にまとめて示した。

第一の材料選択では表1に示すように Co-Cr では不十分な性能を補うために Cr に換わる添加元素の探索がおこなわれた。しかし数ある添加元素の中で Co-Cr の組み合わせが最大の磁気異方性磁界を示した[28]。次に Cr に加え第3元素添加が試みられている。中でも Co コアだけでは

第5章 垂直磁気記録媒体技術

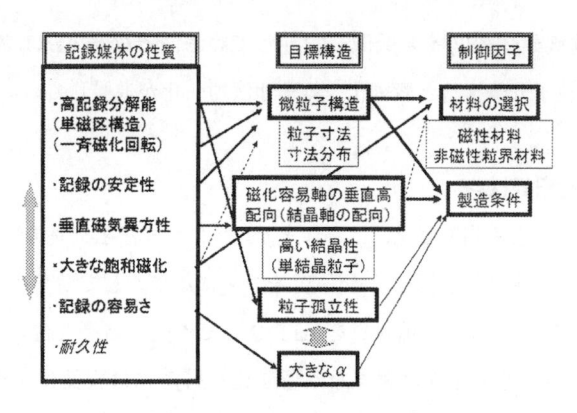

図12 垂直記録媒体の性質とその実現

表1 Modification of Co-Cr PMR Media

Compositional Modification	Intensions/Effects
a) Substitutes for Cr	
-V, -Mo, -W, -Pd, -Ti,	Other Possibility/Wear Resistance
-O, -N (Gaseous Elements)	
-Ru, -Rh, (hcp heavy metal)	Mechanical strength/Crystal Orientation/Enhanced hcp
-Polymer	Flexibility for Tape/Wear
b) Additives to Co-Cr	
-Ta, -Fe, -Zr, -W-C, -Ru, -Rh	Mechanical Strength/
-Ti, -W, -Mo, -O_2	Fine Columnar Structure/Low noise
-Mo, -Gd, Ta	Corrosion resistance
-Zn, -Cu	Flexibility
-Pr	Enhanced segregation
-Nb	Pseudo double layer
-Pt, -Pt-O_2	large anisotropy, isolation
-Pt-SiO_2, -Pt-TiO_2	Isolation

不十分になった磁気異方性を高めるためにPtの添加が極めて有効なことがわかってきた[29,30]。Co-Pt-Cr媒体の開発によって磁気異方性が著しく高まった。加えてTaやNbの添加は粒子構造の微細化に有効であった。これらにより50G bits/in^2超の記録密度が初めて達成され[31]，垂直記録の開発に拍車をかけることになった。しかし，孤立性も角型比も十分に高くはなく，熱的安定性や更なる高密度化に向けての高S/N化に課題を残していた。直流消去雑音を避けるための高角型比の追及がなされ，孤立性を高める努力も進められた。AITでは高ガス圧堆積法が室温での孤立粒子構造実現に有効なことを示している[32]。Co-Pt-Cr系ではNb添加で粒子の微細化がなされたが孤立性は不十分であった。これを打破する手法としてCo-Pt-Crに酸素の添加が試みられ2次元配列の微粒子群が非磁性・非晶質の粒界に隔てられた構造が得られ，130Gbits/in^2以上の記録密度での実用がなされたのである[33]。Ru中間層による粒子寸法と結晶配向の制御[20]

も同時になされて垂直媒体のノイズ低減に寄与している。その後，SiO_2添加[33,34]やTiO_2の添加[35]によって更なる粒子分離構造と微細化，粒子寸法均一化が進展している（ref. 第5章2節，3節，4節，8節）。

1.4.2 高磁気異方性記録材料

一方，将来に向けて更なる高密度化にはこれまで以上に大きな磁気異方性の材料の開発が必然の流れとなっている。理由は単磁区粒子寸法D_sをさらに小さくして高密度域でのS/Nを上げる必要があるからである。図13に候補材料をAITなどでの開発結果も含めてまとめて示している。垂直方向に磁化の容易軸を向け大きな残留磁化を得るには膜面にかかる垂直方向減磁界$H_d = 4\pi M_s$以上の磁気異方性磁界H_kが必要で，$K_u \gg 2\pi M_s^2$，あるいは$H_k \gg H_d = 4\pi M_s$の条件を満たす必要がある。図13はこれらを考慮して垂直記録媒体の候補材料をM_sとK_uの関係でプロットしたものである。図中斜めの線は$K_u = 2\pi M_s^2$の直線である。その直線より上部の領域は$K_u \gg 2\pi M_s^2$を満たしていわゆる垂直磁化膜となる条件範囲となる。主な磁気異方性の大きな材料を同マップ上に位置づけている。これらの材料を薄膜状にし，その磁化容易軸を垂直に向け，かつ，単磁区の微細磁気粒子を単位要素とする磁化構造が取れれば垂直記録媒体となる可能性がある。最初に媒体として提案されたCo-Cr系薄膜は図面上では左下に位置する。その上に$BaO_6Fe_2O_3$や$SrO_6Fe_2O_3$などの酸化物磁性体がある。しかし，高密度記録を志向するにつれ次第に磁気異方性の大きな材料，飽和磁化の大きな材料へと移行する傾向にある。これは図6に示したように臨界単磁区粒子寸法D_sや超常磁性粒子移行寸法D_pがM_sの大きいほど，あるいはK_uが大きいほどそれぞれ小さくなるからである。図13には20 nmの長さの円筒粒子を仮定したときの超常磁性をとる粒子直径も示している。M_sに依らずにK_u値によってのみその直径は変化する。K_uが大きくなるにしたがって円柱粒子の臨界直径（図6のD_pに相当）は小さくなる。Co-CrにPtを添加した媒体，Co/Pd人工格子膜[36]などのより高いK_uの材料へと開発がシフトし，

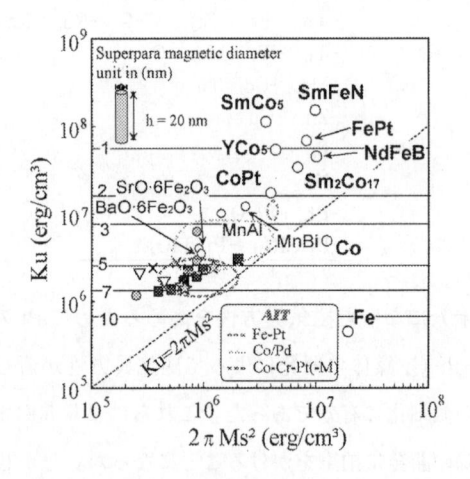

図13

Papers of 8th MMM-Intermag (IEEE2001, Vol 37) & Abstracts of 25th MSJ conf. (Jpn), et. al.
■ Co-Cr-Pt-X (Fuji Elec., Tohoku univ.)
■ Co-Pt-Cr-O (Toshiba, Toyota Tech Inst.)
○ Co/Pd(Pt) (Univ. Minnesota, Waseda univ.)
× Cr-Pt (Nagoya univ.)
☆ Co(-Pt)-Tb/Co-Cr-X (X = Pt or Ta) (Tohoku univ.)
▽ Ferrite (Tokyo Inst. Tech.)

第5章 垂直磁気記録媒体技術

Fe-Pt媒体の提案も見た[37]。FePtやCoPtのL10構造の場合，限界直径1nm前後となり，図4の理想磁化転移では転移幅2～3nmが期待できることになる。同様な高磁気異方性材料にSmCo$_5$やFeNdBなどがありこれらも記録材料として検討されている。

1.4.3　Fe-Pt垂直記録媒体

永久磁石材料としてのL10構造を持つFe-PtやCo-Ptの薄膜媒体は次世代の媒体材料の有力候補で基礎・応用両面からの研究開発が極めて盛んである。スパッタ法によるFe-Pt二層膜記録媒体の試作と記録性能評価はAITの鈴木によって初めて実施された[37]。22nmという極めて狭いT$_{50}$が得られ，記録も容易なM-H曲線を得て垂直記録媒体としての可能性を大きく前進させた。Fe-Pt薄膜が次世代型媒体として一躍脚光を浴びるようになったきっかけであった。高い垂直磁気異方性と同時に1000emu/cc以上の大きな飽和磁化も期待できるほか，化学的に極めて安定な点にこの材料の大きな特徴がある。3nmという極めて薄い膜厚でも磁気特性が確保でき，比較的低温で作成できる手法も編み出され，二層膜形成に1nmという極薄の中間層で所望の垂直磁気異方性を得ている点など考えると図13に示す高磁気異方性材料の中では最も完成度の高い媒体となっている。pinning型磁化機構を採用し，pinning siteを高密度に生成する手法[38]も提案されているが，jitter noiseを実用レベルまで低下させるにはいたっていない。pinning型の磁化反転に加え，いわゆる微粒子構造のFe-Pt薄膜もMgOやSiO$_2$の添加により作製でき媒体としての評価もなされている[37]。また，パターン媒体に用いる材料としてもその極めて高い耐蝕性，大きな飽和磁化などを考えると最有力な次世代型材料ということができる。

一方で，自己組織化手法S.O.M.A（self organized magnetic array）によるFe-Pt粒子の作製研究も注目を集め研究が進捗している。粒子寸法の均一性の高いことに特徴がある。そのことから将来のパターン媒体あるいは熱補助記録（HAMR）などの可能性がささやかれている。記録媒体としての評価は不十分だがFe-Pt系材料の微粒子化した際の物性の解明は近年著しく進展した[39]（ref. 第5章5節，第8章）。

1.4.4　Co/Pd, Co/Pt人工格子型多層膜

元来磁気光記録用材料として開発されたCo/Pt, Co/Pd系人工格子多層膜は界面磁気異方性による高い垂直磁気異方性を示すことから垂直磁気記録媒体としても検討されている。磁気記録媒体としては微粒子性を創出するためにスパッタガス圧を高めに設定するなどの工夫が必要であった。それにより磁区構造が微細になり一定のノイズ低減がなされたが実用に供するほどの微粒子性は得られていない。図14にCo/Pd膜も含めてこれまでAITで開発してきたいくつかの材料の磁化曲線を示す。Co-Cr-Nb膜に比べPt添加により大幅な飽和磁化と保磁力の増加が見られ角型も良くなっている。Co/Pd膜は膜構造の調整で同様な結果も得る。これらに対し，Fe-Ptの飽和磁化の大きさ，αの大きさが目立つ。

一方で，Co/Pd多層膜は極めて均一で平滑な膜になりやすい構造的な特徴からCGC媒体のように微粒子性の記録層にコートして一定の交換相互作用を付与する材料のひとつとしての応用も考えられている。パターン媒体への応用の可能性も否定できない（ref. 第5章4節「複合記録層材料」，第8章2節）。

1.4.5 そのほかの材料

SmCo薄膜やFeNdBなどの永久磁石材料も単磁区粒子寸法の理論値が～3nmと小さいことから記録材料の可能性が検討されている。SmCo膜[40]では記録材料として記録性能も調べられるまでになっている。これら希土類・遷移メタル系材料も今後の進展によっては有力な候補材料といえる。

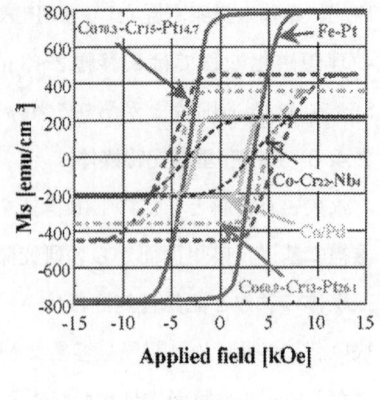

図14

垂直記録開発の早い段階から酸化物系材料，とりわけBa Ferrite系が長らく検討されてきている。最初にスパッタ法によるBa ferrite薄膜媒体[8]が，ついで，超急冷技術によるBa ferrite粉末が塗布媒体として開発されている[41]。後者はフロッピーディスクとして市販されるにいたった。最初の垂直記録媒体で記録は従来の面内型に用いるリングヘッドでおこなわれた。現在でも磁気テープ用の開発が進められている。酸化物系の特徴は耐蝕性に強いことなど安定性にある。ただし，薄膜では微粒子化がやや難しく，飽和磁化が小さいこと，粉末塗布では分散性と容易軸垂直配向との両立に高い技術を必要とする。

陽極酸化したアルマイト孔にFeやCoなどをめっきで埋め込む媒体[42]も検討されたが基本的に形状効果を用いることや二層膜作製に困難なことなどから開発が中断した。しかし最近パターン媒体，SOMA媒体として稠密充填粒子群を形成できることから，次世代型のひとつとして検討が開始されている[43]。めっき法を用いたCo-Ni-Re-P，Co-PtなどのhcpC軸垂直配向膜も製法コストが低いことから有望として検討されてきた。この手法は現在パターン媒体への応用として継続的に検討が進められている[44]（ref. 第8章2節）。

1.5 垂直記録媒体の今後の課題

1.5.1 大きな飽和磁化材料の重要性

媒体の飽和磁化M_sは将来の高密度化に対応する記録媒体の実現に十分留意しなければならない。この飽和磁化は図3に示したように垂直記録磁化転移の幅を決める要因にはならない。これは面内型記録との相補的関係のひとつでもある。しかしTerabyte級の記録を実現するには出力に寄与する磁荷はますます小さい面積によることになる。したがって，十分な再生出力の確保の

第5章 垂直磁気記録媒体技術

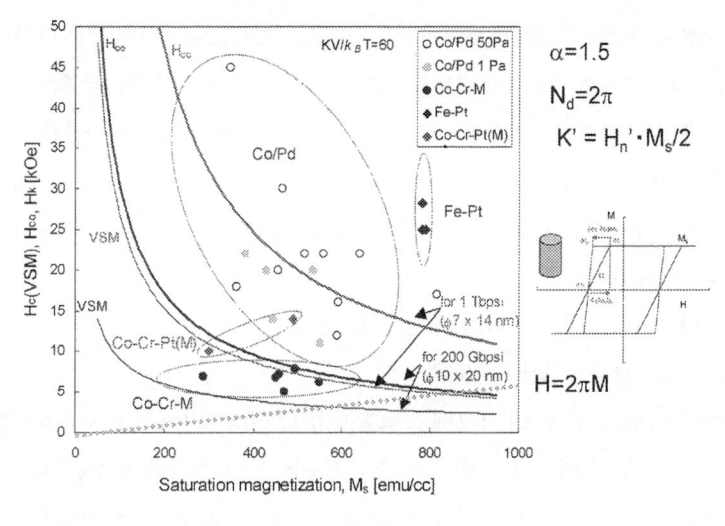

図15

観点からも飽和磁化 M_s の大きいことは必須である。前述のように M_s が大きいほど D_s も小さいという関係にもある。

一方,記録ヘッドの観点からも,発生できる磁束量,磁界強度などもコア材料の飽和磁化で制限を受けるばかりでなく,記録媒体材料の飽和磁化に大きく関与する。図15は AIT の本多が理論的に予測した動的保磁力 H_{c0} と粒子のもつ飽和磁化 M_s の関係である[45]。粒子寸法比(直径／長さ＝1/2)を一定とし,寸法の異なる粒子の飽和磁化に対する静的な保磁力(VSM：細線)と瞬間的に反転するときの動的保磁力(太線)との変化の様子を示している。M_s の大きいほど動的保磁力は小さくなり記録がしやすいことを意味している。また,振動試料型磁力計で測定する保磁力(VSM)から実際に記録時の反転磁界である動的保磁力への変化度合いも M_s の大きいほど上昇幅が小さい。すなわち,記録のしやすい媒体には磁化曲線の立ち仕上がり傾斜 α のみならず M_s の大きいことが重要であることがわかる。

図15には図14の各種材料の結果も示している。それぞれの材料の実現範囲からしても将来は Fe-Pt のように大きな M_s の材料で媒体形成を図る必要がある。この考えはビットパターン媒体のようにさらに新型の媒体においても同様に踏襲されるべき垂直記録材料の基本的視点といえよう。

1.5.2 メタル・酸化物混合系薄膜微粒子材料

高密度化が進む中で,媒体雑音低減のため,ナノ偏析構造の活用による微粒子構造の媒体開発が進捗した。それらの候補添加元素は Pr, Ti, Mo, O_2 などであった。とりわけ ME テープとして Co-CoO 斜め蒸着膜による微粒子構造の流れは酸素導入スパッタ法による Co-Pt-Cr 膜の

Cr 酸化偏析を促し孤立性の高い粒子構造形成に引き継がれた。酸素の導入により従来の Co-Cr 系のように加熱製膜ではなく室温製膜が可能になった。これに加え hcp 結晶 C 軸の垂直配向を向上させる Ru 下地（二層膜媒体では中間層）の導入がメタル＋酸化物混合系材料の実用性を高めている。その後 SiO_2 や TiO_2 の添加も有望視されている。同様な手法の媒体で 400G bits/in^2 以上の記録密度が達成したとの報告もある[46]。また，Co-Pt-TiO_2 媒体のように Cr 添加を省略できかつ Co-Pt の粒子の高い磁気異方性を活用した孤立性が高くかつ 5 nm 前後の微粒子構造の新しい材料提案も注目される。

ただし，この種材料には次のような課題も指摘できる。

(1) 完全孤立・狭い粒子寸法分布の実現

普通の薄膜堆積方法では粒子と粒子の間には交換相互作用がはたらくチャネルが形成されることが多い。図 16 にその一例を示す。同図は最新の Co-Pt-TiO_2 媒体の透過電子顕微鏡写真で図 4 や図 9 の理想構造とは異なり矢印で示すように，ところどころ粒子形状が不規則で隣接粒子との接合の様子が見られクラスターを形成している。この場合隣接粒子が磁化方向を反転させるに伴い自らもそのスピン拘束を受け同じ方向に反転するようになる。したがって磁気記録で形成する磁化転移線に乱れが生ずる。また所望の位置に磁化転移を形成できなくなり信号としての再生波形に jitter が発生する。このような jitter 雑音の低減や転移線に乱れを発生させないためには，これまで以上に製膜プロセスを吟味して，粒子径分布のより狭く，孤立性が完全なものとすることが今後の開発課題のひとつである。

実際のところ多少の交換相互作用の導入は記録磁化転移をシャープにする。しかし，その制御は完全孤立系が完成して後，初めて制御できるようになる。

(2) 中間層の薄層化

仮に理想的な粒子構造が完成しても媒体としては他の必須条件も十分に満たされなければ記録

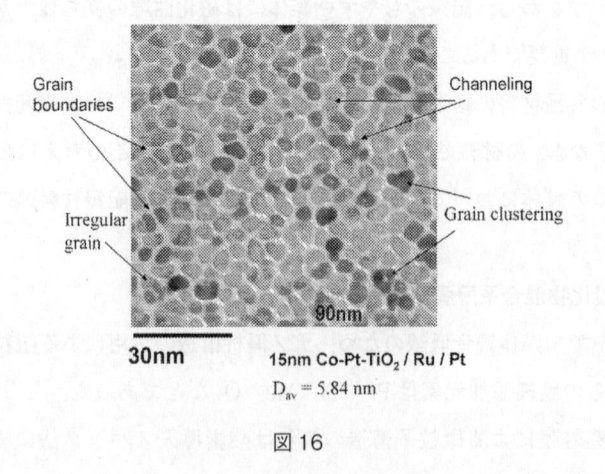

15nm Co-Pt-TiO_2 / Ru / Pt
D_{av} = 5.84 nm

図 16

第5章　垂直磁気記録媒体技術

媒体として機能しない。たとえば，ヘッド磁界には限りがあるため，媒体側にもオーバーライト性能が高いことも含めて書き込みやすさが要求される。ビットの狭小化に伴い低くなる再生出力を補う大きな飽和残留磁化 M_{rs} も書き込みやすさに寄与する（図15参照）。垂直記録の原理からすれば中間層は図5に示したように現在のものは記録層に比較して厚く，相対的なヘッド裏打ち層距離を長くし単磁極ヘッドからの磁界分布を広げることになる。400 Gbits/in^2 の記録密度は図5（b）と同様なスペーシングといわれ，それ以上の記録密度達成にはこの中間層の厚みを減ずる工夫が望まれる。書き込みやすさを追求する CGC あるいは Stacked media の提案もあるが，第一にこの Ru 中間層を如何に薄くできるかが今後の高密度化の決定因子といえよう。できるなら裏打ち層そのものに記録層の基板として粒子寸法や結晶配向を制御する役割を担わせたい。中間層を省くことがスペーシング最小で強くてシャープな磁界を発生させることのできる本質的解決法であるといえる。

(3) 記録層の粒子構造の改善

従来媒体の修正形として CGC（continuous-granular composite）媒体，ついで，stacked or capped media などが提案されている（図9（d））。これらは制御性良く磁化回転の容易さと熱的安定性を同時に達成するアイデアとして磁気ヘッドの限界を補完するものとして重要性が増しつつある。その課題も上で述べた理想系の媒体構造が完成して初めて効果を発揮する。その点では従来型の延長線上の課題クリアが期待され目新しい大きな課題はないといっても良い。

1.5.3　次世代型高密度媒体

パターンドないしビットパターン媒体と呼ばれる新しい概念の記録媒体が1991年中谷らによって特許出願され[47]，1994年，S.Chou らによって実験的にその可能性が示された[48]。得られた微小ドットパターン列の1ドットごとに信号1ビットを割り当てるものである。これによれば 1T bits/in^2 の記録密度を超えることができると期待されている。この媒体の特徴は記録のためのドット反転に微粒子形ほどの記録磁界を必要としない点にある。いうまでもなく熱安定性の確保はドット寸法（体積）によるため，微粒子形媒体の粒子より大きめである点も有利な点と言える。しかし，このような記録媒体では単純に考えても 25 nm 以下のビットピッチを形成し記録時や熱安定性にかかわるビット間の干渉を避けるには 12 nm 程度の微小ドットの形成が不可欠になると予想されている[49]。1T bits/in^2 以上になればこれらはさらに小さくなる。

そのため如何にこのようなドットを人工的にしろ自己組織化によるにせよ形成できるか？　量産技術の確立が最大の課題となっている。電子ビームリソグラフィーやナノインプリント技術なども候補作製技術だが，コスト削減手法はいまだ見えていない。

第二の課題はすべてのドットをエラーの発生しない程度にいかに均一に作製するかである。現有技術では十分ではなく，従来の技術概念を超えた大きなブレークスルーが待たれる。記録のメ

垂直磁気記録の最新技術

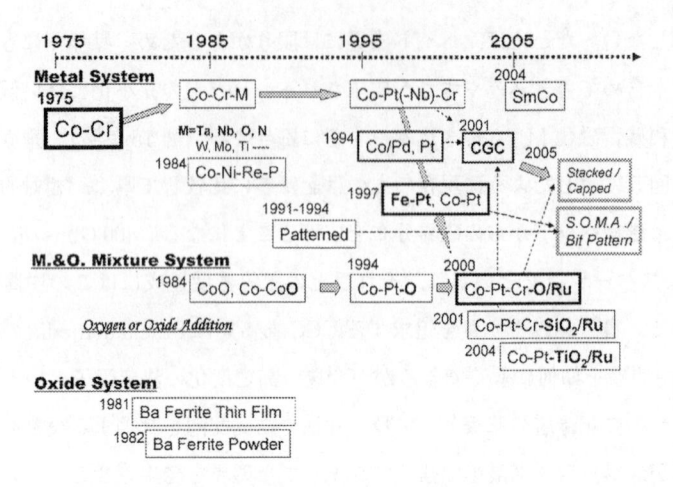

図17 Genealogy of Perpendicular Recording Media

カニズムも考慮したパターン媒体設計論はようやく進展しつつある。本多によればその要点は記録ヘッドの磁界分布や隣接トラックとの干渉など記録条件を考慮したエラー率を算出すると予定したドットピッチよりはるかに小さなドットとする必要のあることである[49]（ref. 第8章2節1項）。作製法についても喜々津によって現状の紹介があるので参考にされたい（ref. 第8章2項2節）。用いられる磁性材料は上述した媒体材料が検討されているが，新しい材料も含めて再検討されてしかるべきである。

いずれパターン媒体は新しい課題を抱えながらも現在の粒子構造媒体の限界の先に控える次次世代型とも言うべき媒体で，上の課題の解決が待たれる。

以上述べた垂直記録媒体材料の開発を年代も含めて整理して系譜として図17に示す。メタル系と酸化物系の中間として酸素導入をはじめとする granular media である Co-Pt-Cr-O, -SiO$_2$, -TiO$_2$ などが Co-Cr の系譜の終端に位置する。Bit pattern media は将来型として関心を深めてきた段階である。それには CoPt や FePt を材料としていかに単結晶のように全面的に均一に作製するかがひとつの課題となっている。

1.5.4 熱補助記録（HAMR）とその媒体

図18に熱補助記録（HAMR：Heat Assisted Magnetic Recording）の基本概念を図示した。微粒子構造の薄膜媒体を加熱中に比較的小さな磁界で記録し，再生時は常温に戻して熱的安定なビットからの信号を再生する。同図はその基本概念を示したもので図6をもとに，加熱した場合の記録状態（点線）ならびに冷却時（実線）の反転磁界 H_{ci} の粒子寸法変化の様子を加えて示している。すなわち，超常磁性の混在する温度域まで温度を上げて保磁力を下げ記録しやすくするものである。記録後の冷却によって超常磁性から強磁性挙動に戻り磁化は安定して残る。こうすることによって磁気ヘッドの磁界が常温時の媒体に記録できないほど小さくても記録できること

第5章　垂直磁気記録媒体技術

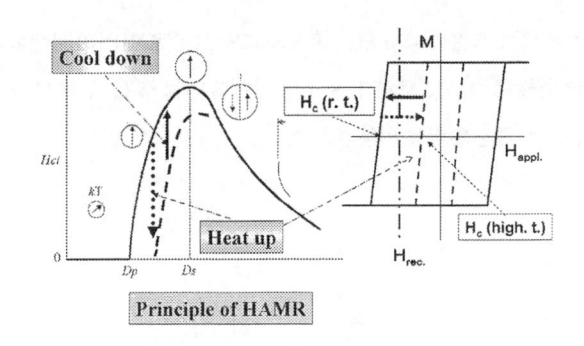

図18

になる。ただし，図18は高速反転時にH_cの高くなることを考えた修正も必要で，記録磁界H_{rec}の評価を十分に吟味することが重要である。微粒子構造媒体を前提に考えられたが，パターンド媒体においても同様に扱えるはずで，パターンド媒体が実用された後の更なる高密度化の方法として有効との見方もある。この方式は従来からの熱磁気ないし光磁気記録，とりわけ磁界変調型記録方式に似ているが，基本は磁気記録媒体を用いつつも記録の困難な点を温度上昇効果の活用で補うことにある。超常磁性を用いずK_uの温度依存性などを用いる考え方もありうるが，古くからある熱磁気記録に近づく概念となる。HAMRは実験が困難な点を補うシミュレーションで詳細な記録動作の解析がなされている。

　ワイドビーム記録と狭域加熱の二つの方式で検討されている。後者では局所的な加温状況を10 nm以下のビット寸法に絞り込む加熱素子の開発や安定に加温記録できる記録材料の開発に大きな課題を残している[50]（ref. 第8章3節）。

1.6　むすび

　ここでは垂直媒体総論として垂直記録媒体の備えるべき構造や性質を解説しその開発経過に沿って媒体材料の現状と将来の課題について述べた。パターン媒体，HAMRも含め記録方式は垂直磁気記録そのものであり，垂直磁気記録の将来の高いポテンシャルを示している。ユビキタス情報化時代の今日，情報記録での記録密度の向上への期待と要請はとどまることがない。今後の高密度化には新しい方式も含めてさまざまな開発課題のあることを指摘した。総合技術だけに媒体材料面からのみ将来を展望することは困難で，記録ヘッド，再生ヘッド，あるいはヘッドの浮上，位置決め技術等の今後の進展によってもここに述べた媒体設計そのものも不確定要素のあることを否めない。しかしながら，不可能と思われることを可能にして10億倍以上もの記録密度の向上を果たしてきた磁気記録100年の歴史から考えれば，ここで述べた課題も研究者・技術者たちの英知で遠くない将来に解決していくだろうと思われる。また，そうすることが今後の情報技術の基幹を支える礎の構築につながる。

垂直磁気記録の最新技術

　ここで述べた媒体の各論は本書の第5章，第8章にそれぞれ専門の開発者によって詳述されている。また，垂直記録全般については第1～4章，あるいは第6, 7章に詳しい叙述がある。垂直媒体特有な雑音等もこれらを参考に理解されたい。

文　献

1) S. Iwasaki and K. Takemura, *IEEE Trans. Magn.*, **MAG-11**, 1173 (1975)
2) S. Iwasaki and Y. Nakamura, *IEEE Trans. Magn.*, **MAG-13**, 1272 (1977)
3) Y. Tanaka, *IEEE Trans. Magn.*, **41**, 2834 (2005)
4) Toshiyuki Suzuki and S. Iwasaki, *IEEE Trans. Magn.*, **MAG-18**, 769 (1982)
5) S. Iwasaki, *IEEE Trans. Magn.*, **MAG-16**, 71 (1980)
6) 鈴木，岩崎，信学会 MR 研究会資料，MR81-8 (1981)
7) S. Iwasaki and K. Ouchi, Proc. PMRC '89 (1989)
8) M. Naoe and *et al.*, *IEEE Trans. Magn.*, **MAG-17**, 3184 (1981)
9) T. Fujiwara *et al.*, *IEEE Trans. Magn.*, **MAG-18**, 1200 (1982)
10) S. Iwasaki, Y. Nakamura and K. Ouchi, *IEEE Trans. Magn.*, **MAG-15**, 1456 (1979)
11) 伊勢ほか，第30回日本応用磁気学会学術講演会　講演論文集，434 (2006)
12) E.C. Stoner and E. P. Wohlfarth, *Phil. Trans., Roy. Soc. London, Ser. A.* **240**, 599 (1948)
13) B. D. Cullity, "Introduction to magnetic materials", Addison-Wesley (1972)
14) Belk, N. R., P. K. George and G. S. Mowry, *J. Appl. Phys.*, **59**, 557 (1986)
15) 本多，private communication in 2000
16) K. Ouchi and S. Iwasaki, *IEEE Trans. Magn.*, **MAG-23**, 2443 (1987)
17) K. Ouchi and S. Iwasaki, *IEEE Trans. Magn.*, **MAG-18**, 1110 (1982)
18) 中村，田河，清水，電子情報通信学会　C-1, **J79-C-1**, 152 (1996)
19) N. Honda, T. Komakine and K. Ouchi, *IEEE Trans. Magn.*, **39**, 2600 (2003)
20) S. Oikawa, A. Takeo, T. Hikosaka and Y. Tanaka, *IEEE Trans. Magn.*, **36**, 2393 (2000); T. Hikosaka, *et al.*, *IEEE Trans. Magn.*, **37**, 1586 (2001)
21) J. Ariake, N. Honda, K. Ouchi, S. Iwasaki, *IEEE Trans. Magn.*, **36**, 2411 (2000)
22) N. Honda, T. Kiya and K. Ouchi, *J. Magn., Soc. Jpn.*, **21-S2**, 505 (1997)
23) 本多，木谷，有明，呉，大内，日本応用磁気学会誌，**22-suppl. S3**, 1 (1998)
24) Y. Sonobe *et al.*, *J. Magn., Magn. Mat.*, **235**, 418 (2001)
25) 稲葉ほか，日本応用磁気学会誌，**29**, 239 (2005)
26) 三浦，村岡，杉田，中村，日本応用磁気学会誌，**24**, 231 (2000)
27) 須藤，橋本，三浦，村岡，青井，中村，日本応用磁気学会誌，**30**, 122 (2006)
28) K. Ouchi, N. Honda and S. Iwasaki, *IEEE Trans. Magn.*, **MAG-16**, 1111 (1980)
29) Y. Hirayama, *et al.*, *Tech. Rep. IEICE*, **MR2000-33** (2000)

第5章 垂直磁気記録媒体技術

30) 経徳，鈴木，有明，本多，大内，日本応用磁気学会誌, **26**, 201 (2002)
31) H. Takano, *et al.*, *J. Magn. Magn. Mater.*, **235**, 241 (2001)
32) N. Honda, *et al.*, *J. Magn. Soc. Jpn.*, **17**, Supl.2, 237 (1993)
33) 田中陽一郎，東北大学博士学位論文, Sept. (2006)
34) T. Oikawa, *et al.*, *IEEE Trans. Magn.*, **38**, 1976 (2002)
35) T. Chiba, J. Ariake and N. Honda, *J. Magn. Magn.Mater.*, **287**, 167 (2005)
36) B. M. Lairson, j. Perez and C. Baldwin, *IEEE Trans. Magn.*, **MAG-30**, 4014 (1994)
37) Toshio Suzuki, *Materials Trans.*, **44**, 1535 (2003)
38) T. Suzuki and K. Ouchi, *J. Appl. Phys.*, **91**, 8079 (2002)
39) 日本応用磁気学会第146回研究会資料，「L10型磁性規則合金の基礎とその進展」, Feb. (2006)
40) J. Sayama, T. Asahi, K. Mizutani and T. Osaka, *J. Phys. D: Appl. Phys.*, **37**, L1 (2004)
41) O. Kubo *et al.*, *IEEE Trans. Magn.*, **MAG-18**, 1122 (1982)
42) S. Kawai and R. Ueda, *J. Electrochemi. Soc.*, **122**, 32 (1975)
43) Kikuchi, *et al.*, *IEEE Trans. Magn.*, **41**, 3226 (2005)
44) J. Kawaji, *et al.*, *J. Magn. Magn. Mater.*, **287**, 245 (2005)
45) N. Honda, K. Ouchi and S. Iwasaki, *IEEE Trans. Magn.*, **38**, 1615 (2002)
46) http://techon.nikkeibp.co.jp/article/NEWS/20060929/121687/
47) I. Nakatani *et al.*, Japan Pat. 1888363, publ. JPo3-022211A (1991)
48) S. Y. Chou, *et al.*, *J. Appl. Phys.* **76**, 6673 (1994)
49) 本多，山川，大内，信学技報, **106** (335), p.97, MR2006-55 (2006)
50) 中川，金，日本応用磁気学会第151回研究会資料, 151-1, 1 (2006)

2 Co-Pt-Cr-SiO$_2$系記録層材料

島津武仁[*]

2.1 CoCr系媒体からCoPtCr-SiO$_2$系媒体へ

岩崎・大内等によりCoCr垂直磁化膜を用いた垂直磁気記録媒体の発表[1]があってから，垂直磁気記録媒体の研究開発はCoCr系合金と共に歩まれてきた。研究初期のCoCr合金の膜厚は数μm程度と厚く，粒径も100nm前後と大きかったため，結晶粒内部における菊模様に似たCrの相分離[2]，カーリングモデル[3]に類似したインコヒーレントな磁化反転等の特徴を有していた。その後，高密度化に必要な粒子の磁気的分離度の向上と結晶粒径の微細化の要求に応えるべく，CoCrにTa，Pt等を添加したCoCr系合金薄膜が研究の主流となり[4,5]，52.5 Gbits/inch^{2}の記録密度の達成[6]が報告された西暦2000年頃には，磁性層の膜厚は20 nm弱，結晶粒径は十数nm程度にまで低下している。この膜厚及び粒径は，磁化の交換結合長と同程度の大きさであり，この頃を境に，磁化がコヒーレント的に反転する磁化機構へと変化している[7]。

磁性層の研究開発を大きく変えたのが，CoPtCr-SiO$_2$系グラニュラ媒体である[8]。これは，それまでのCoCr系媒体における高濃度Cr相の粒界への相分離による粒子の磁気的分離構造に代わり，CoPtCr粒子の粒界にSiO$_2$を始めとする酸化物を析出させることで粒子の磁気的分離度を飛躍的に高めたものである（図1）。CoPtCr-SiO$_2$層のCoPtCr粒子は，シード層に用いるRu膜の結晶粒の上にエピタキシャル成長しており，c軸の配向分散を増加させることなく，粒界にSiO$_2$を析出させた粒子の分離構造が実現できる。従来のCoPtCr媒体における粒子の分離構造（相分離）は成膜時の基板加熱により得られるが，グラニュラ媒体は基本的にはこのような高濃度Cr相の相分離を利用せず室温で成膜することが可能であり，粒径の制御性の向上，大きな磁気異方性の導出，膜厚の低下に伴う磁気特性の劣化の抑制等が可能となった。これにより，媒体の信号対雑音比，記録分解能，熱安定性等が大幅に向上した[8]。近年の製品あるいは研究開発段階にあるグラニュラ系媒体をベースにした積層型の媒体は，結晶粒径は7～8 nm，膜厚は15 nm前後にまで低下している。

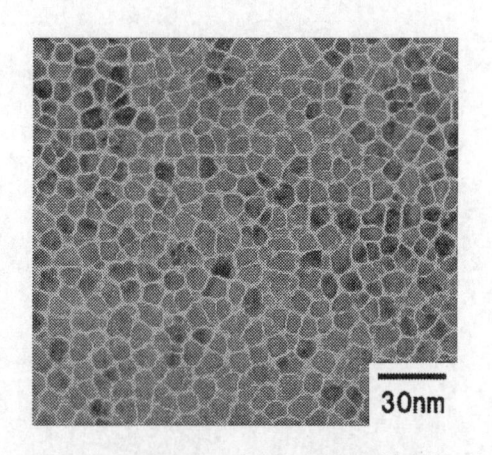

図1 CoPtCr-SiO$_2$グラニュラ垂直磁気記録媒体の記録層の電子顕微鏡写真
粒界の白い相がSiO$_2$を主成分とする酸化物相。

---

[*] Takehito Shimatsu 東北大学 電気通信研究所 IT21センター 准教授

2.2 CoPtCr-SiO$_2$ 媒体の磁気異方性

この CoPtCr-SiO$_2$ 媒体は，従来の加熱プロセスで形成した CoPtCr 媒体に比較して大きな一軸磁気異方性 K_u を有しており[8〜10]，結晶粒の微細化による磁化の熱擾乱を抑制できる高いポテンシャルを有している。図2には，Ru シード層上に形成した CoPtCr 薄膜（SiO$_2$ 添加無し）の K_u の値を，Pt と Cr 組成に対して示した[9,10]。膜厚 δ は 10 nm である。Pt を含まない Co-10 at%Cr 組成においても，Ru 膜上に成膜した垂直配向膜の K_u 値は，Bolzoni 等によって報告されているバルク合金[11]よりも大きな約 $5 \times 10^6 \mathrm{erg/cm^3}$ の高い値を示し，更に，Pt を添加していくと，20〜30 at% の Pt 組成で K_u は約 $1 \times 10^7 \mathrm{erg/cm^3}$ に達する。また，K_u は，いずれの Cr 濃度においても 25〜30 at%Pt 組成で極大を示すが，Cr を含まない CoPt 薄膜では最大 $1.5 \times 10^7 \mathrm{erg/cm^3}$ に達する。

一方，これらの CoPtCr 膜に特徴的なことは，組成によらず一軸磁気異方性の2次項 K_{u2} が $10^5 \mathrm{erg/cm^3}$ 台と小さく，図2に示した K_u の値は，ほぼ K_{u1} の値で決まっていることである（$K_u = K_{u1} + K_{u2}$）[10]。このように K_u（K_{u1}）が大きいこと，ならびに，K_{u2} が非常に小さいこと等の特徴は，Ru シード層上へのエピタキシャル成長に起因する格子の歪みに関係していることが推察される[10]。

図3は，$\{(Co_{90}Cr_{10})_{80}Pt_{20}\}_{100-z}-(SiO_2)_z$ 媒体の膜平均の一軸磁気異方性 $\langle K_u \rangle$，及び，粒子充填率から体積換算した CoPtCr 粒子の一軸磁気異方性 K_u^g の，SiO$_2$ 添加量に対する依存性を示す[9,10]。SiO$_2$ 添加量の増加に伴い $\langle K_u \rangle$ および K_u^g は低下し，10 at%（30 vol.% 程度に相当）の SiO$_2$ を添加した CoPtCr の K_u^g は，SiO$_2$ を添加しない CoPtCr 膜の K_u の約 80% にまで低下して

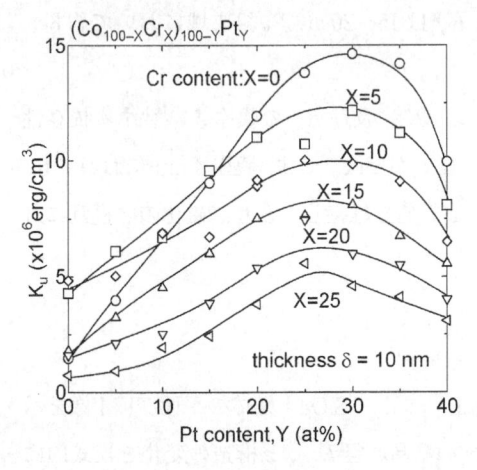

図2 Ru シード層上に形成した $(Co_{100-X}Cr_X)_{100-Y}Pt_Y$ 薄膜の K_u の Pt 組成依存性

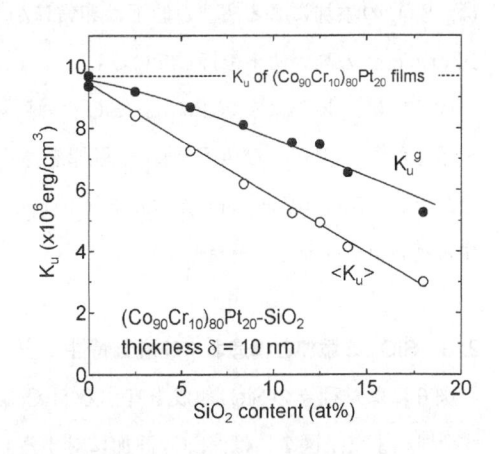

図3 $\{(Co_{90}Cr_{10})_{80}Pt_{20}\}_{100-z}-(SiO_2)_z$ 媒体の $\langle K_u \rangle$ 及び K_u^g の SiO$_2$ 添加量依存性

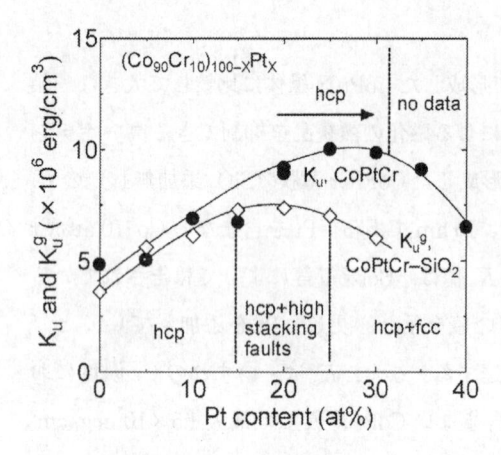

図4 $(Co_{90}Cr_{10})_xPt_{100-x}$ 薄膜の K_u 並びに
$\{(Co_{90}Cr_{10})_{100-x}Pt_x\}_{89}-(SiO_2)_{11}$ 媒体の K_u^g
の Pt 組成依存性

K_u^g は，CoPtCr 粒子の充填率を考慮して $\langle K_u \rangle$
値から求めた計算値。

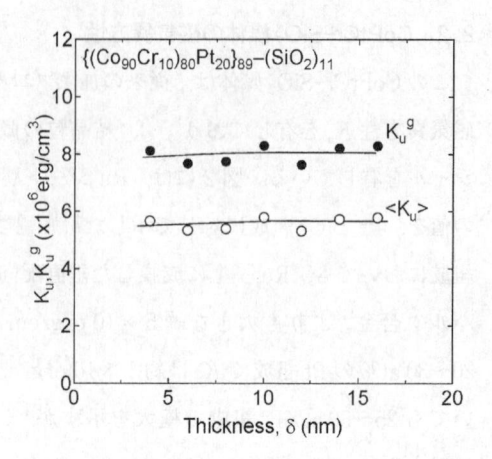

図5 $\{(Co_{90}Cr_{10})_{80}Pt_{20}\}_{89}-(SiO_2)_{11}$ 媒体の $\langle K_u \rangle$
及び K_u^g の膜厚 δ に対する依存性

いる。この K_u^g の低下率は，Pt 組成と関係している。図4には，$(Co_{90}Cr_{10})_{100-x}Pt_x$ 薄膜の K_u と，$\{(Co_{90}Cr_{10})_{100-x}Pt_x\}_{89}-(SiO_2)_{11}$ 薄膜媒体の K_u^g を，Pt 添加量 X に対して示した[12]。約15 at% 以上の Pt 組成では，Pt 組成が増えるほど K_u に対する K_u^g の低下率が増加している。放射光を用いた構造解析の結果[12,13]，この原因は，SiO_2 を添加することによって起こる CoPtCr 粒子内の積層欠陥の増加，さらに，25 at%Pt を超える高濃度 Pt 組成域ではそれに加えて fcc 相が粒子内部に形成されることにより生じることが明らかになっている。しかし約15 at% 以下の Pt 組成では，SiO_2 の添加による K_u^g の低下は非常に小さく，K_u^g は 15〜20 at%Pt 組成域において約 $8 \times 10^6 erg/cm^3$ の高い値を維持している。

図5には，$\{(Co_{90}Cr_{10})_{80}Pt_{20}\}_{89}-(SiO_2)_{11}$ 媒体を例に，$\langle K_u \rangle$ 及び K_u^g の膜厚 δ に対する依存性を示した[14]。$\langle K_u \rangle$ 及び K_u^g の値は，膜厚を薄くしてもほとんど低下せず，膜厚 4 nm においても，それぞれ，$5.5 \times 10^6 erg/cm^3$ 及び約 $8 \times 10^6 erg/cm^3$ の高い値を維持しており，磁化の熱擾乱に対する高いポテンシャルを有している。

2.3 SiO_2 の添加と構造および磁気特性

図6には，種々の SiO_2 組成を有する $\{(Co_{90}Cr_{10})_{80}Pt_{20}\}_{100-z}-\{SiO_2\}_z$ 媒体の平面 TEM 像を示す[15,16]。また，図7には，SiO_2 添加に対する CoPtCr の結晶粒径 D_{grain} と構造の変化を模式的に示した[16]。いずれの媒体も，Ru 層までの成膜条件は同じであり，Ru 層の結晶粒径は約 8.5 nm である。約 11 at%（30 vol% 強に相当）までの SiO_2 添加範囲では，SiO_2 の増加により D_{grain} は僅

第5章　垂直磁気記録媒体技術

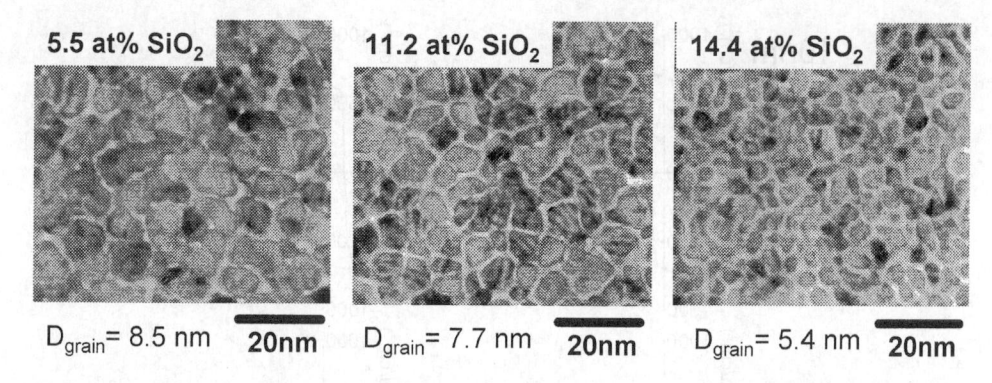

図6　種々の SiO_2 組成を有する $\{(Co_{90}Cr_{10})_{80}Pt_{20}\}_{100-z}$-$\{SiO_2\}_z$ 媒体の平面TEM像

かに低下し，粒界厚みが徐々に増加しており，11.2 at%SiO_2 組成における D_{grain} は約7.7 nmとなっている。CoPtCr粒子はRu粒子の上にエピタキシャル成長しているため，D_{grain} を決める主因はRuの粒径である。一方，SiO_2 量が12 at%を超えると D_{grain} は急激に低下し，14.4 at%SiO_2 組成の D_{grain} は5.4 nmまで低下している。また，ところどころ粒子の分離度が悪くなっている。これは，図6右端の写真のように，1つのRu粒子上に粒径が小さく分離度の悪いCoPtCr粒子が形成され，不均質な構造になることに起因する。一方，これらの媒体のCoPtCrのc軸の角度分散

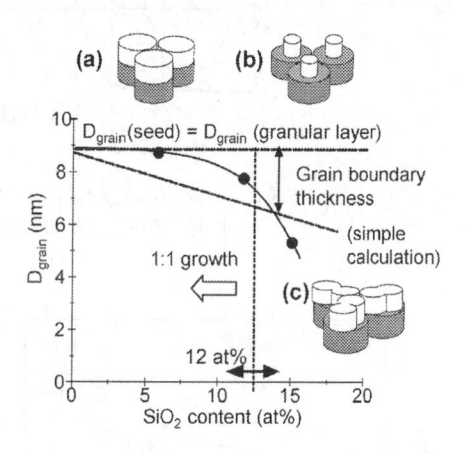

図7　$\{(Co_{90}Cr_{10})_{80}Pt_{20}\}_{100-z}$-$\{SiO_2\}_z$ 媒体の SiO_2 添加量に対する粒径と構造の変化を示す模式図

は，Ruのc軸の角度分散によりほぼ決まっており，SiO_2 量に対して変化しない。そのため，CoPtCr-SiO_2 媒体の形成にあたっては，Ru層の粒径とその配向性，ならびに，最適な SiO_2 量の調整が重要となる。

　このような構造の変化にともない，媒体の保磁力 H_c は大きく変化する。図8には，$\{(Co_{90}Cr_{10})_{80}Pt_{20}\}_{100-z}$-$(SiO_2)_z$ 媒体（$\delta=10$ nm）の磁化曲線の SiO_2 添加量に対する変化を示す[15,16]。図9および図10は，$\delta=8, 10, 12$ nmの各媒体の H_c と，保磁力近傍における磁化曲線の傾き $\alpha=4\pi(dM/dH)$ の値をそれぞれ示した。ここで，α は粒間の交換相互作用が低下するほど小さくなる。SiO_2 の添加にともない粒子の分離度が高まることにより H_c は急激に増加しており，この変化は α の低下と良く対応している。ここに示した媒体の作製条件では，H_c は約11 at%SiO_2 において極大を示す。SiO_2 量をさらに増加させると，α は約2の一定値を保つも

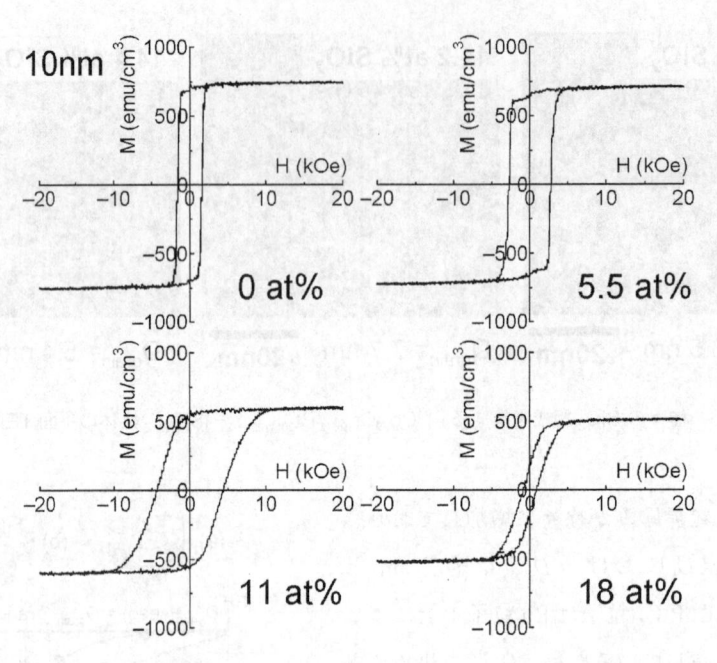

図8 {(Co$_{90}$Cr$_{10}$)$_{80}$Pt$_{20}$}$_{100-z}$-(SiO$_2$)$_z$ 媒体 ($\delta=10$nm) の SiO$_2$ 添加量に対する磁化曲線の変化

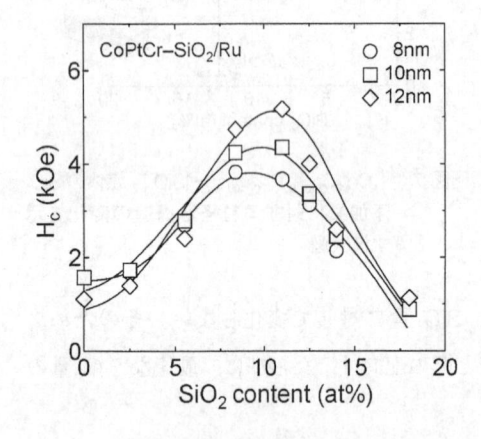

図9 {(Co$_{90}$Cr$_{10}$)$_{80}$Pt$_{20}$}$_{100-z}$-(SiO$_2$)$_z$ 媒体 ($\delta=8, 10, 12$nm) の保磁力 H_c の SiO$_2$ 添加量に対する変化

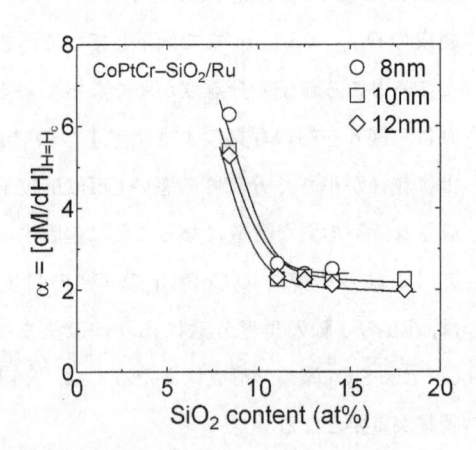

図10 {(Co$_{90}$Cr$_{10}$)$_{80}$Pt$_{20}$}$_{100-z}$-(SiO$_2$)$_z$ 媒体 ($\delta=8, 10, 12$nm) の磁化曲線の傾き $\alpha=4\pi$ (dM/dH) の SiO$_2$ 添加量に対する変化

のの H_c は逆に低下している。この 11 at% 以上に SiO$_2$ 量を増加させた際の H_c の低下は，主に D_{grain} ならびに K_u^g の低下により磁化の熱擾乱の影響が大きくなるためである。

このような構造及び磁気特性の変化と媒体性能は密接な関係がある。図 11 は，$\delta=8$ 及び 10

第5章 垂直磁気記録媒体技術

nm の媒体の規格化ノイズを SiO_2 量に対して示した[15,16]。SiO_2 添加による粒子の磁気的孤立性の向上により媒体ノイズは急激に低下するが，SiO_2 が増加し過ぎると磁化の熱擾乱の影響により媒体ノイズは再び増加している。また，これらの媒体の記録分解能も約 11 at%SiO_2 組成で最大となり，媒体ノイズの変化と良く対応する。

2.4 グラニュラ媒体の性能向上

このように，CoPtCr-SiO_2 媒体は，大きな K_u 値と優れた粒子の分離構造を有し，高密度媒体としての高いポテンシャルを

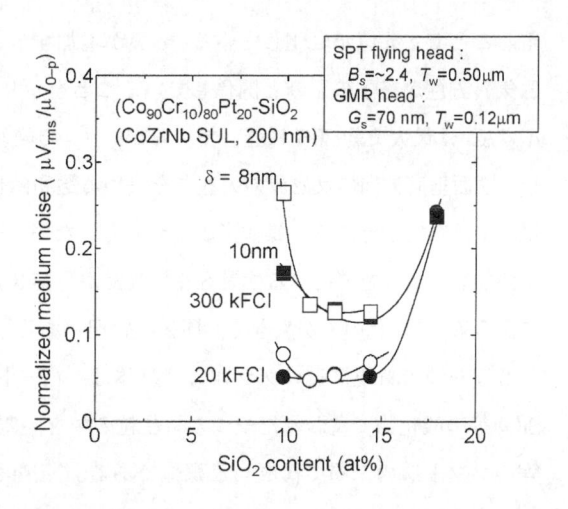

図11 {$(Co_{90}Cr_{10})_{80}Pt_{20}$}$_{100-z}$-$(SiO_2)_z$ 媒体（δ = 8, 10nm）の規格化ノイズの SiO_2 添加量に対する変化

有する。しかし，熱安定性を維持しながら高密度化（粒径の低減による低ノイズ化）を進めるために組成調整等により粒子の K_u を大きくしすぎると，今度は飽和記録性能が劣化してしまう。この，熱安定性の維持と，低ノイズ化，及び，飽和記録性能の維持の"トリレンマ"（3者の拮抗）を克服するため，新規構造のグラニュラ媒体の提案がいくつかなされている。ここでは，そのうちの2つを紹介する。

一つは，K_{u2} 項を積極的に活用する K_{u2} 媒体である。理論計算[17~21]によると，垂直媒体では，K_{u2} を増加させることによりスイッチング磁界（H_c に対応）をほとんど増加させることなく，飽和残留磁化状態における磁化の磁気ポテンシャルのエネルギーバリア（ΔE）を増加させることが可能であり，熱安定性を向上させることができる。ここで，飽和残留磁化状態は，垂直媒体において最も熱安定性が厳しい条件である。ただし，CoPtCr-SiO_2 媒体の K_{u2} はほとんどゼロであるため，K_{u2} を導出する試みがいくつかなされている。一例として，図12には種々のシード材料薄膜の上に成膜した $(Co_{90}Cr_{10})_{80}Pt_{20}$ 薄膜の K_{u1}，K_{u2} の値と，CoPtCr 格子（hcp）の軸比 c/a の関係を示した[22,23]。シード層を変

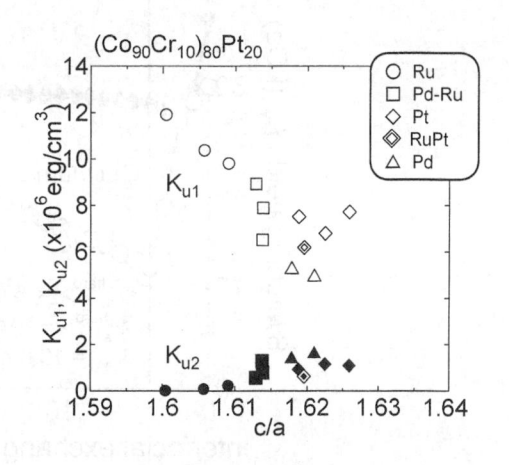

図12 種々のシード材料薄膜の上に成膜した $(Co_{90}Cr_{10})_{80}Pt_{20}$ 薄膜の K_{u1}（白抜き）及び K_{u2}（塗り潰し）の値と，hcp-CoPtCr 格子の c/a 比の関係

えることでc/a値が変化している。c/aが増加するとK_{u1}が減少しK_{u2}が増加しており，粒子の磁気異方性が格子の歪みと関係していることを示している。Pd等のシード材料を用いることでK_{u2}/K_{u1}は最大で約30％に達しているが，K_{u1}の絶対値が大きく低下してしまっている。その結果，膜面垂直方向の反磁界の大きさを決める飽和磁化M_sに対してK_{u1}が低くなりすぎてしまい，現状では熱安定性の高い媒体形成に至っていない[24]。また，CoPt系材料にCrに代わる第3元素を添加してK_{u2}を導出する検討もなされたが，第3元素の添加よりも，シード材料を変えたことによるK_uの変化の方が大きく，同様な状況である[25]。

もう一つの新規構造のグラニュラ媒体は，ハードソフトスタック媒体である[26~28]。これは，SiO_2等の酸化物で覆われた一つの結晶粒の中を，CoPtCr等のハード層とNiFeあるいはfcc-Co等のソフト層の二層で構成した媒体である。NiFeあるいはCo等のfcc(111)面は，CoPtCr等のc面上にエピタキシャル成長させることができるため，このような二層構造の粒子の周りにSiO_2を析出させた媒体作製が可能となる。このように粒子を二層構造にし，ハード・ソフト両層の膜厚の適切な設定，あるいは，両層界面の結合力を弱めることで，磁化がスイッチングする際にソフト層の磁化が先に反転を始めるような磁化機構を導出すると，飽和残留磁化状態のΔE

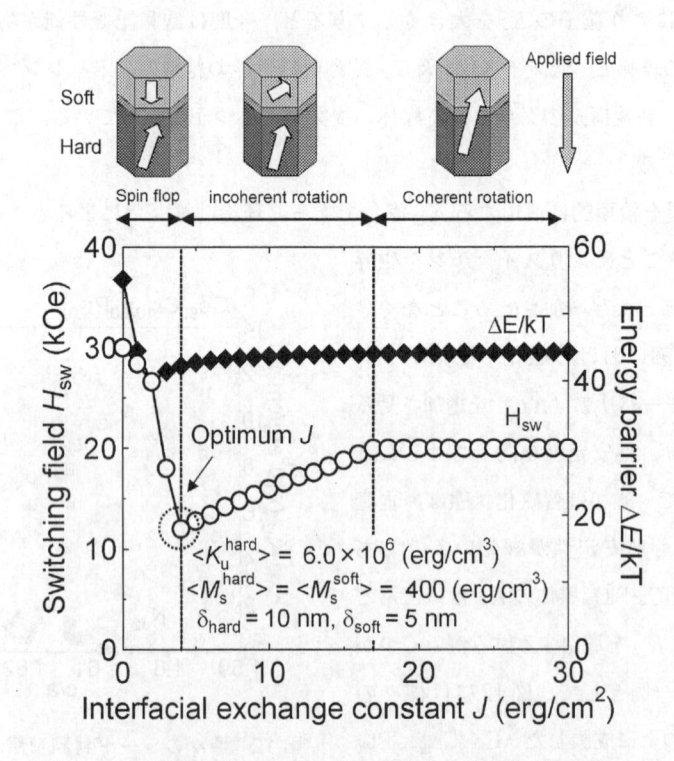

図13 ハード層及びソフト層の間の界面交換結合力Jを変化させた際の，残留磁化状態のエネルギー障壁ΔEとスイッチング磁界H_{sw}の変化

第5章　垂直磁気記録媒体技術

をほとんど低下させることなく H_c を低下できることが理論的に予測されている[29〜31]。図13には，一例として，熱エネルギー kT で規格化した ΔE とスイッチング磁界 H_{sw} の大きさを，両層の界面の交換結合力 J に対して示した。この結果は，ハード層10 nm，ソフト層5 nm と仮定し，各層の磁化をそれぞれ一つのスピンに置き換えて計算した2スピンモデルにおける計算結果である（両層の膜平均の飽和磁化は 400 emu/cm^3 と仮定）。J が大きな領域ではソフト，ハード両層の磁化は一斉反転するが，結合力を弱めることでソフト層が先に反転を始め H_{sw} が低下するようになる。この時，ΔE はほとんど変化しない。さらに J を低下させると，ソフト層が先に可逆的な反転を終えてしまうスピンフロップ状態が出現し，H_{sw} は急激に増加する。

図14には，膜厚 10 nm の（Co-Pt）-SiO$_2$ ハード層と 2 nm の Co-SiO$_2$ ソフト層で構成したスタック媒体の界面に，界面交換結合制御層（Pt-SiO$_2$ 層）を挿入し，その厚みを 0 nm から 3 nm まで増加させて結合力を弱めた際の磁化曲線の変化を示す[31,32]。図には磁化曲線と共に残留磁化曲線を白丸で示してあり，界面結合制御層が 0 nm の図中にはハード層のみの結果も示した。ハード層に直接ソフト層を付与した場合，H_c は約30%低減しているが，ここに Pt-SiO$_2$ を挿入すると H_c はさらに低下し，1.5 nm で極小となっている。さらに 2 nm と厚くすると，磁化曲線上には段差が観察され，磁化曲線と残留磁化曲線に大きな差が現れるようになる（スピンフロップ状態）。3 nm ではソフト層も非可逆的に反転し，磁気的な結合力が非常に弱くなっている。こ

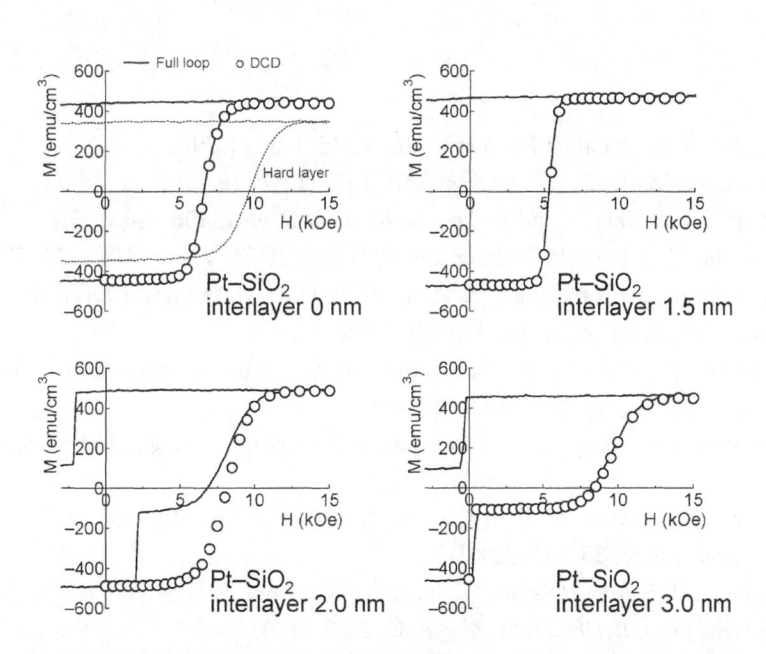

図14　膜厚 10 nm の（Co-Pt）-SiO$_2$ ハード層と 2 nm の Co-SiO$_2$ ソフト層で構成したスタック媒体の界面交換結合制御層（Pt-SiO$_2$ 層）の厚みに対する磁化曲線の変化

れらの界面結合力の低下による磁化機構の段階的な変化は，理論的な予測と良く一致していることがわかる。ここで，0〜2nmに及ぶ膜厚領域にわたり上下層の磁化の交換結合力が徐々に低下して行く理由は，Ptの分極の影響であると考えられ，Ptの分極厚み[33]ともほぼ一致する。なお，図14において，Pt-SiO$_2$を3nmまで厚くしてもソフト層の磁化が垂直方向を向いている理由は，Pt-SiO$_2$層とCo-SiO$_2$層の間に誘導される界面異方性が関係しているものと推察される。Co-SiO$_2$層との界面異方性が小さなNiFeCr-SiO$_2$等を界面結合制御層に用いた場合[32]には，スピンフロップが現れる膜厚以上に界面制御層を厚くすると，角型比は低下する。

このようなH_{sw}の低下は，ソフト層の飽和磁化を大きくすると，薄いソフト層膜厚で実現することが可能となる上，記録分解能を向上させることができる[32]。また，スイッチング磁界の低下により，信号品質ならびに熱安定性を劣化させることなく飽和記録特性を向上させることが明らかとなっている[31,32]。一方，スタック媒体の持つ利点を最大限に活かした媒体開発のためには，残留保磁力の低下率と磁化機構との関係の明確化，ならびに，熱安定性に関する定量的な議論をさらに進めていくことが必要である。このような新しい構造のグラニュラ系垂直磁気記録媒体を用いることで，垂直磁気記録の記録密度がさらに高まることが期待できる。

文　　献

1) S. Iwasaki and K. Ouchi, *IEEE Trans. Magn.*, **15**, 1456 (1979)
2) Y. Maeda, and M. Asahi, *J. Appl. Phys.*, **61**, 1972 (1987)
3) E. H. Frei, S. Schtrikman, and D. Treves, *Physical Review*, **106**, 446 (1957)
4) C. H. Hwang, Y. S. Park, P. W. Jang, and T. D. Lee, *IEEE Trans. Magn.*, **29**, 3733 (1993)
5) T. Matsumoto, S. Yamamoto, K. Kurisu, and M. Matsuura, *Digest of 18th Annual Conference on Magnetics in Jpn.*, 14pG-9 (1994)
6) H. Takano, Y. Nishida, M. Futamoto, H. Aoi, and Y. Nakamura, *Abstracts of Intermag-2000 Conference*, AD-06 (2000)
7) T. Shimatsu, H. Uwazumi, H. Muraoka and Y. Nakamura, *J. Magn. Magn. Mater.*, **235**, 273 (2001)
8) T. Oikawa, M. Nakamura, H. Uwazumi. T. Shimatsu,. H. Muraoka and Y. Nakamura, *IEEE Trans. Magn.*, **38**, 1976 (2002)
9) T. Shimatsu, H. Sato, T. Oikawa, Y. Inaba, O. Kitakami, S. Okamoto, H. Aoi, H. Muraoka, and Y. Nakamura, *IEEE Trans. Magn.*, **40**, 2483 (2004)
10) T. Shimatsu, H. Sato, T. Oikawa, Y. Inaba, O. Kitakami, S. Okamoto, H. Aoi, H. Muraoka, and Y. Nakamura, *IEEE Trans. Magn.*, **41**, 566 (2005)

11) F. Bolzoni, F. Leccabue, R. Panizzieri and L. Pareti, *J. Magn. Magn. Mater.*, **31-34**, 845 (1983)
12) T. Kubo, Y. Kuboki, M. Ohsawa, R. Tanuma, A. Saito, T. Oikawa, H. Uwazumi and T. Shimatsu, *J. Appl. Phys.*, **97**, 10R510 (2005)
13) T. Kubo, Y. Kuboki, R. Tanuma, A. Saito, S. Watanabe, and T. Shimatsu, *J. Appl. Phys.*, **99**, 08G911 (2006)
14) T. Shimatsu, T. Oikawa, Y. Inaba, H. Sato, I. Watanabe, H. Aoi, H. Muraoka, and Y. Nakamura, *IEEE Trans Magn.*, **40**, 2461 (2004)
15) Y. Inaba, T. Shimatsu, T. Oikawa, H. Sato, H. Aoi, H. Muraoka, and Y. Nakamura, *IEEE Trans. Magn.*, **40**, 2486 (2004)
16) T. Oikawa, T. Shimatsu, Y. Inaba, I. Watanabe, H. Aoi, H. Muraoka and Y. Nakamura, *J. Magn. Soc. Jpn.*, **29**, 231 (2005)
17) H. N. Bertram and V. L. Safonov, *Appl. Phys. Lett.*, **79**, 4402 (2001)
18) O. Kitakami, S. Okamoto, N. Kikuchi, and Y. Shimada, *Jpn. J. Appl. Phys.*, **42**, 455 (2003)
19) Q. Peng and H. J. Richter, *J. Appl. Phys.*, **93**, 7399 (2003)
20) L. Guan, Y-S. Tang, B. Hu and J-G. Zhu, *IEEE Trans. Magn.*, **40**, 2579 (2004)
21) H. Sato, T. Shimatsu, T. Kondo, S. Watanabe, O. Kitakami, S. Okamoto, H. Aoi, H. Muraoka, and Y. Nakamura, *IEEE Trans. Magn.*, **42**, 2387 (2006)
22) H. Sato, T. Shimatsu, K. Mitsuzuka, T. Oikawa, O. Kitakami, S. Okamoto, H. Muraoka, H. Aoi, and Y. Nakamura, *J. Magn. Soc. Jpn.*, **29**, 427 (2005)
23) T. Shimatsu, H. Sato, T. Oikawa, K. Mitsuzuka, Y. Inaba, O. Kitakami, S. Okamoto, H. Aoi, H. Muraoka, and Y. Nakamura, *IEEE Trans. Magn.*, **41**, 3175 (2005)
24) H. Sato, T. Shimatsu, T. Kondo, S. Watanabe, H. Aoi, H. Muraoka, Y. Nakamura, S. Okamoto and O. Kitakami, *J. Appl. Phys.*, **99**, 08G907 (2006)
25) H. Sato, T. Shimatsu, Y. Okazaki, O. Kitakami, S. Okamoto, H. Aoi, H. Muraoka, and Y. Nakamura, *IEEE Trans. Magn.*, **43**, 2106 (2007)
26) Y. Inaba, T. Shimatsu, O. Kitakami, H. Sato, T. Oikawa, H. Muraoka, H. Aoi, Y. Nakamura, *J. Magn. Soc. Jpn.*, **29**, 239 (2005)
27) Y. Inaba, T. Shimatsu, O. Kitakami, H. Sato, T. Oikawa, H. Muraoka, H. Aoi, Y. Nakamura, *IEEE Trans. Magn.*, **41**, 3136 (2005)
28) Y. Inaba, T. Shimatsu , H. Aoi, H. Muraoka, Y. Nakamura, and O. Kitakami, *J. Appl. Phys.*, **99**, 08G913 (2006)
29) R. H. Victora, and X. Shen, *IEEE Trans. Magn.*, **41**, 537 (2005)
30) D. Suess, T. Schrefl, R. Dittrich, M. Kirschner, F. Dorfbauer, G. Hrkac, and J. Fidler, *J. Magn. Magn. Mater.*, **290**, 551 (2005)
31) Y. Inaba, T. Shimatsu , S. Watanabe, O. Kitakami, S. Okamoto, H. Muraoka, H. Aoi, and Y. Nakamura, *J. Magn. Soc. Jpn.*, **31**, 178 (2007)
32) T. Shimatsu, Y. Inaba, S. Watanabe, O. Kitakami, S. Okamoto, H. Aoi, H. Muraoka, and Y. Nakamura, *IEEE Trans. Magn.*, **43**, 2103 (2007)
33) S. Okamoto, O. Kitakami, N. Kikuchi, T. Miyazaki, Y. Shimada, and Y. K. Takahashi, *Phys. Rev. B*, **67**, 094422 (2003)

3 Co-Pt-TiO$_2$系記録層材料

有明 順[*1], 大内一弘[*2]

3.1 はじめに

垂直磁気記録はその提案[1]から28年経過した2005年6月に製品が登場した[2]。その面記録密度は約130 Gbit/in^{2}であるといわれている。また,すでに研究段階では400 Gbit/in^{2}を超える記録密度のデモ[3]が行われており,さらに超500 Gbit/in^{2}の記録密度を視野に入れた研究,またその先の1 Tbit/in^{2}の可能性を探る検討[4]もすでに始まっている。

実用化された媒体はCo-Pt-Cr-Oグラニュラ型媒体であるといわれており[5],このCo-Cr系記録材料は垂直磁気記録の提案当初から垂直磁気異方性膜として,多くの研究がなされてきた。中でも磁気異方性の発現機構を探究する研究において,それが結晶磁気異方性を有するCoリッチな強磁性成分とCrリッチな非磁性成分とに磁気的に分離することにより達成されていることが明らかになり[6],ノイズ低減や記録分解能向上の観点からも磁気的な分離構造をより微細に形成するための媒体開発が課題となってきた。この目的のために,これまでプロセスの面から成膜温度を上げて成膜することや,Co-Crに第3あるいは第4元素を添加することが検討されてきた。また,1980年代以降はCo-Cr系記録膜を作製する際に,微量の酸素を導入したり,酸化物を添加したりする検討もこのような観点から行われた。

一方,磁気分離を促進させる検討の他に,記録磁化の熱安定性確保という観点からは記録層そのものの磁気異方性エネルギーを大きくする必要があり,そのような材料の探索も行われてきた。

本稿では,Co-Pt-Cr膜より磁気異方性エネルギーが大きなCo-Pt系薄膜を用いて,将来のさらなる高密度記録にも耐えうる,より完成度の高い粒子孤立性の実現を目的として,最終的には記録分解能と熱安定性を目指し,Co-Pt膜への酸化物添加を試みた結果を述べる[7,8]。高ガス圧力でのスパッタ法や種々の酸化物の検討,中間層導入による界面制御などのナノ構造制御技術を活用して,この新しい高磁気異方性薄膜の微細構造を制御し,今後の垂直磁気記録媒体の候補として提案する。

3.2 Co-Pt薄膜

3.2.1 これまでのCo-Pt系高異方性薄膜の研究

現在多くの報告があるCoPtCrO[5]やCoPtCr-SiO$_2$[9]などのCo-Cr系垂直磁気記録媒体材料は,

[*1] Jun Ariake 秋田県産業技術総合研究センター 高度技術研究所 主席研究員
[*2] Kazuhiro Ouchi 秋田県産業技術総合研究センター 高度技術研究所 名誉所長

第5章 垂直磁気記録媒体技術

その強磁性相となる材料の組成や成膜プロセス条件，酸素や酸化物の量，下地層の状態（結晶配向性，結晶粒子径）によってその磁気特性，記録再生特性が様々に変化する。

本稿で述べるCo-Pt系薄膜は垂直磁気異方性を示す材料として，古くは主に光磁気記録用として研究が進められてきた[10]。近年磁気記録媒体材料としての研究も進められ，面内媒体用としてCoPt-ZrOグラニュラ薄膜[11]が検討されたのを始め，垂直記録媒体用としても真空蒸着法による成膜[12]などが検討されている。これらの中でCo-PtはそのPt組成が15-30at%の時に最も大きな磁気異方性を発現することが分かっている[12,13]。また，上記のCo-Pt薄膜はいずれにおいても基板を加熱したり，成膜後のアニールを行うことにより，K_uが最大$2 \times 10^7 \text{erg/cm}^3$となる優れた磁気特性を得ている[12]。最近，室温作製においても，適当な下地層（材料，プロセスも含め）を選ぶことにより，酸素を添加したスパッタ膜[14]や酸素等の添加なしでCo-Ptの優れた磁気特性を発現させることができることが報告された[15,16]。

結局，この系においても，下地，組成等を変えることで，様々な特性を制御できることになる。

3.2.2 Co-Pt高異方性薄膜の諸特性

そこで，Co-Cr膜におけるこれまでの検討結果から，成膜の制御パラメータとして，膜厚，成膜基板温度，成膜ガス圧力[17]，ターゲット―基板間距離などが考えられるが，本稿のCo-Pt膜においては，基板選択の幅やプロセスの容易性を考慮して室温成膜を行い，制御パラメータとして成膜時のガス圧力を主に検討した。

図1にはCo-Pt膜（膜厚15 nm）の成膜ガス圧力を変えて堆積した試料について，振動試料型磁力計（VSM）で測定した垂直抗磁力（$H_{c\perp}$）とX線回折装置（XRD）で測定したCo-Pt-hcp（00.2）および下地層であるPt-fcc（111）ピークの結晶配向性（$\Delta\theta_{50}$）を示した[18]。ここでスパッタターゲットはCo_{80}-Pt_{20}(at%)を用いてガラスディスク基板に室温で成膜した。下地

図1 Dependences of $H_{c\perp}$ and $\Delta\theta_{50}$ of Co-Pt films on Ar gas pressure.

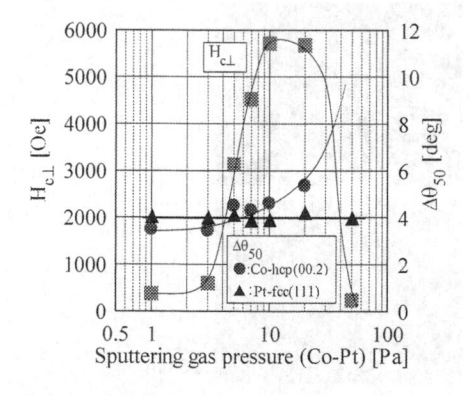

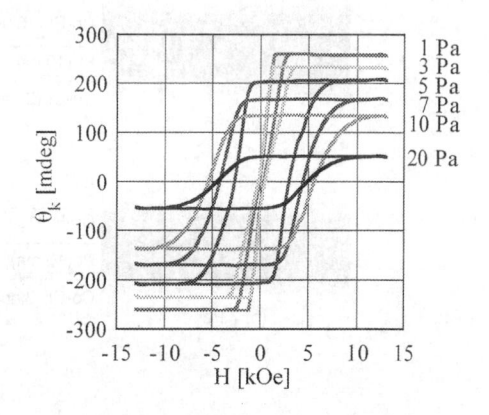

図2 Kerr loops for Co-Pt/Pt/CoCr films. (Co-Pt film was deposited at 1 to 20 Pa)

垂直磁気記録の最新技術

層としては，それまでの検討結果から，結晶配向性と結晶粒子を同時に制御できる下地層として，ここでは Pt(10 nm)/non-mag. Co-Cr(2 nm) を用いた。Co-Pt の結晶配向性は成膜ガス圧力の上昇とともに劣化していくが，$H_{c\perp}$ は成膜ガス圧力が 7-15 Pa 付近で大きな値を取る。垂直磁気異方性定数（K_u）は後述（図6）するように，10 Pa 程度の成膜ガス圧力で $6 \times 10^6 \mathrm{erg/cm^3}$ と比較的大きな値を示す。図1に示した試料について Kerr 効果測定装置で測定した Kerr ループを図2に，そのうち 1 Pa と 7 Pa で成膜した試料の TEM 像を図3に示す[18]。1 Pa で成膜した試料の Kerr ループはいわゆる磁壁移動型のループとなっており，膜面内の粒子間交換結合が強いことを示唆しているのに対し，7 Pa で成膜した試料のループは核形成磁界（H_n）が $<-2\,\mathrm{kOe}$ と負の大きな値を示している。1 Pa で成膜した試料の TEM 像（図3(a), (c)）は，Kerr ループからも推測できる通り，膜面内方向にも膜厚方向にも連続した薄膜となっている。これに対して，7 Pa で成膜した試料では，平均結晶粒子径が 10 nm 弱の微細な Co-Pt 結晶粒子が比較的孤立した状態（図3(b)）で堆積していることが分かる。これらの薄膜の磁化反転機構を調べるために，VSM により抗磁力（H_c）の印加磁場角度依存性を調べた（図4）。1 Pa で成膜した試料は印加磁場が膜面垂直方向から面内方向になるにつれ H_c が大きくなる，いわゆる磁壁移動型の依存性を示し，Kerr ループの結果と定性的に一致している。一方，7 Pa で成膜した試料は膜面垂直方向に磁場を印加した時の H_c が最も大きく，印加磁場が面内方向に傾くにつれ次第に小さくなり，磁化反転機構は主に磁化回転型であることが分かる。

このように Co-Pt 薄膜では下地層の条件（結晶配向性や，ここでは述べないが膜厚など）を適度に選択すれば，成膜ガス圧力を制御することで大きな磁気異方性を有しながら，面内に粒子間交換結合の強い連続膜（低ガス圧力作製）や，$|H_n|$ や $H_{c\perp}$ が大きく微細な結晶粒子が分離したグラニュラ構造的な薄膜（高ガス圧力作製）を作製できることが分かる。

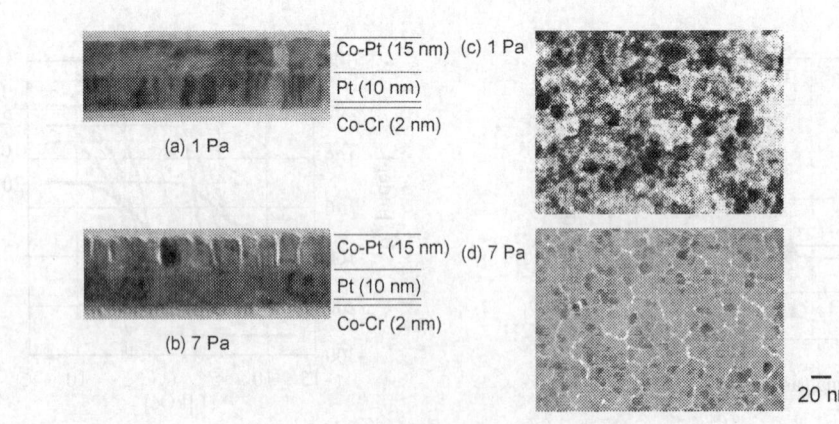

図3 TEM images for Co-Pt/Pt/non-mag. CoCr film deposited at 1 Pa ((a) and (c)) and 7 Pa ((b) and (d)).

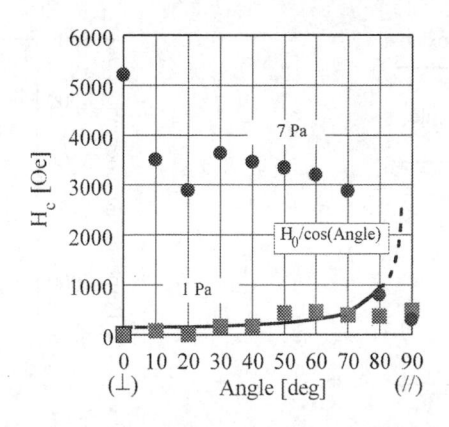

第5章　垂直磁気記録媒体技術

図4　Angular dependence of H_c for Co-Pt films deposited at 1 and 7 Pa.

　上記において粒子間交換結合の強い薄膜はより大きな K_u を有する連続膜であることから，いわゆるパターン媒体への応用が考えられるが，これについては他の報告を参照していただきたい[19]。

3.3　CoPt-TiO$_2$ 薄膜
3.3.1　添加酸化物の選択指標

　図3（b）に示した比較的高い7Paのガス圧力で作製されたCo-Pt薄膜は，粒界が明瞭で結晶粒子が孤立したグラニュラ構造のように見えるが，図3（d）の平面TEM像で分かるように各粒子の分離は完全ではない。この粒界は空隙や密度の低い物質（高ガス圧スパッタでのシャドウイング効果による構造的に不完全な膜，スパッタ雰囲気中の不純物ガスと結合した低密度の物質など）が考えられる。このような粒界をより安定と考えられる酸化物や窒化物などの非磁性材料で形成できれば，強磁性Co-Pt粒子を磁気的により完全に分離したグラニュラ媒体を作製できると考えられる。Co-Pt-Cr系媒体ではこれまで種々の酸化物添加が検討されてきた。しかしながらどの酸化物を添加するかという点については，明確な指針がなかった。本検討においては，室温でのスパッタリングとはいえ，固相から気相，そして固相へと，ターゲットからのスパッタリング粒子はいわば高温プロセスを経たのと同様であるので，スパッタリング後でも安定な酸化物が存在するために熱力学的な指標が必要と考え，標準生成エネルギーに着目して酸化物選択の指標とした。標準生成エネルギーは形成された酸化物を個別の金属と酸素に分解するために必要なエネルギーと解釈される。すなわち，いったん酸化物として形成された後，どのくらい安定に存在できるかの指標と考えられる。この数字が負に大きいほど安定な酸化物と言える。面内媒体のシード層の表面酸化状態をこの指標で議論した例[20]はあるが，記録層そのものでは見られない。

表1 Gibbs energy for some oxides.

Oxides	Gibbs free energy per oxygen molecule [kJ/mol]
CoO	−428.4
NiO	−441
Cr_2O_3	−705.3
Ta_2O_5	−764.4
SiO_2	−856.7
TiO_2	−890.0
MgO	−1139.4

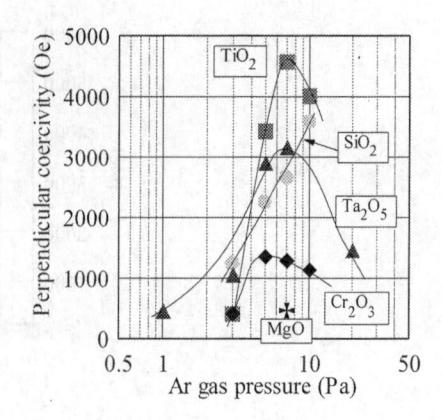

図5 Perpendicular coercivity for CoPt-oxide films.

そこで，我々はいくつかの酸化物材料を選んで Co-Pt-oxide 薄膜を形成し，その磁気特性や薄膜微細構造について検討した。

表1にいくつかの酸化物についての標準生成エネルギー[21]を示す。表からは

$$MgO < TiO_2 < SiO_2 < Ta_2O_5 < Cr_2O_3 < NiO < CoO$$

であることが分かる。母相である Co-Pt を構成する Co の酸化物 (Co-O) の生成エネルギーとの差が大きな元素ほど，すなわち上式では左側ほど Co-O の生成が少なくなることが予想され，磁化を担う Co-Pt の酸化が避けられるとも考えられる。

3.3.2 Co-Pt-oxide 膜の磁気特性，薄膜微細構造

そこで，いくつかの酸化物を各々30vol%添加した Co-Pt ターゲットを用いて，Ru 下地上に室温で厚さ 15 nm スパッタ堆積した。各種の酸化物を添加した薄膜の成膜ガス圧力に対する $H_{c\perp}$ を図5に示す[8]。これによると Ti, Ta, Si の各酸化物添加の場合が比較的大きな $H_{c\perp}$ を有することが分かる。これに対し，Cr 酸化物や Ni 酸化物 (ここには表示していない)，MgO を添加した薄膜は全体的に $H_{c\perp}$ が低いことが分かる。特にこれらの酸化物中最も標準生成エネルギーが (負に) 大きく，効果が大きいと考えられた MgO 添加膜では磁気的な効果が現れなかった。この原因については後述する。MgO 以外の酸化物については，標準生成エネルギーとほぼ対応が取れており，この指標が予想通りの結果をもたらしていることが明らかになった。特に TiO_2 添加膜は成膜ガス圧力 7 Pa 前後で 4 kOe を超える大きな $H_{c\perp}$ を得ていることが分かる。これらについて，K_u および H_c での M-H ループの傾き ($\alpha = 4\pi (dM/dH)$ at H_c) を図6, 7に示す[8]。これらより TiO_2 を添加した Co-Pt コンポジット膜 (7-10 Pa での成膜) が最も大きな K_u を有していることが分かる。また，α についても，最大の $H_{c\perp}$ を取る 10 Pa 前後で TiO_2 添加膜の傾きが最も小さくなっていることから，優れた磁気特性を取る領域で磁気的な分離が最も進んでいることが明らかになっ

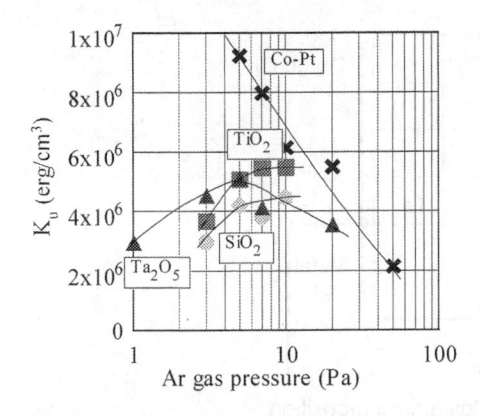

第5章 垂直磁気記録媒体技術

図6 Perpendicular anisotropy for CoPt-oxide films.

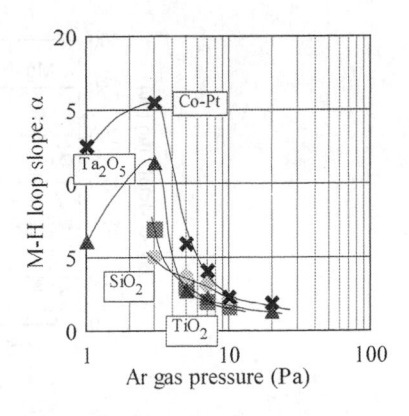

図7 M-H loop slope α for CoPt-oxide films.

た。

したがって，標準生成エネルギーによって全てが説明できるわけではないが，この値がCo-Pt膜の微細粒子構造と磁気的な分離構造を実現するために添加する酸化物の候補を選定する重要な指標のひとつになっていると考えられる。

これらの薄膜の微細構造を調べるためにTEM観察を行った（図8）。TiO_2添加およびSiO_2添加については成膜ガス圧力7 Pa，Ta_2O_5添加については10 Paでの作製試料のTEM写真である。成膜ガス圧力により結晶粒子径の大きさに多少の違いは見られるものの，いずれも平均結晶粒子径が6 nm前後と微細で，粒界も明瞭なグラニュラ構造となっていて，添加した酸化物の種類によって薄膜微細構造に大きな違いはないように見える。これに対し，結晶粒子径の分散は3つの薄膜の中ではTiO_2添加膜が最も小さいことが分かる。ここで分散は結晶粒子径の標準偏差を平均粒子径で割った値と定義している。この分散が小さいということに加え，上述のαが小さ

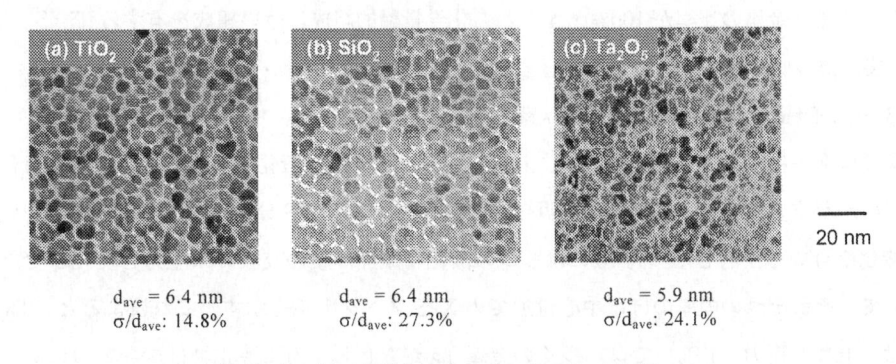

図8 In-plane TEM images for CoPt-oxide films
(a) and (b) were deposited at 7 Pa. (c) was deposited at 10 Pa.

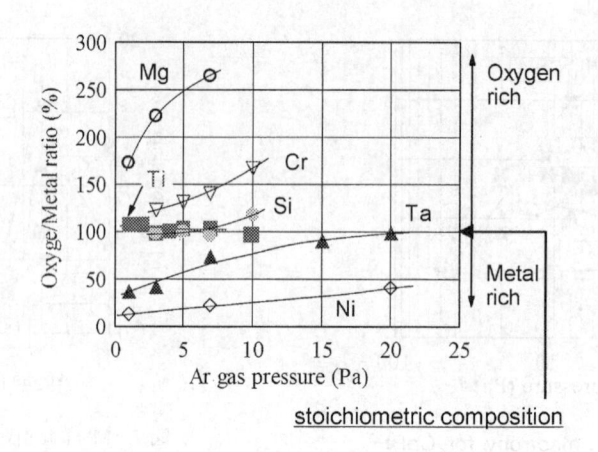

図9 XPS composition analysis for CoPt-oxide films.

く粒子の孤立性が強まったと判断できることを考え合わせると，磁気的なクラスタサイズも小さいものと予想される。このような場合には，K. Miura らが指摘しているように[22]，磁化転移幅が小さく，垂直媒体でのノイズの大きな要因であるジッタノイズを抑制できることになる。

　これらについてX線光電子分光装置（XPS）を用いて組成分析を行った。図9には［酸素／それぞれの金属］の化学量論的組成からのずれを成膜ガス圧力に対してプロットしている[7]。これによるとMgOの場合には全ての膜に対して酸素が過剰に入っていること，逆にNiの場合には酸素が非常に少なくなっており，このような構造では十分な磁気特性が得られないと推測される。MgOの場合には，Mg-O結合に必要とされる量以上の酸素が膜中に混入しているために，強磁性相を形成するCoの一部が酸化していることがXPSの結果分かっており，これにより磁気異方性が低下していると考えられる。あるいは，酸化物の多い状態では強磁性結晶粒子の粒径が小さくなることが分かっているので，これによりCo-Pt-MgO膜の磁性粒子が微細化しすぎて，熱擾乱の影響を受け，$H_{c\perp}$が低下したとも考えられる。

　図7で酸素／金属の比率が100%，すなわち化学量論的組成に近い組成を有するTi, Si, Taの3つの酸化物添加薄膜が比較的大きな$H_{c\perp}$をとることが分かる。

3.3.3　Co-Pt-oxide 膜中の化学結合状態

　実際には薄膜中で金属／酸素の比率よりも，それぞれの金属酸化物がどのような状態で存在しているのかが重要な点となる。これを明らかにするために，XPS分析におけるスペクトルの形状から酸化度合いを検討した。図10には3つの酸化物添加薄膜の成膜ガス圧力を変化させた試料について，それぞれの膜厚のほぼ中心付近でのXPSスペクトルを示す。これによると，Ta酸化物では，低ガス圧力（1 Pa）では，多くの金属Taが存在し，逆に酸化物は少ないのに対し，ガス圧力を高くするにしたがって，酸化物の割合が多くなり，20 Paでようやくほぼすべてが酸化

第5章　垂直磁気記録媒体技術

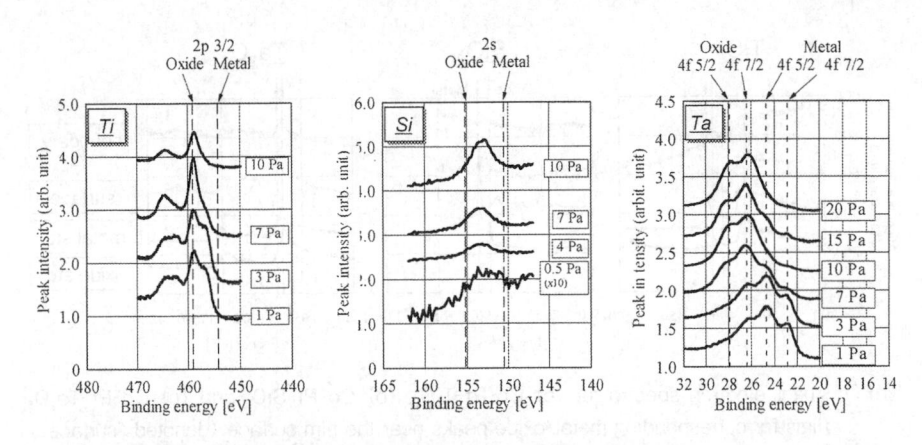

図10　XPS analyses for (a) CoPt-TiO$_2$, (b) CoPt-SiO$_2$ and (c) CoPt-Ta$_2$O$_5$ films.

物であることが分かる。次にSi酸化物を添加した薄膜では，実験したスパッタガス圧力の範囲（0.5-10 Pa）においてほぼ単一のスペクトルから成っているが，このピーク位置は金属のSiの位置とも酸化物であるSiO$_2$の位置とも異なっている。この原因としては複数の酸化物に対応するピークが混在しているものか，Si元素が周囲にある他の元素のために電子の移動が起きやすくなりスペクトルの位置がシフトしているなどが考えられるが，詳細は不明である。Ti酸化物では実験したスパッタガス圧力（1-10Pa）において酸化物のスペクトルが主となっている。また，Siと同様，金属でも酸化物（TiO$_2$）でもないピークも見られるが，ガス圧力の増加に伴ってその割合は減少している。

3.3.4　Co-Pt-oxide膜厚方向の化学結合状態

グラニュラ媒体として望ましいのは，記録層がその成長初期から（下地層直上から）強磁性相が酸化物によって磁気的に分離した構造を有していることである。これにより低ノイズ媒体に必要な微細構造の条件がひとつ満たされることになる。そこで酸化物が膜厚方向にどのように存在しているのかを調べるために，高エネルギー分解能のオージェ電子分光（AES）を用いて分析した。図11にその結果を示す。図10と同様，Ti，Si，Taそれぞれの酸化物について分析を行った。ここで，それぞれのグラフには4本のスペクトルを載せてあるが，それぞれ上から下地層（Ru）との界面付近，Co-Pt-oxideの最表面層におけるそれぞれの金属に対応する位置のオージェスペクトル，そして比較のためにそれぞれの金属試料のスペクトル，およびその酸化物試料のスペクトルである。

Ta酸化物添加においては，Ru下地層直上では金属と酸化物が混在しており，表面側ではほぼ酸化物のスペクトル（Ta(-O)-LMM）であることが分かる。Si酸化物添加においては，Ru下地層との界面と最表面側のスペクトルはほぼ同じ形状をしていることが分かるが，前項のXPS分析と同様，これらのスペクトルはどちらにおいても，Si-LMMでもSiO$_2$由来のSi(-O)-LMM

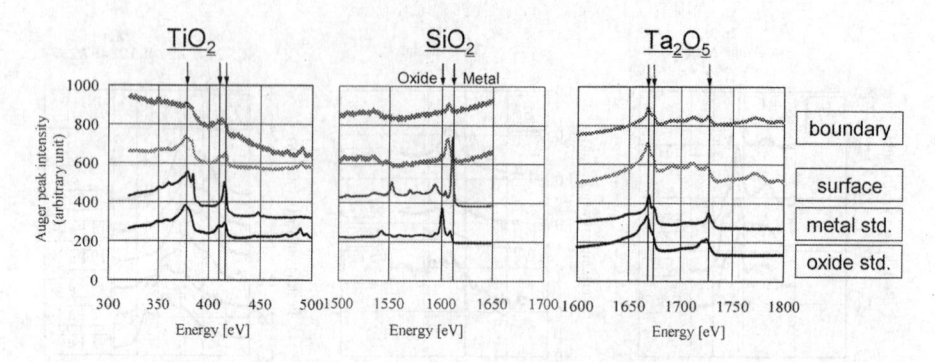

図11 Auger electron spectra for (a) Co-Pt-TiO$_2$, (b) Co-Pt-SiO$_2$ and (c) Co-Pt-Ta$_2$O$_5$ films for corresponding metal/oxide peaks near the film surface (denoted "surface") and the layer boundary between the magnetic storage and Ru under layer ("boundary"). Spectra for metals and their oxides are also shown in each figure ("Metal std. and oxide std.") as references.

でもない中間の位置に存在している。

これらに対して，Ti酸化物添加の場合には，Ru下地層との界面と最表面側のスペクトルが同じ形状をしていることはSi酸化物添加と同様であるが，ピークの位置，形状は参考に示したTi酸化物のスペクトル（Ti(-O)-LVV）とほぼ一致しており，その成長初期からTi酸化物が形成されており，磁性膜を構成するCoやPtとの混合が起きておらず，酸化物の粒界析出が理想的に起こっていることを示唆している。

結局，TiO$_2$添加の場合には膜厚全体にわたって化学量論的組成が保たれ，この組成付近で図5，6に示すように比較的高いK$_u$とH$_c$が得られることが分かった。これに対し，図9と図5，図6を比較することで，SiO$_2$添加では酸素リッチな領域で，逆にTa$_2$O$_5$添加ではメタルリッチな領域で比較的良好な磁気特性が得られていることが分かる。

シード層の表面酸化状態により，その上に堆積された記録層の結晶粒子径分布が小さくなるという報告もあり[20]，成長初期から安定な酸化物を形成できるTiO$_2$添加が図8に示したような均一性のある結晶粒子形成につながったことが推察できる。

以上の結果より，これら3種類の酸化物添加においては，Ti酸化物の場合のみ，記録層がその成長初期から酸化物が安定に形成され，磁性膜全体としてその酸化物により磁気的な分離が達成されていることが明らかになった。

3.4 まとめ

高い磁気異方性を有するCo-Pt系材料について，成膜条件や下地層の条件を制御することで，室温作製においても比較的大きな垂直磁気異方性を発現させることができた。

第5章 垂直磁気記録媒体技術

　微細結晶粒子を磁気的により完全に分離させた構造を形成し，この薄膜をグラニュラ型媒体として利用するために，いくつかの酸化物を添加する検討を行い，酸化物として TiO_2 が適当であることが分かった。これは Co-Pt-TiO_2 膜の成長初期から TiO_2 が薄膜中で化学量論的な組成を維持した安定な酸化物として存在しており，これにより微細で均一な磁性結晶粒子が形成され，優れた磁気特性（大きな K_u，小さな α など）を有することから由来しているものと考えられる。

　最近 TiO_2 を添加した Co-Pt-Cr 系垂直媒体の研究報告が他の研究機関からも発表されるようになった[23,24]。その中でも本材料の低ノイズ性が指摘されており，今後記録媒体としての優位性が検証されていくものと考えられる。

謝辞

　いつもご指導賜る，東北工業大学・岩崎俊一学長に深謝いたします。TEM，XPS，AES の分析において，AIT 主任研究員渡辺さおり，千葉隆，原田紀子の各氏に協力いただきました。ここに感謝します。本研究の一部は，JST・秋田県地域結集型共同研究事業ならびに，日本学術振興会・科学研究費補助金（基盤研究(c) 17510104）の支援を受けて行なわれました。

文　　献

1) S. Iwasaki and Y. Nakamura, *IEEE Trans. Magn.*, **13**, 1272 (1977)
2) http://www.toshiba.co.jp/about/press/2005_05/ pr_j1601.htm
3) http://techon.nikkeibp.co.jp/article/NEWS/20060929/121687/
4) R. Wood, *IEEE Trans. Magn.*, **36**, 36 (2000)
5) Y. Tanaka, A. Takeo, and T. Hikosaka, *IEEE Trans. Magn.*, **38**, 68 (2002)
6) R. Sugita, *Trans. IEICE Japan*, **66-C**, 55 (1983) (in Japanese) など
7) T. Chiba, J. Ariake, and N. Honda, *J. Magn. Magn. Mater.*, **287**, 167 (2005)
8) J. Ariake, T. Chiba, and N. Honda, *IEEE Trans. Magn.*, **41**, 3142 (2005)
9) T. Oikawa, M. Nakamura, H. Uwazumi *et al.*, *IEEE Trans. Magn.*, **38**, 1976 (2002)
10) D. Treves, J. T. Jacobs, and E. Sawatzky, *J. Appl. Phys.*, **46**, 2760 (1975)
11) K. R. Coffey, M. A. Parker, and K. J. Howard, *IEEE Trans. Magn.*, **31**, 2737 (1995)
12) Y. Yamada, T. Suzuki, and E. N. Abarra, *IEEE Trans. Magn.*, **33**, 3622 (1997)
13) I. Kaitsu, A. Inomata, I. Okamoto, and M. Shinohara, *IEEE Trans. Magn.*, **32**, 3813 (1996)
14) T. Hikosaka, T. Komai, and Y. Tanaka, *IEEE Trans. Magn.*, **30**, 4026 (1994)
15) M. Yamasaki, M. Nawate, S. Honda *et al.*, *J. Magn., Soc. Jpn.*, **15**, 213 (1991) (in Japanese)
16) T. Shimatsu, H. Sato, T. Oikawa *et al.*, *IEEE Trans. Magn.*, **40**, 2483 (2004)

17) N. Honda, J. Ariake, K. Harada, K. Ouchi, and S. Iwasaki, *J. Mag. Soc. Jpn.*, **17 (S2)**, 237 (1993)
18) J. Ariake, T. Chiba, S. Watanabe, N. Honda, and K. Ouchi, *J. Magn. Magn. Mater.*, **287**, 229 (2005)
19) Y. Kondo, T. Keitoku, S. Takahashi, N. Honda, and K. Ouchi, *Digest of the 29th annual conference on Magn. Soc. Jpn.*, 22pA-8, 388 (2005) (In Japanese)
20) Y. Matsuda, K. Sakamoto, Y. Takahashi *et al.*, *IEEE Trans. Magn.*, **37**, 3053 (2001)
21) The Chemical Soc. Jpn., "Kagaku-Binran Kiso-hen" third edition, p. II-305, Maruzen, Tokyo (1991)
22) K. Miura, H. Muraoka, H. Aoi, and Y. Nakamura, *J. Magn. Magn. Mater.*, **287**, 133 (2005)
23) G. Choe, A. Roy, Z. Yang *et al.*, *IEEE Trans. Magn.*, **42**, 2327 (2006)
24) T. P. Nolan, J. D. Risner, S. D. Harkness *et al.*, *IEEE Trans. Magn.*, **43**, 639 (2007)

4 複合記録層材料

園部義明[*]

4.1 はじめに

　記録媒体に要求される特性は，記録された信号のSNがよいこと，熱安定性が良好なこと，記録しやすいこと（OW特性が良いこと）の3点が主に重要である。一般に，SNを向上させるためには，記録層を形成する磁性粒子を小さくする必要がある。しかし，粒子を小さくすると信号が熱的に不安定になる。熱的に安定にするためには，垂直磁気異方性エネルギー（K_u）を大きくする必要があるが，あまり大きくすると磁気ヘッドで記録することができなくなる。これらの問題を解決するために，複合媒体（積層型媒体）が検討されている。そのひとつが，CGC型複合膜媒体[1～16]である。キャップ（Capped）媒体[17]もしくは，スタック（Stacked）媒体[18]とも呼ばれている磁気記録媒体もこの範疇に含まれる。

　また，将来の高密度媒体の候補として，ECC（Exchange Coupled Composite）媒体[19]がある。これは単層では記録しにくい媒体（ハード層）にソフト層を結合することによって高H_c媒体でも記録しやすくする方法である。

　本節では現在実用化されているCGC（Coupled Granular Continuous）媒体について，磁気特性のコントロール，記録再生特性，熱安定性，微細構造，および解析法に関して詳細に解説する。ECC媒体に関しては，CGC媒体と比較しながらその特徴を紹介する。

4.2 CGC媒体

4.2.1 CGC媒体（積層）構造

　CGC媒体は連続膜（Continuous）層とグラニュラ（Granular）層の二層から構成される。グラニュラ膜上に積層された連続膜の厚みを変化させることにより，グラニュラ層を形成する磁性粒子間の磁気的交換相互作用（Exchange Coupling量）をコントロールするのが特徴である。図1からわかるように，CGC媒体の交換相互作用は，①連続膜とグラニュラ膜との相互作用，②連続膜を介するグラニュラ膜結晶粒間の交換相互作用，の2つから成り立つ。これらの交換相互作用量を変化させることにより，静磁気特性，記録特性，熱安定性の3つをコントロールする。長手記録では粒子間の磁気的相互作用量を小さくすることが必要であるが，垂直記録では最適な量が存在することが鍵である。結果として，長手磁気記録と垂直磁気記録が相補的（Complementary）関係にあるという岩崎らが提案した垂直磁気記録の原理[20]も成り立つ。次に，実際作成されたCGC媒体の具体例を説明する。

---

　[*] Yoshiaki Sonobe　HOYA㈱　MD事業部　開発センター　チーフ・テクノロジスト

垂直磁気記録の最新技術

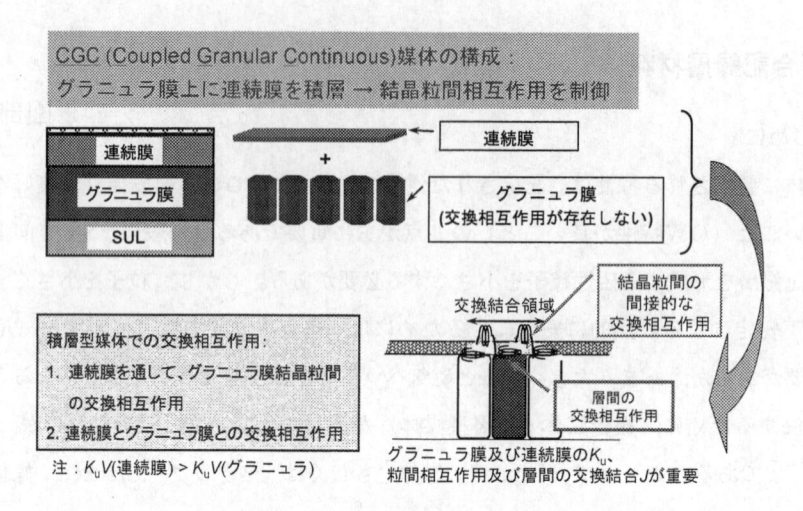

図1　CGC媒体積層構造

4.2.2　CGC構造を有する具体的な媒体

図2にCGC構造に用いる連続層の具体的な材料例について示す。連続層にはCo/PtまたはCo/Pd多層膜[4]，アモルファス層[6]，Pt-rich CoPtCr膜[7]など，いろいろな材料が可能である。いずれの媒体も，連続層の厚みを変化させることによって，グラニュラ層を形成する磁性粒子間の交換相互作用をコントロールする。現在実用化されている第一世代の垂直媒体のほとんどが，キャップ媒体，スタック媒体などと呼ばれている。これらはグラニュラ層上に低温成膜されたCoCrPt(B) 膜を用いる。同様に，CoCrPt(B) 膜の厚みを変化することにより交換相互作用をコントロールする。

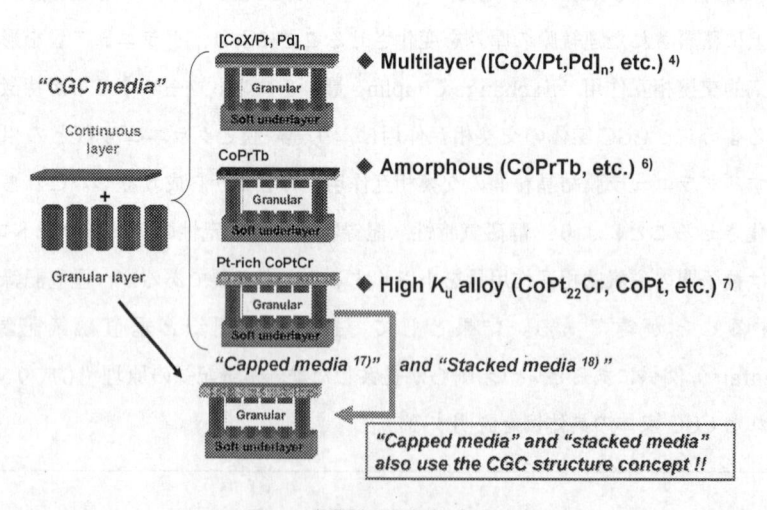

図2　連続膜の具体的な材料

第5章　垂直磁気記録媒体技術

酸化物グラニュラ材料のCGC媒体への適用

従来: CoPtCrB　　　　CoPtCr-SiO$_2$

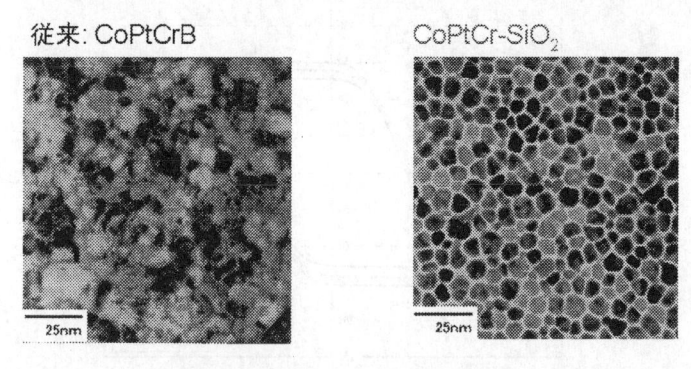

図3　グラニュラ層の具体的な材料

図3にグラニュラ材料の例を示す。初期のCGC媒体[1]はCoCr(PtB)が使われた。結晶粒の磁気的な分離が小さく，連続層の厚みだけで磁気的相互作用をコントロールすることが困難であった。実用化された複合媒体ではグラニュラ層として，酸化物グラニュラ材料（CoCrPt-SiO$_2$）[21]が使われている。平面TEM像からわかるように，酸化物グラニュラ材料では磁性粒子間の分離度合いが大きい。

4.2.3　磁気特性の制御

図4に連続層の厚みを増加させたときの静磁気特性の変化を示す。連続層はCo/Pd多層膜か

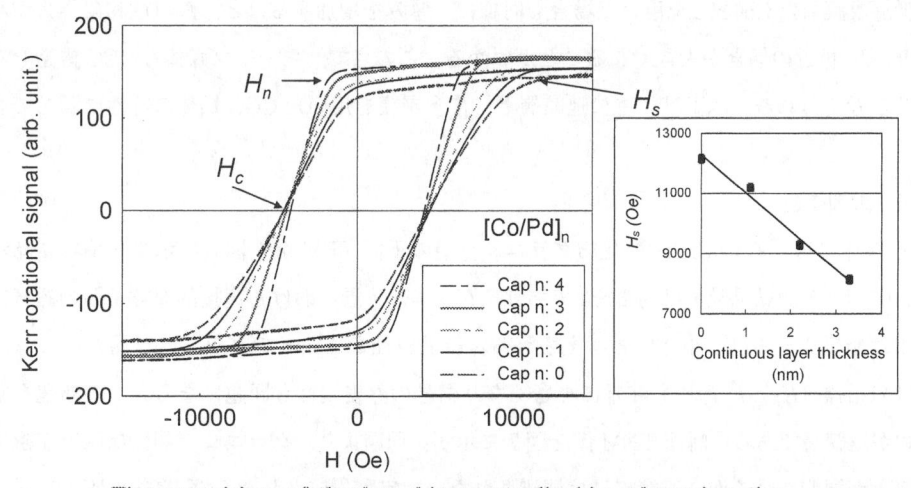

The matching of the head is controlled by changing the continuous layer thickness.

図4　磁気特性と連続膜厚みとの関係

Cap層としてCoCrPt層を用いた場合

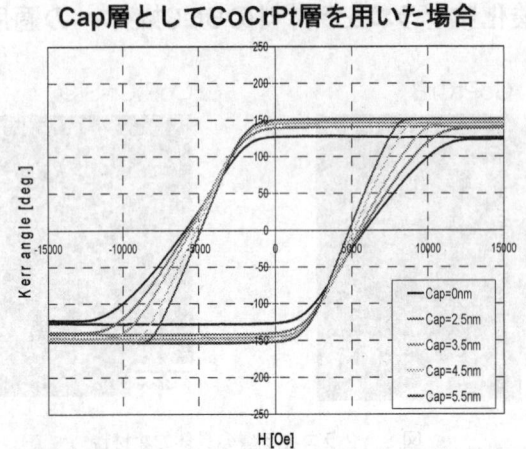

連続膜の膜厚増加に伴い、M-Hループの傾きが急峻になる。
⇒ CGC媒体特有の磁気特性を確認

図5　連続膜層として CoCrPt 層を用いた場合

ら構成されている。同図から連続層の厚みが増加すると，H_s（飽和磁界）が小さくなり，H_c 付近の傾きが大きくなることがわかる。この H_s（飽和磁界）は特に記録のしやすさを表すパラメータで，小さいほど記録が容易になる。反対に，熱安定性の指標である H_n（核生成磁界）は増大して，記録した信号が熱的に安定になることが静磁気特性の変化からも推測できる。グラニュラ層だけからなる垂直媒体において，磁性粒子間の磁気的な相互作用量を増加させた計算結果と同様の傾向を示す。図5は現在実用化されているキャップ媒体に関する磁気特性を示す。連続膜として低温成膜した CoCrPt を用いた場合も同様に，厚みを増加するほど，H_s（飽和磁界）が小さくなり，H_c 付近の傾きが大きくなることがわかる。この点で，キャップ媒体も CGC 構造を有していると考えられる。以下は，主に連続層として多層膜を用いた CGC 媒体の特性に関して説明する。

4.2.4　微細構造

CGC 媒体に用いる CoCrPt- 酸化物グラニュラ層の平面 TEM 像を図6に示す。平均結晶粒径は 4.5nm である。結晶粒界は約 2nm であり，グラニュラ層における直接的な粒子間の磁気的相互作用は無視できるほど小さいと考えられる。結晶粒径が 4.5nm のグラニュラ層だけでは，熱安定性の指標 $(K_u V/k_B T)$[22] も非常に小さくなり信号の熱安定性も問題になる。この問題を解決するのが連続層である。断面 TEM 像を図7に示す。同図より，グラニュラ層には明解な磁性粒子の境界が観測されるが，連続層には観測されない。実際作成された CGC 媒体は図1に示した構造を有していることが実験的に確認できる。熱的な安定性の向上は連続膜を介して熱安定性の指標 $(K_u V/k_B T)$ が増加することによると考えられる。次に，このような微細構造を有する

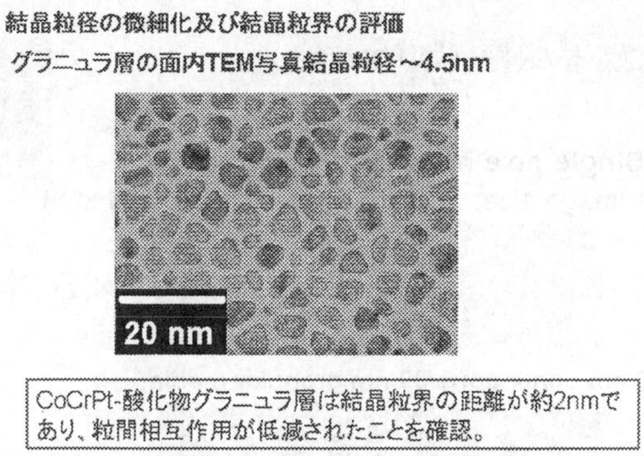

第5章 垂直磁気記録媒体技術

結晶粒径の微細化及び結晶粒界の評価
グラニュラ層の面内TEM写真結晶粒径〜4.5nm

CoCrPt-酸化物グラニュラ層は結晶粒界の距離が約2nmであり、粒間相互作用が低減されたことを確認。

図6 CoCrPt-酸化物グラニュラ層の構造

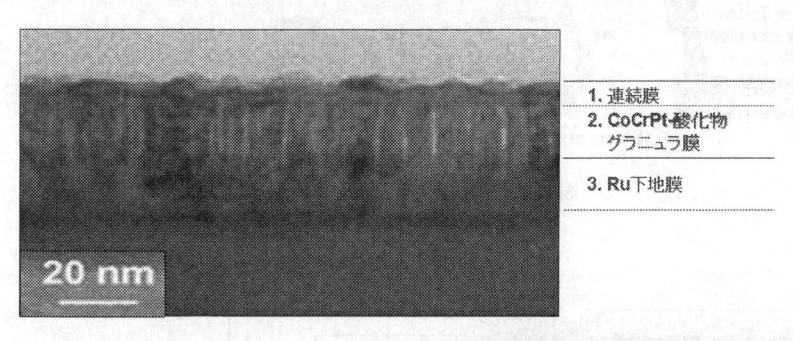

1. 連続膜
2. CoCrPt-酸化物グラニュラ膜
3. Ru下地膜

◆グラニュラ層では明瞭な結晶粒界観察される
◆連続膜では明瞭な結晶粒界が観察されない

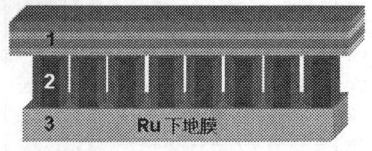

図7 CGC媒体の断面構造

CGC媒体の記録再生特性と熱安定性について,簡単な計算と実験例を用いて説明し,連続膜の厚みとの関係を述べる。

4.2.5 記録再生特性と熱安定性

図8にLLG法を用いて,CGC媒体における連続膜厚と記録パターンの関係を調べた結果[2]を示す。グラニュラ層を形成する磁気粒子間の直接的な交換相互作用はないと仮定した。連続層厚が6nmで明瞭なトラックパターンが形成されることがわかる。一方,グラニュラ層単体では,減磁界のために記録ビット中で磁気反転が起こり,低域ノイズが増大する。また,連続膜層が18nmと厚い場合は,トラックエッジでのノイズが大きくなり記録幅も増大している。最適な連続層が存在することが計算結果からわかる。

図9は,連続層として多層膜を用いた場合の記録再生特性の実験結果であり,SNRと連続層

図8 LLG法による記録パターンの計算

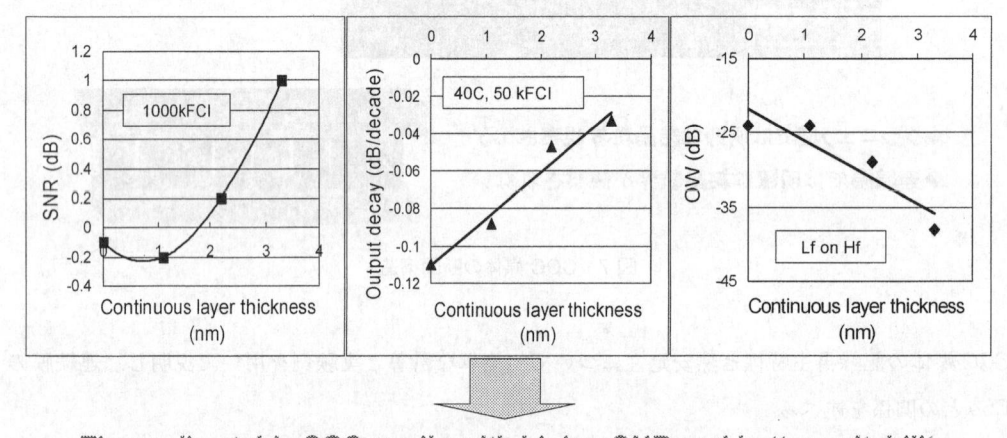

Thermally stable CGC media with higher SNR and better writability

図9 記録再生特性と連続膜厚みとの関係

厚みとの関係を示す。同図には，あわせてOW特性（長手記録とは反対に，高域信号に低域信号を重ね書きした後の高域信号の減衰量）および低域出力劣化（経時変化）量も示す。連続層が薄い領域では，連続膜を厚くするほど，SNRとOW特性が良好になることがわかる。また，低域出力の劣化が小さくなることがわかる。

図10に熱安定性の指標（K_uV/k_BT）と連続層の厚みとの関係を示す。連続層の厚みを増加さ

第5章　垂直磁気記録媒体技術

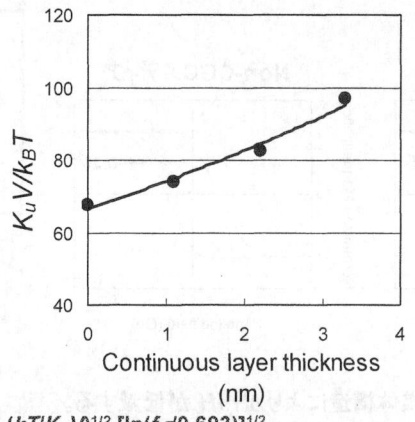

$$H_s(\tau) = H_o - H_o\,(kT/K_uV)^{1/2}\,[\ln(f_o\tau/0.693)]^{1/2}$$

Pu-Lin Lu and H. Charap, J. Appl. Phys. Vol. 75, 5768 (1994)

連続膜厚増加に伴いK_uV/kTが増加して、熱安定性が向上する。

図10　熱安定性と連続膜厚みとの関係

せると，K_uV/k_BT も増加することがわかる。この関係は，低域出力の劣化量と相関している。上記のように，CGC 媒体構造では，SN の劣化がなく，熱安定性，OW 特性を同時に向上できることがわかる。すなわち，CGC 媒体構造は熱安定性，記録特性（OW 特性）が有利なため，グラニュラ層には小さな磁性粒子を用いることが可能になる。この観点から，グラニュラ層は SN 向上のため，また，連続膜層は，熱安定性と記録特性向上のために機能するといえる。一般のグラニュラ単層の記録媒体では，SNR，熱安定性，記録のしやすさを同時に向上させることは原理的に困難である。次に CGC 媒体構造が異なる性質を示す理由についてのいくつかの解析例を紹介する。

4.2.6　CGC 媒体に関する解析

(1)　スイッチング磁界分布

一般の垂直媒体の解析法として，$\Delta H_c/H_c$ を測定する方法が田川らによって提案されている[23]。CGC 構造における連続膜の効果を調べるために，連続膜を付加する前後で $\Delta H_c/H_c$ の変化を調べた。図11に結果を示す。$\Delta H_c/H_c$ は 0.26 から 0.15 に減少する。これは連続膜を介して粒子間の磁気的相互作用を増加させることとグラニュラ層の磁性粒子の H_c 分布を改善することと等価であることを意味している。連続層を付加することによるスイッチング磁界分布の改善が，良好な記録特性（OW 特性）に導くと考えられる。

(2)　熱安定性の解析

図12は CGC 媒体において熱安定性が向上する原因の解析に用いたモデルである。連続層はグラニュラ磁性粒子と比較して熱的に安定であると仮定している。グラニュラ層の磁性粒子が磁

垂直磁気記録の最新技術

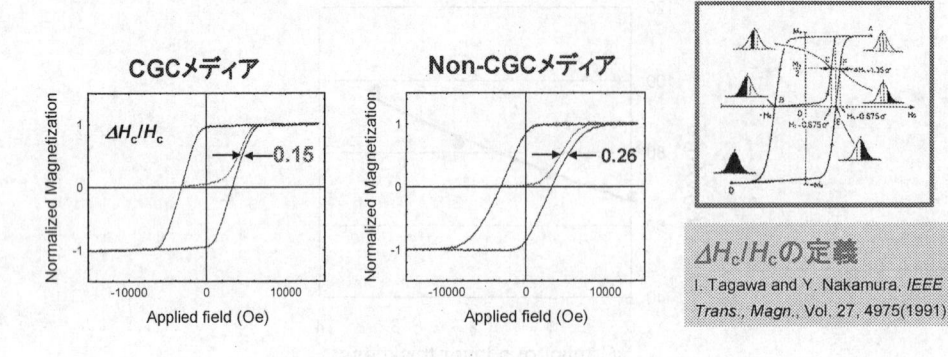

CGC媒体構造により $\Delta H_c/H_c$ が低減する。

連続膜の積層により、グラニュラ膜のスイッチング磁界分散が小さくなる。

図11 CGC構造によるスイッチング磁界分布改善

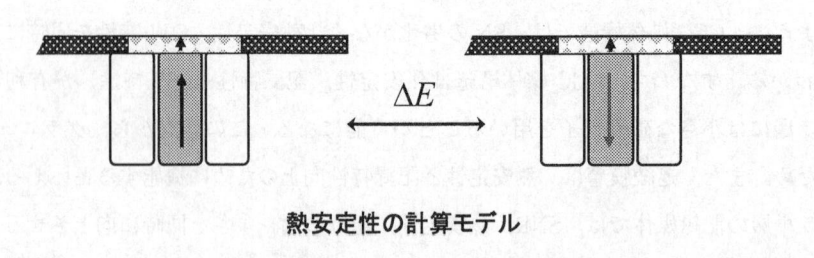

$$\Delta E = K_{u_{grain}} + E_{exchange} = K_{u_{grain}} + \frac{M_s}{2}H_{exchange}$$

層間の交換相互作用がエネルギー障壁の増大へ

Y. Sonobe et al., *IEEE Trans. Magn.*, vol. 38, p. 2006, 2002

図12 熱安定性解析のためのモデル

化反転する場合，連続層とグラニュラ層の交換相互作用が磁化反転時のエネルギー障壁の増大に寄与すると考えられる。

　一般に，磁性粒子間の交換相互作用により磁気反転体積が大きくなるとSNが劣化する。そのため，CGC媒体のSN向上を上記の解析だけで説明するのは困難である。SN向上原因究明に関して，磁化転移領域におけるMFM観察と磁化反転機構解析を下記に述べる。

第5章　垂直磁気記録媒体技術

(3) MFMによる解析

図13は連続層膜厚みをパラメータとして，磁化転移領域をMFMで調べた結果である。同図では，磁化転移の広がりをヒストグラムを用いて表している[8]。連続層が3.6nmで転移幅が小さくなっていることがわかる。連続層厚みの値に最適値が存在する。これは最適な厚みの連続層を付加することにより，連続層の磁壁エネルギーが小さくなるように転移幅が変化すると考えられる。結果として，CGC媒体においてSNが向上する。

(4) 磁化機構解析

CGC媒体の磁化機構の解析のために，H_cの角度依存性を検討した。図14に結果を示す。連続層を6.3nmまで増加させても，一斉磁化反転型の角度依存性を示す。比較のために用いた連続層のみの媒体は磁壁移動型の角度依存性を示す。これはグラニュラ粒子が磁化反転機構を決定することを示しており，磁気的な相互作用の大きさとしては非常に小さいことがわかる。DC磁化領域では粒子は磁気的な相互作用により，反磁界または熱による磁化反転は起こらない。そのためDCノイズが小さく，熱的に安定である。一方，記録ヘッド磁界による磁化反転領域では，記録磁界の分解能が十分であれば，磁化反転の大きさはグラニュラ粒子の大きさまで小さくすることができる。したがって，グラニュラ層の粒子を十分に小さくすることによって，SN向上できると考えられる。

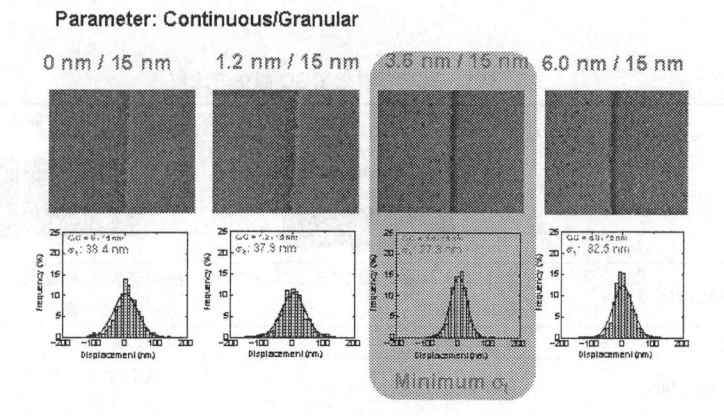

"Transition smoothing effect"
H. Muraoka, Y. Sonobe, K. Miura, A.M. Goodman, and Y. Nakamura, *IEEE Trans., Magn.*, **38**, p.1632 (2002).

図13　磁化転移領域のMFM解析

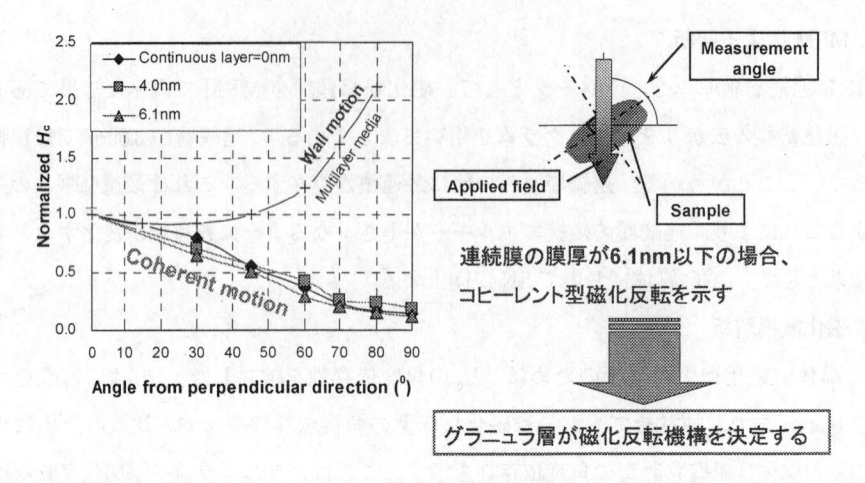

図14　磁化反転機構の解析

4.3 ECC媒体

将来の高密度媒体の候補として，ECC媒体がある。これは単層では記録しにくい媒体（ハード層）にソフト層を結合することにより，高H_c媒体でも記録しやすくする方法である。表1にCGC媒体と比較してその特徴を示す。関連技術としてハード・ソフトスタック媒体[24]やExchange Spring媒体[25]がある。

ECC構造を用いることにより，磁気異方性が大きな材料（たとえば，FePt, CoPt, SmCo）が使用できる可能性がある。これらは，3～4nmまで熱揺らぎの影響を受けずに微細化できると考えられている。これらを用いることによりSN向上が予想される。

表1　ECC媒体とCGC媒体の比較

	CGC媒体	ECC媒体
模式図	Continuous / Granular / Soft underlayer	Soft underlayer
記録層の構造	グラニュラ層とコンティニュアス層の積層膜	硬磁性部と軟磁性部からなるグラニュラ膜
交換結合	複数の結晶粒	単一の結晶粒
構造的な観点	連続膜が作成しやすい	磁気的な結合の小さい粒子状のソフト層が作成しにくい
磁気特性の特徴	H_nの増大，狭いSFD	H_c, H_nが減少
記録特性の特徴	熱的安定性，R/W特性の向上	トラック密度の向上，熱的安定性，ビットパターン媒体と相性がよい
関連技術	スタック媒体 キャップ媒体	ハード・ソフトスタック媒体 Exchange Spring媒体

第 5 章　垂直磁気記録媒体技術

Angular dependence of H_c

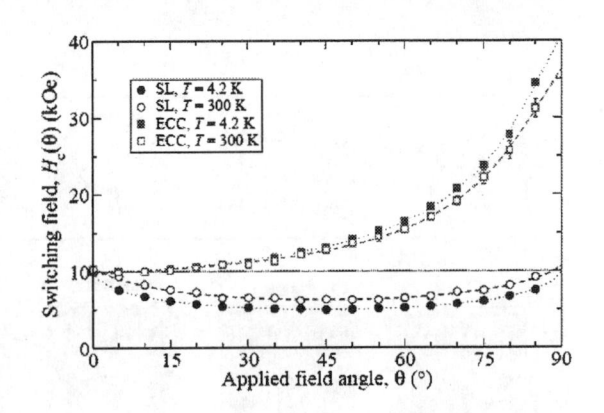

図 15　ECC 媒体構造における Hcr の角度依存性[26]

　図 15 は ECC 構造における H_c の角度依存性を示す[26]。比較として，単層型媒体の場合を示す。単層媒体では H_{cr} は 45 度で最小になるが，ECC 構造を用いると H_{cr} は角度ゼロで最小になる。記録トラックエッジでは記録ヘッドの磁界方向が 45 度付近になるため，これが原因で単層媒体ではイレーズ幅が大きくなりトラック幅方向の密度向上に影響を与える。この観点で，トラックエッジで記録しにくい ECC 構造は有利である。さらに，ビットパターン媒体（BPM）技術とあわせることで，より有望な技術になると考えられている[27]。

4.4　今後の展望

　CGC 媒体も ECC 媒体も粒子間，粒子内の磁気的相互作用をコントロールする手法である。CGC 媒体は，グラニュラ粒子の粒子を小さくすることで SN を改善し，連続層を用いて磁気的相互作用の大きさをコントロールして熱的に安定化することにより，高密度化が進められるであろう。そのとき重要なのは，図 16 に示したように連続層の厚みで変化すると考えられる磁化反転機構である。この磁化機構はおそらく連続層とグラニュラ層との磁気的な結合状態でも大きく変化すると思われる。磁化機構の変化で記録再生特性は大きく影響する。詳細な材料定数と磁気特性と記録再生特性との相関を明確化して，媒体設計指針を確立することが高密度化のためには必要であろう。

　ECC 媒体技術は高 H_c 媒体を記録しやすくするためだけでなく，トラック密度を向上させるためにも必要な技術である。この原理は飽和記録できない高 H_c 媒体のなかに SN 特性が良い媒体が存在するという仮定である。したがって，実験的には SN 向上のメリットに関して不明な点も

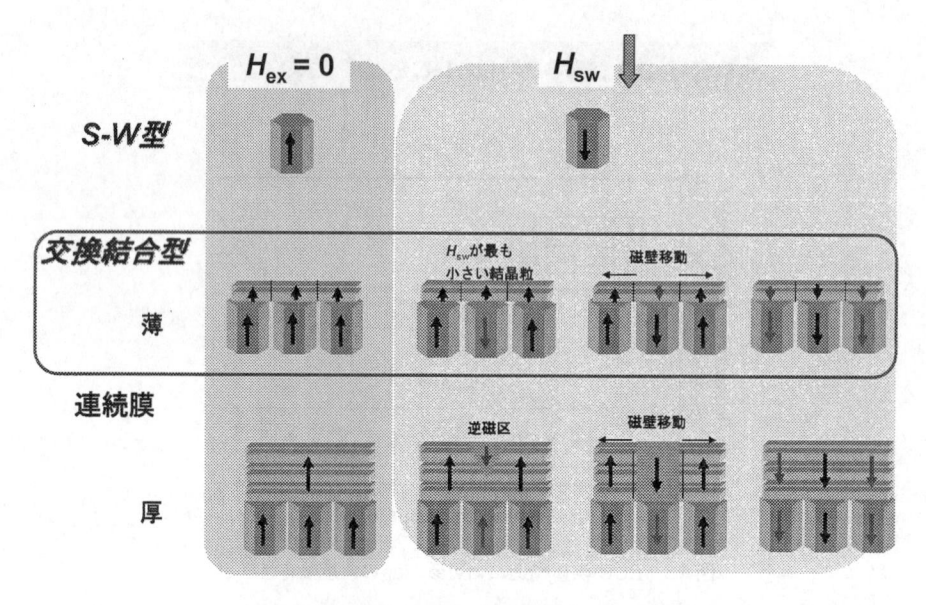

図16 連続層の膜厚みと磁化反転機構の関係

多い。しかし，将来BPM技術とあわせることでより高密度化が進められるであろう。

4.5 まとめ

以上，現在，実用化されている複合媒体（CGC媒体）に関して，磁気的性質，記録再生特性，解析方法について述べた。実用化が始まった媒体はすべて複合膜媒体であり，今後，記録密度の向上とともに，物理的な観点での解明が進んでいくと思われる。ECC媒体はBPMや新しい高K_u媒体技術とあわせることにより，更なる高密度化の重要な技術になると考えられる。

文　献

1) Y. Sonobe, D. Weller, Y. Ikeda, K. Takano, M. E. Schabes, G. Zeltzer, B. K. Yen, and M. E. Best, *J. Magn. Magn. Mater.*, **235**, 424 (2001)
2) S. J. Greaves, H. Muraoka, Y. Sonobe, M. Schabes, and Y. Nakamura, *J. Magn. Magn. Mater.*, **235**, 418 (2001)
3) R. Wood, Y. Sonobe, Z. Jin, and B. Wilson, *J. Magn. Magn. Mater.*, **235**, 1 (2001)
4) Y. Sonobe, D. Weller, Y. Ikeda, M. Schabes, K. Takano, G. Zeltzer, B. K. Yen, M. E. Best, S. J. Greaves, H. Muraoka, and Y. Nakamura, *IEEE Trans. Magn.*, **37**, 1667 (2001)

第5章　垂直磁気記録媒体技術

5) Y. Sonobe, H. Muraoka, K. Miura, Y. Nakamura, K. Takano, H. Do, A. Moser, B. K. Yen, Y. Ikeda, and N. Supper, *J. Appl. Phys.*, **91**, 8055 (2002)
6) T. Shimatsu, H. Muraoka, Y. Nakamura, Y. Sonobe, Y. Satodate, K. Muramatsu, and I. Watanabe, *J. Appl. Phys.*, **91**, 8061 (2002)
7) Y. Sonobe, H. Muraoka, K. Miura, Y. Nakamura, K. Takano, A. Moser, H. Do, B. K. Yen, Y. Ikeda, N. Supper, and W. Weresin, *IEEE Trans. Magn.*, **38**, 2006 (2002)
8) K. Miura, H. Muraoka, Y. Sonobe, and Y. Nakamura, *IEEE Trans. Magn.*, **38**, 2054 (2002)
9) H. Muraoka, Y. Sonobe, K. Miura, A. M Goodman, and Y. Nakamura, *IEEE Trans. Magn.*, **38**, 1632 (2002)
10) A. M. Goodman, S. J. Greaves, Y. Sonobe, H. Muraoka, and Y. Nakamura, *J. Appl. Phys.*, **91**, 8064 (2002)
11) A. M. Goodman, S. J. Greaves, Y. Sonobe, H. Muraoka, and Y. Nakamura, *IEEE Trans. Magn.*, **38**, 2051 (2002)
12) A. M. Goodman, S. J. Greaves, Y. Sonobe, H. Muraoka, and Y. Nakamura, *IEEE Trans. Magn.*, **39**, 685 (2003)
13) Y. Sonobe, N. Supper, K. Takano, B. K. Yen, Y. Ikeda, H. Do, H. Muraoka, and Y. Nakamura, *J. Appl. Phys.*, **93**, 7855 (2003)
14) Y. Sonobe, K. K. Tham, L. Wu, T. Umezawa, C. Takasu, J. A. H. Dumaya, T. Onoue, P. Leo, and M. Liau, *J. Magn. Magn. Mater.*, **303**, 292 (2006)
15) Y. Sonobe, K. K. Tham, L. Wu, T. Umezawa, C. Takasu, J. A. H. Dumaya, T. Onoue, P. Leo, and M. Liau, *IEEE Trans. Magn.*, **42**, 2351 (2006)
16) K. K. Tham, Y. Sonobe, and K. Wago, *IEEE Trans. Magn.*, **43**, 671 (2007)
17) B. R. Acharya *et al.*, *IEEE Trans. Magn.*, **41**, 3145 (2005)
18) S. N. Piramanayagam *et al.*, *IEEE Trans. Magn.*, **41**, 3190 (2005)
19) R. H. Victora and X. Shen, *IEEE Trans. Magn.*, **41**, 527 (2005)
20) S. Iwasaki and Y. Nakamura, *IEEE Trans. Magn.*, **13**, 1272 (1977)
21) T. Oikawa *et al.*, *IEEE Trans. Magn.*, **38**, 1976 (2002)
22) Pu-Lin Lu and S. H. Charap, *J. Appl. Phys.*, **75**, 5768 (1994)
23) I. Tagawa and Y. Nakamura, *IEEE Trans. Magn.*, **27**, 4975 (1991)
24) Y. Inaba *et al.*, *J. Magn. Soc. Jpn.*, **29**, 239 (2005)
25) E. E. Fullerton, J. S. Jiang, M. Grimsditch, C. H. Sowers, and S. D. Bader, *Phys. Rev. B*, **58**, 12193 (1998)
26) S. J. Greaves, Private communication
27) D. W. Coats *et al.*, DB-06, 10 Joint MMM/Intermag Conference (2007)

5 Fe-Pt系記録層材料

鈴木淑男*

5.1 はじめに

近年,$L1_0$型FePt規則合金は次世代の高密度記録材料として期待され,国内外で多くの研究がなされている。歴史的には'30年代の永久磁石としての報告[1]に端を発し,大きな一軸異方性エネルギーと飽和磁化[2]と磁気光学効果[3],規則化相転移に伴い形成されるpolytwinned structureと呼ばれる特徴的な微細組織[4],さらに優れた化学的安定性[5]などを有していることが明らかにされている。このような特徴から,FePt規則合金を磁気記録材料として用いることにより,次のような可能性が期待できる[6]。

① 図1[5]に示すように,一軸異方性エネルギーが反磁界によるエネルギー($2\pi M_s^2$)に比べ約一桁大きいことから,膜面法線方向に磁化容易軸を配向できれば,安定な垂直磁化の形成に有利である。

② 同時に,超常磁性臨界径($D_p = (150 k_B T/(\pi K_u))^{1/3}$)が約3 nmと極めて小さいことから,将来の超高密度記録における熱磁気緩和の抑制に有望と考えられる。

③ さらに,磁壁幅($\delta \sim \pi (A_{ex}/K_u)^{1/2}$,$A_{ex}$は交換定数)が約4 nmと狭いことから,粒界・転位などの極めて小さな構造欠陥が磁壁に対するピンニングサイトとして機能し[7],磁区を小さく制限することが可能と考えられる。

④ 一方,大きな飽和磁化は静磁エネルギーを低減する磁区の微細化に有利である[8]。また,記録層を薄膜化した系,さらに狭トラック・狭ギャップ再生ヘッドを用いた系で,再生出力の確保を容易にする。

これまで,記録媒体は微粒子型記録媒体理論に基づき設計され,粒子の孤立・微細化により低ノイズ化を実現してきた。しかしながら,微粒子型媒体においては『低ノイズ化』と『記録磁化の安定性の確保』および『飽和記録の達成』という三要件がそれぞれ相反(trilemma)し,これらを同時に満たすことが,記録密度の高密度化に伴い困難な状況にな

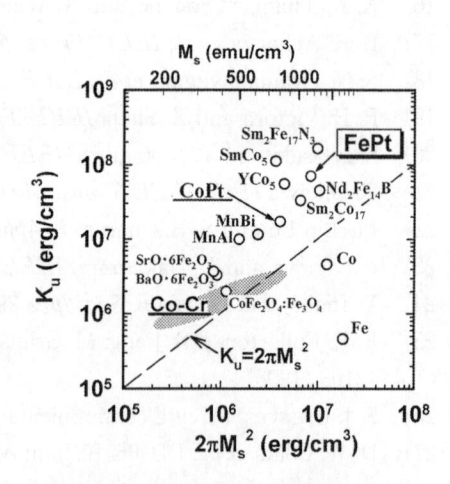

図1 永久磁石材料を一軸異方性エネルギーと静磁エネルギーで整理したマップ

* Toshio Suzuki 秋田県産業技術総合研究センター 高度技術研究所 先端技術開発グループ 上席研究員

第5章 垂直磁気記録媒体技術

りつつある。

一方，垂直磁気記録においては，記録磁化転移部で反磁界が磁化を強める方向に働く[9]ことから，粒子間交換結合を導入する媒体設計[10]が可能となる。すなわち，長手記録媒体とは異なり，垂直記録媒体では記録磁化転移部における静磁相互作用により交換相互作用の影響を補償することができ，転移の乱れを抑制できる[11,12]。この考えから，永久磁石における磁壁のピンニング機構[13~22]を記録媒体に応用したピンニング型垂直記録媒体が提案されている[23]。

本節では，前述のFePt規則合金の特徴に基づき，現行の垂直記録ヘッドによる飽和記録が可能でかつ十分な熱擾乱耐性を有する高分解能FePt垂直磁気記録媒体，特に，磁壁ピンニング型媒体の作製と特徴をまとめる。

5.2 FePt垂直磁気異方性薄膜の作製

FePt垂直記録媒体を汎用のハードディスク用ガラス基板上に作製するためには，①FePt規則合金の結晶C軸を膜面垂直方向に配向させる層構造，②ガラス基板の耐熱温度約400℃以下での規則相の形成，③膜微細構造の形成，が必要となる。以下，それぞれについて概説する。

5.2.1 C軸結晶配向技術

ガラス基板を用いたFePt規則合金薄膜のC軸結晶配向は，幾つかの組み合わせの下地層／シード層上へのヘテロエピタキシャル成長で実現する。例えば，Cr(100)膜／Ta膜／基板[5]，Cr(100)膜／MgO膜／基板[6]，CrRu(100)／基板[24]，MgO膜／基板[25]などが報告されており，Cr膜とCrRu膜を用いたものについては，媒体特性も報告されている。これらの下地膜の結晶構造はbcc構造とfcc構造に大別され，界面でのエピタキシャル方位関係は，前者はFePt(001)[100] ∥ bcc(100)[110]，後者はFePt(001)[100] ∥ fcc(100)[100] と考えられる。

最近では，Feの成膜速度を遅くすることでFe(100)を作製できることが見出され，Pt/Fe/基板を水素中熱処理することによりFePt(001)膜が得られている[26]。また，反応性スパッタによりFeOを作製し，Pt/Fe/FeO/基板を熱処理することでFePt(001)が得られている[27]。さらに，対称性が異なるZnO(001)面上でも，長周期配列によりFePt(001)が得られるとの報告もなされている[28]。

軟磁性裏打ち膜を備える二層膜媒体としては，図2に示すbcc-FeSi(100)配向による層構造が提案されている[29]。この層構造の特徴は，下地層によりFeSi軟磁性膜の結晶配向を最密面と異なるbcc(100)配向に制御することでMgO中間層とエピタキシャル関係をつくり，その中間層厚を1 nmまで薄膜化した点にある[29]。なお，MgO中間層がなくてもFeSi裏打ち膜上でエピタキシャル構造のFePt(001)は得られる。しかしながら，この際，図3のヒステリシスループ#1が示すように，二段ループになる。これは，FePt層とFeSi層の層間交換結合によるもので，

183

図2 ヘテロエピタキシャル型
FePt 垂直二層膜媒体の構造

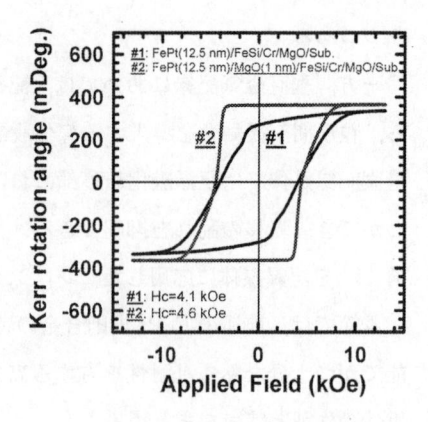

図3 ヘテロエピタキシャル型 FePt 垂直
二層膜媒体の極カーループ
#1 は MgO 中間層無し，#2 は MgO 中間
層有り（膜厚：1 nm）

　1 nm 厚の MgO 中間層はその結合を断つ役割を担う[29]。この効果により，図3の #2 が示すように，角型比1と第二象限の大きな核形成磁場をもつヒステリシスループが得られる。最近では，軟磁気特性の改善を図るため，FeTaC ナノクリスタル膜[30]，FeSiBC アモルファス膜[31]などが用いられ媒体特性評価が行われている。前者の中間層は MgO（4 nm）/SiO$_2$（4 nm），後者は MgO（5 nm）であり，図2のエピタキシャル型の裏打ち膜を用いた場合の中間層に比べ，厚い膜厚を必要としている。

　なお，上記の下地層もしくは中間層を用いたエピタキシャル層構造の FePt(001) 膜に対し，非エピタキシャル層構造で急速加熱により FePt(001) 膜が得られたとの報告がなされている[32,33]。この現象に関して，弾性エネルギーによる {100} 配向の誘起と粒子合体にともなう膜面引張応力を反映した効果であるとの実験結果が報告されている[34]。

5.2.2 低温規則化

　規則化温度の低減については，①高ガス圧スパッタ法[35,36]，②下地膜[24,37]，③第三元素添加（Cu[38]，Ag[39]，非固溶元素（Sn，Sb，Pb，Bi）[40]，侵入型元素（B，C）[41]），④Fe/Pt 多層膜の熱処理[42~44]，⑤非化学量論組成[45]，⑥He 照射[46]などが提案されている。これらは，基本的には，歪み，組成勾配，濃度勾配，結晶欠陥を利用し原子の拡散を促進することが意図されている。また，単原子積層により人工的に L1$_0$ 構造を形成する方法も提案されている[47,48]。規則化のための熱力学的な考え方については，既にいくつかの論文に詳しく解説されていることから[41,49]，ここでは，L1$_0$ 型結晶構造とその C 軸の垂直配向に着目した高ガス圧スパッタ法について説明する。

　不規則相（fcc 構造）から規則相（fct 構造）への規則化相転移が起こる際，結晶は原子の再配列により C 軸方向に縮む。これは逆に，C 軸方向に圧縮ひずみが誘起できれば，比較的低い加

第5章　垂直磁気記録媒体技術

熱温度でこの歪みを駆動力とする規則化の促進が期待できることを意味する。一般に，高ガス圧スパッタ条件は膜成長過程において膜面方向に引張歪み[50]，すなわち，膜面垂直方向に圧縮歪みが誘起される。よって，FePt結晶のC軸が膜面垂直に配向する状況の下でこの効果を活用できれば，C軸一方向に圧縮歪みを誘起でき，より低温で規則化が促進されることになる。この仮説にもとづき，高ガス圧スパッタ法と結晶C軸の垂直配向技術を用いる規則相の低温作製が検討された[35,36]。図4に，スパッタガス圧50Paと5Paで作製したFePt(001)膜の垂直抗磁力と成膜温度の関係を示す[8]。FePt膜厚は12.5 nmである。50 Pa条件では成膜温度250℃で規則化に起因する抗磁力の増加が認められ，5 Pa条件に比べ150℃以上低い温度で垂直磁化膜が得られていることがわかる。

さらに，同試料の表面粗さ（Ra）を測定した結果を図5に示す[8]。5 Pa条件の表面粗さの温度依存性は，図4の抗磁力すなわち規則化の挙動と概ね対応している。表面粗さの変化は粒成長・合体を反映することから，5 Pa条件では，膜構造変化が規則化のトリガー[34,49]になっていることを示唆する。一方，50 Pa条件では，膜構造に変化が見られない温度から規則化が起こっており，低ガス圧条件とは挙動が異なっている。

図6はCr/MgO/基板上に50℃で作製したfcc-FePt(100)膜の膜面に対する平行な面間隔（d(001)）と垂直な面間隔（d(100)）を測定した結果である[8]。図から明らかなように，高ガス圧条件では膜面垂直方向に圧縮歪みが誘起されており，50℃で作製した不規則相でありながらd(001)/d(100) = 0.977となり，規則相のc/a = 0.966に近い値が得られている。従って，高ガス圧条件での規則化は，この圧縮歪みが規則化促進の駆動力となっていることが予想され，圧縮歪みを緩和するために起こる原子の再配列化が低温規則化のメカニズムであると考えられている。

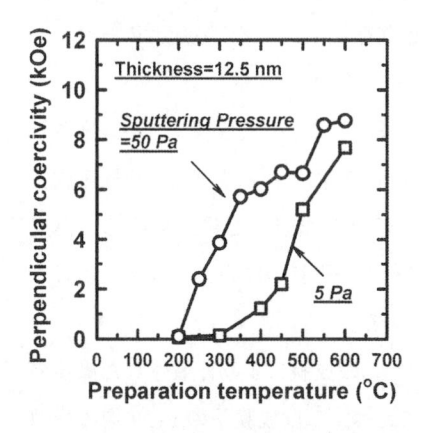

図4　スパッタガス圧50 Paと5 Paで作製したFePt垂直二層膜媒体の垂直抗磁力の作製温度依存性

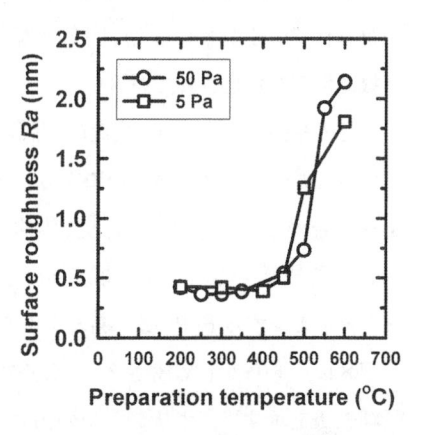

図5　スパッタガス圧50 Paと5 Paで作製したFePt垂直二層膜媒体の表面粗さ（Ra）の作製温度依存性

上記現象は，5.2.1で紹介した急速加熱によるC軸配向の誘起と関連する。すなわち，L1$_0$型規則合金系では結晶の対称性が低いことから，状況が整えば歪みによる弾性エネルギーを利用した規則化・配向制御ができることを示唆する。従って，前記にて列挙した種々の低温作製法，また更に新しいアイディアを組み合わせることで，規則化温度のより低温化も期待できる。

　一方，媒体記録層として用いるためには，規則度および抗磁力だけではなく，膜厚10 nm以下の薄膜でヒステリシスループの角型比（残留磁化比）を1にすることが望まれる。高ガス圧スパッタ法によると，膜厚5 nmでも図3の#2と同等のループ形状が得られており，さらに膜厚3 nmの記録媒体の記録再生特性も調べられている[51]。

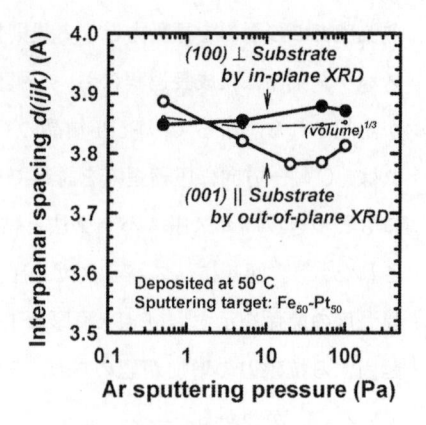

図6　成膜温度50℃で作製したfcc-FePt(100)膜の(001)および(100)面間隔のスパッタガス圧依存性

5.2.3　膜微細構造形成

(1) 磁壁ピンニング型

　図7に高ガス圧成膜によるFePt垂直磁化膜の微細組織を示す[52]。FePt層は連続膜構造であるものの，明暗により識別される方形組織から[110]，[-110]方向に境界をもつモザイク構造であることがわかる。さらに断面像からFePt層内には，膜面（即ち(001)面）と約55度の角度をなす面欠陥が存在する。これは，平面像の方形組織の境界を一辺とする{111}双晶に対応する。単結晶薄膜の膜組成と微細組織に関する研究によると，双晶欠陥密度の増加に伴い大きな抗磁力が得られていることから[21]，図7で観察される面欠陥は，磁壁をピンニングする起源の一つとして機能すると類推されている。

　上記の結晶欠陥をFePt垂直磁化膜に積極的に導入する方法として，二段成膜法[53]が提案されている。この方法は，熱処理による相転移過程と高ガス圧スパッタ法による規則相の成膜・成長を組み合わせたものであり，具体的には，室温でFePt極薄膜を作製した後，昇温し，再度FePt膜を成膜する。すなわち，昇温過程で生ずる双晶欠陥を，二段目の成膜によりホモエピタキシャル成長するFePt層に導入することを意図した方法である。

　図8は，あらかじめ厚さ2 nmの不規則相FePt膜を形成し二段成膜により作製された媒体の微細組織を示す[52]。オリジナルの高ガス圧成膜のFePt膜に比べ，二段成膜法のFePt層の平面像には，結晶欠陥のコントラストが多数存在し，電子線回折パターンには(111)双晶に起因する強いエキストラスポットが検出されている。また，断面像にも多くの面欠陥が存在している。

第5章 垂直磁気記録媒体技術

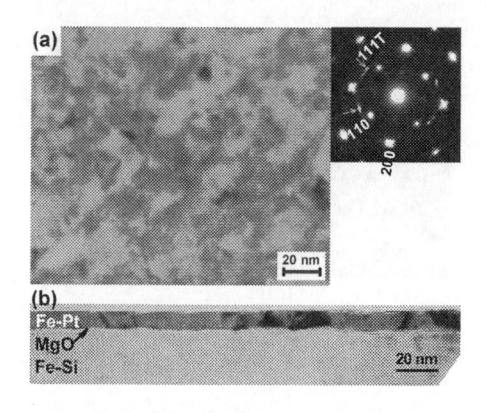

図7 高ガス圧スパッタ法で作製したFePt垂直二層膜媒体のTEM像(FePt膜厚：7.5 nm)

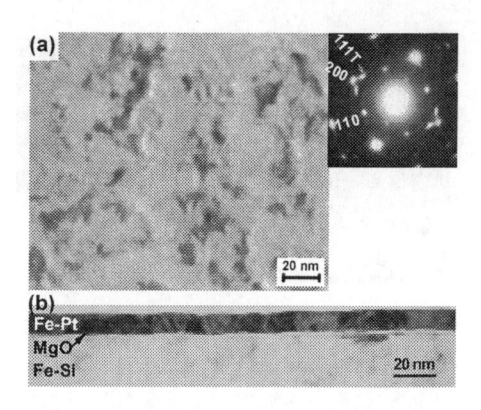

図8 二段成膜法で作製したFePt垂直二層膜媒体のTEM像(1st-FePt膜厚：2 nm, 2nd-FePt膜厚：7.5 nm)

図7および図8の試料の抗磁力は，前者が3.9 kOe，後者は5.1 kOeであり，磁区寸法は前者が102 nm，後者は80 nmである[53]。二段成膜法によるFePt膜の抗磁力の増加と磁区寸法の低減は，欠陥密度の増加による磁壁ピンニングによる効果と考えられている[53]。なお，磁壁ピンニング型のFePt垂直磁化膜における磁区寸法と磁化反転機構の関係については，抗磁力の角度依存性，マイナーループ測定などにより検討されている[23]。

(2) ナノグラニュラー型

ZrO_x[54], TaN[55], Ag[39], C[56], B[57], SiO_2[58], Al_2O_3[59,60], B_2O_3[61]等を添加したFePt膜において，ナノクリスタル構造もしくはナノグラニュラー構造の報告がなされている。これらの多くは，FePt[111]配向である。一方，図2に示す二層膜媒体構造を用いることでC軸配向した(FePt)-oxide(oxide：MgO, SiO_2, Al_2O_3)膜を作製できることが報告されている[62]。これらは，高ガス圧スパッタ法で作製されているが，酸化物無添加のFePtに比べ高い規則化温度が必要である。ただし，三種類の酸化物添加の中で，MgO添加が最も低い450℃で無添加FePt膜と同程度の規則度が得られている[62]。また，最近では，FePt(001)とMgO(100)を多層化し熱処理で規則化したグラニュラー媒体が作製され，ヒステリシスループの傾きと記録特性の関係が報告されている[30]。

図9および図10に二層膜媒体構造の(FePt)-MgO膜と(FePt)-SiO_2膜の平面TEM像を示す[52]。酸化物の添加量は組成分析から約30 vol%であり，抗磁力は成膜温度を調整しそれぞれ3.4 kOe，4.8 kOeを得ている。MgO系の組織は，無添加のFePtモザイク構造(図7参照)の境界にMgO相が形成されているように観察される。これは，FePt相とMgO相が中間層であるMgO膜に対してエピタキシャル成長し，かつ膜面内方向で両相が格子整合している可能性を示唆する。前述の他の添加物系に比べMgO添加系の規則化開始温度が低い原因として，この面内

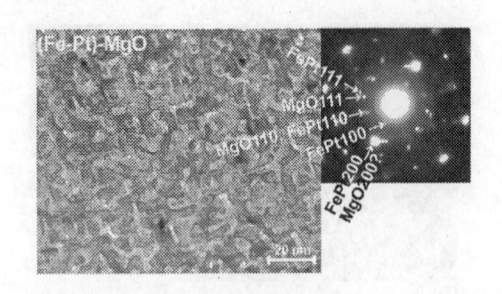

図9 (FePt)-MgO 垂直二層膜媒体の TEM 像

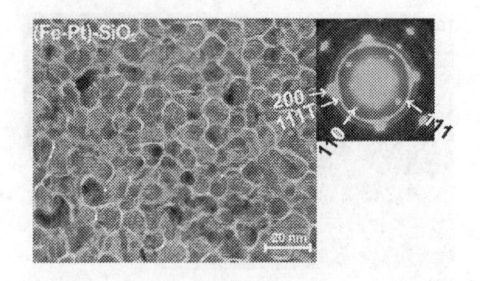

図10 (FePt)-SiO₂ 垂直二層膜媒体の TEM 像

方向における格子整合により,高ガス圧スパッタ法で誘起される歪み応力が規則化に有効に作用したためと推察される。一方,SiO$_2$ 添加系では,SiO$_2$ 相のチャネルで明瞭に分離された粒経約 10 nm の FePt ナノグラニュラー構造が形成されている。これらの複合組織化により磁区寸法は低減でき,MgO 添加膜では 82 nm,SiO$_2$ 添加膜では 76 nm と報告されている[62]。また,SiO$_2$ 添加系では孤立粒子系で見られるドット状の磁区パターンとなっている[62]。

5.3 FePt 垂直記録媒体の現状とピンニング型媒体の可能性

図11 は 5.2.3 に記載した種々の FePt 媒体の S/N をその磁区寸法で整理した結果である[8]。媒体 S/N は概ね磁区寸法の減少にともない増加する。しかしながら,磁区寸法が最も小さい (FePt)-SiO$_2$ 膜媒体では,媒体ノイズは低いものの,ヒステリシスループの飽和磁場が大きいことから飽和記録状態が得られず[63],このため再生出力が低く,結果として高い S/N が得られていない。すなわち,高い S/N を実現するためには磁区寸法の低減と飽和記録の両立が重要であるといえる。

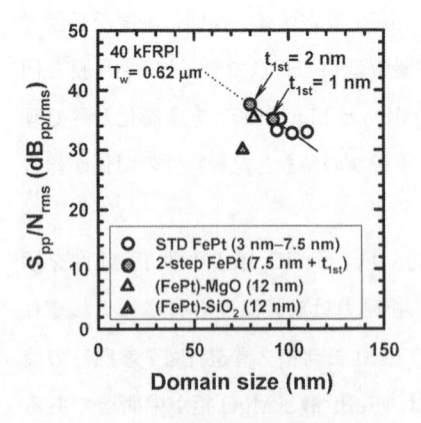

図11 FePt 系垂直二層膜媒体の磁区寸法と S_{pp}/N_{rms} (0.5-50 MHz) の関係

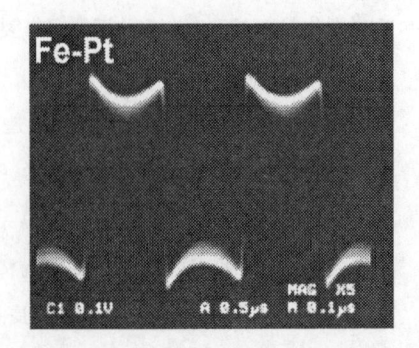

図12 記録信号 20 kFRPI の再生波形

第5章　垂直磁気記録媒体技術

　図11の中で最も高いS/Nを示す二段成膜法のFePt膜媒体を用いた高密度記録として，図12に高分解能再生ヘッド（シールドギャップ長：92 nm）を用いた再生波形を示す[8]。磁化転移部の立ち上がり半値幅T_{50}は22.1 nmと極めて狭く，急峻な磁化転移が形成されていることを示す。具体的には，この分解能は200 Gbit/in^{2}の仕様[64]を満たしている。

　一方，図13に示すように，T_{50}値は再生ヘッドの分解能を決めるシールドギャップ（G_s）と記録層膜厚に強く依存する[65]。記録層膜厚をより薄くできるFePt媒体は、磁気スペーシングの低減により大きな記録磁場を得られるだけでなく，図の計算結果が示すように，狭シールドギャップの高分解能再生ヘッドを用いることで更なる分解能の向上も期待できる。なお，FePt記録層は4 nm厚以上で緩和は観測されていないことから[31]，高分解能性と記録磁化の安定性の両立が可能である。

　最近，FePt媒体のS/N特性におよぼす軟磁性裏打ち膜の異方性方向の影響が報告されている[31]。図14が示すように，ディスク半径方向に容易軸を向けた裏打ち膜を持つ媒体#aは，周方向に容易軸が向く媒体#bに比べ，600 kFRPIの記録密度で約4 dB高いS/Nを示す。媒体#aと#bの層構造は同一であることからFePt層の磁気特性に有意差はない。また，磁区寸法としては90 nmである[31]。このS/Nの差は，T_{50}値の分散およびクロストラックプロファイルの測定から，現象論的には，トラック方向の記録磁場勾配（dH_y/dx）がクロストラック方向の各位置で揺らいでいることに起因すると考えられている。つまり，ヒステリシスループの抗磁力での傾き（α）が大きいピンニング型媒体では，記録磁場勾配の揺らぎにより$\alpha \cdot \delta(dH_y/dx)$が大きくなり，媒体ノイズに大きく影響を及ぼす[31]。従って，ピンニング型媒体のS/Nは，図11で議論した磁区寸法の低減だけでなく，記録磁場勾配の揺らぎを抑

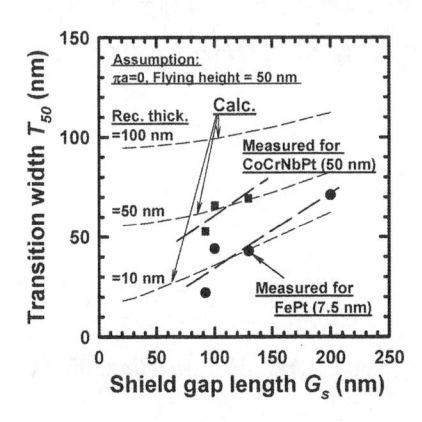

図13　転位幅（T_{50}）の再生ヘッドのシールドギャップ（G_s）の依存性

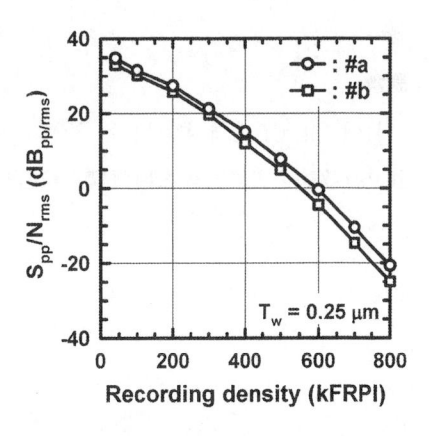

図14　FePt垂直二層膜媒体の裏打ち膜の異方性が記録再生特性に及ぼす影響
#aは半径方向に異方性を持つFeSiBCアモルファス裏打ち膜，#bは周方向に異方性を持つFeSiBCアモルファス裏打ち膜

制する裏打ち膜や記録ヘッドの構造および記録システムを構築することで，更なる向上が期待できる。

5.4 むすび

現行の磁気記録システムを前提とすると，高い S/N を実現するためには，磁区寸法の低減と飽和記録の両立を図る媒体設計が必要となる。この観点から，FePt 系の場合，連続膜的な性質をもつピンニング型媒体設計は有望である。この設計の特徴は，大きな飽和磁化と記録層の薄膜化，さらに高密度のピンニングサイトの導入により，大きなループの傾きと微細な磁区を両立[8]できる点にある。残された課題は，如何に媒体ノイズを低減するかである。急峻な磁化転移が実現されるピンニング型媒体では，磁化転移のジッタリングがノイズの原因と考えられる。従って，記録膜としては磁区寸法の低減と磁壁の揺らぎを抑制する強いピンニングを実現することが必要となる。また，裏打ち膜の異方性分散を低減し記録磁場勾配の揺らぎを抑制するだけでなく，勾配自体を高める記録システム全体としての設計も有効と考えられる。媒体およびシステム双方のアプローチから，ピンニング型媒体の低ノイズ化技術が進展することを期待する。

一方，本稿で詳しく紹介しなかった基礎的な薄膜の磁気特性[66〜71]，ナノ粒子[49,72]，など材料科学に関するここ数年の研究の進展は著しく，また，化学的に合成した FePt ナノ粒子を基板に塗布した記録媒体[73,74]や，第9章のパターンド媒体，熱補助記録への展開などの新しい可能性も提案されている。FePt 規則合金の超高密度記録材料としての研究は緒に就いたばかりであるが，本稿がその進展のきっかけになれば幸いである。

謝辞

日頃ご指導頂きます AIT 名誉所長岩崎俊一東北工業大学長に深謝致します。本研究の一部は，独立行政法人科学技術振興機構，秋田県地域結集型共同事業の一環として行われました。

文　献

1) L. Graf and A. Kussmann, *Z. Phys.*, **36**, 544 (1935)
2) O. A. Ivanov, L. V. Solina, V. A. Demshina and L. M. Magat, *Phys. Met. Metallog.*, **35**, 81 (1973)
3) K. H. J. Buschow, P. G. van Engen and R. Jongebreur, *J. Magn. Magn. Mater.*, **38**, 1 (1983)
4) M. Hirabayashi and S. Weissmann, *Acta Metallurgica*, **10**, 25 (1962)

第5章 垂直磁気記録媒体技術

5) 例えば, T. Suzuki, N. Honda, K. Ouchi, *Technical Report of IEICE*, **MR97-16**, pp.53-58 (1997/06)
6) T. Suzuki, S. Yanase, N. Honda, K. Ouchi, *J. Magn. Soc. Jpn.*, **23**, 957 (1999)
7) R. C. O'handley, "Modern Magnetic Materials", pp.328-338, John Wiley & Sons, N. Y. (2000)
8) T. Suzuki, H. Muraoka, Y. Nakamura, and K. Ouchi, *IEEE Trans. Magn.*, **39**, 691 (2003)
9) S. Iwasaki, *IEEE Trans. Magn.*, **20**, 657 (1984)
10) Y. Nakamura, I. Tagawa, and Y. Shimizu, *IEICE Trans. Elec.*, **J79-C-II**, 204 (1996)
11) S. J. Greaves, H. Muraoka, Y. Sugita, and Y. Nakamura, *IEEE Trans. Magn.*, **35**, 3772 (1999)
12) T. Suzuki, T. Kiya, N. Honda, and K. Ouchi, *J. Magn. Magn. Mater.*, **235**, 312 (2001)
13) P. Gaunt, *Phil. Mag.*, **13**, 579 (1966)
14) T. Yamamoto and K. Kawamura, *Nihonkinzokugakkaikaihou*, **8**, 412 (1969)
15) G. Hadjipanayis and P. Gaunt, *J. Appl. Phys.*, **50**, 2358 (1979)
16) G. S. Kandaurova, L. G. Onoprienko, and N. I. Sokolovskaya, *Phys. Stat. Sol.*, **73**, 351 (1982)
17) K. Watanabe and H. Masumoto, *J. Japan Inst. Metals*, **47**, 699 (1983)
18) B. Zhang and W.A. Soffa, *IEEE Trans. Magn.*, **26**, 1388 (1990)
19) B. Zhang, M. Lelovic and W. A. Soffa, *Scripta Metall.*, **25**, 1577 (1991)
20) Y. Tanaka, N. Kimura, K. Hono, K. Yasuda, T. Sakurai, *J. Magn. Magn. Mater.*, **170**, 289 (1997)
21) M. H. Hong, K. Hono, and M. Watanabe, *J. Appl. Phys.*, **84**, 6854 (2000)
22) K. D. Belashchenko and V.P. Antropov, *Phys. Rev.*, **B 66**, 144402 (2002)
23) T. Suzuki, N. Honda and K. Ouchi, *J. Appl. Phys.*, **85**, 4301 (1999)
24) Y. Xu, J. S. Chen, and J. P. Wang, *Appl. Phys. Lett.*, **80**, 3325 (2002)
25) R. Mukai, T. Uzumaki, and A. Tanaka, *IEEE Trans. Magn.*, **39**, 1925 (2003)
26) S. Nakagawa, T. Kamiki, *J. Magn. Magn. Mater.*, **287**, 204 (2005)
27) A. Yano, T. Koda, and S. Matsunuma, *Dig. 28th Annu. Conf. Magnetics*, 21pB-15, p.24 (2004/9, Okinawa)
28) T. Sakurai, Y. Igari, S. Okamoto, O. Kitakami, and Y. Shimada, *J. Magn. Soc. Jpn.*, **28**, 136 (2004)
29) T. Suzuki, T. Kiya, N. Honda, K. Ouchi, *J. Magn. Soc. Jpn.*, **24**, 247 (2000)
30) Z. Zhang, A. K. Singh, J. Yin, A. Perumal, T. Suzuki, *J. Magn. Magn. Mater.*, **287**, 224 (2005)
31) T. Suzuki, *J. Appl. Phys.*, **97**, 10N506-1 (2005)
32) H. Zeng, M. L. Yan, N. Powers, and D. J. Sellmyer, *Appl. Phys. Lett.*, **80**, 2350 (2002)
33) Y. Itoh, M. Takeuchi, A. Tsukamoto, K. Nakagawa, A. Itoh and T. Katayama, *Jpn. J. Appl. Phys.*, **41**, L1066 (2002)
34) Y. Fuji, T. Miyazaki, S. Okamoto, O. Kitakami, Y. Shimada, and J. Koike, *J. Magn. Soc. Jpn.*, **28**, 376 (2004)
35) T. Suzuki, N. Honda and K. Ouchi, *J. Magn. Soc. Jpn.*, **21-S2**, 177 (1997)
36) T. Suzuki, K. Harada, N. Honda, K. Ouchi, *J. Magn. Magn. Mater.*, **193**, 85 (1999)

37) X. H. Xu, H. S. Wu, F. Wang, and X. L. Li, *Appl. Surf. Sci.*, **233**, 1 (2004)
38) T. Maeda, T. Kai, A. Kikitsu, T. Nagase, and J. Akiyama, *Appl. Phys. Lett.*, **80**, 2147 (2002)
39) S. Stavroyiannis, I. Panagiotopoulos, D. Niarchos, J. A. Christodoulides, Y. Zhang, and G. C. Hadjipanayis, *Appl. Phys. Lett.*, **73**, 3453 (1998)
40) O. Kitakami, Y. Shimada, *Material Jpn.*, **40**, 786 (2001)
41) O. Kitakami, S. Okamoto, N. Kikuchi, T. Miyazaki, and Y. Shimada, *J. Magn. Soc. Jpn.*, **26**, 1047 (2005)
42) B. M. Lairson, M. R. Visokay, R. Sinclair, and B. M. Clemens, *Appl. Phys. Lett.*, **62**, 639 (1993)
43) C. P. Luo and D. J. Sellmyer, *IEEE Trans. Magn.*, **31**, 2764 (1995)
44) Y. Endo, N. Kikuchi, O. Kitakami, and Y. Shimada, *J. Appl. Phys.*, **89**, 7065 (2001)
45) T. Shima, T. Seki, and K. Takanashi, *J. Magn. Soc. Jpn.*, **28**, 501 (2004)
46) D. Ravelosona, C. Chappert, V. Mathet, and H. Bernas, *Appl. Phys. Lett.*, **76**, 236 (2000)
47) S. Mitani, K. Takanashi, M. Sano, H. Fujimori, A. Osawa, H. Nakajima, *J. Magn. Magn. Mater.*, **148**, 163 (1995)
48) T. Shima, K. Takanashi, *Materia Jpn.*, **42**, 481 (2003)
49) Y. K. Takahashi and K. Hono, *J. Magn. Soc. Jpn.*, **29**, 72 (2005)
50) D. W. Hoffman and J. A. Thornton, *J. Vac. Sci. Technol.*, **20**, 355 (1982)
51) T. Suzuki, T. Kiya, N. Honda, K. Ouchi, *IEEE Trans. Magn.*, **36**, 2417 (2000)
52) T. Suzuki, *Materials Trans.*, **44**, 1535 (2003)
53) T. Suzuki and K. Ouchi, *J. Appl. Phys.*, **91**, 8079 (2002)
54) K. R. Coffey, M. A. Parker and J. K. Howard, *IEEE Trans. Magn.*, **31**, 2737 (1995)
55) T. Shimatsu, E. G. Keim, T. Bolhuis, and J. C. Lodder, *J. Magn. Soc. Jpn.*, **21-S2**, 313 (1997)
56) M. Yu, Y. Liu, A. Moser, D. Weller, D. J. Sellmyer, *Appl. Phys. Lett.*, **75**, 3992 (1999)
57) N. Li and B. M. Lairson, *IEEE Trans. Magn.*, **35**, 1077 (1999)
58) C. Chen, O. Kitakami, S. Okamoto, Y. Shimada, K. Shibata, and M. Tanaka, *IEEE Trans. Magn.*, **35**, 3466 (1999)
59) B. Bian, D. E. Laughlin, K. Sato, and Y. Hirotsu, *J. Appl. Phys.*, **87**, 6962 (2000)
60) M. Watanabe, T. Masumoto, D. H. Phing, and K. Hono, *Appl. Phys. Lett.*, **76**, 3971 (2000)
61) M. L. Yan, H. Zeng, N. Powers, and D. J. Sellmyer, *J. Appl. Phys.*, **91**, 8471 (2002)
62) T. Suzuki and K. Ouchi, *IEEE Trans. Magn.*, **37**, 1283 (2001)
63) T. Suzuki, *J. Magn. Soc. Jpn.*, **29**, 1016 (2005)
64) H. Muraoka and Y. Nakamura, *Dig. 25th Annu. Conf. Magnetics*, 27pA-7, pp. 245-245 (2001/9, Akita)
65) H. Muraoka, Y. Sugita and Y. Nakamura, *IEEE Trans. Magn.*, **35**, 2235 (1999)
66) A. Cebollada, D. Weller, J. Sticht, G. R. Harp, R. F. C. Farrow, R. F. Marks, R. Savoy, and J. C. Scott, *Phys. Rev.*, **B 50**, 3419 (1994)
67) M. R. Visokay and R. Sinclair, *Appl. Phys. Lett.*, **66**, 1692 (1995)
68) M. Watanabe and M. Homma, *Jpn. J. Appl. Phys.*, **35**, L1264 (1996)
69) Y. Ide, T. Goto, K. Kikuchi, K. Watanabe, J. Onagawa, H. Yoshida, J. M. Cadogan, *J. Magn.*

第5章 垂直磁気記録媒体技術

Magn. Mater., **177**, 1245 (1998)
70) H. Kanazawa, G. Lauhoff, and T. Suzuki, *J. Appl. Phys.*, **87**, 6143 (2000)
71) S. Okamoto, N. Kikuchi, O. Kitakami, Y. Shimada, *Materia Jpn.*, **43**, 737 (2004)
72) S. Yamamoto, Y. Morimoto, T. Ono, and M. Takano, *Appl. Phys. Lett.*, **87**, 032503 (2005)
73) S. Sun, C. B. Murray, D. Weller, L. Folks, A. Moser, *Science*, **287**, 1989 (2000)
74) H. Kodama, S. Momose, N. Ihara, T. Uzumaki and A. Tanaka, *Appl. Phys. Lett.*, **83**, 5253 (2003)

6 記録層磁化反転評価技術

石尾俊二*

6.1 はじめに

情報記録密度の急速な増加に伴って垂直磁気記録方式による超高密度記録の研究が精力的に進められている。その記録密度は既に400Gbit/inch^{2}を超え，現在は1Tbit/inch^{2}を目指した研究が行われているが，一層の超高密度記録の実現には媒体ノイズの低減が重要な課題とされている。媒体ノイズの原因には，ビット内の反転磁区の形成，ビット境界がジグザグ状に乱れる遷移ノイズやビット境界の位置の揺らぎであるジッターノイズ等が存在する。このような媒体ノイズの成因には，ビットを構成する微細な結晶粒の磁気特性や薄膜全体の金属組織が関係しており，例えば結晶粒サイズや結晶成長方位，結晶粒子間の磁気的相互作用，磁化反転の単位である活性化体積の大きさ，媒体薄膜の化学組成の均一性，更には磁気クラスターの形成などが挙げられる[1〜12]。

磁気記録媒体中の個々の結晶粒，ビット内の磁化反転粒子，活性化体積，記録パターンでしばしば観察される磁気クラスター並びにビット境界の乱れ等の模式図を図1に示した。垂直磁気記録媒体はCoCrPt-SiO$_2$系グラニュラー媒体が主流である。直径が約10nm以下のCoCrPt系粒子が，磁化容易軸を垂直方向に配向して基板上に製膜されている。結晶粒子間はSiO$_2$等の絶縁体で充填され磁気的に分離されている。近接した数個から数十個の結晶粒は強い交換相互作用によって結合し，活性化体積と呼ばれる磁化反転単位を形成している。活性化体積の大きさは概ね10〜20nm程度の大きさである。単一ビットは，記録密度によって異なるが，数十〜数百個の結

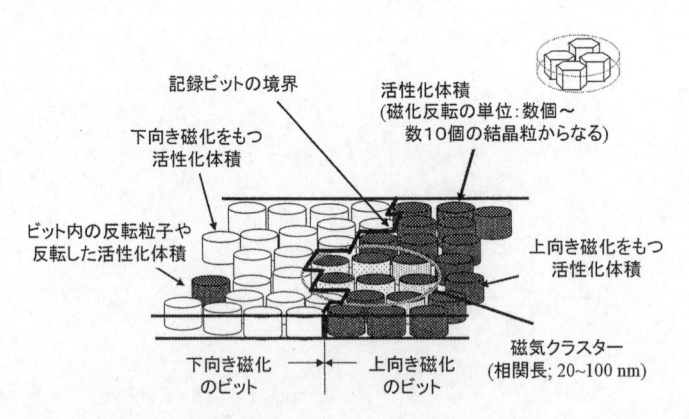

図1 垂直磁気記録媒体の結晶組織，活性化体積，磁気クラスター，記録ビット境界の関係図

---

* Shunji Ishio　秋田大学　副学長・教授

第5章 垂直磁気記録媒体技術

晶粒から構成されている。理想的な記録ビット間の境界はトラック方向に垂直な直線である。しかし，磁化反転の単位である活性化体積の大きさが10～20nm程度とすれば，ビット境界は活性化体積の大きさと同程度の振幅のジグザグ状となると考えられる。実際の記録パターンを磁気力顕微鏡等によって観察すると，しばしば結晶粒や活性化体積よりもはるかに大きな磁気的揺らぎが観察される。この磁気力顕微鏡で観察される磁気的な揺らぎは磁気クラスターと呼ばれており，ビット境界の乱れやポジションジッターの原因であり，時にはビットの消失を誘発する。磁気クラスターの大きさは，記録パターンや媒体ノイズから算出される相関長によって定義されるが，多くの場合に100nm程度である。近年の記録密度の増加を目指した精力的な研究によって，磁気クラスターサイズは次第に低下してきており，50nm以下に低下していることも報告されている。今後，更に優れた超高密度磁気記録媒体の開発を行うためには，磁気クラスターの成因を明らかにし，媒体ノイズの一層の低減を計ることが重要である。以上の観点から，磁気記録媒体上の記録パターン，記録ビット境界，媒体ノイズ等と媒体を構成する結晶粒，活性化体積，磁気クラスターを試料の同一位置で観察し比較検討を行うことによって，媒体ノイズの発生機構を明らかにしていくことが重要であり、これらの観察評価技術の向上が急務である。

磁気力顕微鏡は，磁気記録媒体に書き込まれた記録パターンを高分解能で観察評価でき，しかも特殊な試料作製を必要としないため，磁気記録媒体の開発研究を行ううえで最も優れた評価手法として知られている[13,14]。すでに多くの研究が，記録パターンの評価や磁気クラスターと媒体ノイズの関係を調べることを目的として行われてきた。磁気力顕微鏡による媒体評価や媒体ノイズ解析のうちで，最も特徴的な手法は，磁気力顕微鏡によって媒体中の局所的反転磁場を計測し，その空間分布をマッピングする手法（以下反転磁場マップまたは反転磁場マッピングと呼ぶ）である[15～17]。反転磁場マップはヒステリシスループ上の種々の磁化状態で磁気力顕微鏡観察を行い，それらのデータを重ね合わせることによって得られる。反転磁場マップの手法を用いれば，媒体中の磁化反転磁場の空間分布を観察することが可能であり，しかも同一位置の記録パターンや媒体ノイズの観察結果と重ね合わせることができる。また，反転磁場マップを作成する際の磁場間隔を次第に減少させることによって，活性化体積の大きさを見積もることも可能である。

本節では，記録層磁化反転評価技術として反転磁場マップを紹介する。ついで記録ビット境界，媒体ノイズと反転磁場マップを比較し，媒体ノイズの発生機構に関する検討結果を説明する。

6.2 磁気力顕微鏡

磁気力顕微鏡（MFM）はダイナミック原子間力顕微鏡の一種である[18～20]。MFMは探針先端の磁性薄膜によって，試料の漏洩磁場を検出する。探針は共振振動をしており，振動状態（振動振幅，位相あるいは共振周波数）の変化を検出し画像化する。探針が試料表面に対して垂直方向

(Z 方向)に振幅 $Z(t)$ で振動しているとして,探針の振動は次のように記述される.

$$m\frac{d^2Z(t)}{dt^2} + \gamma\frac{dZ(t)}{dt} = (k+Fz')Z(t) = Pe^{i\omega t}$$

ここで,$Z(t)$ は探針の変位,m は実効的質量,γ はダンピング定数,k はバネ定数,Fz' は探針—試料間に働く磁気力勾配,$Pe^{i\omega t}$ は外力である.カンチレバーの振動を $Z(t) = Z(\omega)e^{i(\omega t-\delta)}$ とすると,その共振周波数 ω_0,振幅 $z(\omega)$,位相 δ,及び振動の Q 値は次のように与えられる.

$$\omega_0 = \sqrt{(k+Fz')/m} \tag{1}$$

$$Z(\omega) = \frac{(P/m)}{\sqrt{(\omega_0^2-\omega^2)^2+(\gamma\omega/m)^2}} \tag{2}$$

$$\delta = \cot^{-1}\left(\frac{\omega_0^2-\omega^2}{\gamma\omega/m}\right) \tag{3}$$

$$Q = m\omega_0/\gamma \tag{4}$$

上記の式のように,試料の漏洩磁場に起因する磁気力勾配 Fz' によって,カンチレバーの振動の共振周波数や振動振幅,位相が変化し,それらの変化を利用して磁気情報を検出し画像化する.

図2には,垂直磁気記録媒体の磁化反転プロセス評価に用いる磁気力顕微鏡(MFM)の写真を示した.垂直磁気記録媒体の磁化反転プロセスを観察するために,MFM に電磁石を設置し,最大 6 kOe までの磁場を印加しながら顕微鏡観察ができる.なるべく大きな垂直磁場を印加するために,電磁石のポールピースを顕微鏡の真空槽に挿入している.試料台はポールピースの中央の貫通孔を通ってアクチュエータに固定されている.MFM の観察分解能は,探針の先端形状や磁性膜並びに測定条件に依存する.高分解能観察の試みとして,探針の形状や磁性膜の効果が検討されており,カーボンナノチューブに FeCo を蒸着した CNT 探針[21]あるいは Si 探針上に極

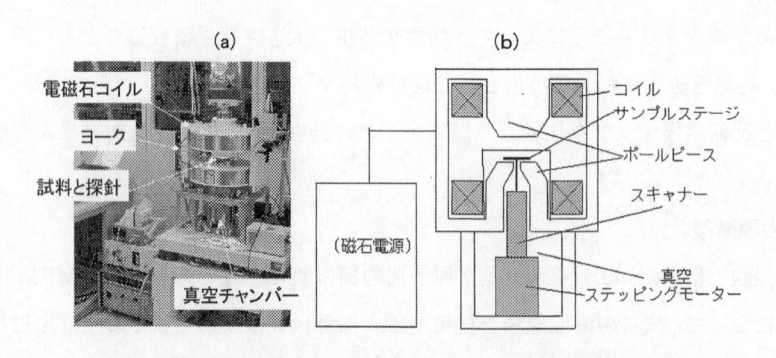

図2 垂直磁場を備えた磁気力顕微鏡(a)と装置の概念図(b)

第5章　垂直磁気記録媒体技術

薄CoCrPt磁性層[22]や高保磁力L_{10}FePt膜を蒸着した探針[23]等が報告されている。空間分解能の評価方法として統一された方法はないが，磁気記録パターンのMFM観察結果にフーリエ変換を行ってスペクトルを求め，スペクトル上の磁気力顕微鏡出力とノイズレベルの交点から分解能を評価する手法が用いられる場合が多い。最適化された測定を行えば，この方法で空間分解能を計算すると概ね10～20nmが得られる[20]。また実際に10nm程度の磁性粒子に起因する磁気コントラストも観察されている[24]。垂直磁気記録媒体中の結晶粒子や活性化体積は，磁気力顕微鏡の空間分解能よりも同等もしくは小さい。この場合に観察される磁気像の強度は，分解能の範囲内の結晶粒や活性化体積の磁化の総量に比例すると考えられる。一方記録パターンで観察される磁気クラスターのサイズは50～100nm程度であり，十分観察可能である。

6.3　反転磁場マッピング

反転磁場マップは，同一試料位置の磁気像を減磁過程の種々の磁場で測定し，それぞれの磁場間に変化した領域を求め，それらを一枚の図に重ね合わせたものである。反転磁場マップの作成手順を，図3に示す。測定に先立ち，試料に強磁場を印加し飽和状態にする。ついで，残留磁化状態から逆方向の磁場を印加し磁場中で磁気像を測定していく。ただしこの磁気像（図3(1)(a)～(f)）から直接に媒体中の磁化方向や分布を特定することは難しい。そこで，媒体は十分大きな垂直磁気異方性を有しており，結晶粒の磁化は全て上向きもしくは下向きであると仮定し，磁気像を二値化した明暗像に変換する。画像を二値化する際の閾値は，観察部分の局所磁化はVSMやAGMで観察される試料全体の巨視磁化と等しいと考え，次式を満足するようにする。

$$\frac{M(H)}{M_S} = (A_B - A_D)/(A_B + A_D) \tag{5}$$

ここで，A_B，A_Dはそれぞれ二値化した画像の明，暗の領域の総面積である。このように二値化した画像が図3(2)(a')～(f')である。二値化した画像の差分像（図3(3)）を求め，全ての差分像を重ね合わせれば，反転磁場マップ（図3(4)）が得られる。このようにして求められる反転磁場マップの再現性は約90％程度である。反転磁場マップを測定する上で，最も注意すべき点は，測定中の画像のドリフトである。ドリフトのない安定な測定を行うとともに，ドリフトがある場合には測定後の画像の補正が重要である。

図3(4)に示すように反転磁場の分布はほぼランダムに見えるが，注目すべき点は，各領域の大きさは10～100nmであり，大きな場合には100nm以上に達している点である。ここで示した反転磁場マップは磁場間隔を1kOe間隔として測定されており，記録パターンあるいは磁区模様で観察される磁気クラスターを意味するものではない。しかし分域の大きさが100nmにも達していることは，同じ程度の反転磁場を持つ結晶粒が特定の領域に集合していることを示してい

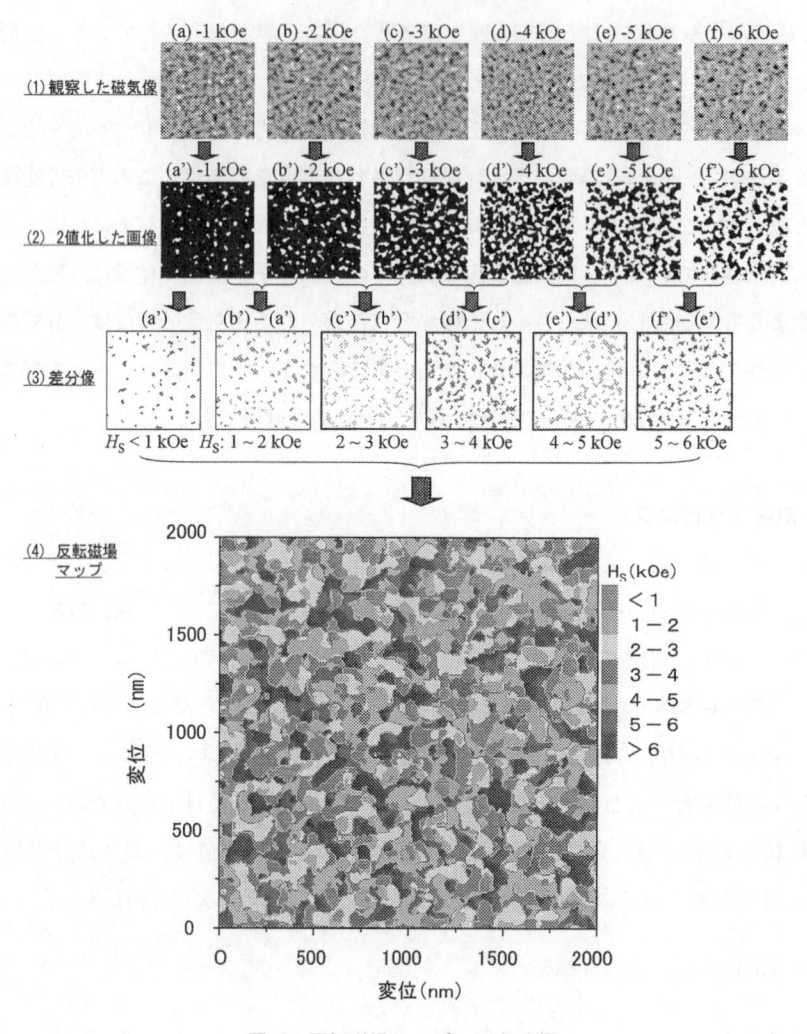

図3 反転磁場マップの測定手順

る。垂直磁気記録媒体では，巨視的な反磁場のために反転磁場は必ず分布を示す。しかしながら，活性化体積（もしくは結晶粒子）の反転磁場は空間的にはランダムであることが期待される。反転磁場マップの測定結果は，同じ程度の反転磁場を持つ結晶粒や活性化体積が特定の領域に集合し，媒体全体としては反転磁場が波長の長い空間的な揺らぎをもつことを示していると考えられる。

6.4 反転磁場マップとビット境界や媒体ノイズ画像の重ね合わせ

反転磁場マップと記録ビットの境界や媒体ノイズが同一位置で測定できれば，それらを重ねあわせ，相互を直接に比較することができる[25]。図4に反転磁場マップとビット境界や媒体ノイズ

第5章　垂直磁気記録媒体技術

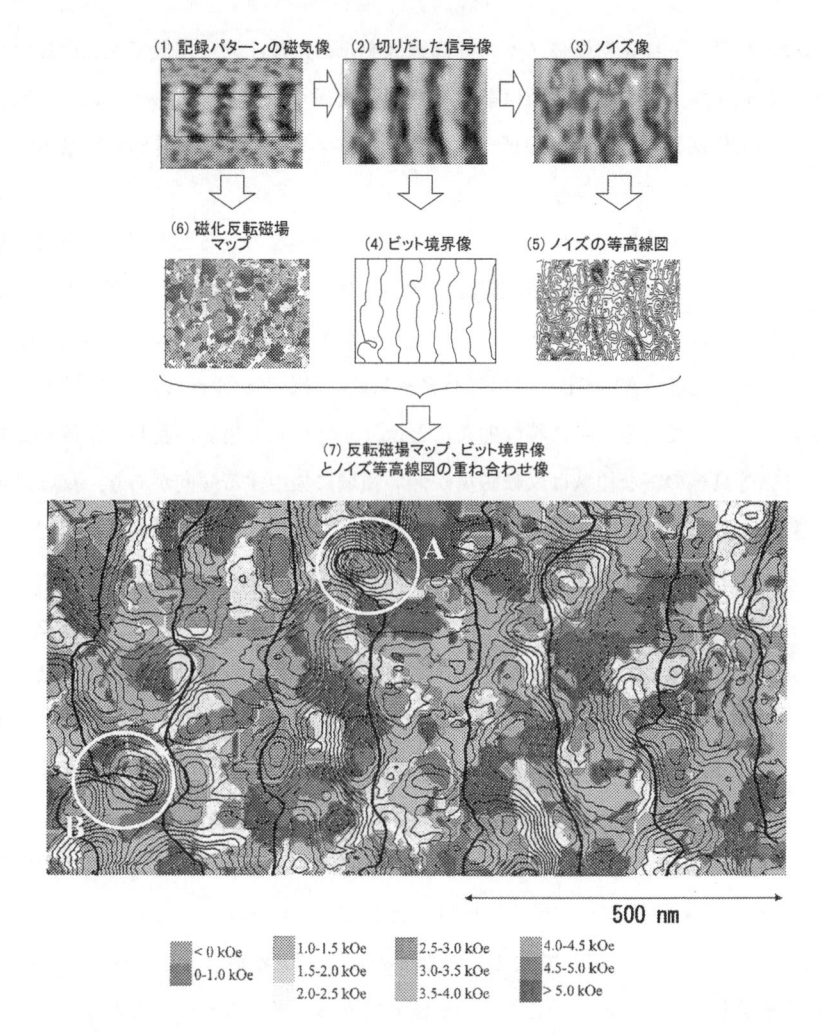

図4　反転磁場マップとビット境界や媒体ノイズ等高線の重ね合わせ図の測定手順
(7)図中の太い実線はビット境界，細い実線は媒体ノイズの等高線を示す．

画像との重ね合わせ像の求め方を示す．反転磁場マップの測定に先立って，先ず記録パターン（図4(1)）の測定を行う．記録パターンから解析したい記録領域を切り出す（図4(2)）．切り出した信号像を二値化し，記録ビット画像を求めてビット境界線像を求める（図4(4)）．切り出した領域のシグナルとノイズを分離するために，磁気像をクロストラック方向に平均化し，記録パターンを求める．記録パターンをフーリエ変換し記録シグナルの周波数を検出する．記録周波数が十分高いときは，記録シグナルをSin関数と近似できる．なお記録周波数が低いときは，Sin関数からのずれを考慮する必要がある．記録パターン像（図4(2)）から記録シグナルを差し引いて，媒体ノイズ像（図4(3)）が得られる．媒体ノイズ像と反転磁場マップを重ねて表示するために，媒体ノイズは等高線図（図4(5)）に変換する．

このような記録ビット境界や媒体ノイズ等高線図を求めた後，同一位置で反転磁場マップの測定を行う。反転磁場マップの測定手順は前段で説明した通りである。このようにして試料同一位置で測定した，磁化反転マップ，記録ビット境界，媒体ノイズ等高線を重ね合わせると図4(7)が得られる。

図4(7)から記録ビット境界，媒体ノイズと媒体中の反転磁場の分布との関係を直接に観察することができる。記録ビット境界は高密度記録で期待される直線ではなく，ジグザグ状に走っている。例えば，図中（A），（B）では記録ビット境界が大きくくぼみ，ビット内の反転磁区に近い状態になっている。当然（A），（B）の記録パターンは記録シグナルからは大きく隔たっており，ノイズ等高線が密集している。更に特徴的なことは，記録ビット境界の乱れた位置や媒体ノイズの大きくノイズ等高線の密な領域は反転磁場が低い領域に集中する傾向があり，反転磁場の高い領域では記録ビット境界はスムースでノイズ等高線も非常に疎になる傾向がある点である。このことは，媒体ノイズが主として小さな反転磁場を持つ領域から発生していることを示している。

ビット境界のジグザグパターンや媒体ノイズが小さな反転磁場を持つ領域にあることを更に解析するために，図5に示すようなモデルを用いて定量的な解析を行った。説明図では，記録媒体は反転磁場 H_s^n（n=1〜5）をもつ領域にわかれており，その中にビット境界がジグザグ状に走っている。ビット境界と反転磁場マップ上の領域の境界線の交点もしくは境界線の折れ点をm（m = 1〜11）とする。ジグザグ状のビット境界は，境界がトラック方向成分を持つことによって生ずる。例えば図のビット境界線の全x成分のうち，H_s^2 の反転磁場の領域内にあるx成分の長さは，m点のx座標を x_m（m=1〜11）として，$(x_1-x_2)+(x_5-x_4)-(x_5-x_6)+(x_{10}-x_{11})$ で与えられる。このようにして図4(7)の全てのビット境界が，どのような反転磁場領域に存在するかを積算し，その割合を示したものが図6である。図のように，この媒体では，保磁力（4.3kOe）以下の反転磁場にビット境界が存在する割合は69%であり，保磁力以上の反転磁場に

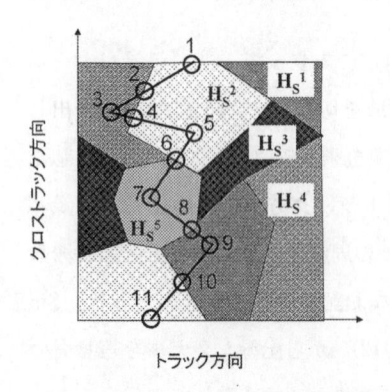

図5　ジグザグ状のビット境界線と反転磁場マップの模式図

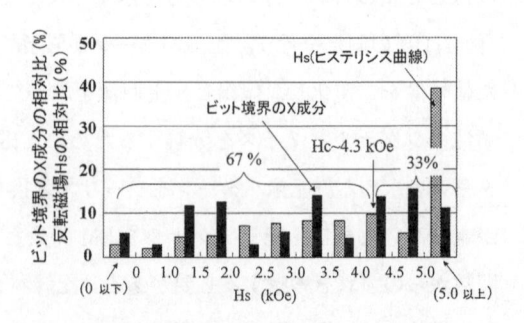

図6　反転磁場の分布，並びにビット境界のx成分の反転磁場依存性

第5章　垂直磁気記録媒体技術

ビット境界がある確率の約2倍になっている。特に反転磁場が5kOe以上の領域は媒体の40%を占めるが，その領域にビット境界がある確率はわずかに10%程度である。

6.5　反転磁化過程ならびに活性化体積

図3あるいは図4で求めた反転磁場マップでは磁場間隔0.5～1kOeと設定しているので，各領域は0.5もしくは1kOeの範囲で磁化反転したすべての結晶粒や活性化体積の集合を示しており，個別の結晶粒や活性化体積を示すものではない。もしも磁場間隔を小さくすれば，その反転磁場マップ上の分域の大きさも次第に小さくなり，次第に結晶粒や活性化体積の大きさに近づくと考えられる。また十分に小さな磁場間隔で測定を行えば，磁化反転プロセスが結晶粒子を越えてどのように進行していくかを観察することができる。図7には，磁場間隔を20OeとしH＝2.9～3.0kOeの間で測定した反転磁場マップを示した。図中の黒で示されている領域は2.9kOeでは既に磁化反転した領域であり，白い領域は3kOeでまだ未反転の領域である。

最も興味深い点は，磁化反転のプロセスが既に反転した領域の近傍で進行している点である。即ち反転磁化過程は，最初空間的に分散した小さな反転磁場を持つ領域で磁化反転が開始され，その後逆磁場の増加とともにその周囲で磁化反転領域が次第に広がり，あたかも磁壁移動で磁化過程が進行しているように見える点である。このような磁化過程は，反転磁場に大きな空間揺らぎが存在するとともに，結晶粒子間に何らかの交換相互作用が存在しているためと考えられる。

20Oeの間隔で測定した反転磁場マップ上の領域の大きさの最小値は10～30nm程度である。更に磁場間隔を低下していくと反転領域の大きさは次第に減少し，磁場ゼロに外挿すると10～20nmとなる。この大きさは巨視的な測定で算出された活性化体積に一致している[26]。

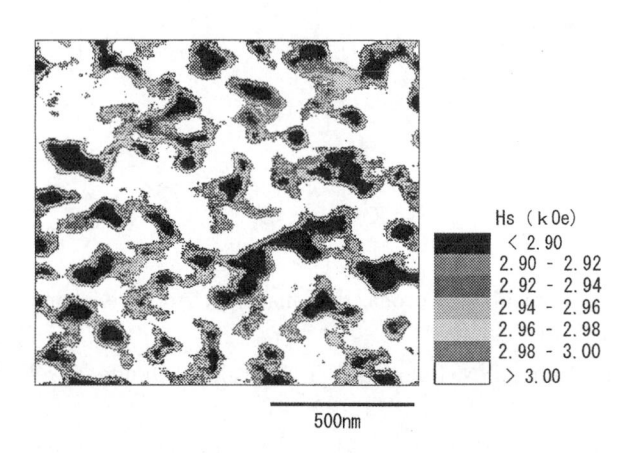

図7　H＝2.9～3.0kOe，磁場間隔20Oeで測定した反転磁場マップ

6.6 まとめ

本稿では記録層磁化反転評価技術として，反転磁場の空間分布をマッピングする反転磁場マップ，ならびに反転磁場マップにビット境界，ノイズ等高線等を重ね合わせる手法を説明した。

理想的な磁気記録媒体では，孤立した結晶粒子が互いに磁気的に絶縁され独立に磁化反転を示すことが期待される。また垂直磁気記録媒体では，巨視的な反磁場のために反転磁場に分布が生じるが，粒子の反転磁場はランダムな空間分布を示すことが期待される。説明した反転磁場マップ法による測定結果によれば磁化反転単位の大きさは 10～20nm であり，この点では従来の活性化体積の評価と一致している。しかしながら反転磁場の空間分布はランダムではなく，むしろ空間的な大きな揺らぎがあることを示唆している。また磁化反転した領域が次第に成長していく磁壁移動型に類似した磁化過程も観察された。更に媒体ノイズ，ビット境界のジグザグ遷移は小さな反転磁場を有する領域に多発し，高反転磁場領域では媒体ノイズやジグザグ遷移が発生する割合は少ない。これらの結果を考慮すると，今後垂直磁気記録方式による高密度化を推進するためには，反転磁場などの磁気的性質が空間的に均一にかつ微細に分散し，また結晶粒子間の交換相互作用も十分に切断された媒体開発を更に推進する必要があると思われる。また磁気媒体ノイズが反転磁場の小さな領域に集合する傾向があるから，十分大きな磁場勾配をもつ記録ヘッドの開発も重要と思われる。

現在，$1\,\text{Tbit/cm}^2$ を越える磁気記録を目指した研究が，国内外の研究機関で進められている。磁気力顕微鏡の分解能は現在 10～20nm 程度であり，将来的に $1\,\text{Tbit/cm}^2$ を越える磁気記録を実現するとすれば 5nm 以下の高分解能が要求される。また磁気力顕微鏡の今後の大きな課題として，高分解能化の他に動的磁区観察機能，結晶組織や電気機能性と磁区の同時測定等がある。このような観点からの研究も進行しており，今後更に広範なナノスケール磁気特性評価機能が開発されることが期待される。

文　献

1) Y. Nishida, H. Sawaguchi, A. Kuroda, H. Tanaka, H. Aoi, Y. Nakamura, *J. Magn. Magn. Mater.*, **235**, 454 (2001)
2) E. Miyashita, R. Taguchi, N. Funabashi, T. Tamaki, H.Okuda, *IEEE Trans. Magn.*, **38**, 2075 (2002)
3) M. Hashimoto, K. Miura, H. Muraoka, H. Aoi, Y. Nakamura, *J. Magn. Magn. Mater.*, **287**, 123 (2005)

4) K. Miura, H. Muraoka, Y. Sugita, Y. Nakamura, *J. Magn. Soc. Jpn.*, **27**, 261 (2003)
5) T. Shimatsu, H. Uwazumi, T. Oikawa, Y. Inaba, H. Muraoka, Y. Nakamura, *J. Appl. Phys.*, **93**, 7732 (2003)
6) G. Ju, X. Wu, H. Zhu, D. Weller, R. Chantrell, B. Lu, Y. Kubota, J. Yu, *J. Appl. Phys.*, **93**, 7846 (2003)
7) O. Hellwig, D.T. Margulies, B. Lengsfield, E.E. Fullerton, *Appl. Phys. Letter.*, **80**, 1234 (2002)
8) A. M. Taratorin, M. Xiao, K.B. Klassen, *IEEE Trans. Magn.*, **40**, 129 (2004)
9) J. Bai, H. Takahoshi, H. Ito, Y.W. Rheem, H. Saito, S. Ishio, *J. Magn. Magn. Mater.*, **283**, 291 (2004)
10) E. B. Svedberg, S. Khizroev, D. Litvinov, *J. Appl. Phys.*, **91**, 5365 (2002)
11) J. Chen, H. Saito, S.Ishio, K.Kobayashi, *J. Appl. Phys.*, **85**, 1 (1999)
12) H. Hosoe, K. Tanahashi, T. Kanbe, *J. Magn. Soc. Jpn.*, **22**, 1448 (1998)
13) R. Proksch, *Current Opinion in Solid State and Materials Science*, **4**, 231 (1999)
14) H.J. Hug, B. Stiefel, P.J.A. van Schendel, A. Moser, R. Hofer, S. Martin, H.-J. Guntherodt, S. Porthun, L. Abelmann, J.C. Lodder, G. Bochi, R.C. O'Handley, *J. Appl. Phys.*, **83**, 5609 (1998)
15) J. Bai, H. Saito, S. Ishio, *J. Appl. Phys.*, **96**, 5924 (2004)
16) J. Bai, H. Takahoshi, H. Ito, H. Saito, F. Wei, Z. Yang, S. Ishio, *Phys. Stat. Sol. (a)*, **201**, 1662 (2004)
17) J. Bai, H. Takahoshi, H. Ito, H. Saito, S. Ishio, *J. Appl. Phys.*, **96**, 1133 (2004)
18) 石尾俊二，ナノマテリアル工学大系第2巻ナノ金属，フジテクノシステム，p.924-930 (2005)
19) 山岡武博，石尾俊二，ナノテクノロジーハンドブックII編，ナノテクノロジーハンドブック編集委員会編，オーム社，p.21-25 (2003)
20) 石尾俊二，斎藤準，高星英明，伊藤弘高，日本応用磁気学会誌，**26**, 1034 (2002)
21) H. Kuramochi, H. Akinaga, Y. Semba, M. Kijima, T. Uzumaki, M. Yasutake, A. Tanaka, H. Yokoyama, *Jpn. J. Appl. Phys.*, **44**, 2077 (2005)
22) 山岡武博，渡辺和俊，白川部喜春，茅根一夫，日本応用磁気学会誌，**27**, 429 (2003)
23) 齊藤準，夏目貴史，砂原亮介，林映雨，石尾俊二，日本応用磁気学会誌，**29**, No.8, 773 (2005)
24) 石尾俊二，白建民，高星英明，斉藤準，日本応用磁気学会誌，**28**, 834 (2004)
25) S.Ishio, T.Washiya, H.Saito, J.Bai, W.Pei, *J. Appl. Phys.*, **99**, 093907 (2006)
26) W.Pei, J.Yuan, T.Wang, Y.Fu, T. Washiya, T.Hasegawa, H.Saito, S.Ishio, N.Honda, *Acta Materialia*, **55**, 2959 (2007)

7 軟磁性下地層材料

棚橋 究[*1], 細江 譲[*2], 荒井礼子[*3]

垂直磁気記録方式では，図1に示すように磁気情報を記録・保持する垂直記録層と，記録ヘッドを補助する軟磁性下地層（SUL：Soft magnetic underlayer）から構成された垂直磁気記録媒体を用いる。本節では，垂直磁気記録方式における SUL の機能と，垂直記録媒体の開発過程で明らかとなった SUL の技術課題について概説し，SUL 材料や層構成に関する様々な検討を紹介するとともに，今後の SUL の開発指針について展望する。

SUL の機能は，主としては記録ヘッドからの磁界強度（および磁界勾配）を高めることである。この機能を高めるため，SUL には，飽和磁束密度（B_s）が高く保磁力（H_c）が低い，いわゆる透磁率（μ）の高い材料が用いられる。記録磁界強度が高まると，より高い H_c および磁気異方性エネルギー（K_u）を有する垂直記録層への記録が可能となり，結果として，磁化反転サイズが小さな，高密度記録に適した垂直記録媒体が実現できる。また，SUL の副次的な機能として，再生感度の増加（特に低密度領域において）があげられる。垂直記録媒体からの信号強度の増大は，ヘッドノイズを相対的に小さくできる点で望ましい。このように SUL は，記録プロセスのみならず再生プロセスにおいても機能している。

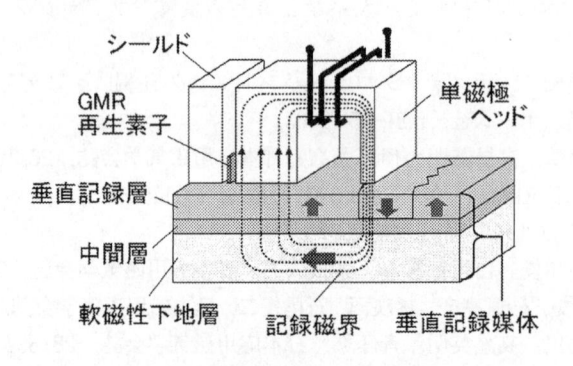

図1 垂直磁気記録方式の原理

[*1] Kiwamu Tanahashi ㈱日立製作所 中央研究所 ストレージ・テクノロジー研究センタ 主任研究員

[*2] Yuzuru Hosoe ㈱日立製作所 中央研究所 ストレージ・テクノロジー研究センタ 主管研究員

[*3] Reiko Arai ㈱日立製作所 中央研究所 ストレージ・テクノロジー研究センタ 主任研究員

第5章　垂直磁気記録媒体技術

　垂直記録媒体は，SUL よりもたらされる利点を活用している反面，SUL を有するがゆえの課題がある。垂直記録方式の磁気ディスク装置（HDD）の開発当初，外部磁界に対する弱さは深刻な問題であった[1~3]。これは，外部より加えられた磁界が，SUL を通して単磁極型記録ヘッドに集中し，データが消失する現象であり，基本的には SUL が高い μ を有することに起因する。ただし，外部磁界耐性はヘッド構造にも大きく依存する問題であり，実際，ヘッド構造の変更（シールドの形状等）により大きな改善が得られている[4]。

　SUL の磁壁から発生する漏洩磁束は，スパイク状のノイズとして観測され，再生信号の品質を著しく劣化させる[5~7]。SUL 起因のノイズは，スパイクノイズのように局在化したものだけとは限らない。例えば，SUL の磁化状態に揺らぎがある場合には，ディスク全面にわたりノイズが発生し，垂直記録層からのノイズに重畳する形で，記録トラック全体で平均化される積算ノイズとして観測される[6,8]。

　記録動作の繰り返しにより，隣接トラック方向に数 μm にわたって広い範囲でデータが消失する問題（Wide-area ATE：Adjacent Track Erasure）[9,10]は，一般的にはヘッド構造が主要因と考えられているが，SUL 起因（磁壁からの漏洩磁束）で発生する Wide-area ATE も指摘されている。

　このように，SUL は記録ヘッドからの磁束を垂直記録層に効率的に通すために必要な"磁化が動きやすい"という特性と，ノイズを抑制するために要求される"磁化の揺らぎが小さく，外乱に対して安定である"という一見相反する二つの特性を併せ持つ必要がある。以下に，具体的な SUL 材料や層構成を例にとり，上記課題に対する取り組みを紹介する。

　これまでに検討された SUL 材料は，表1に示すように，①多結晶系，②析出ナノ結晶系，および③非晶質系に大別される。多結晶系材料は，柱状結晶として成長するため，膜厚とともに表面粗さが増大する傾向がある。この表面粗さの増大は，非磁性中間層を介して形成される垂直記録層の結晶配向性（具体的には c 軸配向性）の劣化を招く。添加元素による微細化も試みられているが，析出ナノ結晶系や非晶質系と比較すると表面平坦性は十分ではない。

　析出ナノ結晶系材料は，膜形成時には非晶質であり，熱処理を施すことにより粒径が 10 nm 程度のナノ結晶が析出した構造を有する。析出ナノ結晶系は膜厚によらず表面膜平坦性が高いことに加え，耐熱性が高いという特徴がある。表2と図2に組成の異なる析出ナノ結晶系 FeTaC 合金 SUL の特性と，これを用いた CoCrPt 合金垂直媒体のノイズ特性を示す[8,11]。Ta 濃度を 6at.% から 8~10at.% に増やすことにより，1 Oe 以下の小さな保磁力が得られ，媒体ノイズが大幅に低下している。

表1　軟磁性下地層材料

種　類	軟磁性材料の例
多結晶系	NiFe, NiFeNb, FeAlSi, …
析出ナノ結晶系	FeTaC, FeTaN, FeNbC, FeTiC, …
非晶質系	CoTaZr, CoNbZr, FeCoB, …

垂直磁気記録の最新技術

表2 組成の異なる FeTaC 軟磁性下地層の特性

組成（at.%）	飽和磁束密度 B_s (T)	保磁力 H_c (Oe)	初期透磁率 μ at 50 MHz
FeTa$_6$C$_{12}$	1.7	8.7	50
FeTa$_8$C$_{12}$	1.7	0.3	1560
FeTa$_{10}$C$_{12}$	1.5	0.5	690

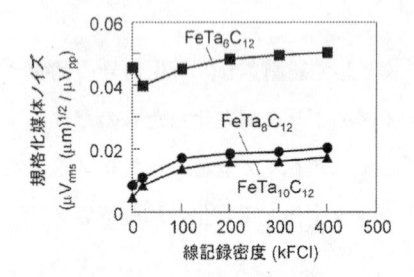

図2 組成の異なる FeTaC 軟磁性下地層を用いた垂直記録媒体のノイズ特性

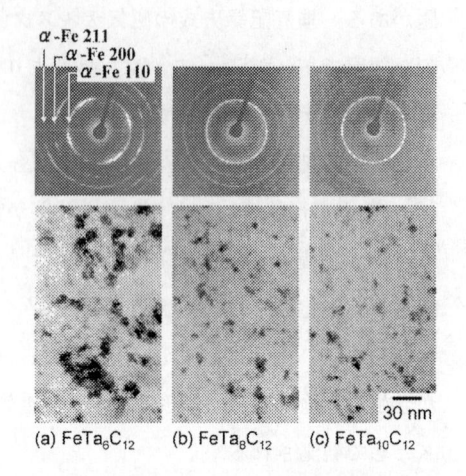

図3 組成の異なる FeTaC 軟磁性下地層の微細構造（平面 TEM 像と電子線回折パターン）

図3に見るように，Ta 濃度の増加により析出する α-Fe ナノ結晶のサイズが微細化している。また，膜断面方向からの TEM 観察では Ta 濃度が 6at.% と低い場合は，柱状結晶の成長が認められたのに対し，Ta 濃度が高い場合には平面 TEM 像と同様な微細構造を有し，ナノ結晶が3次元ランダムに析出していることが確認された。このように，SUL の微細構造及びそれに伴う磁気特性の変化は，媒体ノイズに大きな影響を与えるので，その制御が重要である。

非晶質系材料は，膜厚によらず表面平坦性が高く，優れた軟磁気特性が得られる。また，非晶質であるがゆえ，多結晶系材料や析出ナノ結晶系材料に比べ，その上に形成される非磁性中間層に関して，所望の結晶配向が得られやすい特徴がある。

図4に非晶質系 CoTaZr 合金と析出ナノ結晶系 FeTaC 合金を SUL に用いた垂直媒体の DC 消去したトラックと 40 kFCI の信号を記録したトラックにおける一周分の再生信号を示す[11]。CoTaZr 合金の場合には，FeTaC 合金の場合に比べ大きなスパイクノイズが観測されている。このようなスパイクノイズは，記録トラック全体で平均化される通常の積算ノイズとしてはほとんど観測されないが，出力ベースラインのシフトや出力振幅の減少が伴っており，ビットエラーレートの増加が懸念される。また，スパイクノイズの発生箇所は磁壁とともに移動し，媒体面に固定されない。このため，媒体の物理欠陥のように欠陥登録処理によって救済することは難しく，なんらかの手段によりスパイクノイズを抑制する必要がある。

スパイクノイズ抑制手法は，図5に示すように，(a) 交換バイアス方式と (b) 積層化方式に大別される。交換バイアス方式では，SUL の磁化を硬磁性層，あるいは反強磁性層と交換結合

第5章 垂直磁気記録媒体技術

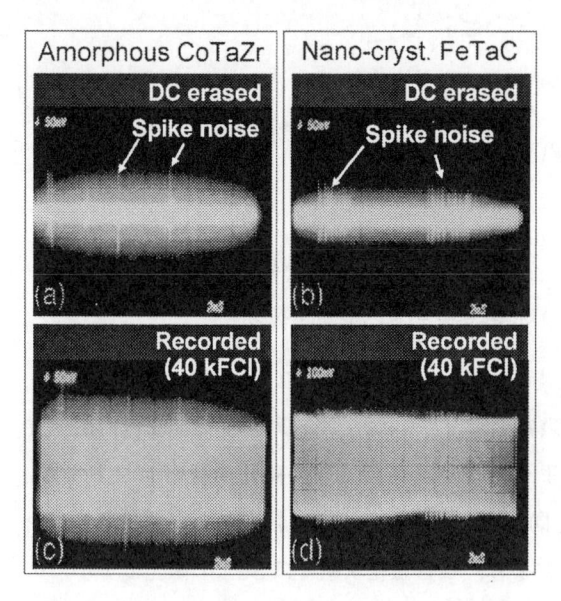

図4 軟磁性下地層材料によるスパイクノイズの違い

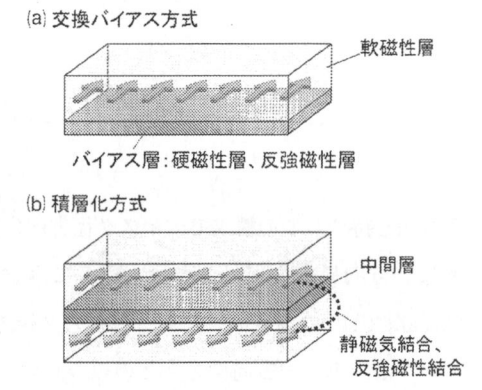

図5 スパイクノイズ抑制手法

させて一定方向に揃える（ピン止めする）[12~16]。一方，積層化方式では，軟磁性層と非磁性層を複数回積層し，近接する軟磁性層の磁化を反平行に向けて外部への磁束の漏洩を抑える。この方式には，積層した軟磁性層間に働く静磁気的な相互作用を利用する方式[17,18]と，薄いRu層を介した交換結合を利用して積極的に磁化を反平行に結合させる方式[19~21]がある。

図6に反強磁性MnIr合金層を用いてSULの磁化をピン止めした媒体の構成例を示す[14,15]。MnIr層の下に形成したfcc構造のPd層あるいはNiFe層はMnIr層の結晶構造を制御する役割を持ち，MnIr層の上に形成したCoFe層はCoTaZr SULに付与される交換バイアス磁界を高め

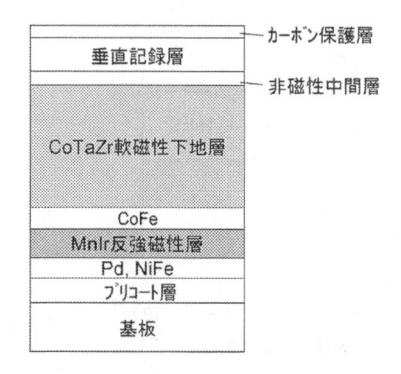

図6 MnIr反強磁性層により軟磁性下地層の磁区を制御した媒体の構成例

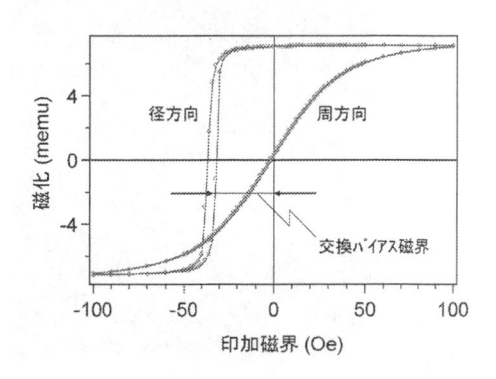

図7 MnIr反強磁性層で磁化をディスク径方向にピン止めしたCoTaZr軟磁性下地層の磁化曲線

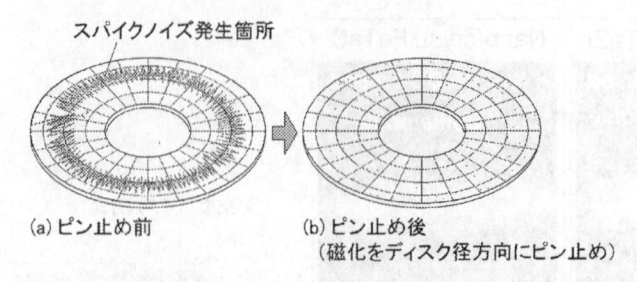

図8 反強磁性層のピン止め効果によるスパイクノイズ抑制
(a) ピン止め前
(b) ピン止め後（磁化をディスク径方向にピン止め）
スパイクノイズ発生箇所

る役割を持つ．この構成でディスク径方向に磁界を印加した状態で冷却することにより，磁界方向に一方向異方性が付与され，図7に示すようにディスク径方向の磁化曲線がシフトする．CoTaZr SULの場合は，元来，ディスク径方向を磁化容易軸とする一軸磁気異方性が得られやすいため，上記一方向異方性との組合せ効果により，残留磁化状態ではSULの磁化はディスク径方向に揃う．この結果，図8に示すようにディスク全面にわたりスパイクノイズの発生を抑制することが可能である．

　磁化曲線のシフト量（交換バイアス磁界に相当）は，一般的にSULの膜厚に反比例して小さくなり，磁化をピン止めする力が弱くなる．浮遊磁界等の外乱の影響も考慮すると，スパイクノイズを抑制するためには，できるだけ交換バイアス磁界を高くする必要がある．上述したCoFe層のように，高磁気モーメントの薄い強磁性層をSULの下に配置し，反強磁性層との強い交換結合を利用する方法（エンハンス層）の他には，例えば，図9に示すように二つのCoTaZr層の間にNiFe/CoFe/MnIr/CoFeからなる磁区制御層を挿入することによっても交換バイアス磁界

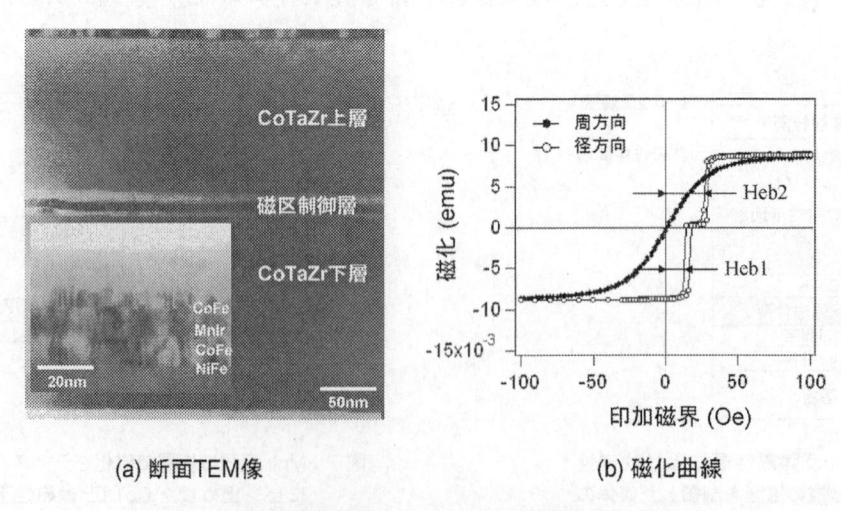

(a) 断面TEM像
(b) 磁化曲線

図9 磁区制御層挿入によるCoTaZr上下層のピン止め

第5章 垂直磁気記録媒体技術

を高めることが可能であり，CoTaZr SUL の膜厚が 300 nm の場合においてもスパイクノイズを抑制することができる[21]。

一方，積層化方式では，[FeAlSi/C]$_n$積層膜[17]のように，多結晶系磁性材料と非磁性材料を短い周期で積層する手法が提案されている。グラニュラ構造による磁気的な孤立化と，層間の静磁気的な結合により，SUL からのノイズを大幅に抑制でき，また，膜厚を 200 nm と厚くしてもノイズは増加しない特徴がある。ただし，この材料系の場合，膜平均の B_s が 1 T 以下と低いため，例えば高 K_u 材料記録層との組合せでは，十分な書込み磁界が得られないことが懸念される。

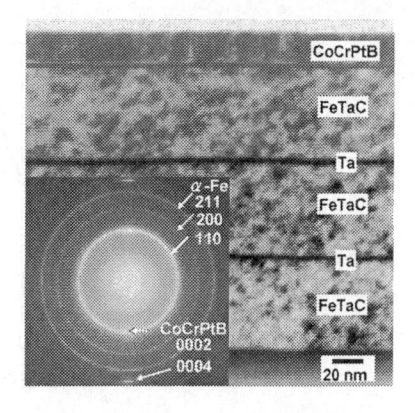

図10 [FeTaC/Ta]$_n$ 積層膜の断面 TEM 像

前述の析出ナノ結晶系 FeTaC 合金の単層膜は，スパイクノイズの強度は小さいものの，特に膜厚が 200 nm より薄くなると保磁力の増加とともにスパイクノイズの発生頻度が多くなる傾向がある。FeTaC 合金膜は 400℃ 程度の結晶化熱処理を伴うので，積層化する場合の非磁性層には耐熱性の高い材料を用いる必要がある。図10に [FeTaC/Ta]$_n$ 積層膜の断面 TEM 像と電子線回折パターンを示す[18]。非磁性層として高融点の Ta を用いることにより，結晶化熱処理時の層間拡散を抑制でき，3次元ランダムに析出した α-Fe ナノ結晶からなる軟磁性層を Ta 層で物理的に分離した構造が得られる。厚さ 2.5 nm の Ta 層を介して隣接する FeTaC 層の間には静磁気的な相互作用が働くため，H_c は 0.2 Oe 以下と非常に低くなるとともに漏洩磁束が弱まり，その結果，スパイクノイズを大幅に抑制することができる。なお，[FeTaC/Ta]$_n$ 積層膜では少ない層数で所望の特性が得られるため，B_s を約 1.7 T と高く保つことができる。

積層化方式の中で，現在，幅広く用いられているのは，膜厚が 1 nm 以下の薄い Ru 層を介した交換結合を利用して，積極的に磁化を反平行に結合させる手法（APC-SUL：Antiparallel-coupled SUL）である。図11に CoTaZr/Ru/CoTaZr 積層膜の磁化曲線と，Kerr 効果による上層の磁区観察像を示す[21]。残留磁化状態では，上下の CoTaZr 層の磁化が反平行に結合しているため，ディスク径方向および周方向の磁化の値はともにゼロになる。上層の磁区観察像には島状の磁区等，特異な多磁区構造が認められるが，各磁区内において上下層の磁化が反平行に結合しているため，明瞭なスパイクノイズは観察されない。

図12に示すように交換バイアス方式と積層化方式を組み合わせると，磁区制御層からの交換バイアス磁界と，Ru 層を介した交換結合磁界を同時に付与することができる[21]。上層の磁区観察像からは，磁壁がない擬似的な単磁区状態が実現していることがわかる。残留磁化状態での上

(a) 磁化曲線　　　　　　　　(b) 磁区観察像

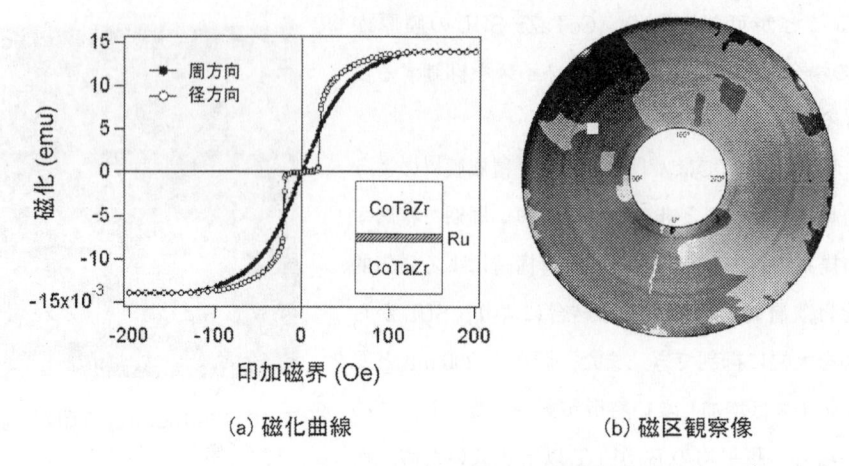

図 11　APC-SUL の磁化曲線と磁区観察像

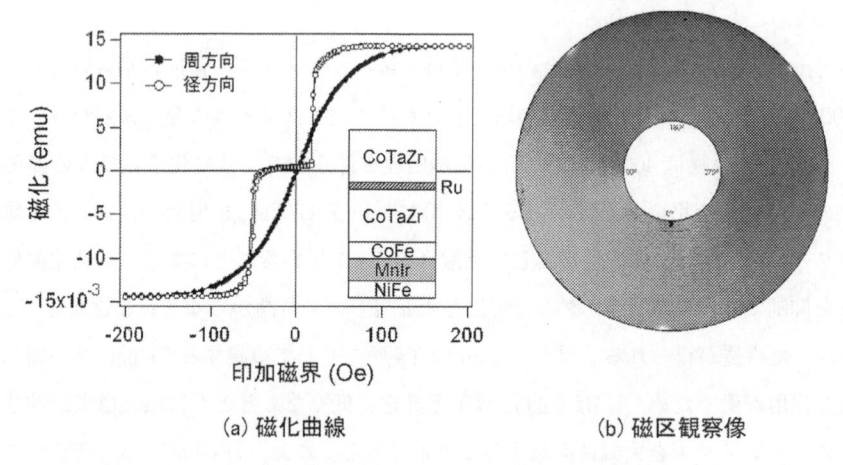

(a) 磁化曲線　　　　　　　　(b) 磁区観察像

図 12　磁区制御 APC-SUL の磁化曲線と磁区観察像

下層の磁化は，図13に示すように径方向に揃い，かつ互いに反平行に向いていると推定され，ディスク全面にわたってスパイクノイズを抑制できる。単層の交換バイアス方式で実現する擬似単磁区状態は，静磁気エネルギーが高く，安定に保つには十分に大きな交換バイアス磁界が必要であるが，積層することで静磁気エネルギーが大幅に下がり，擬似単磁区状態の安定性を高めることができる。

図14は各種 SUL を用いた垂直記録媒体の隣接消去評価の一例である[21]。単層 SUL を用いた場合には，トラック中心に対し±10μmの範囲にわたって再生信号の劣化が見られるのに対し，APC-SUL および磁区制御 APC-SUL を用いた場合には，再生信号の劣化が抑制されている。このように，スパイクノイズ抑制に効果のある積層方式は，隣接消去問題においても効果的である[19,21,22]。

第 5 章　垂直磁気記録媒体技術

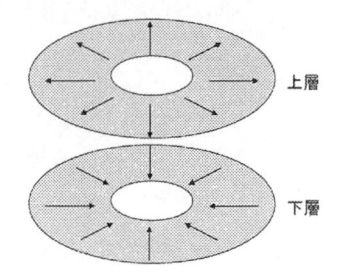

図 13　Pinned APC-SUL の残留磁化状態

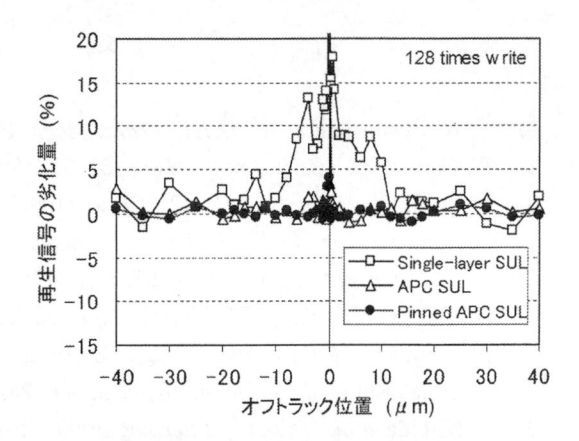

図 14　各種 SUL を用いた垂直記録媒体の隣接消去評価の一例

　以上述べたように，SUL の材料は，多結晶系，析出ナノ結晶系および非晶質系と幅広く検討され，さらに交換バイアス方式および積層方式の導入により，磁壁形成の抑制や透磁率の適正化が図られた。この結果，垂直記録 HDD の開発当初に顕在化した SUL 起因の主要課題（スパイクノイズ，外部磁界耐性，隣接消去等）は，概ね解決されたといえる。一方，垂直記録 HDD の製品化においては，上記課題を解決するだけでなく，耐腐食性や耐衝撃性等の信頼性確保もまた SUL 材料開発の重要なポイントとなる。耐腐食性に関しては電気化学的な考察が，耐衝撃性に関しては薄膜機械特性に基づく考察がそれぞれ必要になると考えられる。

　今後，更なる面記録密度の向上には，記録トラックの狭小化は必須であり，媒体書込み特性を確保する上で SUL の果たすべき役割は大きい。また，サーバ向け HDD では，高速記録時の SUL 応答性が新たな技術課題となることが予想され，SUL 透磁率の周波数特性も議論の対象になるであろう。

　将来に目を向けると，ヘッド磁界の不足を媒体の局所加熱による保磁力低減で補う熱アシスト記録[23]や，リソグラフィ技術により記録膜をビットサイズにパターンニングしたパターン媒体[24]等が Tb/in^2 級の超高密度記録方式として検討されている。こうした新規な記録方式において求められる SUL の特性を把握するとともに，温度特性や形状の影響等，新たな技術課題を早期に明確化することは，Tb/in^2 級 HDD を実現する上で重要である。

文　　献

1) V. W. Hesterman et al., *IEEE Trans. Magn.*, **25**, 3680 (1989)
2) W. Cain et al., *IEEE Trans. Magn.*, **32**, 97 (1996)
3) M. Oshiki, *J. Magn. Soc. Jpn.*, **21**, S1, 91 (1997)
4) T. Hamaguchi et al., *IEEE Trans. Magn.*, **43**, 704 (2007)
5) Y. Uesaka et al., *J. Appl. Phys.*, **57**, 3925 (1985)
6) A. Kikukawa et al., *IEEE Trans. Magn.*, **36**, 2402 (2000)
7) A. Kikukawa et al., *J. Magn. Magn. Mater.*, **235**, 68 (2001)
8) K. Tanahashi et al., *J. Magn. Magn. Mater.*, **242-245**, 325 (2002)
9) Y. Nishida et al., *Digest of Intermag 2005*, FP-09 (2005)
10) D. Guarisco et al., *IEEE Trans. Magn.*, **42**, 171 (2006)
11) A. Kikukawa et al., *IEEE Trans. Magn.*, **37**, 1602 (2001)
12) T. Ando et al., *J. Magn. Soc. Jpn.*, **18**, S1, 87 (1994)
13) H. S. Jung et al., *IEEE Trans. Magn.*, **37**, 2294 (2001)
14) K. Tanahashi et al., *J. Appl. Phys.*, **91**, 8049 (2002)
15) S. Takenoiri et al., *IEEE Trans. Magn.*, **38**, 1991 (2002)
16) K. Tanahashi et al., *J. Appl. Phys.*, **93**, 8161 (2003)
17) F. Nakamura et al., *J. Magn. Magn. Mater.*, **235**, 64 (2001)
18) K. Tanahashi et al., *J. Appl. Phys.*, **93**, 6766 (2003)
19) B. Acharya et al., *Proc. 9th Joint MMM-Intermag Conf.*, GD-10 (2004)
20) S. C. Byeon et al., *Proc. 9th Joint MMM-Intermag Conf.*, GD-11 (2004)
21) K. Tanahashi et al., *IEEE Trans. Magn.*, **41**, 577 (2005)
22) J. Zhou et al., *IEEE Trans. Magn.*, **41**, 3160 (2005)
23) H. Sukeda et al., *IEEE Trans. Magn.*, **37**, 1234 (2001)
24) J. Lohau et al., *IEEE Trans. Magn.*, **37**, 1652 (2001)

8 中間非磁性層の役割と課題

二本正昭*

二層垂直媒体では，記録用硬磁性膜と裏打ち軟磁性膜の二種類の全く異なった性質を持つ磁性膜が組み合わせて用いられる。この二種類の磁性膜の間に設けられるのが，中間非磁性層である。図1に二層垂直媒体の開発において考慮しなければならない技術課題を示す[1]。中間非磁性層は，程度の差こそあれ記録用硬磁性膜に関連するほとんど全ての要因に影響を与える。記録磁性膜の結晶配向性，結晶粒径，結晶欠陥，粒界組成，粒内組成，表面の平坦性などを，中間非磁性層の材料と形成条件を適切に選択することで制御する必要がある。また中間非磁性層は，記録磁性層と裏打ち軟磁性層の間の磁気的相互作用にも大きな影響を与える。垂直磁気記録過程で磁気ヘッドの記録効率を高くするには，この層の厚さはできるだけ小さい方が良く，200 Gb/in^{2}クラスの面密度の磁気記録の場合，10nm以下に設計することが望ましいとされている。図1に示した各種要因は垂直磁気記録媒体の記録分解能，ノイズあるいは記録磁化情報の熱的安定性などに大きな影響を及ぼす。中間非磁性層は，極めて小さな膜厚の許容範囲でこれら多くの要因を制御する役割を果たすので，垂直磁気記録媒体において極めて重要な機能層となっている。中間非磁性層は，許容膜厚が小さいことを考慮すると単層が望ましいが，単層で前述の多くの要因を垂直磁気記録に適した方向に制御することは容易でないため，複数の層に役割を分担させる多層膜構造も用いられている。以下ではCo合金系磁性材料を記録膜に用いる垂直磁気記録媒体を中心に，中間非磁性層が果たす役割を要因別に説明する。

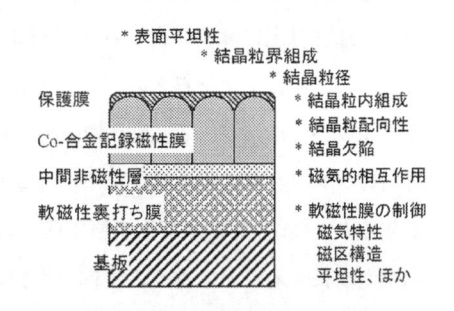

図1 二層垂直媒体の技術課題[1]

8.1 結晶配向性

中間非磁性層の果たす役割の中で最も重要なものが磁性膜の結晶配向性の制御である。垂直磁気記録では，記録磁性膜を構成する結晶粒の磁化容易軸を基板面に対して垂直にすることが必要である。六方稠密（hcp）構造を持つCo合金薄膜をガラスやSiなどの基板上にスパッタ法や真空蒸着法などで形成すると，形成初期過程では結晶方位が互いに異なる多くの結晶粒が成長する[2]。垂直磁気記録媒体の記録磁性膜としては，hcp構造の磁化容易軸である［0001］方向が基

---

* Masaaki Futamoto　中央大学　理工学部　教授

板と垂直な多結晶配向膜であることが必要である。このような膜構造を実現するためには，薄膜結晶成長初期過程における結晶核生成を制御することが必要となる。hcp 構造を持つ材料は最稠密面（0001）を基板面と平行にして核生成し易い性質を持つため，Co 合金と強い相互作用をしない下地材料上に薄膜形成すると［0001］方向を基板面と垂直にした多結晶膜が形成される可能性がある。逆に下地材料との相互作用を活用して核生成を制御する方法として，ヘテロエピタキシャル成長の活用がある。hcp 構造の最稠密面の原子配列と同様な配列を持つ hcp 構造を持つ他材料の（0001）配向膜あるいは fcc 構造の（111）配向膜を下地として，その上に Co 合金膜を形成すると，Co 合金膜は下地の原子配列の影響を受けて（0001）面を下地と平行にした多結晶配向膜が成長することになる。配向下地膜の条件として，膜厚が小さくても高度の（0001）hcp もしくは（111）fcc 配向し易いことが必要となる。このような可能性を持つ下地膜材料の探索が行われ，非晶質構造を持つ Ge, Si, C 膜や Co_3O_4, CoNiZr などの非晶質膜，hcp 構造を持つ Ti, Sc, Ru やこれらの元素を主成分とする合金膜，fcc 構造を持つ Pt, Pd, Au 膜などが Co 合金磁性膜の下地膜として望ましいことが報告されている。表1に記録磁性膜の磁化容易軸を垂直配向させるのに用いられた代表的な材料膜を示す。ここでは，単層垂直磁化膜の形成で検討された膜も含まれているが，磁性膜の磁化容易軸の垂直配向化を図る点では同様である。図2に配向制御用の下地膜を設けた場合と設けない場合の Co 合金垂直磁化膜の断面構造を比較して示す[24]。基

表1　記録磁性膜の結晶配向制御用の下地膜

配向制御層	制御層の構造	文献
［hcp-Co 合金系磁性膜］		
Ti	hcp	3, 4
TiCr	hcp	5
Ta	hcp	6
Ru	hcp	4, 7
非磁性 CoCr	hcp	8, 9
Ge, Si, C	非晶質	4, 10
Au, Al, Pt	fcc	11, 12
Ti/Ge	hcp/非晶質	13
非磁性 CoCr/TiCr	hcp/hcp	5, 14
非磁性 CoCrRu/TiCr	hcp/hcp	15
Pt/Co_3O_4	fcc/非晶質	16
Pt/Ti, Pd/Ti	fcc/hcp	12, 17
Ta/MgO, CoCrRu/MgO	hcp/NaCl 構造	18, 19
Ru/Ru-Oxide	hcp/非晶質	20
Ru/Ta	hcp/hcp	20, 21
［$L1_0$-FePt 合金磁性膜］		
MgO	NaCl 構造	22
［$SmCo_5$ 合金磁性膜］		
Cu	fcc	23

第5章　垂直磁気記録媒体技術

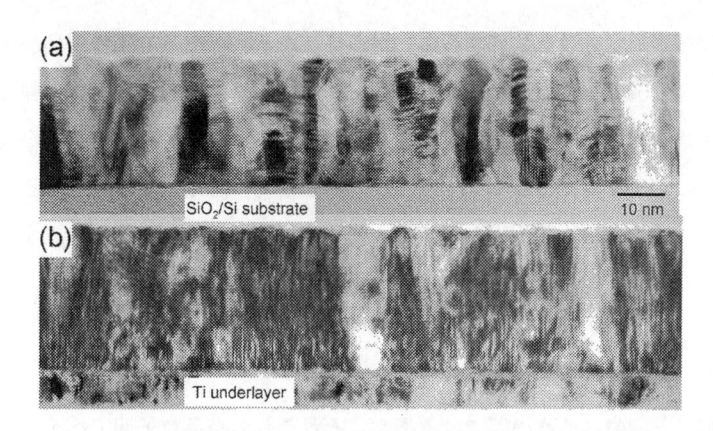

図2　Co 合金垂直磁化膜の断面構造に及ぼす hcp-Ti 下地の効果[24]
(a) 自然酸化膜を持つ Si 基板上に直接形成した場合,
(b) hcp-Ti 下地膜上に形成した場合

板上に直接形成した場合，磁性膜の成長初期領域に基板面に対して傾いて成長している結晶粒も存在し，成長方向や粒径も不揃いである。これに対し，hcp-Ti 下地膜上に形成した場合は，一様な形状の柱状結晶が成長しているのが認められる。最近の Co 合金系垂直磁化膜の結晶配向制御用の下地膜としては，Co 合金膜との格子整合性に優れた Ru 系材料が専ら活用されている。

二層垂直磁気記録媒体では，非磁性中間層は軟磁性裏打ち膜上に形成されるためその結晶配向は軟磁性膜の影響を受ける。多結晶構造を持つ軟磁性膜の場合，軟磁性膜と中間層膜の間でヘテロエピタキシャル成長が起こり，中間層膜の配向や結晶粒径が必ずしも垂直磁気記録膜の結晶配向制御膜として適さないこともあり得る。このような場合，軟磁性裏打ち膜として CoNbZr や CoTaZr などの非晶質もしくは FeTaC や FeCoB などのような微結晶構造を持つ材料を用いるか，あるいは非磁性中間層として非晶質構造もしくは微結晶構造を持つ C や Ta，MgO などの膜を多結晶軟磁性膜上に形成し，ついでこれらの膜上で高い (0001) 配向性を示す hcp 構造の Ru 等の非磁性下地膜を形成する，二層からなる中間層構造を採用すれば対応が可能となる。全膜厚が大きくなる問題があるが，二層以上の多層からなる非磁性中間層の検討も行われている。

8.2　結晶粒径

記録磁性膜を構成する多結晶膜の結晶粒径は，非磁性中間層がヘテロエピタキシャル成長で磁性膜の結晶配向を制御している場合，非磁性中間層の結晶粒径によってほぼ決定される。(0001) 配向した多結晶非磁性中間層上にエピタキシャル成長した Co 合金磁性膜結晶はいずれも同様の [0001] 軸を成長方向に持つため成長速度もほぼ等しくなり，柱状結晶として成長する。従って，記録磁性膜の結晶粒径の平均や分散を高密度磁気記録に適した値に制御するためには，非磁性中

間層の結晶粒径の平均と分散を制御することが前提となる。ただ，非磁性中間層を構成する多結晶膜の結晶配向が（0001）に揃った状態で，膜を構成する結晶粒表面に起伏や膜と組成の異なる異物が存在する場合は一個の非磁性結晶粒子上に複数のCo合金系磁性結晶粒が成長する可能性も生ずる[25]。このような異物としては，磁性膜の結晶粒間の磁気分離を促進するために磁性膜のスパッタ形成時に添加される酸化物や非磁性中間層の形成条件に依存して生成する原子配列の乱れた領域などの存在が考えられる。

8.3 結晶欠陥

非磁性中間層膜と記録磁性膜の間では，通常，それぞれの結晶粒子間でヘテロエピタキシャル成長の関係が成り立っている。二種類の結晶間で格子定数の差が大きい場合は，磁性結晶粒に応力が働いて積層欠陥などの結晶欠陥が形成されたり[26]，界面で格子配列に乱れが生ずることがある[27]。hcp構造を持つCo合金の一部に積層欠陥が入ると，その部分は磁気異方性が一桁程度低いfcc構造となるので保磁力が低下することになる。また高い基板温度で膜形成をする場合，非磁性中間層を構成する元素が磁性膜に拡散する可能性もある。磁性結晶粒に異種原子が拡散したり，結晶配列が乱れたり，応力が加わったりすると磁気特性が劣化する可能性が生ずる[28]。図3は二層からなるCoCrRu/TiCr非磁性中間層とCoCrPt磁性膜の界面の原子配列構造の観察例である[15]。TiCr合金とCoCrRu合金には約15％の格子ミスフィットが存在し，図3のAに示す領域では原子配列が乱れているのが観察される。これに対し，格子ミスマッチが2％と小さい非磁性CoCrRu合金膜とCoCrPt磁性膜の界面付近（B部）には原子配列に乱れが無く，磁性／非磁性の急峻な境界が形成されていることがうかがえる[14]。非磁性中間層として多く用いられているRuの格子定数（$a=0.271$nm，$c=0.428$nm）は磁性膜を構成するPtを含むCo合金の格子定数に近いため原子配列に乱れがほとんどなく磁気的にも急峻な界面が形成される。

8.4 結晶粒界組成，結晶粒内組成

記録磁性膜は中間非磁性層膜上に形成されるが，磁性膜を構成する結晶粒の粒界や粒内の組成は，中間非磁性層からの元素拡散や微細な起伏の影響を受ける。磁気記録媒体を形成する基板温度が高い場合，あるいは製膜後に熱処理を行う場合には磁性膜と中

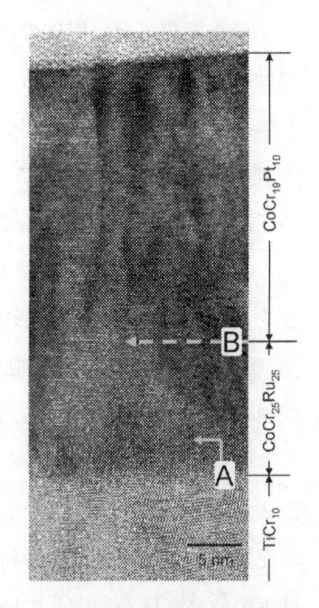

図3 中間非磁性膜上に形成したCoCrPt磁性膜の断面構造[15]
試料：CoCrPt／非磁性CoCrRu／TiCr／基板

第5章 垂直磁気記録媒体技術

間非磁性層膜の間で元素拡散が生ずる。中間非磁性層から非磁性元素が磁性膜の結晶粒界に拡散すれば磁性結晶粒間の磁気分離が進むため保磁力の向上や媒体ノイズ減少などが観察される[29]。また非磁性元素が磁性結晶粒内に拡散すると飽和磁化が低下することになる。中間非磁性層の表面に微細な起伏が存在すると、その上に形成される記録磁性膜の結晶成長が中間層表面の凸部と凹部で差が生ずることになる。このような起伏は、多結晶磁性膜の成長において磁性結晶粒間の成長速度や製膜時の原子拡散に影響を与えることになる。磁性膜形成でCo合金系金属材料とSiO_2などの酸化物を同時に付着させる場合などでは、平坦な中間層膜上に形成する場合に比べて酸化物の磁性結晶粒界面への偏析が促進される可能性がある。

8.5 表面平坦性

磁気ディスク基板が平坦な場合、磁気記録媒体表面の平坦性に最も大きな影響を与えるのは媒体構成において比較的大きな膜厚が必要とされる裏打ち軟磁性膜である[30]。中間非磁性層膜はその上に形成される記録磁性膜の結晶成長を制御する役割を果たしており、磁性膜の島状成長やエピタキシャル成長を通して、必然的に磁性膜の表面平坦性にも影響を与える。平坦な磁性膜表面を実現するために中間層膜は平坦であることが必要である。しかし記録磁性膜を構成する結晶粒間への非磁性元素や酸化物などの偏析を促進し、磁性結晶粒間の磁気分離を図るためには、多少の起伏が存在することが望ましい場合もある。記録媒体の表面平坦性の向上は、記録密度を増大していく上で必須の要因であり、中間非磁性層の及ぼす影響も含めて総合的観点で検討する必要があろう。

8.6 軟磁性裏打ち層と記録磁性層の磁気的相互作用

二層垂直磁気記録媒体の再生出力は、裏打ち軟磁性層が存在することによって単層垂直媒体に比べて約二倍に増大するが、同時にノイズも増大することになる。媒体ノイズは主として記録磁性膜に起因するが、裏打ち軟磁性膜および記録膜と裏打ち軟磁性膜の相互作用にも影響される[30,31]。裏打ち軟磁性膜と記録磁性膜の間に中間非磁性層膜を導入することによって、図4に示すように媒体ノイズを低減できる[31]。このノイズ低減は軟磁性裏打ち膜の種類にはそれほど強く依存しない。また媒体ノイズは中間層膜厚に依存して変化し、例えば図5に示すように、200kFCIの記録信号強度で規格化したノイズ強度は、中間非磁性層膜厚が0～数nmの範囲で急減し、これ以上膜厚を増してもノイズ低下には飽和傾向が認められる。ノイズ低減と中間非磁性層膜厚の関係はノイズ波長に依存するものと考えられる。このように、中間非磁性層は記録磁性層と裏打ち軟磁性膜間の磁気的相互作用を調整する重要な働きをなしており、直接的に信号およびノイズ強度に影響を与える。低ノイズで高出力の磁気記録媒体を実現する上で、中間非磁性層

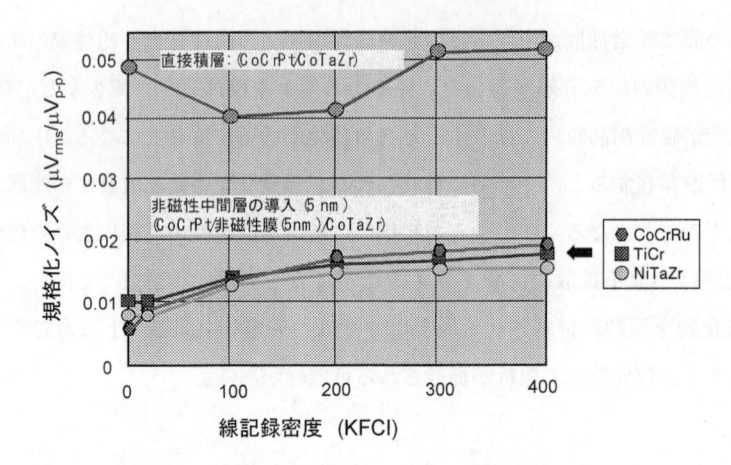

図4　各種の裏打ち軟磁性膜材料上に非磁性中間層 TiCr（5 nm）を介して CoCrPt 記録膜を形成した二層垂直媒体のノイズの記録密度依存性[30]

比較試料：非磁性中間層を介さないで CoTaZr 軟磁性膜上に直接 CoCrPt 記録膜を形成した媒体のノイズ特性

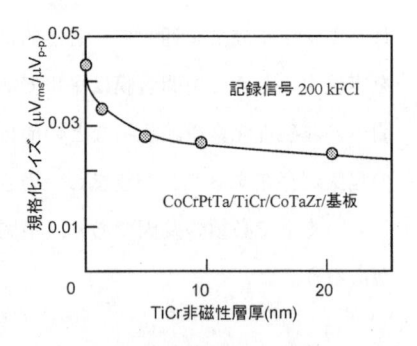

図5　非磁性中間層膜厚が媒体ノイズに及ぼす影響[31]

膜厚の選択は大切な要因である。

8.7　Co 合金系記録磁性膜以外の磁性膜に対する中間非磁性層材料

Co 合金系磁性膜材料よりも高い磁気異方性エネルギー（K_u）を持つ FePt, $SmCo_5$ などの規則合金膜を記録膜に用いた垂直磁気記録媒体が検討されている。これらの磁性材料に対する中間非磁性層膜の役割は，前述の Co 合金系磁性膜の場合と基本的に同様である。中間層として最も重要な磁性膜の垂直配向性の制御では，これらの規則合金の構造は hcp 構造を持つ Co 合金系とは異なるため，結晶構造に適した材料を選択する必要がある。FePt 合金は $L1_0$ 型規則相をとり，［001］方向が磁化容易軸であるが，Fe-Si 系軟磁性膜の上に形成する中間非磁性層として岩塩（NaCl）型結晶構造を持つ MgO 膜が適していることが報告されている[22]。MgO 膜は 1 nm 程度の膜厚でも MgO(100) 配向膜構造をとり，その上に FePt 合金膜を形成するとヘテロエピタキシャル成長により垂直配向膜が得られる。$SmCo_5$ は $P6/mmm$ 群に属す複雑な結晶構造を持つ規則合金であるが，［001］方向に磁化容易軸を持つ。中間非磁性層として，fcc 構造を持つ Cu (111) 配向膜を用いることにより，磁性膜の磁化容易軸を垂直方向に制御可能で 10kOe 以上の保磁力と $3 \times 10^7 erg/cm^3$ 以上の高い K_u が実現されている[23]。

第5章　垂直磁気記録媒体技術

8.8　中間非磁性層の今後の課題

　磁気記録の高密度化が進むと，記録磁性膜を構成する結晶粒の微細化と粒径分布の狭少化，膜厚の低下，高保磁力化，膜表面の平滑化とともに裏打ち軟磁性膜との磁気的相互作用のより高精度制御が必要となる．中間非磁性膜厚も磁気記録の高密度化に対応して低減させる必要がある．今後，中間層膜厚を数 nm 以下に低減することになるが，このような極めて限られた膜厚条件で磁気記録媒体の多くの要因を制御できる中間層材料と製膜プロセスを開発する必要がある．このためには，これまでの研究で得られた知見をベースに，材料が持つ可能性，あるいは異種材料膜を組み合わせたときに生ずる新たな可能性を系統的に粘り強く研究することが必要であろう．

文　　献

1) M. Futamoto, *Journal of Optoelectronics and Advanced Materials*, **8**, pp.1861-1866 (2006)
2) M. Futamoto, Y. Honda, H. Kakibayashi, T. Shimotsu, and Y. Uesaka, *Japan. J. Appl. Phys.* **24**, pp.L460-L462 (1985)
3) R. Sugita, K. Takahashi, K. Honda, K. Kanai, F. Kobayashi, Digests of the 6th Annual Conference of Magnetics in Japan, pp.42 (1982)
4) M. Futamoto, Y. Honda, H. Kakibayashi, and K. Yoshida, *IEEE Trans. Magn.*, **MAG-21**, pp.1426-1428 (1985)
5) M. Futamoto, Y. Honda, Y. Hirayama, K. Itoh, H. Ide, and Y. Maruyama, *IEEE Trans. Magn.*, **32**, pp.3789-3794 (1996)
6) H. S. Gill and T. Yamashita, *IEEE Trans. Magn.*, **MAG-20**, pp.776-778 (1984)
7) K. H. Krishnan, T. Takeuchi, Y. Hirayama, and M. Futamoto, *IEEE Trans. Magn.*, **30**, pp.5115-5117 (1994)
8) P. W. Jang, Y. H. Kim, T. D. Lee, and T. Kang, *IEEE Trans. Magn.*, **25**, pp.4168-4170 (1989)
9) 平山義幸，二本正昭，日本応用磁気学会誌，**19**, Suppl. No.S2, pp.14-18 (1995)
10) Y. Honda, Y. Hirayama, A. Kikukawa, and M. Futamoto, *IEICE Trans. Electron.*, **E85-C**, pp.1745-1749 (2002)
11) D. J. Mapps, G. Pan, M. A. Akhter, *IEEE Trans. Magn.*, **25**, pp.4168-4170 (1989)
12) A. Sato, S. Nakagawa, and M. Naoe, *IEEE Trans. Magn.*, **36**, pp.2387-2389 (2000)
13) M. Futamoto, Y. Honda, and K. Yoshida, *Journal de Physique*, **Colloque C8**, Suppl.12, Tome 49, pp.C8-1979-1980 (1988)
14) Y, Hirayama, M. Futamoto, K. Ito, Y. Honda, and Y. Maruyama, *IEEE Trans. Magn.*, **33**, pp.996-1001 (1997)
15) M. Futamoto, Y. Hirayama, N. Inaba, Y. Honda, and A. Kikukawa, *IEICE Trans. Electron.*, **E84-C**, pp.1132-1136 (2001)

16) X. Song, J. Loven, J. Sivertsen, and J. Judy, *IEEE Trans. Magn.*, **32**, pp.3840-3842 (1996)
17) J. Ariake, N. Honda, K. Ouchi, and S. Iwasaki, *J. Mag. Mag. Mater.*, **242-254**, pp.311-316 (2002)
18) Y. Hirayama, I. Tamai, I. Takekuma, and Y. Hosoe, *IEEE Trans. Magn.*, **39**, pp.2282-2284 (2003)
19) Y. Hirayama, A. Kikukawa, Y. Honda, and M. Futamoto, *IEEE Trans. Magn.*, **36**, pp.2396-2398
20) U. Kwon, R. Sinclair, E. M. T. Velu, S. Malhotra, and G. Bertero, *IEEE Trans. Magn.*, **40**, pp.3193-3195 (2005)
21) W. K. Shen, A. Das, M. Racine, R. Cheng, and J. H. Judy, *IEEE Trans. Magn.*, **42**, pp.2382-2383 (2006)
22) T. Suzuki, T. Kiya, N. Honda, and K. Ouchi, *IEEE Trans. Magn.*, **36**, pp.2417-2419 (2000)
23) J. Sayama, K. Mizutani, Y. Yamashita, T. Asahi, and T. Osaka, *IEEE Trans. Magn.*, **41**, pp.3133-3135 (2005)
24) M. Futamoto, Y. Honda, Y. Matsuda, and N. Inaba, *IEICE Tech.Report*, **MR91-46**, pp.29-32 (1991)
25) K. Shintaku, *J. Mag. Soc. Japan.*, **30**, pp.515-517 (2006)
26) Y. Takahashi, K. Tanahashi, and Y. Hosoe, *J. Appl. Phys.*, **91**, pp.8022-8024 (2002)
27) M. Futamoto, Y. Hirayama, Y. Honda, and N. Inaba, *J. Mag. Mag. Mater.*, **226-230**, pp.1610-1612 (2001)
28) N. Inaba, A. Nakamura, T. Yamamoto, Y. Hosoe, and M. Futamoto. *J. Appl. Phys.*, **79**, pp.5354-5356 (1996)
29) Y. Hirayama, Y. Honda, A. Kikukawa, and M. Futamoto, *J. Appl. Phys.*, **87**, pp.6890-6892 (2000)
30) M. Futamoto, Y. Hirayama, Y. Honda, A, Kikukawa, K. Tanahashi, and A. Ishikawa, *J. Mag. Mag. Mater.*, **235**, pp.281-288 (2002)
31) Y. Honda, K. Tanahashi, Y. Hirayama, A. Kikukawa, and M. Futamoto, *IEEE Trans. Magn.*, **37**, pp.1315-1318 (2001)

第6章　垂直磁気記録用信号処理技術

大沢　寿[*1]，岡本好弘[*2]，仲村泰明[*3]

1　はじめに

　近年のハードディスク装置（HDD）の記録密度の向上には目覚しいものがある。それは，ヘッド，媒体及びヘッドディスクインターフェース等の要素技術の進展に支えられているのは勿論であるが，信号処理技術の向上に負うところも大である。1956年に，最初のHDD製品として知られるIBM RAMACにおいて採用された信号処理方式は，NRZI（Non-Return-to-Zero-Inverse）符号と振幅検出（しきい値検出）方式の組合せであった。その後，ピーク検出方式が1966年にIBM2314においてFM符号と組み合わせて採用されて以来，今では情報ストレージ装置には無くてはならない信号処理方式として用いられているPRML（Partial Response Maximum Likelihood）方式が現れるまでの30余年もの長きに亘って採用されてきた。この間は，高密度化に伴う符号間干渉（波形干渉）との戦いであり，ピークシフトをいかに少なくするかということに技術者は腐心してきた。そのためには最小磁化反転間隔と検出窓幅の大きい記録符号の開発が有効であるとして符号開発に力が注がれてきた[1,2]。このような要件を満たす代表的な符号としてよく用いられてきたのがMFM符号，(2,7)RLL（Run-Length-Limited）符号，(1,7)RLL符号などである。

　このような符号間干渉の呪縛から解き放ったのがPRML方式で，その発想は符号間干渉をあるがままに受け入れて利用しようというところにある。PRML方式はパーシャルレスポンス（PR）方式と最尤（ML）復号法の一種であるビタビ復号法の融合方式である[3]。PR方式は制御可能な既知の符号間干渉を導入することにより，等化器出力における雑音スペクトルの整形が可能でSN比を高めることのできる記録再生方式である。ビタビ復号器では，PR特性により生じた信号系列間の相関を利用して最も確からしい信号系列を復号する。PRML方式[3]の研究は，H. Kobayashiによる長手磁気記録における基本的なPR方式であるPR（1, − 1）方式とビタビ復号法の組合せの検討を嚆矢とする[4]。それは，符号間干渉の無視できる低記録密度における検討で

---

*1　Hisashi Osawa　愛媛大学　大学院理工学研究科　電子情報工学専攻　教授
*2　Yoshihiro Okamoto　愛媛大学　大学院理工学研究科　電子情報工学専攻　准教授
*3　Yasuaki Nakamura　愛媛大学　大学院理工学研究科　電子情報工学専攻　助教

あったが，大沢らは1980年に高記録密度においてはPR4ML方式が良好な特性を与えることを示した[5]。その後，R. W. WoodらによりPR4ML方式についての更に詳細な検討が行われ[6]，1990年にIBM 0681において実際にPR4ML方式が搭載されてその有効性が実証されるに及んで[7]，PRML方式は高密度記録のための信号処理方式として確たる地歩を占めることとなった。更なる高密度化に伴って高域雑音の抑圧特性に優れるEPR4(Extended PR4)ML, EEPR4 (Enhanced EPR4)ML(E^2PR4ML), ME^2PR4(Modified E^2PR4)MLなどの高次PRML方式[3]が用いられている。最近では，雑音の白色化と雑音電力の低減を図るGPR(Generalized PR)ML[8,9]，NP(Noise Predictive)ML方式[10]や自己回帰（AR：Autoregressive）チャネルモデルを用いて信号依存性雑音に対する耐性を高めたPRML-AR方式[11]も現れている。

一方，垂直磁気記録に関しては，古くは二層膜主磁極ヘッドを対象とするPRML方式[12]や単層膜媒体を対象とするPR5ML方式[13]の検討もあるが，垂直磁気記録のための信号処理方式の研究[14,15]が盛んになったのは，単磁極ヘッドと二層膜媒体との組合せに整合したPRML方式として正係数のPRML方式[16]が提案されてからである。

その後，PRML方式の性能を向上できる技術として，復号誤りを訂正するポストプロセッサが開発されている[17~19]。ポストプロセッサは，パリティ検査符号や復号系列の信頼度情報などに基づいて誤りパターンを特定してビット反転することでPRML方式の復号誤りを効果的に訂正することができる。また，最近では次世代の信号処理方式として，Gallagarによって提案されたLDPC（Low Density Parity Check）符号[20]を用いた繰り返し（反復）復号が注目され，HDDへの実装検討も始まっている。

本章では，垂直磁気記録のための信号処理技術として，垂直磁気記録再生系，PRML方式の基礎，雑音予測型PRML方式，ポストプロセッサ，LDPC符号化繰り返し復号方式，低域補償について述べる[14,15,21]。

2 垂直磁気記録再生系

図1に垂直磁気記録のためのPRML方式のブロック図を示す。"1"，"0"の2値入力データ系列はRLL符号器とプリコーダを通して記録系列に変換される。プリコーダでは，記録系列の遅延系列とRLL符号系列の排他的論理和を出力とする。ここでは，RLL符号として，mビットのデータ語をnシンボルの符号語に変換し，記録系列における"1"と"1"の間の最小ラン長を0，最大ラン長をG，偶数及び奇数番目の系列における最大ラン長をIに制限したm/n (0, G/I) 符号を用いるものとする。但し，m/nは符号化率で，高密度記録時にもビタビ復号器入力SN比を大きくするために可能な限り1に近い高符号化率の符号が望まれる。G (Global) 制約は，タ

第6章 垂直磁気記録用信号処理技術

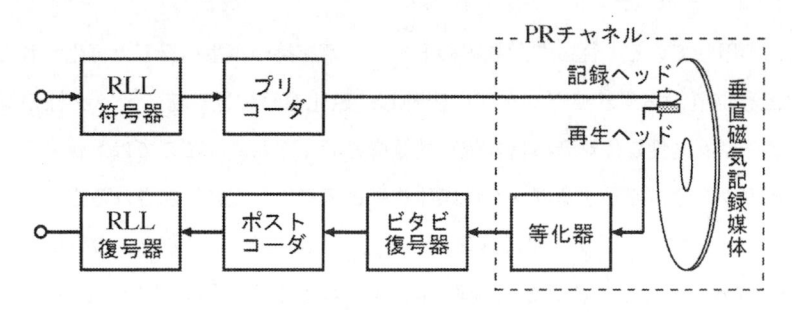

図1 PRML方式のブロック図

イミング情報の抽出を容易にしてPLL (Phase-Locked Loop) の安定化を図るためだけでなく，サーマルディケイの影響を軽減し[22]，オーバーライト特性を維持するために必要な制約である。また，I (Interleave) 制約はビタビ復号器におけるパスの合流を促進することによりパスメモリ長を短くし，復号遅延を低減するのに効果がある。更に，記録系列に制約を持たない場合にPRML方式に特有の無限に続く復号誤りを回避するためにも必要な制約である。

プリコーダでは，G 制約を持つ符号系列に対するNRZ (Non-Return-to-Zero) 記録波形における "0"，"1" の同一レベルの継続を制限することができる。通常，m/n $(0, G/I)$ 符号に対しては2シンボル遅延を持つプリコーダが用いられるが，これはI-NRZI (Interleaved NRZI) 記録と等価である。記録系列は記録アンプを介して単磁極ヘッドにより垂直磁気記録媒体にNRZ記録される。

垂直磁気記録における単一のステップ状記録波形に対する孤立再生波形は次式の双曲線正接関数でよく近似できる[23]。

$$h(t) = A\tanh\left[\frac{\ln 3}{T_{50}}t\right] \tag{1}$$

但し，A は $t \to \infty$ のときの $h(t)$ の飽和レベルを表し，T_{50} は振幅が $-A/2$ から $A/2$ まで変化するのに要する時間で，孤立再生波形の傾きに反比例する。ここで，ビット間隔を T_b とするとき，規格化線密度は $K = T_{50}/T_b$ により定義される。K が大きいほど記録密度が高いことを意味する。図2に，$K = 1.2$ の場合の $h(t)$ を示す。

一方，垂直磁気記録再生系における雑音はジッタ性媒体雑音が支配的である。これは，磁化遷移が磁気クラスタの境界に沿ってジグザグ状に形成

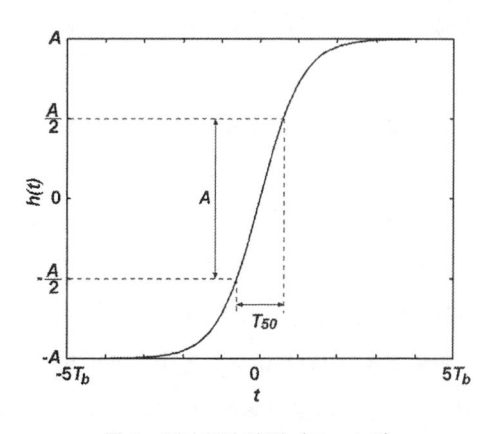

図2 孤立再生波形 ($K = 1.2$)

されることに起因している。従って，有限のトラック幅を持つ再生ヘッドで再生された信号は，本来の磁化遷移位置からずれてジッタ状に変動し，磁化遷移位置近傍でジッタ性の雑音が生じる。このため，ジッタ性媒体雑音は信号依存性雑音と考えられる。ここでは，雑音として，磁化遷移点が白色ガウス性に変動するジッタ性媒体雑音と読み出し点に付加される白色ガウス雑音からなっていると仮定する。ジッタ性媒体雑音と白色ガウス雑音の $0.6f_b$ までの帯域内に落ちる電力を，それぞれ σ_J^2，σ_W^2 とするとき，読み出し点における SN 比は SNR $= 20\log_{10}(A/\sigma)$ [dB] と定義できる。但し，f_b はビットレートで，$\sigma^2 = \sigma_J^2 + \sigma_W^2$ は全雑音電力である。全雑音電力に対するジッタ性媒体雑音電力の比を $R_J = (\sigma_J^2/\sigma^2) \times 100$ [%] とする。垂直磁気記録においては，一般に R_J は 80～90% と大きく，ジッタ性媒体雑音が支配的となる。R_J が大きいほど読み出し点における雑音電力スペクトルの低域成分は大となる。

一方，MR（Magnetoresistive）再生ヘッドにより再生された再生波形はプリアンプ，等化器を通り，記録ヘッドから等化器出力までの PR チャネルが所望の PR 特性となるよう波形等化される。次いで，PR チャネル出力系列はビタビ復号器に入力され，PR 特性により与えられる相関を利用してビタビ復号器により最尤復号が行われる。更に，ポストコーダによりプリコーダの逆演算を行い，RLL 復号器により出力データ系列を得る。

3 PRML 方式の基礎

記録データ"1"に対するチャネルの応答波形の時刻 kT_s（T_s：シンボル間隔，以下では単に時刻 k と記す）におけるサンプル値を d_k とするとき，符号間干渉がないように等化する方式（$d_0 \neq 0$, $d_k = 0$ ($k \neq 0$)）はフルレスポンス（Full Response）方式と呼ばれる。これに対して，$d_0 d_\nu \neq 0$, $d_k = 0$ ($k < 0$, $k \geq \nu + 1$) であるような方式が PR 方式で，これを PR $(d_0, d_1, \cdots, d_\nu)$ と表記する。また，PR 方式は E. R. Kretzmer の分類[24]に従って 1～5 の番号を付して class 1～5 あるいは PR 1～5 と表すこともある。PR$(d_0, d_1, \cdots, d_\nu)$ 特性を有するチャネルの伝達関数は，1 シンボル遅延の伝達関数 $D = e^{-j2\pi fT_s}$（これは遅延演算子と呼ばれる）を用いて D に関する多項式 $d_0 + d_1 D + \cdots + d_\nu D^\nu$ により表される。このようなパーシャルレスポンス方式とビタビ復号法を組み合わせた PRML 方式は PR$(d_0, d_1, \cdots, d_\nu)$ML 方式と呼ばれる。

従来の長手磁気記録のための PRML 方式は，チャネルの多項式の係数の総和が零となる DC フリー PRML 方式が採用されてきた[3]。これは，長手磁気記録再生系が微分特性と高域減衰特性で近似でき，PR$(1, 0, -1)$ 方式（PR4 方式）やその拡張方式とよく整合したためである。これに対して，孤立再生波形が式(1)で近似できる垂直磁気記録においては，記録データ"1"に対する読み出し点の再生波形は $g(t) = \{h(t) - h(t - T_s)\}/2$ となり，PR$(1, 1)$ 方式（PR1 方式）やその

第6章 垂直磁気記録用信号処理技術

拡張方式のように全て正係数のみからなる PR チャネル特性がよく整合している。このような PR チャネル特性を有する PRML 方式は正係数 PRML 方式と呼ばれる[16]。伝達特性が $1+D$ で表される PR1ML 方式は垂直磁気記録における基本的な PRML 方式である。また，その拡張方式として多項式が $(1+D)^2$，$(1+D)(1+D+D^2)$，$(1+D)^2(1+D+D^2)$ で表される PR2ML, MEPR2ML，ME^{2}PR2ML 方式などが知られている[25]。

正係数の PRML 方式は DC フリー PRML 方式と異なって伝達特性が低域強調特性を持ち，伝達関数の多項式の次数が高くなるほどその傾向が強くなる。従って，ジッタ性媒体雑音の割合が大きく R_J が大の場合には，高次の正係数 PRML は性能劣化が生じる。また，長手磁気記録を前提とする現行のハードディスク装置用のヘッドアンプを流用する場合には，AC 結合による低域遮断歪の影響も無視できなくなる。そこで，垂直磁気記録用の PRML 方式として，正係数の PRML 方式と長手磁気記録で用いられてきた DC フリー PRML 方式との折衷方式である DC 不平衡 PRML 方式も提案されている[25,26]。PR3ML 方式は E. R. Kretzmer の分類における Class3 の PR 方式を採用するもので多項式 $(2-D)(1+D)$ を持つ。また，その拡張方式である EPR3ML, E^{2}PR3ML は，多項式 $(2-D)(1+D)^2$，$(2-D)(1+D)^3$ を持つ。いずれの方式も多項式中に負係数を含むが，係数の総和は零ではなく DC 不平衡となっている。

次に，PR1ML 方式の場合を例にとってビタビ復号法を述べる。記録データ "1"，"0" に対する読み出し点の再生波形は，それぞれ，$g(t)$，$-g(t)$ と表される。PR1ML 方式では，$g(t)$ に対する等化器出力の等化目標値は…，0，0，0.5，0.5，0，0，…に選ばれる。このとき，時刻 $k-1$ の状態 S_i から時刻 k の状態 S_j に推移する場合の PR1ML 方式の状態推移表は表1のようになる。ここで，c_k, x_k^{ij} は，時点 kT_S における記録系列と復号器入力信号の推定値系列を表す。表1より，図3の PR1ML 方式のトレリス線図が得られる。但し，矢印に付した値は c_k/x_k^{ij} を表す。

トレリス線図において，各状態へ至るパスの長さの最小値はメトリックと呼ばれ，時刻 k におけるメトリックは次式で与えられる。

$$\left.\begin{aligned} m_k(S_0) &= \min\{m_{k-1}(S_0) + l_k^{00},\ m_{k-1}(S_1) + l_k^{10}\} \\ m_k(S_1) &= \min\{m_{k-1}(S_0) + l_k^{01},\ m_{k-1}(S_1) + l_k^{11}\} \end{aligned}\right\} \quad (2)$$

表1 PR1ML 方式の状態推移表

前状態 $S(k-1)=S_i : c_{k-1}$	現状態 $S(k)=S_j$		復号器入力推定値 x_k^{ij}	
$S_0 : 0$	S_0	S_1	-1	0
$S_1 : 1$	S_0	S_1	0	1
記録系列 c_k	0	1	0	1

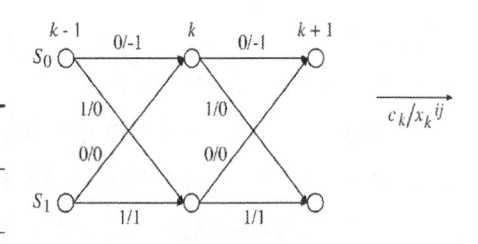

図3 PR1ML 方式のトレリス線図

ここで，$l_k^{ij} = (y_k - x_k^{ij})^2$ は時刻 $k-1$ における状態 S_i から時刻 k における状態 S_j に至る枝の長さ，すなわち復号器入力 y_k に対する信号推定値 x_k^{ij} の二乗誤差を表し，枝メトリックと呼ばれる．図4にビタビ復号法の原理図を示す．式(2)の最小値判定により選択されたパスは最尤

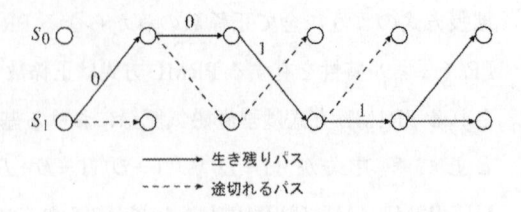

図4 ビタビ復号法の原理図（PR1ML方式）

パスとなる可能性のあるパスとして残され，他は捨てられる．こうして残されたパスは生き残りパスと呼ばれ，これに対応する記録データはパスメモリに残される．生き残りパスを過去に遡るとパスが合流して一本化する確率が高くなる．この一本化したパスを最尤パスとして対応する記録系列を復号するのがビタビ復号法である．

4 雑音予測型 PRML 方式

信号系列間の相関を利用して復号するビタビ復号法においては，復号器入力雑音が有色雑音の場合には雑音系列間にも相関が生じ，復号性能の劣化をもたらす．PRML方式においては，符号間干渉を許容した目標値に等化することによって復号器入力雑音の過度の高域強調を避けてはいるものの，有色化は生じる．このような有色雑音の過去のサンプル値を用いて現在の雑音を線形予測したものを差し引くことにより雑音の白色化と雑音電力の低減を図ることができる．このような雑音予測型のPRML方式をNPML方式という[10,27]．NPML方式はヘッドアンプのAC結合などによる低域遮断歪の影響も軽減できる．予測器まで含めたPRチャネルは，多項式係数として整数値以外の実数値も許容する高次のPRチャネルとなる[28]．このようなPR方式はGPR方式，PRML方式はGPRML方式とも呼ばれる[26]．PR1方式に対して，M チャネルビット前までの雑音の相関を考慮した雑音予測器を適用してGPR方式を構成するとPRチャネルの伝達多項式は $(1+D)(1+p_1D+p_2D^2+\cdots+p_MD^M)$ となる．ここで $p_1, p_2, \cdots, p_M$ は雑音予測係数である．平均二乗予測誤差を最小にする予測係数はYule-Walker方程式の解として与えられ，Levinson-Durbinアルゴリズムにより求められる[29]．

磁化遷移は，信号が"1"から"0"，または"0"から"1"に変化するところで現れるため，ジッタ性媒体雑音は記録系列に依存する．また，磁気記録再生系は高域抑圧特性を持つため，それぞれの磁化遷移からの再生波形は互いに干渉し合う．従って，ジッタ性媒体雑音は記録系列に依存した有色雑音となり，信号系列間の相関を利用して復号するビタビ復号の性能に影響を及ぼす．そこで，高密度垂直磁気記録のための信号処理方式にはジッタ性媒体雑音に対する耐性を備えていることが望まれる．そのような信号処理の例として，雑音を伴うPRチャネルをARチャネル

モデルを用いてモデル化し，PRチャネル出力推定器として図1のビタビ復号器に用いたり[11,30]，復号器の復号誤りをビット単位で訂正するポストプロセッサに適用することが検討されている。ここでは，PRチャネル出力推定器としてARチャネルモデルをビタビ復号器に適用したPRML-AR方式について述べる。

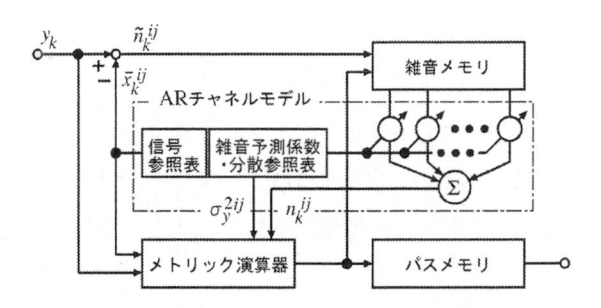

図5に，ARチャネルモデルを備えたビタビ復号器を示す。ビタビ復号器では，最尤パスの候補をパスメモリに保持し，メトリックの大小比較を行いながら各状態に遷移するパスを一つ選択して最尤系列を復号して行く。ARチャネルモデルを備えたビタビ復号器では，パスメモリと同様に各状態推移に対する雑音候補を雑音メモリに保持する。このとき，復号器の状態数は雑音の相関を考慮する範囲を L_c シンボル間隔とすると $2^{\max\{L_{PR},L_c\}-1}$ となる。ここで，$L_{PR}=\nu+1$ はPR長である。メトリック演算における枝メトリックは，状態 S_i から状態 S_j への各状態推移に対する y_k の推定値を

$$y_k^{ij} = \bar{x}_k^{ij} + n_k^{ij} \tag{3}$$

とするとき，次式で与えられる。

$$l_k^{ij} = (y_k - y_k^{ij})^2 \tag{4}$$

ここで，$\bar{x}_k^{ij}$ は状態 S_i から状態 S_j への状態推移により定まる復号器入力の平均値で，信号参照表により与えられる。n_k^{ij} は状態 S_i から状態 S_j への状態推移に対する雑音メモリ中の雑音系列と雑音予測係数参照表における雑音予測係数とのたたみ込みにより与えられる雑音の推定値系列である。但し，雑音予測係数参照表は，適用するPR方式に対して，y_k と $\bar{x}_k^{ij}$ の差を雑音系列 $\tilde{n}_k^{ij}$ とするとき，平均二乗誤差 $E[(\tilde{n}_k^{ij}-n_k^{ij})^2]$ を最小とするような Yule-Walker 方程式の解としてあらかじめ求めておく必要がある。ここで，$E[\cdot]$ は平均を意味する。

なお，状態 S_i から状態 S_j への状態推移により定まる y_k に対する y_k^{ij} の平均二乗誤差は

$$\sigma_y^{2\,ij} = E[(y_k - y_k^{ij})^2] = E[(\tilde{n}_k^{ij} - n_k^{ij})^2] \tag{5}$$

図5 ARチャネルモデルを備えたビタビ復号器

で与えられる．そこで，平均値が y_k^{ij}，分散が σ_y^{2ij} のガウス分布の対数をとることにより求まる y_k の対数尤度関数

$$l_k^{ij} = -\ln(\sqrt{2\pi}\,\sigma_y^{ij}) - (y_k - y_k^{ij})^2/2\sigma_y^{2ij} \tag{6}$$

を枝メトリックとするビタビ復号器によりさらに良好な誤り率特性が得られる．式(6)において，σ_y^{2ij} が状態推移によらず一定として規格化することにより式(4)のように簡単化される．ここでは，式(6)で与えられる枝メトリックを用いる PRML-AR 方式に対して式(4)で与えられる枝メトリックを用いる PRML-AR 方式を PRML-AR-S（S：Simplified）方式と呼ぶことにする．

5 PRML 方式の性能比較

図6に，PR1ML, GPR1ML, GPR1ML-AR-S, GPR1ML-AR 方式の誤り率特性を示す．但し，記録符号として 128/130 (0,16/8) 符号[31]を用い，$K=1.2$，$R_J=90\%$，ヘッドアンプの AC 結合による f_b で規格化した低域遮断周波数を $x_l=0.001$ としている．また，GPR1ML 方式では $M=3$, GPR1ML-AR-S 方式と GPR1ML-AR 方式においては $M=3$, $L_c=5$ としている．なお，f_b で規格化した高域遮断周波数 $x_h=0.4$ を持つローパスフィルタとタップ数 $N_t=N_{topt}$ のトランスバーサルフィルタにより等化を行っている．ここで，N_{topt} は誤り率を最小とする最適なタップ数である．図に見られるように，BER$=10^{-4}$ での PR1ML 方式に対する SN 比改善度は，$R_J=90\%$ とジッタ性媒体雑音が支配的であるために GPR1ML 方式では約 0.3dB とわずかであるが，GPR1ML-AR-S 方式と GPR1ML-AR 方式ではそれぞれ約 1.3, 2.0dB の改善が得られている．

ジッタ性媒体雑音は信号パターンに依存する非線形過程と考えられる．そこで，等化器として線形なトランスバーサルフィルタを用いる代わりに，非線形なニューラルネットワークを採用した PR1ML 方式は GPR1ML-AR-S 方式と同等以上の SN 比改善効果が得られる[21]．GMR ヘッドは非線形特性を持ち，長手磁気記録に比べて垂直磁気記録では再生感度が高いため非線形歪の影響を受けやすい．特に，大きな振幅の再生波形では＋側と－側とで上下のレベルが非対称となる．このような非線形歪に対しても，ニューラルネットワーク等化器は SN 比改善効果が大きい[32]．

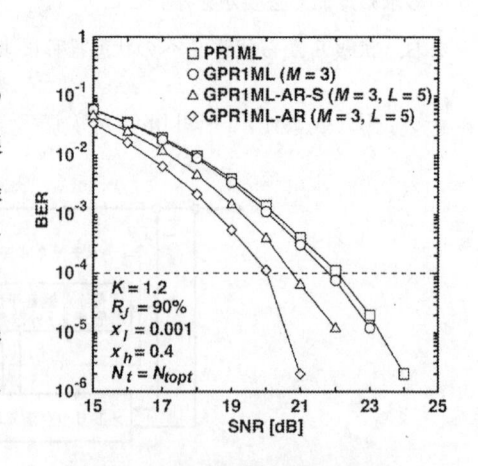

図6 PRML 方式の誤り率特性

6 ポストプロセッサ

ハードディスク装置においては，媒体欠陥やTA（Thermal Asperity）のようなバースト誤りに対応するためにバイト単位の誤り訂正が可能なReed-Solomon（RS）符号が用いられている。一方，PRML方式において，雑音などによって発生する比較的長さの短いランダム誤りに対しては，ビット単位に誤りを訂正するポストプロセッサが適用される。このようなランダム誤りを訂正することによって，正常動作時の性能向上だけでなく，RS符号によるバイト単位の誤り訂正のバースト誤りに対する効率を上げることができる。

表2 インタリーブ数と誤り検出

N_i	検出可能な誤り	訂正対象誤り
1	1, 3, 5, …	1
2	1, 2, 3, 5, …	1, 2, 3
3	1, 2, 3, 4, 5, 7, …	1, 2, 3, 4, 5
4	1, 2, 3, 4, 5, 6, 7, …	1, 2, 3, 4, 5, 6, 7

ポストプロセッサは，記録データ系列を単一パリティ検査符号化して記録し，PRMLチャネル出力に対してパリティ検査結果と復号系列の信頼度によって誤り位置を特定してビット反転する[17]。パリティ検査によって奇数長の誤りの発生を検出し，例えばSDI（Sequence Distance Increase）[33]のような信頼度に基づいて誤り位置を特定することができる。インタリーブして各行に検査符号を施せば，インタリーブ数N_iに伴って表2のような偶数長の復号誤りも検出可能となる。しかし，パリティの増加は，符号化率の低下となって記録再生系へ負荷をかけ，かえってPRML方式の復号誤りを増大させる可能性もある。

図7に，インタリーブ数に対するビット誤り率特性を示す。但し，PRチャネルはPR1方式とし，$K=1.2$，$R_J=90\%$，$x_l=0.001$，$x_h=0.4$，$N_t=N_{topt}$，パリティ検査符号化のデータ・ブロック長N_dを130ビットとしている。ポストプロセッサでは，誤り訂正を行う対象誤りパターンを表3のように定め，復号信頼度としてビタビ復号器の入出力から計算されるSDIを用いてポストプロセッサにより誤り訂正する。図において，□，■印はSNR=20.5dB，○，●印はSNR=21.0dBの場合を示している。また，□，○印はポストプロセッサ入力，■，●印はポストプロセッサ出力での特性を表している。図より，N_iを大きくするとパリティ検査能力の向上は期待できるが，符号化率の低下によって訂正前の誤り率が劣化するのがわかる。また，ポストプロセッサを適用することにより，誤り

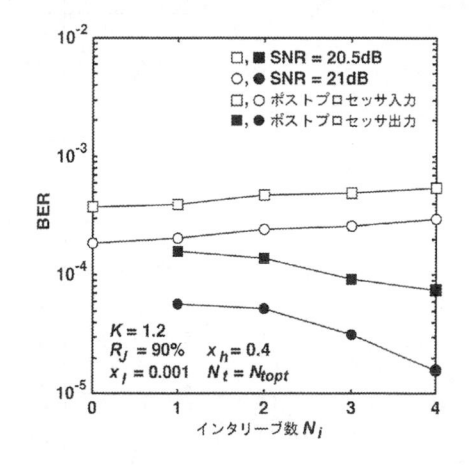

図7 インタリーブ数に対するポストプロセッサの性能比較

率特性が改善され，良好な性能を示すことがわかる。

次に，誤りパターンの特徴を利用することで，パリティ検査符号を必要としないポストプロセッサの構成例を示す[34]。垂直磁気記録においては，磁化遷移点の変動に起因するジッタ性媒体雑音が支配的であるため，PRML方式の復号誤りも主にこれにより引き起こされる。図7に□印で示した特性のうち，パリティ検査符号化を行っていない $N_i=0$ の誤りパターンを表3に示す。表において，"0"，"1"は記録された系列が正しく再生されたことを示している。一方，"+"は"1"を記録したにも関わらず"0"が誤って再生されたことを示しており，"−"はその逆の場合を示す。このような表記を用いることで，誤りパターンから，記録系列と再生系列の両者を知ることができる。

表より，"0+0"，"1−1"のように，"+"，"−"で表す誤りビットの両側に磁化遷移を伴った誤りパターンが支配的であることがわかる。これは復号パスとその対抗パスが分岐する誤り開始直後と終了直前において，ジッタ性媒体雑音によって両者の距離が確保できなかったために復号誤りとなったと考えられる。そこで，これらの誤りパターンの特徴を考慮して表4に示す誤り候補を SDI のような復号系列の信頼度に基づいて訂正することを試みる。

図8に，パリティ検査符号を必要としないポストプロセッサを用いた PRML 方式の誤り率特性を○印で示す。図には，3インタリーブパリティ検査符号によるポストプロセッサを用いた場

表3 誤りパターン

誤りビット長	誤りパターン	発生数
1	0+0, 1−1	326
	0+1, 1−0	11
	0−1, 1+0	8
	0−0, 1+1	0
2	0+−1, 1−+0	6
	0+−0, 1−+1	0
	0−+0, 1+−1	0
	0−+1, 1+−0	0
3	0+−+0, 1−+−1	4
	0+−+1, 1−+−0	0
	0−+−1, 1+−+0	0
	0−+−0, 1+−+1	0
4	0+−+−1, 1−+−+0	1
	0+−+−0, 1−+−+1	0
	0−+−+0, 1+−+−1	0
	0−+−+1, 1+−+−0	0
5	0+−+−+0, 1−+−+−1	2
	0+−+−+1, 1−+−+−0	0
	0−+−+−1, 1+−+−+0	0
	0−+−+−0, 1+−+−+1	0

第6章　垂直磁気記録用信号処理技術

表4　再生系列における誤り候補

誤りビット長	誤りパターン
1	000, 111
2	0011, 1100
3	00100, 11011
4	001011, 110100
5	0010100, 110101

合も□印で示している。図より，パリティ検査符号の代わりに支配的な誤りパターンの特徴を利用することで，良好な誤り訂正が可能となることがわかる。また，性能改善のためにはパリティ検査符号と誤りパターンの特徴を利用した誤り訂正の併用も可能である。

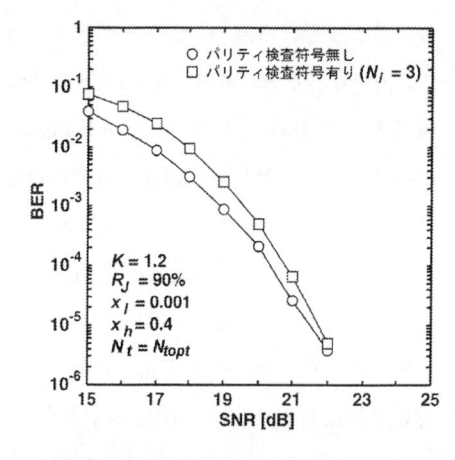

図8　誤りパターンの特徴を利用したポストプロセッサを備えた PRML 方式の誤り率特性

7　繰り返し復号

PRML 方式は，HDD の信号処理方式として 1990 年に採用されて以来，等化ターゲットや復号器の改良，ポストプロセッサの導入などによる性能改善が行われながら，記録方式が垂直磁気記録となった現在も引き続き採用されている。しかし，HDD の高密度化に対する要望は強く，信号処理方式に対する革新的な改善を目的として，LDPC 符号を用いた繰り返し復号方式の導入が盛んに検討されている。Gallager や Mackay の構成法による LDPC 符号[20,35]が検討されてきたが，最近では実装時の回路規模を意識した実用的な符号として Array 構造の LDPC 符号[36]が検討されている。

図9に，LDPC 符号化繰り返し復号方式の記録再生系ブロック図を示す。図のように，外符号として LDPC 符号，内符号としてプリコーディッド PR チャネルが適用される。ユーザーデータは RLL 符号化された後，LDPC 符号化されて垂直磁気記録再生系を含む内符号化器に入力され

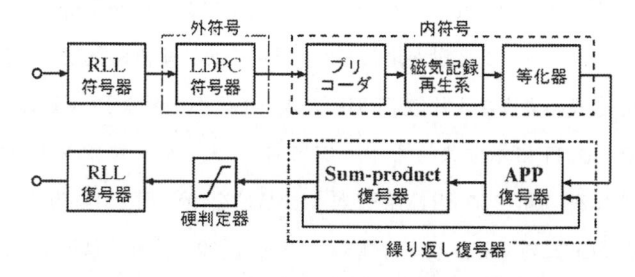

図9　LDPC 符号を用いた繰り返し復号方式のブロック図

る．再生波形は所望のPRターゲットに等化され
て，内復号器であるAPP (A Posteriori Probability)
復号器[37]によってLLR (Log Likelihood Ratio)
が復号される．そして，LDPC符号の復号器であ
るSum-product復号器[38]の中及びSum-product
復号器とAPP復号器の間で所定回数だけ繰り返
し復号が行われてLLRが硬判定され，RLL復号
を経てユーザーデータが復元される．但し，復号
遅延を抑えるためには，図に示すようなAPP復
号器とSum-product復号器の間で繰り返し復号
を行うことなく，Sum-product復号出力を硬判
定することも有効である．

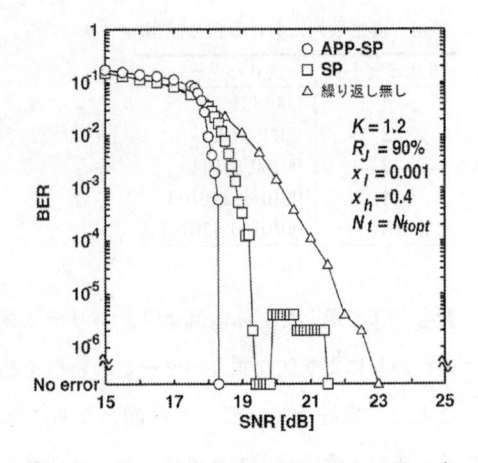

図10 LDPC符号化繰り返し復号の誤り率特性

図10に，LDPC符号化繰り返し復号方式の誤り率特性を示す．但し，PRチャネルはPR1方式とし，$K=1.2$，$R_J=90\%$，$x_l=0.001$，$x_h=0.4$，$N_t=N_{topt}$としている．また，LDPC符号は行重み24，列重み3のGallagerの構成法によるブロック長4160ビットのレギュラーLDPC符号を用いている．図には，Sum-product復号の中，及びAPP復号とSum-product復号の間での繰り返しをそれぞれ5回ずつ行う場合（APP-SP），Sum-product復号の中でのみ5回の繰り返し復号を行う場合（SP），繰り返し復号を行わない場合をそれぞれ，○，□，△印で示している．図から，繰り返し復号を行わない場合に比べて，Sum-product復号において繰り返し復号を行うことで誤り率特性を改善できることがわかる．更に，復号遅延等の問題はあるものの，APP復号とSum-product復号の間での繰り返しを行うことで一層の改善が可能である．

8 低域補償

垂直磁気記録は低域に応答特性を持つことから，これを積極的に利用したPRMLチャネルが高密度記録に有効であることが知られている．しかし，再生アンプの交流結合による低域遮断特性によって再生波形にベースライン変動が現れる[15]．そのため，垂直磁気記録において有効と考えられているPR1ML方式のような正係数PRML方式やDC不平衡なPRML方式の性能劣化の要因となる．そこで，図11に示すようなベースラインワンダーキャンセラ（BLWC）[39]やGPRML方式が適用される．図12にPR1ML方式，BLWCを伴うPR1ML方式，GPR1ML方式の規格化低域遮断周波数x_lに対する誤り率特性を△，○，□印でそれぞれ示す．但し，$K=1.2$，$R_J=90\%$，$x_h=0.4$，$N_t=N_{topt}$，SNR=21dBとしている．図のように，PR1ML方式は低域遮断の

第6章　垂直磁気記録用信号処理技術

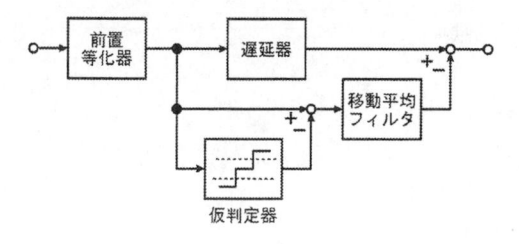

図11　ベースラインワンダーキャンセラ

影響を受けて著しい性能劣化を示すが，BLWC や GPRML 方式の適用によってその影響を軽減できることがわかる．

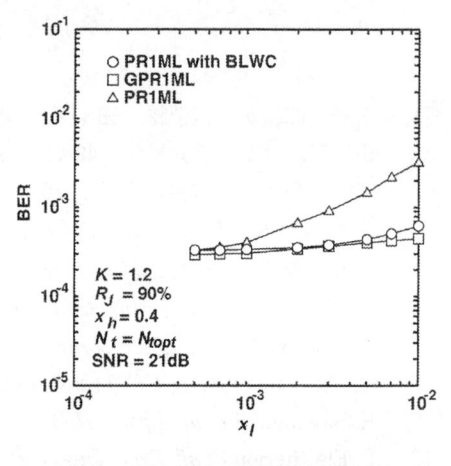

図12　低域遮断に対する誤り率特性

9　おわりに

本章では，垂直磁気記録のための信号処理技術として，垂直磁気記録再生系，PRML 方式の基礎，雑音予測型 PRML 方式，ポストプロセッサ，LDPC 符号化繰り返し復号方式，低域補償について述べた．

垂直磁気記録方式の HDD 製品への導入が盛んに行われているが，更なる高密度記録を達成するためには優れた信号処理技術の開発を必要とすることは論を待たない．LDPC 符号化繰り返し復号方式については，それを実現するための回路規模，バースト誤り対策，エラーフロアなどの諸問題が解決すれば，現行の信号処理方式である PRML 方式に代わって HDD に搭載されることが期待される．また，これまでは線記録密度を高めるための信号処理技術の開発に力が注がれてきたが，更なる高密度化のためにはトラック密度を高める方向での信号処理技術の検討も必要となる．例えば，狭トラック化による生ずるトラック間干渉（ITI：Inter Track Interference）に強い符号の開発，ITI キャンセラの検討，マルチトラック上の信号の一括再生処理の検討などが挙げられる．更には，サーマルディケイ対応の信号処理方式の検討，多値記録方式の検討及びその信号処理技術の開発についても一考を要する．近い将来，ディスクリートトラック，パターン媒体，熱アシスト記録などの次世代垂直磁気記録方式固有の信号処理技術の開発も必要となろう．

文　献

1) 田崎三郎ほか, 信学誌, **68** (12), 1301 (1985)
2) 田崎三郎ほか, テレビ誌, **42** (4), 330 (1985)
3) 大沢　寿ほか, 信学論 C-Ⅱ, **J81-C-Ⅱ** (4), 393 (1998)
4) H. Kobayashi, *IBM J. Res. & Dev.*, **15**, 64 (1971)
5) 大沢　寿ほか, テレビ学全大, No.7-20, (1980)
6) R. W. Wood, *IEEE Trans. Commun.*, **COM-34** (5), 454 (1986)
7) T. D. Howell *et al.*, *IEEE Trans. Magn.*, **26** (5), 2298 (1990)
8) K. Shimoda *et al.*, *IEEE Trans. Magn.*, **33** (5), 2812 (1997)
9) H. Sawaguchi *et al.*, *Proc. GLOBECOB*, 2694 (1998)
10) E. Eleftheriou *et al.*, *Proc. Int. Conf. Communication* (*ICC '96*), No.S18-1, 556 (1996)
11) A. Kavcic *et al.*, *IEEE Trans. Magn.*, **35** (5), 2316 (1999)
12) 大沢　寿ほか, 信学技報, MR92-58, 37 (1992)
13) H. Ide, *IEEE Trans. Magn.*, **32** (5), 3965 (1996)
14) 大沢　寿ほか, 信学誌, **86** (10), 780 (2003)
15) 岡本好弘ほか, 日本応用磁気学会誌, **28** (4), 490 (2004)
16) H. Osawa *et al.*, *J. Magn. Soc. Jpn.*, **21** (S2), 399 (1997)
17) T. Conway, *IEEE Trans. Magn.*, **34** (4), 2382 (1998)
18) R. D. Cideciyan *et al.*, *IEEE Trans. Magn.*, **38** (4), 1698 (2002)
19) H. Sawaguchi *et al.*, *IEEE Trans. Magn.*, **40** (4), 3108 (2004)
20) R. G. Gallager, *IRE Trans. Inform. Theory*, **IT-8**, 21 (1962)
21) 大沢　寿ほか, 信学技報, MR2005-8, 7 (2005)
22) H.Shinohara *et al.*, *IEEE Trans. Magn.*, **43** (6), 2262 (2007)
23) 岡本好弘ほか, 信学技報, MR2000-8, 1 (2000)
24) E. R. Kretzmer *et al.*, *IEEE Trans. Commun. Technol.*, **COM-14** (1), 67 (1966)
25) Y. Okamoto *et al.*, *J. Magn. Magn. Mat.*, **235** (1), 251 (2001)
26) H. Sawaguchi *et al.*, *J. Magn. Magn. Mat.*, **235** (1), 265 (2001)
27) 大沢　寿ほか, 信学論 C, **J86-C** (5), 551 (2003)
28) H. Harashima *et al.*, *IEEE Trans. Commun.*, **COM-20** (4), 774 (1972)
29) 江原義郎, ディジタル信号処理, 東京電機大学出版局 (1991)
30) Y. Okamoto *et al.*, *IEEE Trans. Magn.*, **38** (5), 2349 (2002)
31) 斎藤秀俊ほか, 信学論 C, **J86-C** (8), 952 (2003)
32) 大沢　寿ほか, 信学論 C, **J88-C** (4), 270 (2005)
33) Z. Wu, "Coding and Iterative Detection for Magnetic Recording Channels", p.108, Kluwer Academic Publishers, Boston (1999)
34) 岡本好弘ほか, 信学技報, MR2006-7, 37 (2006)
35) D. J. C. MacKay *et al.*, *Electron. Lett.*, **32** (18), 1645 (1997)
36) J. L. Fan, *Proc. Int. Symp. on Turbo Codes*, 543 (2000)
37) 井坂元彦ほか, 信学技報, IT98-51 (1998)

第6章　垂直磁気記録用信号処理技術

38) D. J. C. MacKay, *IEEE Trans. Inform. Theory*, **45** (2), 399 (1999)
39) Y. Okamoto *et al.*, *Proceedings of ISSS*, FM-04, 193 (2003)

第7章 情報ストレージへの応用

1 HDDへの応用

高野公史*

1.1 はじめに

　HDDは1956年にIBM社により発明された記憶装置であり，その後50年の歳月をかけて着実な進歩を遂げてきた。この間，データの記録密度は7,400万倍に増大し，これに伴い装置の小型化・低消費電力化も進展し，その用途は飛躍的に拡大した。2006年には世界中で4億台以上の製品が出荷され，2010年には7億台以上の出荷が見込まれている。垂直磁気記録方式[1]を採用したHDDは2005年から製品出荷が開始された。この新しいHDDは，前章までに述べられている垂直磁気記録に関する各要素技術の集大成として成り立っており，今後とも継続的な成長が期待されている。本節では，HDDの主要技術を中心にこれまでの進化の歴史を振り返ると同時に，垂直磁気記録を採用したHDDを製品として仕上げるために開発した技術，ならびに今後の見通しについて述べる。

1.2 HDDの歴史

　図1，2はHDDが発明されてから現在に至るまでの歴史の概略をまとめたものである。HDDが市場に導入された第1期，すなわち1950年代は大規模な計算機システムを集中管理するいわゆるメインフレームの時代であり，HDDを持ち歩く，といった概念は全く存在していなかった。それぞれの装置には直径が14インチから24インチという大径円板が使用され，HDDは計算機システムの一部として集中管理されていた。その後，70年代に入りメインフレームのダウンサイジング化が進展し，ミニコンピュータが計算機システムの主役となった。これに伴いHDDも小型化され，装置に使用される円板は5.25インチまで小型化された。80年以降，情報化社会を取り巻く環境は変革期を迎えた。PCの導入，ならびにネットワーク技術の進歩，基本ソフト，アプリケーションソフトの高度化・高機能化等により，HDDの大容量化・小型化に対する要望はますます強まった。今日，HDDは第4期を迎えている。これは情報家電の時代であり，これまでの50年の歴史を持つ技術も，ここに来て新しい変革期を迎えている。過去4年間，HDDに動画や音声といったマルチメディアデータを格納するという新しい用途が飛躍的に増大してき

---

　　* Hisashi Takano　㈱日立グローバルストレージテクノロジーズ　技術開発本部　本部長

第7章　情報ストレージへの応用

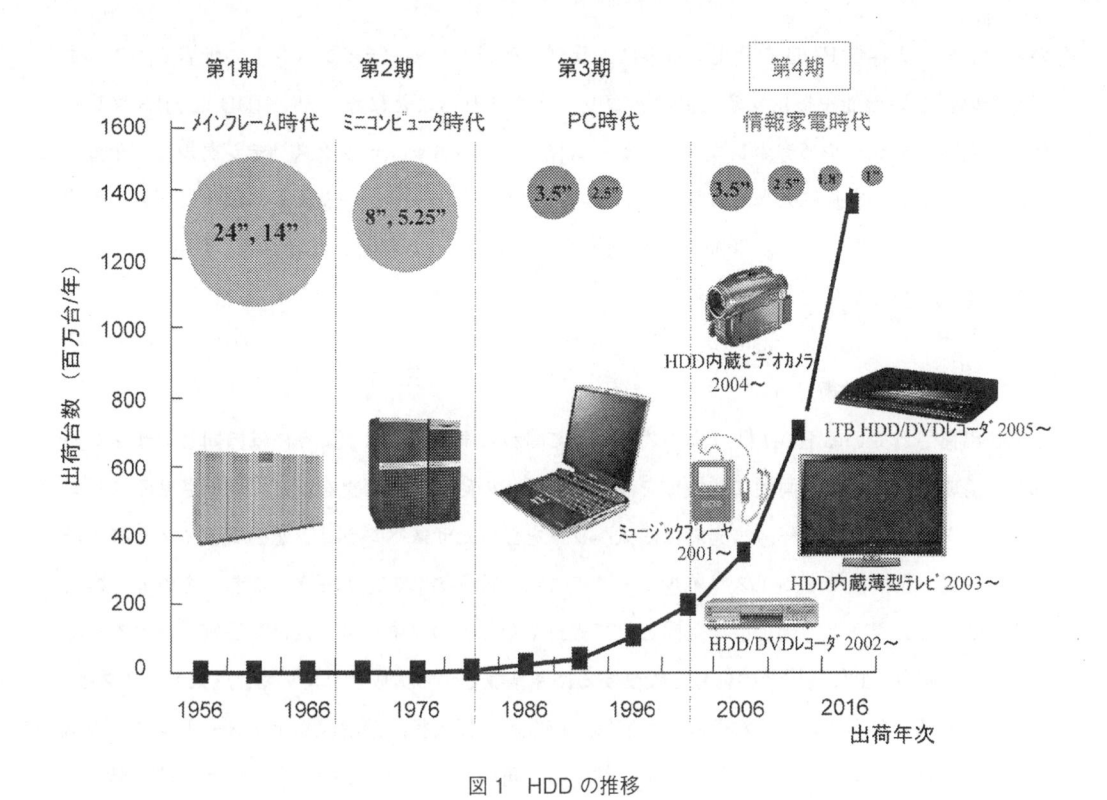

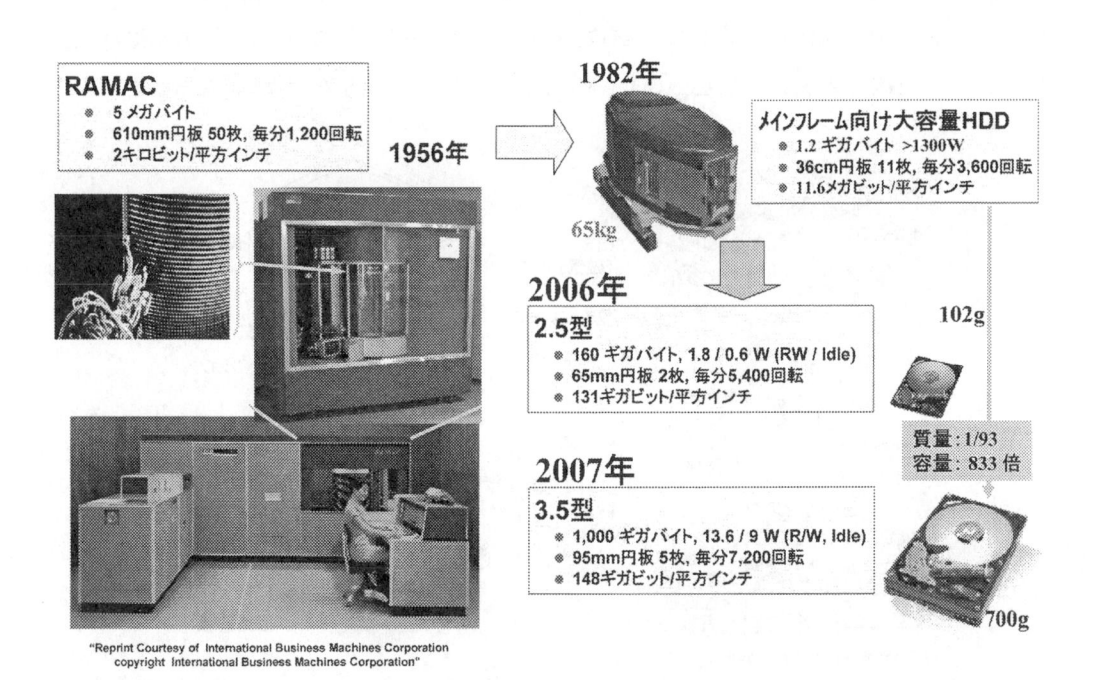

図1　HDDの推移

図2　HDDの大容量化と小型化の歴史

いる．小型・大容量HDDを利用する事によりデジタルエンターテインメントの世界で，これまでにない新しい機能を提供する製品カテゴリーが生まれることになった．HDDはMP3プレーヤー，大容量デジタルビデオレコーダ，ゲーム機，セットトップボックス，デジタルビデオカメラなどの飛躍的な成長に大きく貢献している．このようなアプリケーションの拡張に伴い，出荷台数も急激に増大している．2006年には世界中で4億台以上の製品が出荷され，2016年には10億台を超える出荷が見込まれている．

1.3 HDDの主要技術

現在出荷されているHDDは，サイズの大小に関わらず図3に示すようにほぼ同じデザインの部品で構成されている．両面に磁性体を設けた円板状の磁気ディスクを高速で回転させるスピンドルモータを配置するベース，先端に磁気ヘッドを設けたサスペンションを磁気ディスクの半径方向に移動・位置決めをボイスコイルモータによって行うアクチュエータ，これらを外界の塵埃から遮断するカバーと内部を清浄空間として維持するためのフィルタ，及び，磁気ヘッドの記録再生信号を司り，上位装置との信号を授受する回路基板等から構成されている．磁気ディスクは，ガラス等の基板の両面に，それぞれ，配向膜，磁性膜，保護膜，潤滑膜がナノメートル単位の厚さで配置されている．一方，磁気ヘッドは約1mm角の大きさで，その先端中央部に書込部と読取部が設けられており，書込み部はサブマイクロンからマイクロメートル単位の比較的厚い磁性膜から成る主磁極と副磁極で構成され，読取部はサブナノメートルからナノメートル単位の極薄膜のナノテク技術を駆使したGMR（Giant Magneto Resistive）素子を含む機能性積層極薄膜が

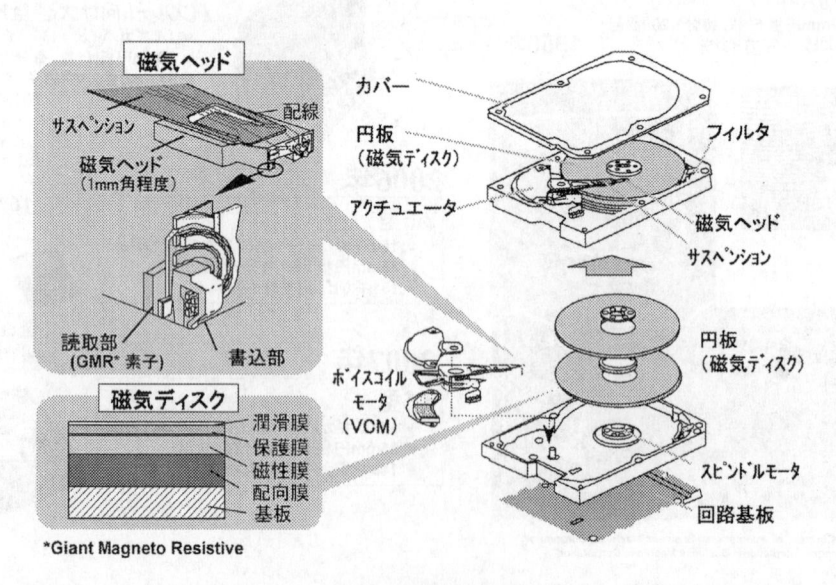

図3 HDDの構造

第7章　情報ストレージへの応用

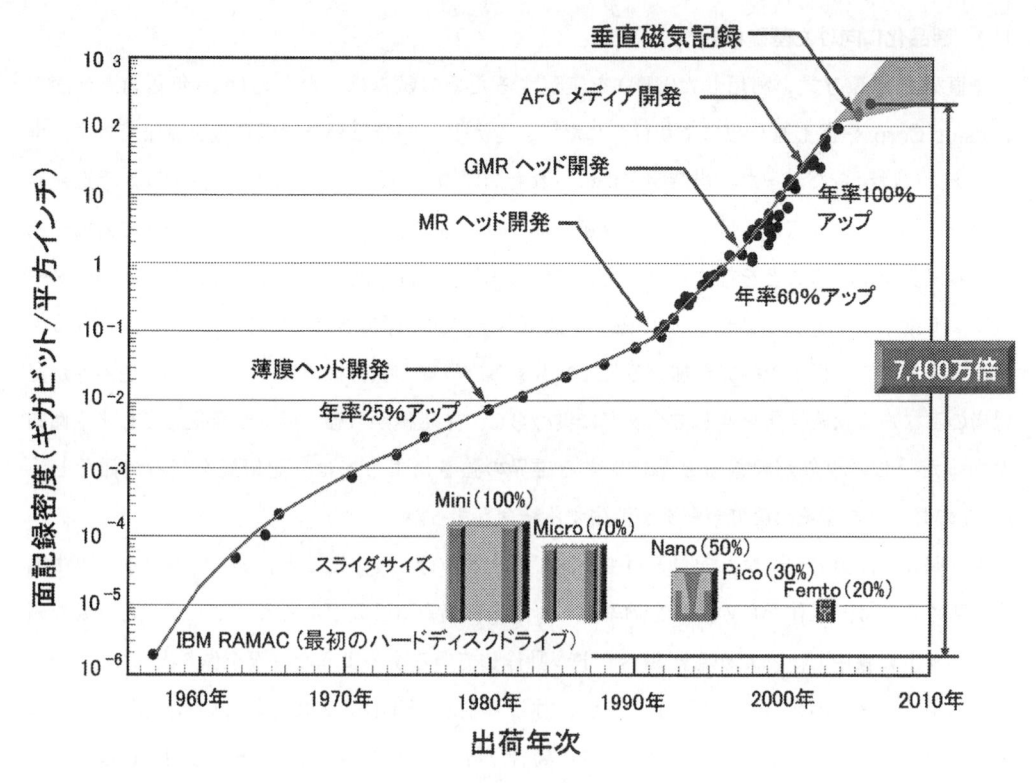

図4　HDDの歴史：記録密度の向上

用いられている。磁気ヘッドは，毎分4,200回転から15,000回転で回転する磁気ディスク上を約10 nm程度の空隙で浮上して情報の書込み・読出しを行っている。

　HDDが1956年から現在に至るまでに実現してきた面記録密度の年次推移は図4に示す通りである。記録密度の単位は，1平方インチ当たりの記録ビット数で表現している。HDDの面記録密度は，微弱な磁気信号を高感度に検出するMR/GMRヘッドや高度信号処理技術の導入等により，2003年までは年率60～100％という速さで上昇した。しかし，従来のHDDに採用されてきた面内磁気記録方式は，一度書き込まれたデータが時間経過とともに徐々に消失してしまう，いわゆる「熱揺らぎ」と呼ばれる物理的に極めて深刻な問題に直面した。この結果，1平方インチ当たり100ギガビット以上の記録密度を実現するのが難しくなり，2005年から垂直磁気記録方式への移行が始まった。

　現在出荷されている最先端の製品の記録密度は1平方インチ当り約200ギガビットに達している。垂直磁気記録方式は，「熱揺らぎ」を大幅に緩和できる新しい記録方式であり，1平方インチ当たり1テラビットを超える超高密度記録をも実現できるポテンシャルを持つと考えられている。

239

1.4 製品化に向けた基礎検討

　垂直磁気記録方式を利用した HDD を実現するための試みは，たとえば 10 年程前，米国の Censtor Corp. や富士通などにより行われた[2,3]。しかし，当時は種々の問題点を克服できず，実用化までには至らなかった。当時明らかにされた問題の一つとして，試作した HDD が浮遊磁界に対して弱いという点が挙げられる。浮遊磁界とは，さまざまな原因によって HDD の内部に発生する微少な磁界のことを指す。たとえば通常の HDD では，内蔵されているアクチュエータやスピンドル・モータから 1～2 Oe の磁界が磁気ヘッド部に印加されている。HDD が置かれる環境によって，これ以上の磁界が加わる可能性もある。以前の試作機では，こうした浮遊磁界が記録層の下にある軟磁性層を通してヘッドに集められ，主磁極から強い磁界が発生してしまう傾向があった。この現象が起きると，発生する磁界の強さによっては，記録層を誤って磁化し，HDD の置かれた環境次第でデータが消失する懸念もあった。

　この問題の原因の一つは，記録と再生を同じヘッドで行っていたことにある。ヘッドの再生感度を高めるには，媒体からの磁界を効率良くヘッドに集める必要があるが，こうすると不要な磁界もヘッドに集中し，あたかも記録ヘッドが動作しているかのような状況を作り出してしまう。この結果データが消える恐れがある。これに対し，現在の HDD に使用されている磁気ヘッドは，記録と再生を別々の素子で行っている。この場合，再生ヘッドと記録ヘッドとを別々に設計できるため，上述した問題を防ぐ工夫が盛り込める。たとえば，記録ヘッド磁極の透磁率を低く設計したり[4]，補助磁極を主磁極の両側に設置する[5]，といった手法も有効である。このほかの問題点として，二層記録媒体の軟磁性下地層から発生するスパイクノイズも指摘された。これは，軟磁性層に不規則な磁区が発生し，それが移動することで記録が不完全となったり，再生波形に雑音が加わる問題である。製品化に際しては，こうした問題を未然に防ぐ工夫も必要となる。

　上述した問題を解決すると同時に，垂直磁気記録方式に適合した新しいサーボ方式や信号処理 LSI の開発，実際の利用時の温度環境下における熱揺らぎ耐力向上など，製品化に向けて解決すべき課題は多かった。これらの課題をひとつひとつ解決しながら垂直磁気記録方式の実用化を目指した本格的な実証実験は，1998 年から 2000 年にかけて行われた[6]。この実証実験により，垂直磁気記録技術を HDD に応用する道が大きく切り開かれた。実証実験を実施するにあたり，当時の製品の面記録密度を上回る 50G ビット／(インチ)^2 以上に対応できるヘッドと媒体が開発された。垂直ヘッドは，記録用の単磁極ヘッドと再生用の GMR ヘッドとを一体化したものであり，既存の HDD に用いられる最先端の製造プロセスを利用して開発された。記録用の単磁極ヘッドは，東北大学電気通信研究所で設計・試作・評価されたヘッドをベースとしている[4]。再生ヘッドには，従来の長手記録方式で採用されているスピンフィルタ膜を用いた GMR 素子が使用された[7]。記録媒体は，二層記録媒体の軟磁性層から発生するスパイクノイズを低減すると同時に，

第 7 章　情報ストレージへの応用

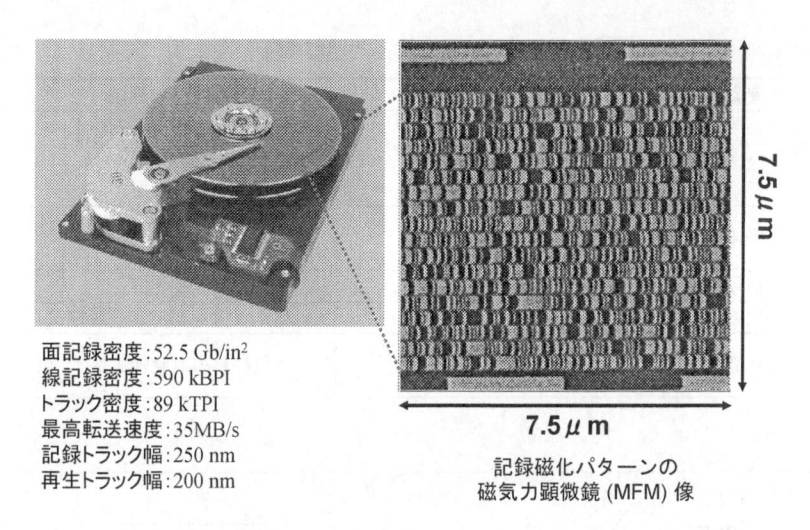

面記録密度：52.5 Gb/in²
線記録密度：590 kBPI
トラック密度：89 kTPI
最高転送速度：35MB/s
記録トラック幅：250 nm
再生トラック幅：200 nm

記録磁化パターンの
磁気力顕微鏡 (MFM) 像

図 5　面記録密度 52.5Gb/in² の実証実験（2000 年 4 月）

S/N 比を極力向上させることが大きな開発目標となった．媒体雑音を下げ，さらに高い記録密度領域において再生出力を増加するには，まず記録層を構成する磁性粒子の結晶の大きさを小さく揃える必要がある．また同時に，磁性粒子の結晶の向きを垂直方向に揃えることも重要となる．実証実験では，記録層と軟磁性層の間に厚さ 5 nm の非磁性中間層を設けることで，結晶粒の微細化を実現すると同時に，垂直方向の配向性を改善した．記録層の下の軟磁性層には，保磁力が 1 Oe 以下と小さい Fe-Ta-C 膜が使用された．この軟磁性層の飽和磁束密度は 1.6〜1.9T と非常に高く，ヘッド磁界強度の増大と磁場勾配の急峻化に貢献することができた．開発した単磁極型垂直磁気ヘッドと二層記録媒体とを組み合わせて記録再生実験を行い，実用的なビット誤り率である 10^{-6} 以下を確保できる記録密度を検証した．この結果，52.5G ビット／（インチ）² まで面記録密度を高められることが確認された．面記録密度の内訳は，線記録密度が 590 kBPI（bit per inch），トラック密度が 89 kTPI（track per inch）である（図5）．

以上の実証実験により，垂直磁気記録方式が従来の面内磁気記録方式を上回るポテンシャルを持っていることが，装置レベルで初めて検証された．その後，HDD・ヘッド・媒体・LSI メーカー各社が実用化を目指した開発を本格的にスタートさせることとなる．

1.5　実用化に向けた技術開発

垂直記録方式を実用化するには，従来の面内記録方式との共通課題，ならびに垂直記録方式特有の課題を両方解決していく必要がある．表1はヘッド，媒体，信号処理，位置決め，HDI（Head Disk Interface）といった主要な技術分野で解決すべき課題をまとめたものである．本節では，実用化する上でポイントとなった技術に絞り，その概要を説明する．

垂直磁気記録の最新技術

表1 実用化に向けた主要課題

要素技術	面内／垂直共通課題	垂直特有の課題
ヘッド	・再生ヘッド変動抑止 ・高分解能・高感度化	・隣接トラック書込み防止 ・浮遊磁界耐力確保 ・記録後データ消去
媒体	・記録層ノイズ低減 ・熱揺らぎ耐力向上	・裏打ち層ノイズ抑止 ・低コスト構造
信号処理	・動作S/N低減	・矩形波対応等化方式
位置決め	・サーボ帯域向上	・サーボ信号記録／復調方式
HDI	・ヘッド／媒体保護膜厚低減 ・高信頼間欠接触	・新規材料の耐食性確保

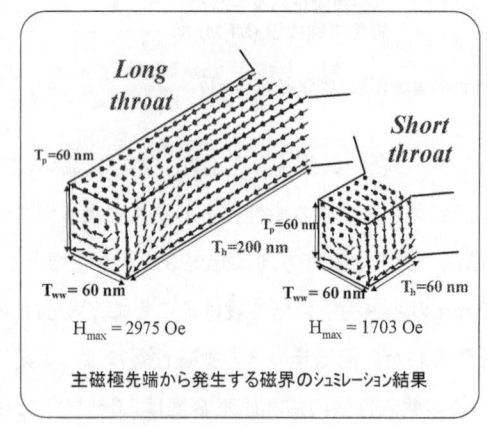

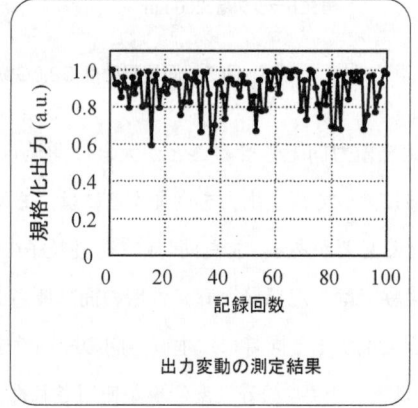

図6 ポール・イレージャーの問題

まずは，単磁極型ヘッドの主磁極先端部の残留磁化が原因となるデータ消去，出力変動の問題である。単磁極型垂直ヘッドは，狭トラック化を進めると，その形状異方性に起因して主磁極先端部に垂直方向の残留磁化が残りやすいという問題がある。開発当初の単磁極型垂直ヘッドを例に計算機シミュレーションにより記録動作後の主磁極先端部の残留磁化を推定すると，図6に示す通り2～3kOeと非常に大きいことがわかった。この主磁極先端部の残留磁化の影響で，媒体上に記録した磁化が減磁してしまう問題（ポール・イレージャー）が発生する。この問題を抱えた磁気ヘッドを用いて記録動作を連続して行い，出力の変化をプロットすると図6に示す通り，出力値が変動してデータの信頼性が著しく損なわれることとなる。そこで，図7に示すように，従来単層膜構造であった主磁極を，非磁性材と磁性材を交互に積層した多層膜構造に変更した。この変更により，記録動作後における主磁極先端部の残留磁化を0.5kOe以下まで下げることに成功し，ポール・イレージャーに起因した出力変動を実用化レベルまで完全に押さえ込むことができた。

第7章 情報ストレージへの応用

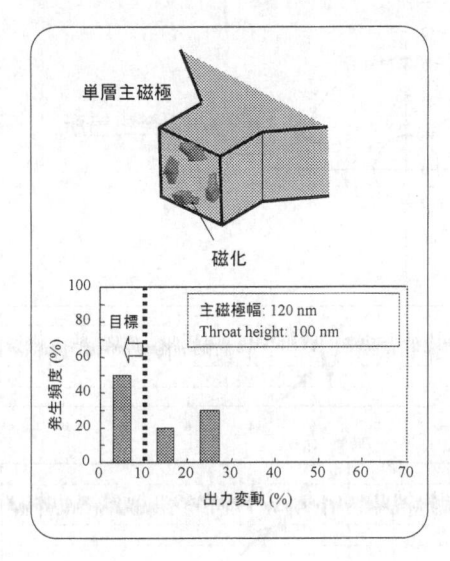

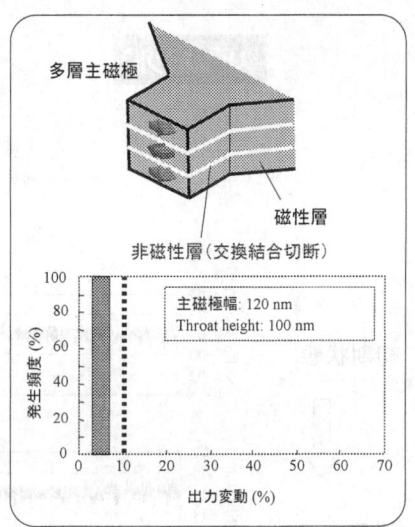

図7 ポール・イレージャーの回避手段

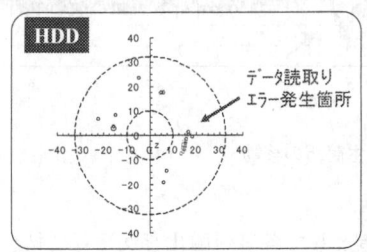

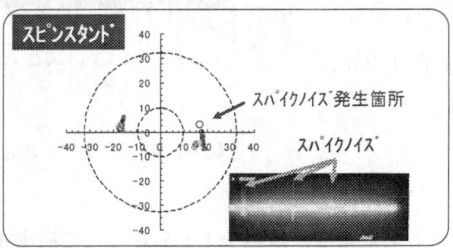

図8 スパイクノイズに起因したデータ読み取りエラーの発生

次に，軟磁性下地層から発生するスパイクノイズの問題である。垂直記録媒体の軟磁性下地層はヘッドの主磁極との磁気的な相関結合により，記録磁界強度を増加させる効果がある。しかし，同時にこの軟磁性層には磁区構造が形成しやすく，その磁壁に起因したパルス状のノイズ（スパイクノイズ）が発生しやすく，再生信号を著しく歪ませる原因となっていた。図8は，装置でデータ読み取りエラーを起こした箇所とスピンスタンドにより測定したスパイクノイズの発生位置との関係を示したものである。この図より，装置のエラー発生箇所とスパイクノイズの発生箇所とが良く一致していることがわかる。また，図9に示す実験からスパイクノイズの発生箇所は外的要因により変化することもわかる。このように，スパイクノイズが起因となるエラーは，その発生箇所が状況により変化する可能性があるので，恒常的なエラーを引き起こす箇所として製品の出荷前に登録しておくこともできず，実用化する上での大きな障害となった。このスパイクノイズの発生は，軟磁性下地層を図10に示す構造に変更することで完全に押さえ込むことができた。

243

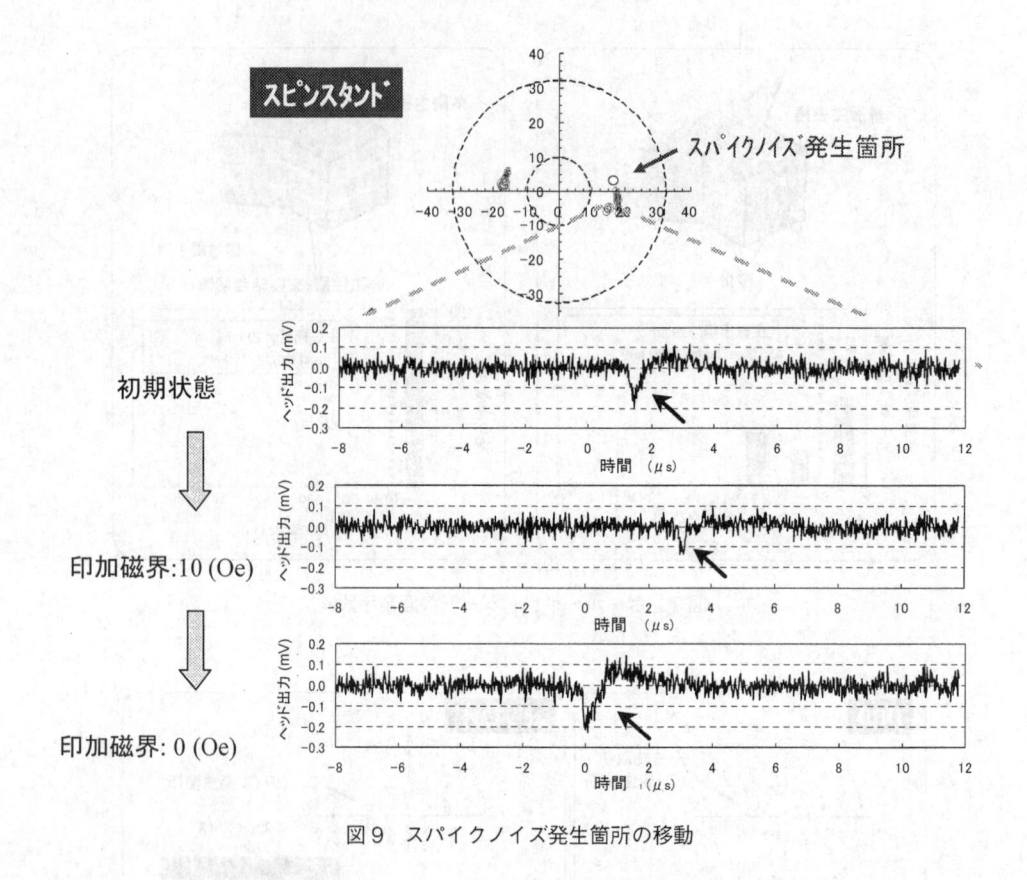

図9　スパイクノイズ発生箇所の移動

　ここでは，まず軟磁性下地層をRuを介した二層構造として各層の磁化を反平行に結合させた。さらに，軟磁性下地層の磁化を放射状にピン止めする磁区制御層を導入することで，擬似単磁区状態を実現している。この方法により，スパイクノイズの抑制に成功した。

　他の大きな問題として，外部磁界耐性が挙げられる。この問題は，磁気記録シミュレーションを活用して，複雑な磁気ヘッド構造のどの箇所に磁界が集中しているかを詳細に解析し，それに基づいてシールド膜の形状などを改良しながら解決した。この結果，図11に示す通り，従来の面内磁気記録方式を採用したHDDと同等以上の外部磁界耐性を達成することができた。外部から120 Oe以上という非常に強力な磁界を印加してもHDDが何の支障も来たさず順調に動いているということは，驚くべきことである。

　以上，30年近くにも及ぶ地道な研究開発をベースに，系統だった長期信頼性試験を着実に積み重ねることで，垂直磁気記録方式の特長を最大限に引き出すことが可能となった。この結果として，たとえば日立GSTでは2006年5月に垂直記録方式を採用した2.5型HDD Travelstar 5k160（図12）の量産を開始することができた。本製品の最大記録容量は160GBであり，従来の当社製品の1.6倍程度の記録容量に当たる（表2）。垂直磁気記録方式を採用したHDDがユー

第7章　情報ストレージへの応用

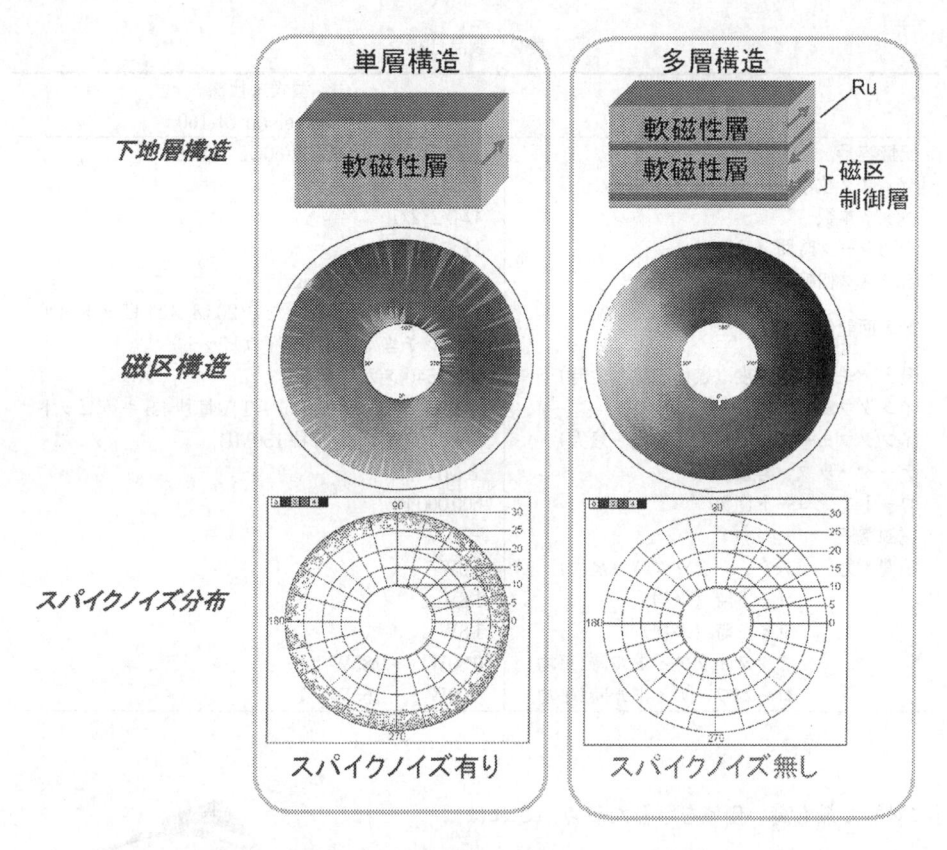

図10　軟磁性下地層の改善によるスパイクノイズの除去

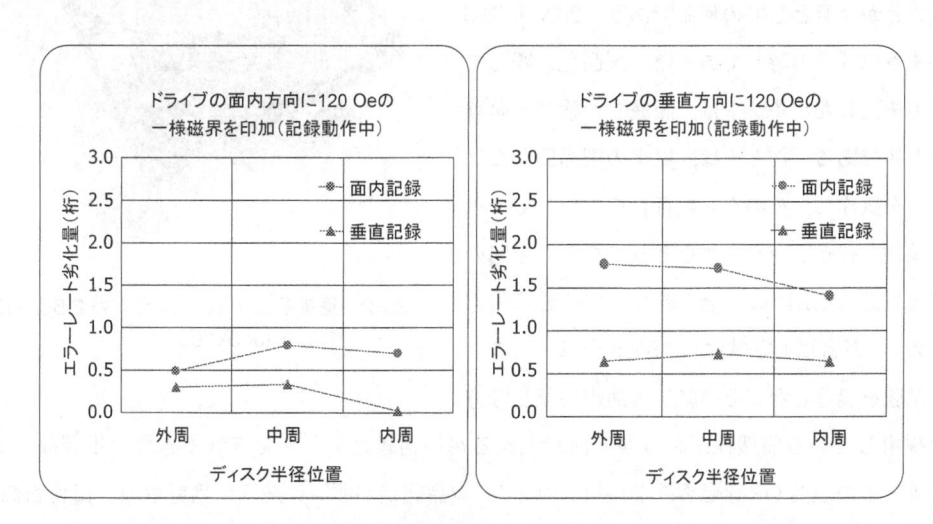

図11　浮遊磁界耐力の比較

表2 製品仕様

項目	型式・仕様 Travelstar 5K160	
記憶容量	160GB/120GB/80GB/60GB/40GB	
ディスク枚数	2/2/1/1/1	
ヘッド本数	4/4/2/2/1	
平均シーク時間（リード）	11ミリ秒	
ディスク回転数	毎分5,400回転（rpm）	
最大面記録密度	平方ミリメートル当たり203.8メガビット（平方インチ当たり131.5ギガビット）	
最大データ転送速度（媒体記録再生時）	毎秒540メガビット	
インタフェース	ATA7	Serial ATA 毎秒1.5ギガビット
インタフェースデータ転送速度（最大）	毎秒100MB	毎秒150MB
データバッファ容量	8 MB	
ロードアンロード回数	600,000回	
電源電圧	+5V	
消費電力　スタートアップ時（最大）	5.0W	
リード時（平均）	1.8W	
ライト時（平均）	1.8W	
アクティブアイドル時（平均）	0.80W	0.85W
ローパワーアイドル時（平均）	0.60W	0.65W

ザーに対して最も高い価値を示した時点，これは従来の面内磁気記録方式からの移行が信頼性・性能・量産性・コストなどあらゆる懸念材料が払拭されたときを意味するが，この時点で製品を提供することが企業としての使命であり，2006年の5月がまさに「その時」であった．製品化に際して最も力を入れたポイントは，徹底した検証と試験プロセスである．たとえば，従来の製品開発では数千台を試作し，そのうち数百台を抽出してストレス試験を行うという方法をとってきた．今回の垂直磁気記録HDDは，全く新しい技術を適用するため，2万台以上を試作し，5000台以上のストレス試験を実施した．その結果，面内磁気記録方式を採用している前機種をあらゆる面で上回る高い信頼性データを実証できた．本製品はPCメーカー等の主要OEM顧客約20社において，製品認定が順調に進み，累計生産・出荷台数は2006年12月末時点で約400万台に達している．これは，Travelstar 5k160が比肩するもののな

図12 垂直記録方式を採用した2.5型HDD Travelstar 5k160

い高い性能と，際立った信頼性を誇る装置に仕上がったことによる。また2007年1月には，世界初となる容量1テラバイトの3.5型HDDも垂直磁気記録方式により実現し，業界の大きな関心を呼んでいる。東芝やシーゲート等，同業他社も垂直記録方式を採用済みであり，それ以外の各社も2007年から2008年にかけて垂直記録方式を採用すると見られる。

1.6 今後の展望

　垂直記録方式を採用した最初のHDDの面記録密度は1平方インチ当たり130ギガビット程度であるが，垂直磁気記録方式は1平方インチ当たり1テラビットを超える超高密度記録をも実現できるポテンシャルを持つと考えられている。また，その先の記録密度増大を可能とする将来技術として，垂直記録方式をベースにしたパターン媒体や熱アシスト記録の研究も進んでおり，垂直磁気記録方式は少なくとも今後数十年は使われる技術と考えられる。

　社会に目を向けると，近い将来，大型サーバーから超小型携帯機器にわたる多様な情報機器が高速インターネットを介して互いに連携しあう，いわゆるユビキタス情報ネットワーク時代を迎える。ネットワークを介した情報・映像・音楽等のコンテンツ配信が大幅に増加する一方，通信トラフィックは無限ではあり得ない。こうした状況では，ミラー・サーバーの多数設置による高速・超大容量ストレージ需要の急増が見込まれ，また，コンテンツを送受信するホーム・サーバーや携帯機器等では，消費電力を考慮した小型・大容量ストレージが必要となる。これらの要求を満たすHDDストレージの需要は，今後も増加の一途をたどるに違いない。

文　　献

1) S. Iwasaki and Y. Nakamura, "An analysis for the magnetization mode for high density magnetic recording", *IEEE Trans. Magn.*, **MAG-13**, pp. 1272-1277 (1977)
2) W. Cain, A. Payne, M. Baldwinson, and R. Hermpstead, "Challenges in the practical implementation of perpendicular magnetic recording", *IEEE Trans. Magn.*, **32**, pp. 97-102 (1996)
3) M. Oshiki, "Approach for HDD with perpendicular magnetic recording", *J. Magn. Soc. Jpn.*, **21-S1**, pp. 91-97 (1997)
4) H. Muraoka, K. Sato, Y. Sugita, and Y. Nakamura, "Low inductance and high efficiency single-pole writing head for perpendicular double layer recording media", *IEEE Trans. Magn.*, **35**, pp. 643-648 (1999)
5) K. Ise, K. Yamakawa, K. Ouchi, H. Muraoka and Y. Nakamura, "High writing-sensitivity

single-pole head with a cusp field coil", Intermag 2000, Toronto, CB-08
6) H. Takano, Y. Nishida, A. Kuroda, H. Sawaguchi, Y. Hosoe, T. Kawabe, H. Aoi, H. Muraoka, Y. Nakamura, K. Ouchi, "Realization of 52.5 Gb/in^2 perpendicular recording", *Journal of Magnetism and Magnetic Materials*, **235**, 241-244 (2001)
7) 濱川佳弘, 平成11年度 ASET・磁気記録研究成果報告会資料集, "サブミクロントラック・スピンバルブ素子の開発", pp. 77-87

2　超高精細映像記録への応用

沼澤潤二＊

2.1　映像記録の歴史

　画像の記録は，1727年のシュルツ（ドイツ）の硝酸銀の感光性の発見を発端として，19世紀に映像・音声情報記録技術の基盤技術の発明が相次ぎ，20世紀のエレクトロニクス技術の発明とあいまって，映像記録技術が飛躍的な進歩を遂げることとなった。表1は，映像・音声信号記録技術および関連するエレクトロニクス技術の技術史をまとめたものである。1816年になってニエプス（フランス）はピッチを塗った石版を使ったアスファルト写真ヘリオグラフを発明した。1893年にエジソンが1分程度の動画をエンドレス再生するキネトスコープを，1895年にはルミエール兄弟が動画映写機シネマトグラフィを発明して映画の基本形が確立し，1919年のフォレスト（アメリカ）のフィルム式発声映写装置の発明により映画技術が完成した。音声の記録は，1857年にマルタンヴィル（フランス）が，すすを塗った円筒状シリンダに音振動を記録するフォノトグラフを，1877年にはエジソン（アメリカ）が円筒に巻きつけた錫箔に録音するフォノグラフを発明し基本形が確立した。1898年にポールセン（デンマーク）が鋼線式磁気録音機テレグラフォンを発明し，その後の磁気ストレージ発展の礎を築いた[1]。テレビジョンは，1884年にニポー（ドイツ）が，らせん状に配置された複数の穴あき円盤（ニポー円盤）を回転させる機械走査撮像方式を発明したことに始まる[2]。1926年に高柳健次郎がニポー円盤で撮像した「イ」の字をブラウン管で表示することに成功し，テレビジョンの原型が出来上がった[3]。1933年にはツヴォルキンが電子走査式撮像管「アイコノスコープ」を発明し，1936年にはドイツ・イギリス・アメリカでテレビジョン放送が開始された[3]。このテレビジョン放送がアメリカにおける時差解消のための映像記録装置の誕生を促した。表2に1956年に最初に実用化されたVTRの諸元を示す。図1はVTRのテープ・ヘッド走査機構の歴史を図解したもので，(a)は1951年に最初の磁気テープ録画実験（Bing Crosby Enterprise）に使用された固定ヘッド長手方向走査方式を，(b)は最初の実用化VTR（Ampex VRX-1000）に採用された回転ヘッド幅方向走査方式，(c)は現在の主流となっている回転ヘッド斜め方向走査方式を示している。映像信号を途切れなく記録再生するためには記録再生帯域を一定に保つ必要があるが，どの走査方式でもテープ・ヘッドの走査速度は常に一定であるため信号の記録再生帯域が常に一定に保たれており，映像信号の記録再生に適した走査方式といえる。表3はVTRの実用化とほぼ同時期にコンピュータ用として実用化された最初のハードディスク装置の諸元を示したものである。ハードディスクはコンピュータ用として開発されたため，VTRのように記録再生帯域を一定に保つ必要がない代わりに任意の

＊　Junji Numazawa　東北大学　電気通信研究所　教授

垂直磁気記録の最新技術

表1 映像・音声記録関連技術史

西暦(年)	発明者等（英語表記）	国名	発明・発見・出来事
1727	ヨハン・ハインリッヒ・シュルツ (Johan Heinrich Schultz)	ドイツ	銀塩写真の基本である硝酸銀の感光性の発見
1816	ジョゼフ・ニセフォール・ニエプス (Joseph Nicephore Niepce)	フランス	ピッチを塗った石板を使ったアスファルト写真（Heliograph）の発明
1857	レオン・スコット・デ・マルタンヴィル (Leon Scott de Martinville)	フランス	すすを塗った円筒状シリンダに音振動を記録するフォノトグラフ（Phonautographe）の発明
1877	トーマス・アルバ・エジソン (Thomas Alva Edison)	アメリカ	直径10 cmの円筒に錫箔を巻きつけて録音するフォノグラフ（Phonograph）の発明
1884	ポール・G・ニポー (Paul G. Nipkow)	ドイツ	複数の穴を開けた円盤を回転させることで画像を走査する機械走査撮像方式の発明
1886	エミール・ベルリナー (Emile Berliner)	ドイツ→アメリカ	円盤式蓄音機グラモフォン（Gramophone）の特許提出
1893	トーマス・アルバ・エジソン (Thomas Alva Edison)	アメリカ	1分程度の映像をエンドレスに再生するキネトスコープ（Kinetoscope）の発明
1895	オーギュスト・マリールイス・ルミエール，ルイス・ジーン・ルミエール (Auguste Marie Louis Lumiere, Louis Jean Lumiere)	フランス	映画の基本形となる投影方式の動画映写機シネマトグラフィ（Cinematographe）の発明
1898	ファンデマール・ポールセン (Vandmar Poulsen)	デンマーク	鋼線式磁気録音機テレグラフォン（Telegraphone）の発明
1919	リー・デ・フォレスト（Lee de Forest）	アメリカ	フィルム式発声映写装置の発明
1926	高柳健次郎	日本	ニポー円盤により撮像した「イ」の字のブラウン管表示に成功
1928	フリッツ・フロイメル（Fritz Pfleumer）	ドイツ	磁気テープの発明
1932	E・シューラ（E.Schuller）	ドイツ	磁気ヘッドの発明
1933	ウラジミール・K・ツヴォルキン (Vladimir K. Zworykin)	ロシア→アメリカ	電子走査式撮像管アイコノスコープ（Iconoscope）の発明
1935		ドイツ	磁気テープ録音機の登場
1936		ドイツ・アメリカ・イギリス	テレビジョン放送の開始
1938	永井健三	日本	交流バイアス磁気録音方式の発明
1938	アレック・ハーリー・リーブス (Alec Harley Reeves)	イギリス	パルスコード変調（PCM）方式フランス特許取得
1951		アメリカ	磁気テープ録画機の登場（Bing Crosby Enterprise）
1956		アメリカ	2"テープ幅方向走査回転4ヘッド方式磁気テープ録画機（VTR）の実用化（Ampex Corp.）
1956		アメリカ	磁気ディスク記憶装置IBM305RAMACの開発（IBM）
1959		日本	2"テープヘリカル走査回転1ヘッド方式磁気テープ録画機の実用化（東芝）
1972		日本	PCM録音機の実用化（DENON）
1975		日本	1/2"テープヘリカル走査回転2ヘッド方式β-Formatホームビデオの発表（SONY）
1976		日本	1/2"テープヘリカル走査回転2ヘッド方式VHS-Formatホームビデオの発表（日本ビクター）
1976		イギリス	2"テープ24チャンネル固定ヘッド方式デジタル録画装置の発表（BBC）
1977	岩崎俊一	日本	垂直磁気記録方式の発明
1977		オランダ	コンパクトディスク（CD）の開発
1986		日本	3/4"テープヘリカル走査回転4ヘッド方式D-1デジタルVTRの発表（SONY）
1995			デジタルバーサタイルディスク（DVD）の開発

第7章 情報ストレージへの応用

表2　Ampex VRX-1000（1956.3.14）

収録時間	60分
ヘッドドラム	回転4ヘッドテープ幅方向走査
ヘッドドラム回転	14400 rpm
テープ速度	38 cm/sec
媒体	2″幅テープ×1368 m
日本販売価格	2500万円
	（2007年初任給換算 6.3億円）
テープ価格	～100万円

参考：1956年の日本の大卒初任給 8,000円／月（2007年の1/25）

図1　VTRのテープ・ヘッド走査機構の歴史

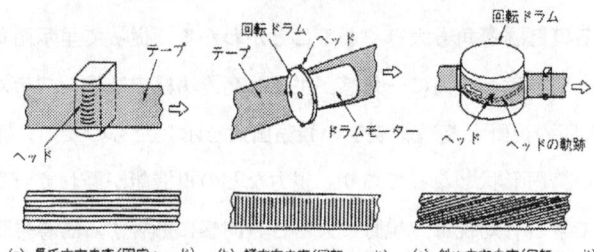

(a) 長手方向走査（固定ヘッド）　(b) 幅方向走査（回転ヘッド）　(c) 斜め方向走査（回転ヘッド）

表3　IBM 305RAMACの構成（1956.9.13）

350-Disk Storage unit
　　容量　　　　　：5M Characters
　　Character　　：7 bits
　　ディスク回転数：1200 rpm
　　アクセスタイム：1秒以下
　　媒体　　　　　：24″φ×50 platters
　　年間リース料　：3万5000ドル（≒1260万円
　　　　　　　　　　＝2007年初任給換算 3.2億円）
305-Processing unit（Drum, Core, Circuit）
370-Printer
323-Card Punch
380-Console
340-Power Supply

参考：1956年の日本の大卒初任給 8,000円／月（2007年の1/25）

データに短時間でアクセスできることが重要とされたため，トラック位置により記録再生帯域が変動する方式となっていた。

2.2 ディジタル映像信号の性質

映像の基本となる提示画像の画角，画面アスペクトレシオ，走査線間隔，画素数，画素の量子化bit数，1秒間のフレーム数は，視力，視野，視覚の時間・空間特性，臨場感などの人間の感性を考慮して決められている。図2は視力の測定系を示したもので，指標の明るさを500ラドルックスとしたとき5mの距離からランドルト環を見たときの環の切れ目が識別できる視角（単位は分）の逆数を視力と定義している。図3は，視覚の空間異方性の測定結果を示したもので，白黒の格子画像を回転させると人間の視力は水平垂直の格子に対しては高いが斜めの格子に対してレスポンスが低下することを示している[4]。図4は，水平から10〜17度傾いた誘導画像を，画角を変化させて呈示したときの観察者の姿勢の傾きを誘導角として示したもので，誘導画像の呈示画角が大きくなるほど誘導角も大きくなることがわかる。従って呈示画角を大きくすることによって，誘導画像と観察者との間に一体感が生まれ高臨場感の映像システムが実現できることになる[5]。図5は，人間の視野と高精細映像の観察画角を示したもので，人間の視野は水平方向に広く垂直方向に狭い楕円形状となっており，視力などの視機能が優れている弁別視野，瞬時に情報を受けることができる有効視野，視野に入ると方向感に影響する誘導視野に分けられる。こ

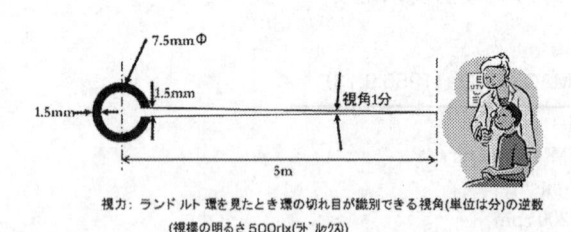

図2　ランドルト環（視力1.0）

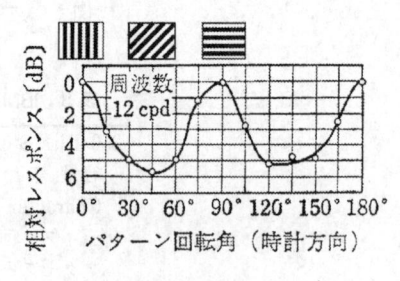

図3　視覚の空間異方性[4]

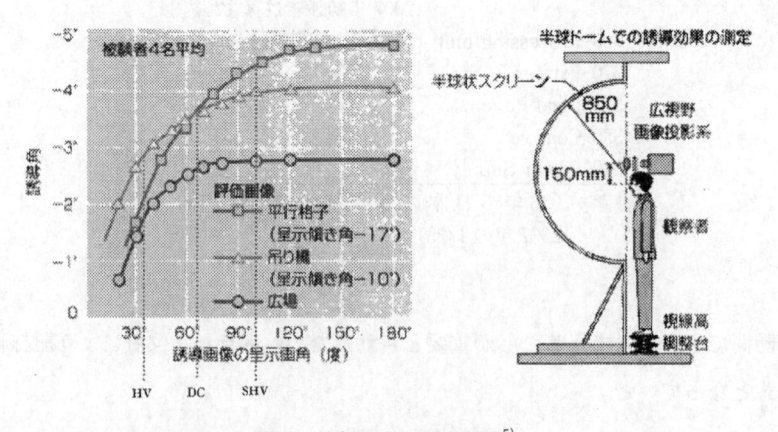

図4　観視画角と誘導効果[5]

第7章 情報ストレージへの応用

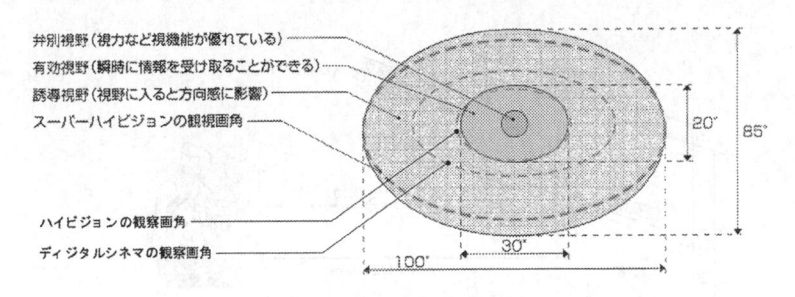

図5 人間の視野と映像の観察画角[5]

　の図からわかるようにハイビジョン観察画角は有効視野と，スーパーハイビジョンの観察画角は誘導視野とほぼ一致する設計となっている[5]。図6は，ハイビジョン画像の走査線と標本点（画素）を拡大表示したもので，走査線間隔と標本点（画素）間隔は等しくすることによって画素構造を正方格子とし，視力1.0の観察者がやっと見える程度の間隔に設定されている。図7に視距離1.87 mのハイビジョン画像設計値を示す。ハイビジョン画像は水平画角33

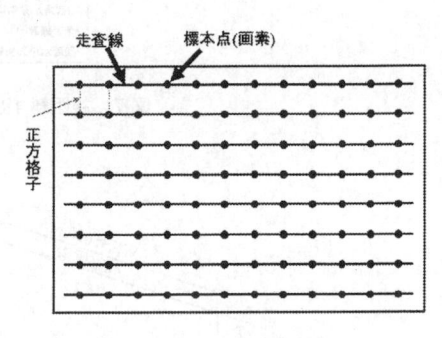

図6 ハイビジョン画像の標本点（Y）

度，画面アスペクト比16：9，走査線間隔の視角が1.07分となるように設計されており，視距離1.87 mでは50インチの画面サイズになることがわかる。超高精細映像であるディジタルシネマ，スーパーハイビジョンでも同じように考えることができる。図8にディジタルシネマの視距離と画面サイズ，図9にスーパーハイビジョンの視距離と画面サイズの例を示す。図10は輝度とカラーの視覚の空間周波数特性を測定した結果を示したものである。この図から，輝度情報は空間周波数が20cycles/deg.のところで約 − 20 dBの相対感度があるのに対して，カラー信号（赤─緑）は6cycles/deg.，（黄─青）は2cycles/deg.で − 20 dBの相対感度となり，人間の視覚のカラー信号空間周波数特性が輝度信号より劣っていることがわかる[6]。このような視覚特性を利用してハイビジョン画像では，輝度信号の標本化周波数を基数「4」と表した時，2つの色差信号の標本点を1画素おきに間引いた半分の標本化周波数を基数「2」と表した（4：2：2）方式が使われている。図11はこのときの画像の標本点を示したものである。図12は標本点の画素振幅を4 bitで量子化した場合の例を示したものである。画素振幅は0〜15までの振幅レベルに量子化されて表示される。この時，量子化誤差が発生し雑音として画質劣化の原因となるため，視覚的に量子化雑音が検知できない程度に量子化bit数を大きくする必要がある。ハイビジョンでは8 bit量子化（256階調）が採用されている。図13は，1秒間の画像枚数（フレーム数）を示し

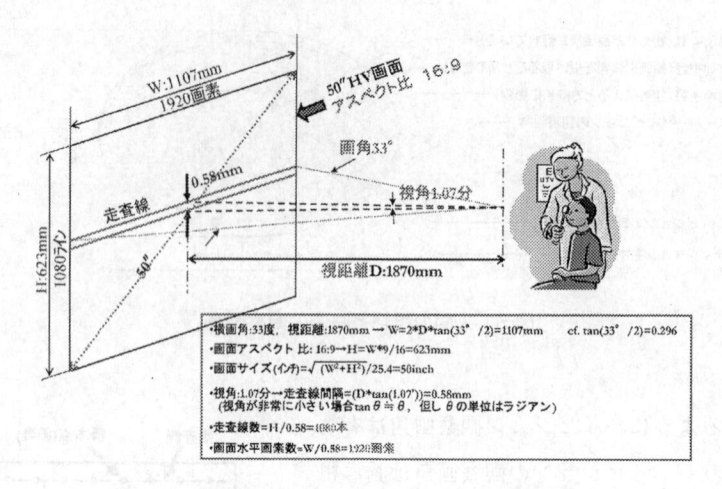

図7　視距離1.87 mのハイビジョン画面サイズ

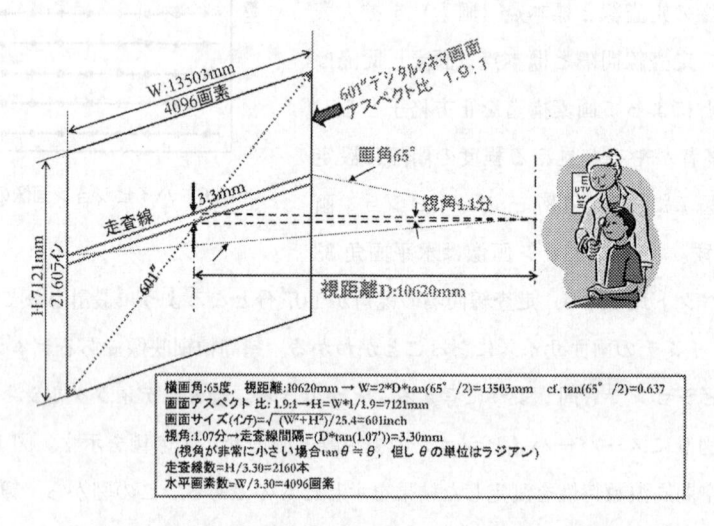

図8　視距離10.62 mのディジタルシネマ画面サイズ

たもので，ハイビジョンでは目の残像特性を考慮して毎秒約29.97フレームとしている。毎秒のフレーム数を増加させると映像の動きボケが少なくなり超高精細映像の画質向上が望めるが，同時にデータレート，データ量ともに毎秒のフレーム数に比例して増加する問題もある。

2.3　超高精細ディジタル映像信号規格とストレージ

表4に超高精細映像方式の諸元とハードディスクを用いたストレージシステム等の諸元を示す。この表からわかるように超高精細映像方式（ハイビジョン，ディジタルシネマ，スーパーハイビジョン）は1～143.2 Gbpsというきわめて高速のデータレートとなっており1時間当たり

第7章　情報ストレージへの応用

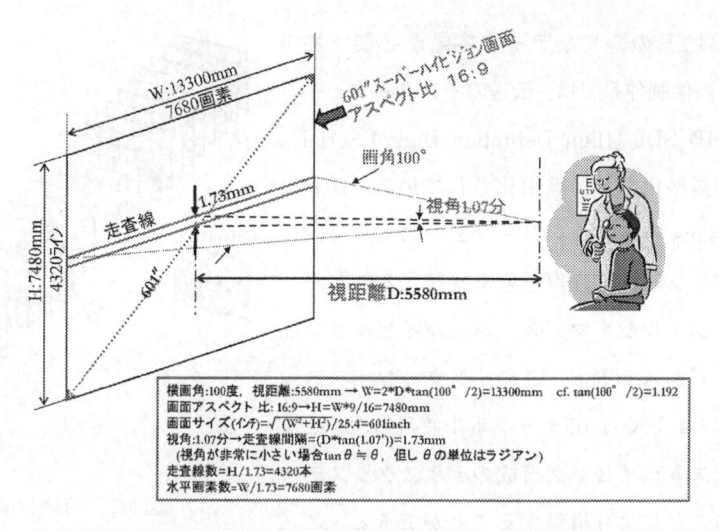

図9　視距離5.58mのスーパーハイビジョン画面サイズ

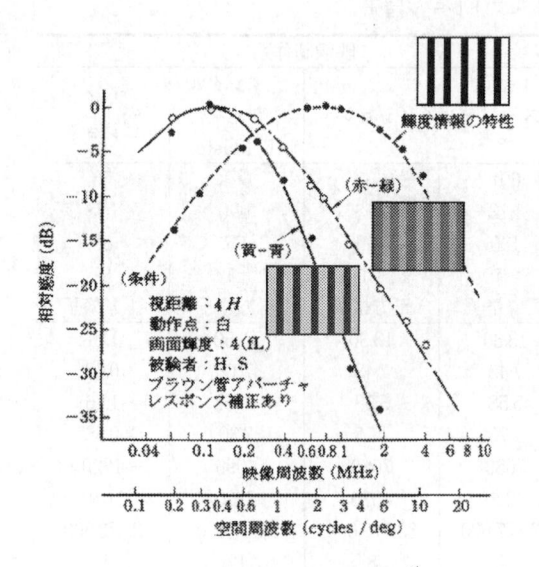

図10　視覚の空間周波数特性[6]

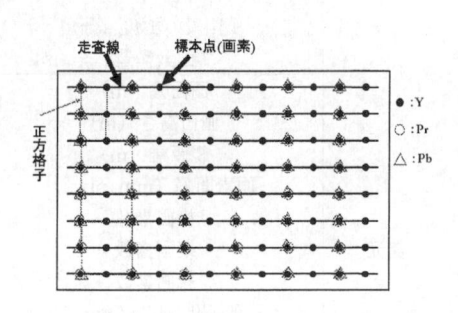

図11　ハイビジョン画像の標本点（4:2:2）

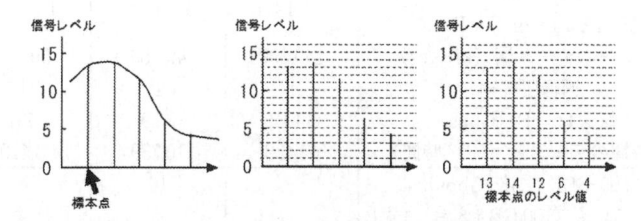

図12　標本点のディジタル化

255

垂直磁気記録の最新技術

447 GB～64.433 TB の膨大なデータ容量が必要である。このため映像制作系では，伝送のインターフェースとして HD-SDI（High Definition Digital Serial Interface）が規格化され，実用化されている。HD-SDI は 1.485 Gbps の高速インターフェースで，非圧縮のハイビジョン映像・音声信号を接続することができる。ディジタルシネマ，スーパーハイビジョン用のストレージシステムは，このインターフェースを 4 チャンネルもしくは 16 チャンネル並列動作させて，後述するストライピング構成のディスクシステムと接続することにより構築することができる。こ

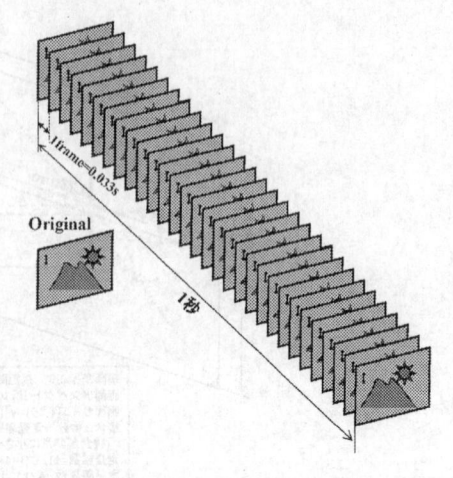

図13 1秒間の動画像

表4 映像システム・ストレージ諸元

	映像方式	映像制作系		
		スーパーハイビジョン	ディジタルシネマ 4K Master	ハイビジョン
諸元	スクリーンサイズ（インチ）	601	601	601	50
	アスペクト比（画面幅／画面高さ）	1.78	1.78	1.90	1.78
	水平画角（度）	100	100	65	33
	1画素の画角（分）	1.1	1.1	1.1	1.1
	画素構造	正方格子	正方格子	正方格子	正方格子
	画面幅（m）	13.30	13.30	13.50	1.11
	画面高さ（m）	7.48	7.48	7.12	0.62
	視距離（m）	5.58	5.58	10.62	1.86
	画素間隔（mm/pixel）	1.73	1.73	3.30	0.58
	横画素数	7680	7680	4096	1920
	縦画素数	4320	4320	2160	1080
	総画素数	33,177,600	33,177,600	8,847,400	2,073,600
	量子化（bits/pixel）	12	8	12	8
	フレーム周波数（Hz）	119.88	59.94	24.00	29.97
	サンプリング周波数（MHz）	594	594	－	74.25
	サンプリング（Y：Pb：Pr or G：B：R）	4：4：4	4：1：1	4：4：4	4：2：2
	フレームデータ量（kBytes）	149,299	49,766	39,813	4,147
	画像圧縮率	1	1	1	1
	転送レート（Gbps）	143.2	23.9	7.6	1.0
	1時間のデータ量（GB/時間）	64,433	10,739	3,440	447
ストレージシステム	HD-SDI（1.485 Gbps）	16	4	1	
	HDD アレイ（100 GB＊8台）（式）	4	4	4	
	収録時間（分）	18	84	429	

第7章　情報ストレージへの応用

表5　画像に含まれる冗長度

種類	内容
統計的冗長度	（画像を確率信号とみたときの冗長度）
・空間的冗長度	画像の絵柄の細かさに依存する冗長度
・時間的冗長度	画像の時間変化の程度に依存する冗長度
視覚的冗長度	人間の視覚特性に起因する冗長度
エントロピー的冗長度	シンボルの出現確率の偏りによる冗長度
知識的冗長度	送受信端で共有している知識に関する冗長度
構造的冗長度	画像を領域の集まりとみたときの構造的な冗長度

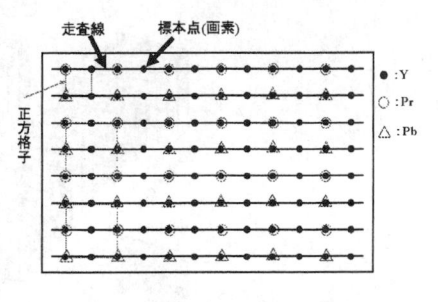

図14　ハイビジョン画像の標本点（4：2：0）

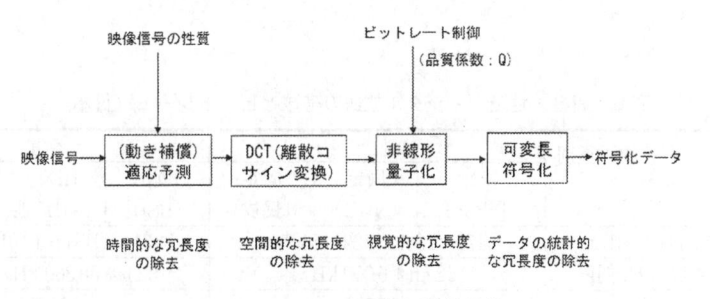

図15　MPEG-2 映像圧縮符号化

のように映像制作系では，高画質を保つために非圧縮映像を取り扱っているが，放送送出系では無線伝送路の帯域制限や受信機端末・ホームサーバ等のコスト制限があるため映像・音声信号圧縮技術が適用されている。表5は，映像信号圧縮の基本となる画像に含まれる冗長度を分類したもので，画質劣化を最小限に抑えつつこれらの冗長度を小さくする圧縮手法が望まれる。図14は，効率的な圧縮のために図10の視覚の空間周波数特性を考慮して選定された（4：2：0）方式のハイビジョン標本点（画素）構造を示したものである。図15は，図14の入力映像を用いたMPEG-2映像圧縮符号化方式のブロック図を示したものである[7]。MPEG-2は，映像の統計的冗長度，視覚的冗長度，エントロピー的冗長度を小さくする手法を採用することでデータ量を1/50〜1/70に圧縮している。図16に非圧縮映像のフレーム構成とMPEG-2圧縮映像のフレーム構成とを比較して示す。表6は，日本のBS・地上ディジタル放送の帯域と圧縮映像信号のビットレートを示したものである。

垂直磁気記録の最新技術

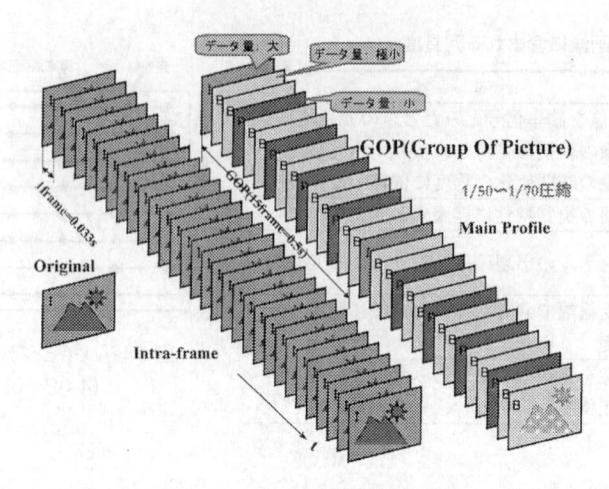

図16 MPEG-2圧縮符号化法

表6 衛星・地上ディジタル放送の帯域とビットレート（日本）

方式パラメータ	放送種別	地上			衛星		
		移動 (1セグ)	固定 (NHK)	固定 (民放)	HDTV (BSj)	HDTV (NHK他)	SDTV (NHK-1)
放送周波数帯域（MHz）		470（13ch）-722（54ch）			11,714（BS1）-12,010（BS15）		
放送ch数＊放送ch間隔		42ch＊6,000kHz			8ch＊38,360kHz（右旋）		
帯域（kHz）/放送ch		5,572			34,500		
帯域（kHz）/サービス		429	5,143	5,143	15,813	16,172	4,313
モード		3（周波数許容範囲：1Hz）					
画素構造（水平＊垂直）		320＊240	1920＊1080		1920＊1080		720＊480
		320＊180					
フレーム数/秒		14.99	29.97		29.97		
サンプリング（Y：Pb：Pr）		(1：0.5：0)	(4：2：0)＊8 bits		(4：2：0)＊8 bits		(4：2：0)
GOP（秒）		2～5	0.5		0.5		
コーデック		H.264/AVC	MPEG-2		MPEG-2		
全セグメント（スロット）数		13セグメント			48スロット		
セグメント（スロット）数/サービス		1	12		22.0	22.5	6.0
ガードインターバル比		1/8			0		
キャリア数		433	5,185		1		
変調方式		QPSK	64QAM		TC8PSK		
符号化率		2/3	3/4		3/4		
1セグメント（スロット）BR（kbps）		416	1,404		1,087		
トータルBR（kbps）		416	16,851		23,912	24,455	6,521

第7章　情報ストレージへの応用

2.4　超高精細ディジタル映像信号用ストレージの要件

　ハードディスク装置のデータレートは，回転速度，ディスク径，線記録密度の積に比例する。そのため，回転数が一定であれば図17に示すようにディスクの内外周でデータレートが変化する。また，ハードディスクの基本記録単位のセクタ容量が512 Bytesであるのに対し，超高精細映像信号の基本単位である1フレームの画像データ量が4,147 kBytes〜49,766 kBytesと極端に異なっていることもデータレート改善の足かせとなっている。図18は，ハードディスクの読出し過程を示したもので，この図からデータの読出しにはヘッドシーク時間，回転待ち時間というメカニカルな遅れが発生することがわかる[7]。図19にZCAV（Zoned Constant Angular Velocity）方式3.5インチハードディスクドライブのシーク特性の一例，図20に連続したトラックを最外周から最内周まで連続再生したときのデータ転送特性（サステインデータレート）を示す[8]。この図からハードディスクの最内周の

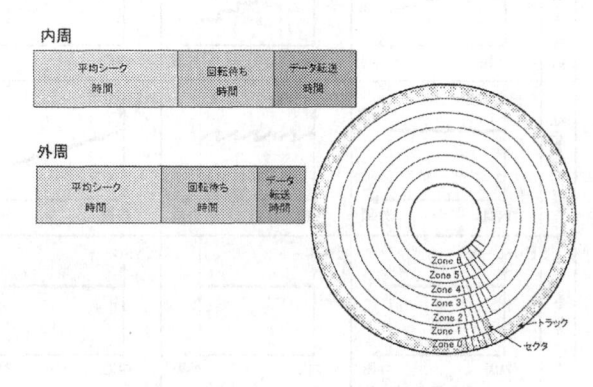

図17　HDDの内周と外周の性能差

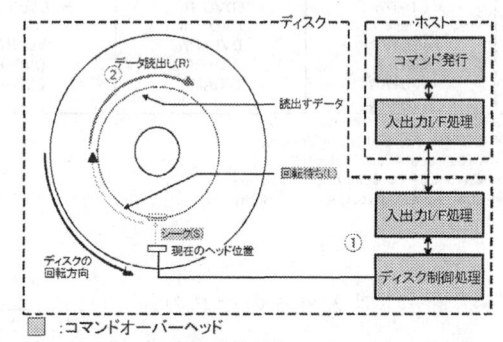

図18　HDDのコマンドオーバーヘッド

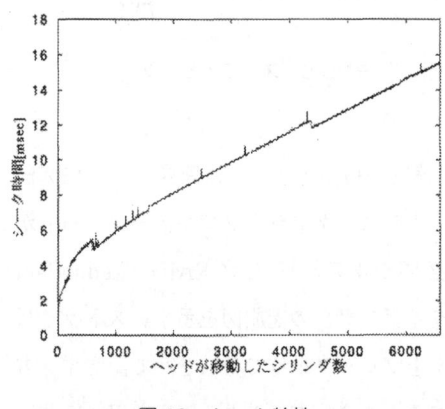

図19　シーク特性

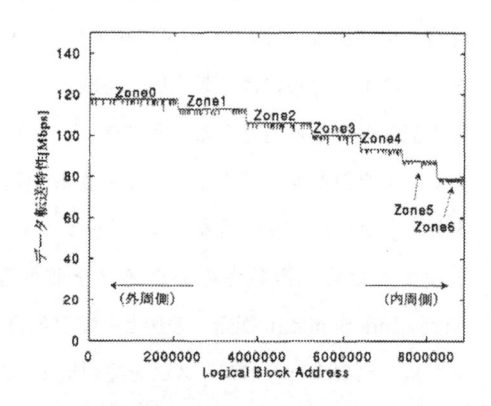

図20　サステインデータ転送速度

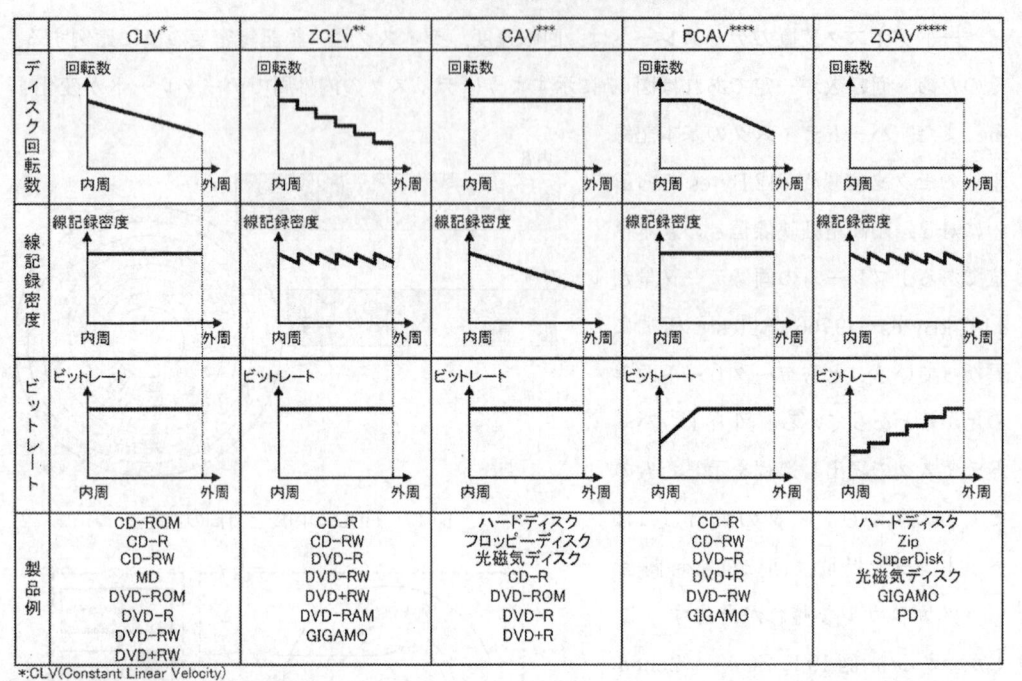

表7 ディスク記録装置の回転制御方式

	CLV[*]	ZCLV[**]	CAV[***]	PCAV[****]	ZCAV[*****]
ディスク回転数	回転数（内周→外周で減少）	回転数（階段状に減少）	回転数（一定）	回転数（内周一定→外周で減少）	回転数（階段状、外周一定）
線記録密度	線記録密度（一定）	線記録密度（鋸歯状）	線記録密度（内周高→外周低）	線記録密度（一定）	線記録密度（鋸歯状）
ビットレート	ビットレート（一定）	ビットレート（一定）	ビットレート（一定）	ビットレート（内周低→途中から一定）	ビットレート（階段状に増加）
製品例	CD-ROM CD-R CD-RW MD DVD-ROM DVD-R DVD-RW DVD+RW	CD-R CD-RW DVD-R DVD-RW DVD+RW DVD-RAM GIGAMO	ハードディスク フロッピーディスク 光磁気ディスク CD-R DVD-ROM DVD-R DVD+R	CD-R CD-RW DVD-R DVD+R DVD-RW GIGAMO	ハードディスク Zip SuperDisk 光磁気ディスク GIGAMO PD

[*]:CLV(Constant Linear Velocity)
[**]:ZCLV(Zoned Constant Linear Velocity)
[***]:CAV(Constant Angular Velocity)
[****]:PCAV(Partial Constant Angular Velocity)
[*****]:ZCAV(Zoned Constant Angular Velocity)

データレートは最外周のそれの約60％に減少していることがわかる。表7は各種ディスク記録装置の回転制御方式をまとめたもので，ZCAV方式ハードディスクに映像信号を記録する場合，データレート（ビットレート）を一定に保つためには，最内周でも映像の記録再生が可能となるようにデータレートを設計する必要があることがわかる[7,9]。

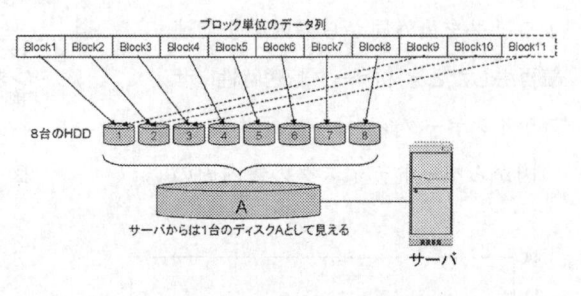

図21 RAID 0（ストライピング）

非圧縮超高精細ディジタル映像のようにデータレートが極めて高い信号をストレージするには，単一のディスクドライブではデータレートが不足するため，複数台のドライブを並列運転する必要がある。図21にRAID（Redundant Array Independent Disk）の例としてRAID 0（ストライピング）の構成図を示す。ストライピングは，複数のハードディスクを並列接続し映像データをブロック単位で分散させて記録する方式で接続台数にほぼ比例するデータレート増加が期待できるため，ディジタルシネマ用4K非圧

第7章 情報ストレージへの応用

縮RGB対応ディスクレコーダ方式として採用されている。図22はRAID 10（ミラーリング・アンド・ストライピング）方式を示したもので，ストライピングされたデータを二重書きすることによって高速性とデータの信頼性向上とを図ったものである。図23はRAID 3のシステムで，データ用のディスクのほかにパリティディスクPを追加してデータの高速性・信頼性を高めたものである。図24は，RAID 5のシステムで，RAID 3と同等の高速性・信頼性を保ちつつ，パリティディスクPへのアクセス集中を回避するためパリティを全ディスクに分散するようにしたものである。超高精細映像のインターフェースとしては前述のHD-SDIがあるが，さらに高速化されたHDMI 1.3（High-Definition Multimedia Interface 1.3）規格の発表もあり今後更なる高速化も期待できる。従って，今後望まれる超高精細ディジタル映像用ハードディスクドライブしては，ドライブ単体として次世代超高速インターフェースに対応できるデータレートの実現およびそれらのドライブを多数連結した携帯可能なRAIDシステムの実現が望まれる。

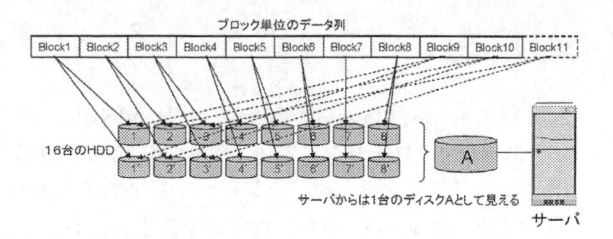

図22　RAID 10（ミラーリング・アンド・ストライピング）

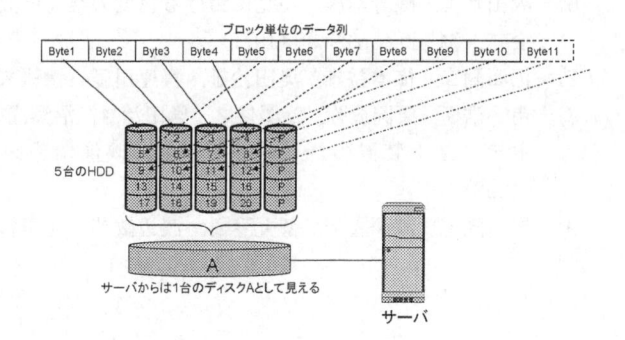

図23　RAID 3

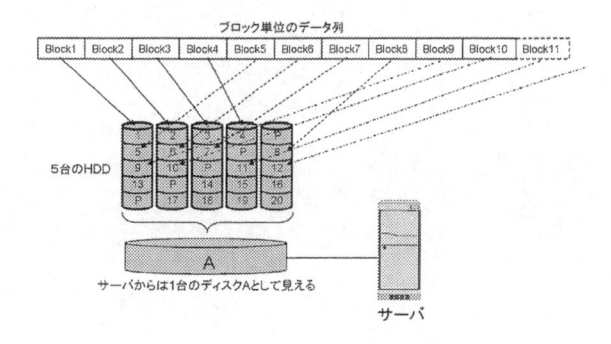

図24　RAID 5

文　献

1) M. Camras, Magnetic Recording Handbook, Van Nostrad Reinhold Company (1988)
2) W. R. マクローリン，電子工業史，白揚社 (1962)
3) テレビジョン学会編，テレビジョン・画像工学ハンドブック，オーム社 (1980)
4) 樋渡，渡部，森，長田，視覚の空間正弦波レスポンス，NHK 技研，**16** (1)，pp.38-60 (1964)
5) 岡野文男，走査線 4000 本級超高精細映像システムの研究，NHK 技研 R&D，No.86，pp.30-43 (2004)
6) 坂田晴夫，磯野春雄，視覚における色度の空間周波数特性（色差弁別閾），テレビジョン学会誌，**31** (1)，pp.29-35 (1977)
7) 沼澤潤二，梅本益雄，奥田治雄，喜連川優，情報ストレージ技術，コロナ社 (2007)
8) 南　浩樹，栗岡辰弥，藤澤俊之，奥田治雄，沼澤潤二，映像アプリケーションに対するハードディスク装置の新しい評価手法，映像情報メディア学会誌，**52** (10)，pp.1513-1519 (1998)
9) 黒川隆志，滝澤國治，徳丸春樹，渡辺敏英，光情報工学，コロナ社 (2001)

第8章 次世代高密度化技術

1 ディスクリートトラックメディア

田上勝通*

1.1 高密度での課題

磁気記録において，長手記録の時代から垂直磁気記録の時代となって，大容量化が加速してきている。垂直磁気記録は，高線密度になるほど磁化が安定して高密線密度に適している。高線密度化を行うには，粒子一個を正確に磁化反転させることが必要である。このためには，磁性粒子の微細化と粒間の磁気交換結合のコントロールが必要である。しかしながら，粒子一個一個を磁化反転させることは難しく，粒子が磁気クラスターの状態となり，高線記録密度化を困難にしている。したがって，高線密度化のスピードが緩やかになると，その分高トラック密度化方向の増大が求められる。結果的に，線密度／トラック密度アスペクト比が小さい方向にシフトしてきている。

高トラック密度化において課題となるのは，記録過程においては，高トラック密度時の磁気ヘッド側面から発生する磁界による隣接トラックへのサイドトラック記録の影響である。再生過程においては，①磁化遷移のトラック端での湾曲，乱れによるトラックエッジノイズの影響，②隣接トラックからのクロストークの影響，③サーボ信号品質とサーボセクタの記録時間の増大，などが挙げられる。これらの課題は，現状の記録再生方式では解決することが困難な問題である[1～4]。ディスクリートトラックメディア（DTM）は，まだこれからの技術で，いくつかの構造が提案されているが，ここでは主としてTDKにおけるデータを使用し述べる。

1.2 ディスクリートトラックメディア（DTM）の構造

高トラック密度領域で課題となるサイドトラック記録，クロストークの影響を抑制，低減する方法のディスク形態の1つとして提案されているのがDTMである。図1は，磁気ディスクとそこに使われている磁気メディアの一部を拡大したDTMを示す。ガラス基板上に軟磁性層／中間層／垂直磁気記録層が形成される。垂直磁気記録層は溝によって分離された構造を有している。磁性層を分離している溝の部分には，非磁性材料を埋め込む方式と，埋め込まない方式も提案されているが，本図は埋め込んでいる構造を示す。磁気ヘッドの浮上の安定した浮上特性確保，耐

---

* Katsumichi Tagami TDK㈱ SQ研究所 所長

図1 磁気ディスクとディスクリートトラックメディア

環境性の確保という信頼性の観点からはグルーブ形成後，溝を埋め込み，平坦化することが望ましい。図1は，DTMを用いたハードディスクドライブ（HDD）を示す。図2は，図1のDTMを拡大した図である。磁性膜をディスクリート化した溝には，非磁性材料が埋め込まれ平坦化されている。ディスク表面は，データトラック領域，サーボトラック領域から構成されている。サーボトラック領域は，従来の磁気ディスクではサーボトラックライタでトラック毎に記録されるが，DTMでは，CDのように一括にインプリントしてパターンが転写され形成される。それにより，サーボトラックライタによりサーボ情報をトラック1本1本記録せずに済み，本工程のコストを低減できる。

1.3 DTMの垂直磁気異方性

DTM媒体には，垂直磁気異方性媒体が用いられる。DTMの垂直磁性膜の成膜には2つの方法が考えられる。図2の場合は，垂直磁気媒体を形成後に磁性膜をエッチングし，埋め込みを行った構造を示す。もう1つの方法は，基板に予め凹凸を形成して，その上に垂直磁気媒体を成膜する方法である。予め凹凸を形成した基板に磁性膜を形成する方法もある。

凹凸基板上に垂直磁気異方性を有する磁性膜を形成する場合，磁性膜の垂直磁気異方性への影

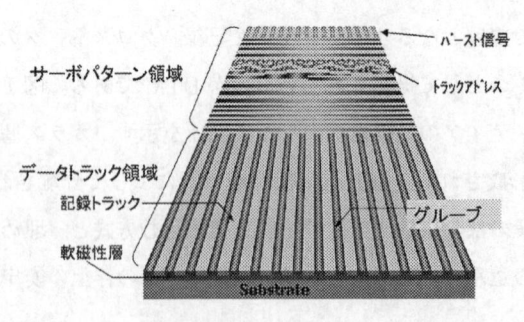

図2 ディスクリートトラックメディアの構造（埋め込み平坦化構造）

第8章　次世代高密度化技術

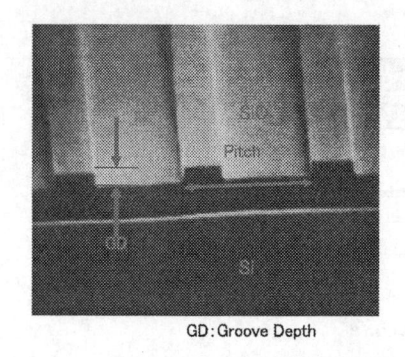

図3　グルーブ基板上の垂直磁気異方性への影響を検討した凹凸基板

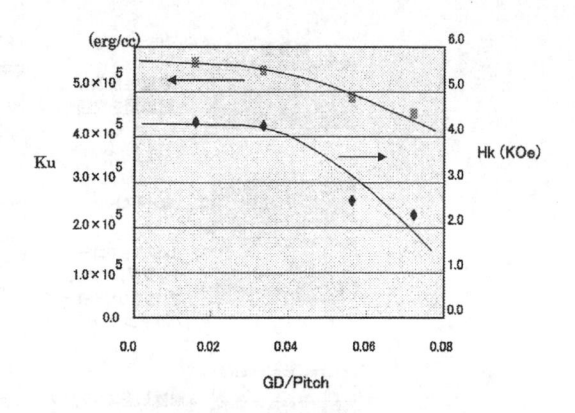

図4　凹凸基板の Groove Depth(GD)/Pitch に対する CoCr 垂直磁気膜の垂直磁気異方性磁界（Hk）及び垂直磁気異方性係数（Ku）

響に留意する必要がある。

　凹凸を有したグルーブ基板上に成膜した垂直磁気膜の垂直磁気異方性への影響が調べられている[5]。Si 基板上に SiO_2 層が形成され，溝（Groove）深さと溝ピッチを変えた基板が作製されている（図3）。その上に同一スパッタ条件で CoCr 垂直磁気膜を成膜した磁性膜の垂直磁気異方性磁界（Hk），垂直磁気異方性係数（Ku）に対するグルーブ形状との関係を図4に示す。横軸は，Groove Depth(GD)をピッチ（Pitch）で規格化した値を示す。図から示されるように，GD/Pitch が 0.04 程度の比較的小さなアスペクト比でも，垂直磁気異方性の劣化が観測された。B-H ループから求めた垂直磁気異方性磁界（Hk）の方は Ku より敏感に低下する傾向が観測された。アスペクト比の増大による垂直磁気異方性の劣化の推定される原因を図5に模式的に示す。CoCr 垂直磁気異方性膜をスパッタで形成した場合，ランド端部の領域ではスパッタ粒子の堆積が乱れるため，図に示されているようにランド端部で垂直磁気異方性軸がばらついて磁気異方性が劣化すると推測している。

　したがって，高密度トラック密度化を図っていくには，トラックピッチを小さくすることが必要で，ランド端部の領域がランドの全体面積に比して増大し，垂直磁気異方性膜への影響は増大し，高密度特性の劣化が予想される。したがって，垂直磁気媒体の本来の高密度特性を確保する

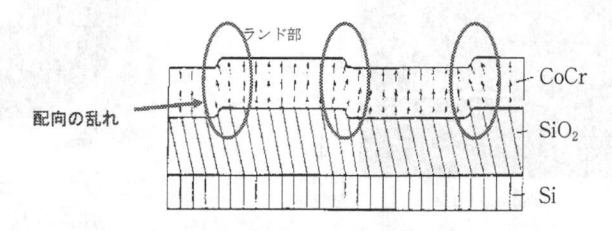

図5　凹凸基板上の垂直磁気異方性膜の磁気異方性配向の乱れ

垂直磁気記録の最新技術

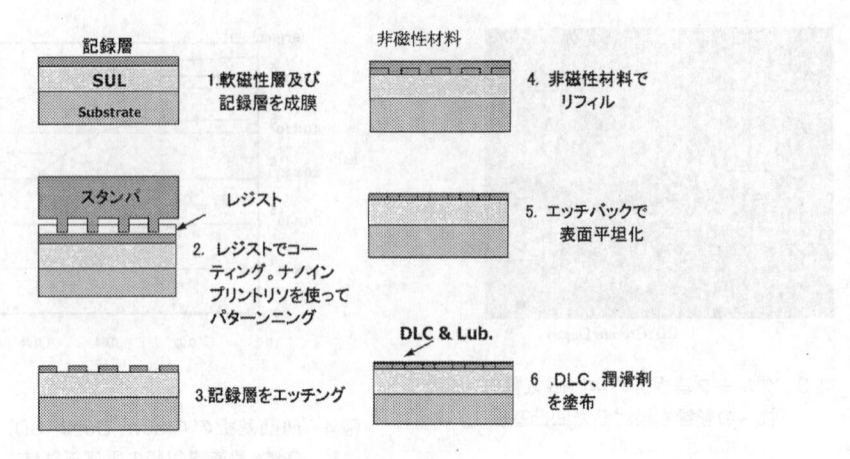

図6 DTMのプロセスフロー

には，磁性層を成膜してからの溝を加工する必要があると考えられる。

1.4 DTMの作製法

DTMの作製法として，いろいろなプロセスが提案されているが，気相法を基本としたプロセスの1例を図6に示す。図では，①軟磁性層及び記録層を成膜，②レジストでコーティングしてナノインプリントリソを使ってパターンニング，③記録層をエッチング，④非磁性材料でリフィル（スパッタリング），⑤エッチバックで表面平坦化，⑥DLC及び潤滑剤を塗布，の工程が示されている。

図7は，図6の中の⑥の工程で，溝を非磁性材料で埋めて，⑤のエッチバックした表面と断面を示す。エッチバックした平面粗さRaはエッチする前のメディアとほぼ同じレベルで，平坦化することができる。図8は，上記のナノインプリントプロセス工程を経て作製された1.8インチディスクの表面写真である。CDディスクのようにディスクのサーボ領域のパターンを反映して干渉縞が観測される[10]。

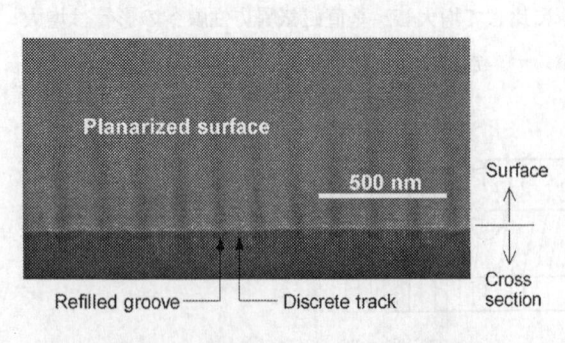

図7 平坦化されたメディア表面と断面

図8 ナノインプリント技術で全面加工され、平坦化された1.8インチディスク[10]

第8章 次世代高密度化技術

1.5 磁気ヘッドの浮上特性

図9に，図6のプロセス工程において，加工された凹凸を平坦化しないディスク（a）と凹凸を平坦化したディスク（b）を用いて，磁気ヘッドの浮上変動を調べた。測定装置には，レーザードップラー装置が用いられた。図から明らかなように，平坦化なしのディスクは，ヘッドの浮上量が大きく変動するのに対して，平坦化したディスクにおいては，ほぼ平坦化する前のディスクと同等の変動量であり，浮上は安定している。したがって，HDI上，溝の平坦化を行うことが必要と考えられる。

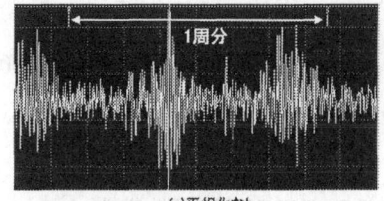

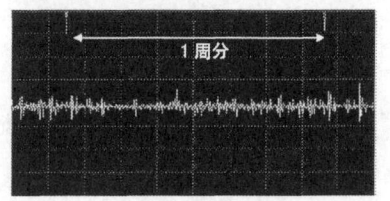

図9 レーザードップラー効果測定装置による磁気ヘッドの浮上変動の測定

1.6 サーボトラックフォロイング

DTMにおいて，その導入の大きなメリットは，CD-ROMのようにサーボフォーマットをスタンパとインプリント技術で一括して形成することである。これにより高トラック密度化の課題の1つであるサーボトラックライタによるサーボパターンの記録時間を無くすことが可能となる。磁気メディアにナノインプリントで形成したサーボパターンの形状精度は，従来の磁気ヘッドで記録されるサーボトラックライタと同等の位置誤差信号の精度が要求される。図10は，横軸に同一トラック上のセクタに形成されたサーボパターンからの位置誤差信号を基に磁気ヘッドをフォロイングした際の再生出力を示す。切れ目毎の先頭のひげ状の出力がサーボ信号で，その後に続くのはデータトラックに記録された信号である。ここで得られる位置誤差信号は，従来のサーボトラックライタと同等の品質で制御できることが明

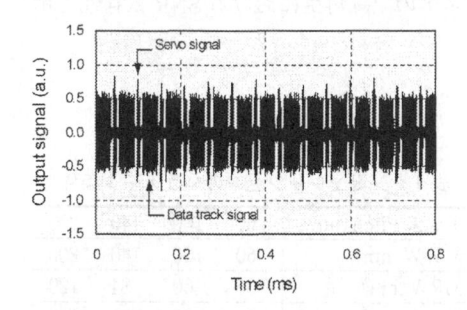

図10 トラックフォロイング時における再生信号出力

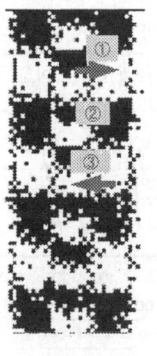

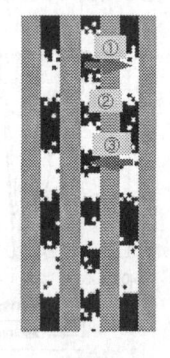

図11 従来メディアとDTMの記録磁化状態

らかとなっている。このトラックフォロイング精度は，電子線リソグラフィ，ナノインプリントリソグラフィによって初めて達成されるもので，今後さらに高密度化が進んでも技術的に対応できる。また，TDKは，CEATEC2006（10月）において，インプリント技術により作製した1.8インチの全面のフルトラックサーボにシークを実現している[10,11]。

1.7 DTMの記録再生特性

DTMの記録再生特性について，メディアとヘッドの観点からいくつか報告がなされている[3,4,6~9]。

図11に従来メディアとDTMに記録した場合の磁化状態をシミュレーションにより求めた図を示した。

従来メディアでは，図中の①の矢印を示すように中央トラックを記録した時，隣接トラックへのサイド記録がなされ，サイド記録による磁化の乱れが伝播する。

一方，DTMの場合，①の領域で磁性膜が除去されているので磁化の乱れの伝播がなくなる。また，従来メディアでは，②のトラック境界に発生する磁化状態の乱れが発生し，エッジノイズの発生原因となる。これに対して，DTMでは，エッジノイズが発生する領域の磁性膜が存在しないのでエッジノイズ源が除去される。また，従来メディアで，③の矢印は中央トラックへの隣接トラックからクロストーク磁界を示す。DTMでは，③からのクロストーク磁界は溝があるため，従来メディアよりはクロストークは抑制される効果を有する。

DTM化する効果を調べるため，最初に中央トラックに記録し，その後180nmピッチで両隣接トラックに記録した場合の中央トラックのビットエラーレイト（BER）を図12に示す。従来ディスクは，センタートラックのBERは，DTMのそれと較べて2桁程度悪い値となり，ディスクリート化することにより隣接トラックからのサイド記録の影響を抑制することができる。

図13は，トラックピッチに対するDTMと従来メディアの記録再生におけるSNR依存性を示

表1 シミュレーションのパラメータ条件

Track Pitch(nm)	60	100	140	200
MWW(nm)	60	100	140	200
MRW(nm)	36	60	84	120
Track width(nm)	30	50	70	100

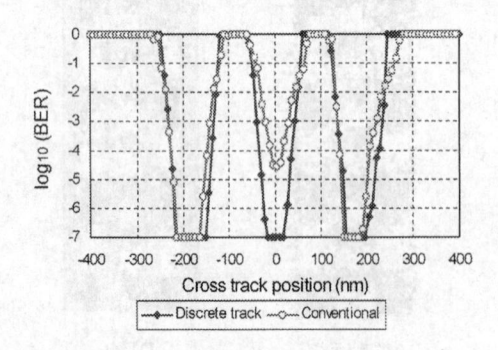

図12 隣接トラック記録によるエラーレイトへの影響の比較

第8章 次世代高密度化技術

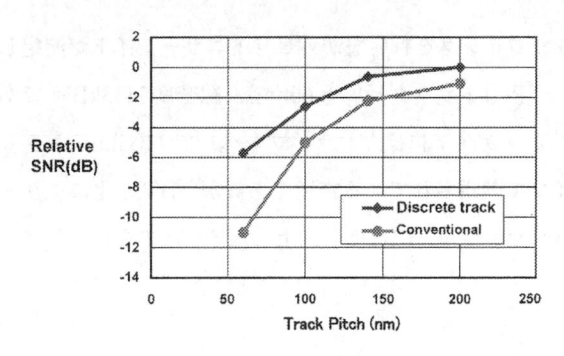

図13 トラックピッチに対する相対SNRの依存性（従来型メディアとDTM）

す。表1にトラックピッチ，使用したヘッドのMWW（Magnetic Write Width），MRW（Magnetic Read Width）及びDTMのトラック幅を示す。図に示すように，トラックピッチの減少と共にSNRの差は増大し，ピッチが小さくなるほどSNRの差が大きくなる。

HDDドライブにおいて，ヘッド，ディスクの記録密度設計を行う場合，特に高トラック密度を達成するにはOff Track Capability（OTC）特性が重要である。

図14は，500Gbpsi（317ktpi，1580kbpi）における読み取りヘッドのOff track位置に対するSNRについて，DTMと従来メディアの比較を示す[9]。記録ヘッドは，隣接トラックを記録する時，評価対象の中央トラックの方向にトラックピッチの10%を偏移し記録する。また読み取り時には上記のように記録された隣接トラックの方向に再生ヘッドをオフトラックさせて再生した場合の最悪パターンのSNRをシミュレーションにより求めた。図からDTMの場合，最悪の記録，再生時において，トラックピッチの10%オフトラックで，およそ従来メディアと較べてＳＮＲで4.4dBの改善が見込まれる。

DTMの高密度実証特性として，シミュレーションではなく実測で発表された報告がTDKからなされている。CEATEC2006に，TDKがDTMと狭トラック，高感度，低ノイズのCPP-GMRヘッドの組み合わせで高トラック密度デモを行っている。DTMに形成されたサーボパ

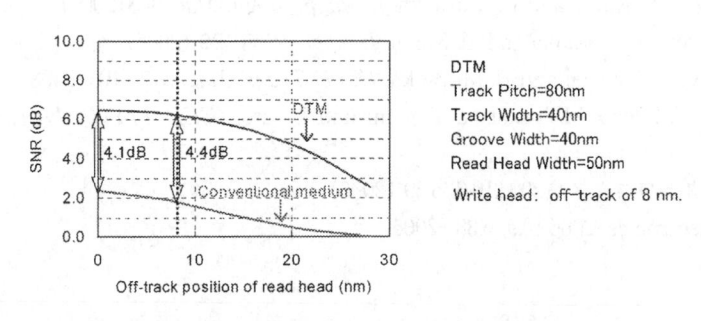

図14 読み取りヘッドのOff track位置に対するSNR変化

ターンによりサーボフォロイングを行いながらビットエラーレイトが測定している。デモの密度は，トラック密度391kTPI（トラックピッチ65nm），線密度1118kBPIである。面密度換算では437Gbpsiの値となる[11]。メディアには，ドライブレベルで140Gbpsiクラスの媒体が用いられている。線密度はドライブで使用されている密度であるが，DTM化によりトラック密度は3倍程度大きな領域でデモされた。今後，線密度が向上したメディアを用いれば，さらなる面密度の増大が見込まれる。

1.8 今後の展開

以上，DTM化するということは，メディアの製造を考えると，塗膜メディアから連続薄膜メディアへ移行した以上の大きな技術的な障壁があると考えられている。しかし，1Tbpsi以上の高密度化を考えると，パターンメディア，熱アシスト記録においても，DTMのようにメディアに溝を形成することは避けては通れない技術と考えられる。また，ヘッドとディスクの高密度化のソリューションとして，今後，本技術はますます重要となると考えられる。

文　　献

1) S. E. Lambert, I. L Sanders, A. M. Patlach, and M. T. Krounbi, *IEEE Trans. Magn.*, MAG-23, p. 3690 (1987)
2) H.Nishio, K. Hattori, S. Okawa, M. Fujita, T. Aoyama, I. Sato, *J. Appl. Phys.*, **69**, 4274 (1991)
3) Y. Soeno, M. Moriya, K. Ito, K. Hattori, A. Kaizu, T. Aoyama, M. Matsuzaki and H. Sakai, *IEEE Trans. Magn.*, **39** (4) (2003)
4) K. Hattori, K. Ito, Y. Soeno, M. Takai and M. Matsuzaki, *IEEE Trans. Magn.*, **40** (4), 2510 (2004)
5) K. Tagami, H. Gokan and M. Mukainaru, *IEEE Trans. Magn.*, **24** (6), 2344 (1988)
6) S.J. Greaves, Y. Kanai and H. Muraoka, *J. Magn. Magn. Mat.*, 303 (2006)
7) S. J. Greaves, H. Muraoka and Y. Kanai, *J. Appl. Phys.*, **99** (2006)
8) S. J. Greaves, Y. Kanai and H. Muraoka, *IEEE Trans. Magn.*, **42** (10), 2408 (2006)
9) A. Kaizu, Y. Soeno, M. Takai, K. Tagami and I. Sato, *IEEE Trans. Magn.*, **42** (10), 2465 (2006)
10) 日経エレクトロニクス，2006.10.6, p.39 (2006)
11) Nikkei Electronics, 2006.10.9, p.38 (2006)

2 パターンドメディア

2.1 ビットパターンド磁気記録メディアの設計

本多直樹[*]

2.1.1 はじめに

垂直磁気記録[1]は近い将来に磁気ストレージ技術を完全に置き換えると予想される。しかし，1 Tbit/in^2 以上の面記録密度の達成は記録ビットの熱不安定性を克服するため，垂直磁気記録に付加的な技術を導入することで初めて可能となると考えられる。数ある候補のうち，磁性ドットをビットに対応させるビットパターンドメディア方式は現在の技術との整合性が優れているため最も有望な技術である。パターンドメディアの考えは最初に中谷等によって1980年代末に提案され[2]，その後，Chou等により1994年に面記録密度 65 Gbit/in^2 ドットの作製が報告された[3]。しかし，この新技術は主にリソグラフィー技術の高精度性に立脚していたため，その優位な高密度性は従来技術の進歩により追い抜かれてしまった。同時期に，中村は1つの粒子に1ビットを記録する「テラビット・スピニック・ストレージ」の概念を提案した[4]。そこでは垂直異方性がビット間の磁気的相互作用面から有利であることが指摘されたが，作製法や設計法については示されなかった。熱安定性の観点からパターンドメディアが再認識されたのは，1997年になってから White 等によってなされた[5]。これは Charap による従来磁気記録方式の熱安定性限界が示唆されたためである[6]。このため，その後の初期のパターンドメディアの研究では必ずしも垂直磁気異方性に焦点を合わせていなかった[7〜9]。また，磁性ドットの作製に関しては多くの報告がなされている[10,11]が，パターンドメディアの熱磁気設計や記録条件についての報告は少ない。

ここではビットパターンドメディア方式を，高密度化に伴う熱磁気緩和現象の回避手法とし，垂直磁気記録方式の発展形として位置付けた。面記録密度 1 Tbit/in^2 以上を実現するためのパターンドメディアの設計と磁気特性を主にシミュレーション解析を用いて述べる。最初に面記録密度 1 Tbit/in^2 用垂直磁気異方性パターンドメディアの設計と記録特性について述べ，次に，記録時の種々シフトマージンの決定要因について述べる。さらに，面記録密度 2 Tbit/in^2 に向けた設計指針について述べる。

2.1.2 ビットパターンドメディアの熱磁気設計

垂直異方性パターンド磁気記録メディアの熱安定性のための必要条件は，垂直方向 M-H ループに基づいたグラニュラー型垂直磁気記録メディアのそれ[12]と同様な手法で求められる。図1に示す磁気ドットアレーの M-H ループは各磁性ドットの S-W 型角型 M-H ループの集合体である。磁性ドットアレーの磁化反転開始磁界 H_n は抗磁力 H_c よりも小さいが，これはドット間の

---

[*] Naoki Honda　秋田県産業技術総合研究センター　高度技術研究所　副所長

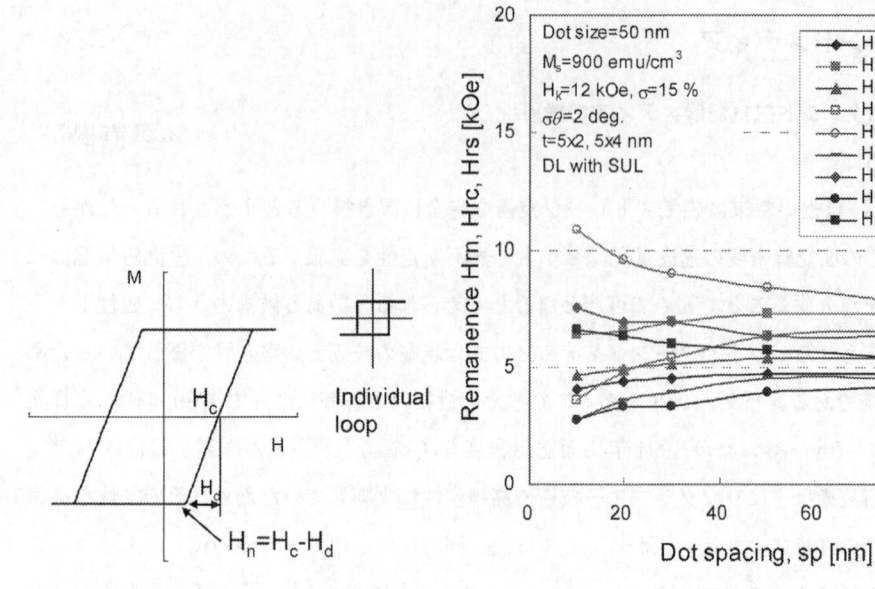

図1 磁気ドットアレーの垂直方向M-H
    ループと個別ドットのループ

図2 磁気ドットアレーの残留磁化特性のドット間
    スペーシング依存性
    膜厚，形状の異なるドットについて示す．

H_c の分散と静磁気相互作用による．また，ループ上の1ステップの変化は直接に1磁性ドットの反転に対応する．したがって，磁気ドットアレーの熱安定性条件は最も反転し易いドットに注目して決定すべきである．磁化反転開始磁界 H_n を実効異方性磁界と見做して，熱安定性条件は

$$E_m/k_BT = (1/2)H_n \cdot M_s \cdot V/k_BT > 60 \quad (1)$$

と表される[13]．ここに，E_m，M_s，V，k_BT，Tはそれぞれ磁気エネルギー，飽和磁化，ドットの体積，ボルツマン定数，温度（K）である．ここでは，H_n はゼロ時間での値を示す．式(1)は，Sharrockの磁性粒子の熱減磁特性[14]に従えば，最も反転しやすいドットに対して30年間で 10^{-7} 以下のエラーを保証することになる．エネルギー比 E_m/k_BT を T=300K で70とすれば，使用時の温度が70℃でもエネルギー比は60以上の値が確保できる．式(1)が簡単なのは，背景の複雑な現象が H_n に集約されているためである．比較的大きな M_s とすることで，熱安定性に必要な H_n を小さくでき，記録が容易なパターンドメディアを設計できる[13]．

面記録密度1Tbit/in² 用パターンドメディアのドットの典型例としては，$7.5\times7.5\times10$ nm³ の体積で，$H_n>11$ kOe, $M_s=1000$ emu/cm³ の磁気特性を持つものである．この場合，ドット間の静磁気相互作用を考慮した磁性ドットアレーのM-Hループのシミュレーション解析より，ドットの異方性磁界 $H_k=15$ kOe とすることで $H_n=12$ kOe が得られる．このことは，ドットの磁性材料が 7.5×10^6 erg/cm³ 程度の異方性エネルギー定数 K_u を持てばよいことを示しており，FePt

第8章　次世代高密度化技術

規則合金[15]やCo-Pt合金[16]などの既知の磁性材料で満足できることになる。

　M-Hループのシミュレーション解析からさらに，ドット間のスペーシングが膜厚程度以下となると，図2に示すように，抗磁力H_cの低下は小さいが磁化反転開始磁界H_nの低下と飽和磁界H_sの増加が顕著となる[13]。これはドット間の静磁気相互作用の結果であるが，記録メディアとして見た場合，ドット密度が高くなると熱的な不安定さが増し，かつ必要記録磁界が大きくなることを示している。ドット寸法そのものは熱磁気安定性の点からあまり小さくはできないので，これはパターンドメディアの密度限界を決定する厳しい条件となり得る。

2.1.3　メディアのシミュレーションモデル

　パターンドメディアの各ドットは一辺2.5 nmの立方体副要素に分割し，副要素間にA＝0.98×10^{-6} erg/cmの交換結合が働いているとした。このモデルでは，非一斉磁化反転やドットの寸法の影響も取り込まれる。異方性磁界H_kと垂直方向配向にそれぞれ15％，1.5度の正規分布を与え，ドット間での反転磁界の分布を得ている。また，磁性ドットと軟磁性裏打ち層の間に5 nmの非磁性層を仮定している。記録のシミュレーションは市販のソフトウエアを用い，エネルギー平衡法で行った[17]。表1に示す種々のドット寸法を持つパターンドメディアについて記録特性を調べた。表1では，ドット寸法に合わせて，ドットアレーの熱エネルギー比E_m/k_BTが室温で70以上となるようなH_nが得られるように異方性磁界H_kを調整してある。

2.1.4　記録シミュレーション

　磁極先端部に磁荷が均一に分布するKarlqvist型単磁極ヘッド磁界を用い，パターンドメディアへの記録シミュレーションを行った。ヘッドの磁極寸法を25×25 nm^2とし，磁極表面と軟磁性裏打ち層間の距離を25 nmとした場合，垂直方向成分の磁界分布は半値幅が42.5 nmであった。パターンドメディアへの記録ではヘッド磁界と磁性ドットの同期が必須である[18]。ドット寸法が12.5 nm正方で膜厚5 nmのM-2メディアを用い，ヘッド磁界の反転タイミングを適切に設

表1　シミュレーションに用いたパターンドメディアのドット寸法と磁気特性
非磁性中間層膜厚：M-1～9は5 nm，M-10は1 nm。

Media	D_1 [nm]	D_2 [nm]	t [nm]	Volume [nm^3]	H_k [kOe]	H_{nr} [kOe]	H_{cr} [kOe]	H_{sr} [kOe]
M-1	7.5	7.5	10	563	15	12.0	14.8	18.0
M-2	12.5	12.5	5	781	15	8.4	9.9	12.0
M-3	15	15	2.5	563	22	11.4	13.2	15.0
M-4	17.5	17.5	2.5	766	19	8.4	9.9	11.7
M-5	7.5	12.5	10	938	10	7.2	8.4	10.5
M-6	7.5	15	5	563	19	11.4	13.8	16.5
M-7	7.5	17.5	5	656	18	10.2	12.4	15.0
M-8	7.5	20	5	750	17	9.6	11.0	13.5
M-9	7.5	22.5	5	844	16	8.1	9.7	12.3
M-10	12.5	15	5	938	15	7.8	9.5	11.1

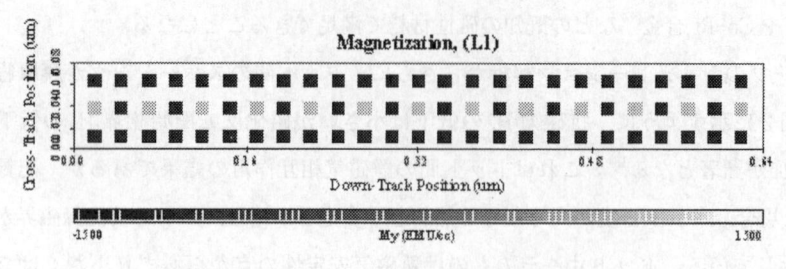

図3 メディアM-2での1 Tbit/in² 記録磁化パターン

定することにより，図3に示すように1 Tbit/in² パターンを中央トラックに書き込むことができた。25 nm ピッチに配置した種々正方ドットで，記録された25個のドットについてのエラーレートを調べた。1016 kFCI の NRZ 信号をトラック長手方向に全体の反転時間をずらしながら記録を行った。ここでは一方向に飽和磁化したメディアの中央トラックに対して記録を行っているが，記録過程では正逆方向の記録を行うので，反磁界の影響がほぼ最大と最小の場合を含んだシミュレーションとなっている。メディア M-1 から M-4 についての結果を図4に示す[13]。ここでは各メディアのドット体積をほぼ一定としているので，熱安定性のためのドットアレーの必要 H_n は各メディアで大きくは違っていない。また，各メディア毎に最適記録磁界を用いたが，最大磁界は 9.6-13.7 kOe であり，これらはそれぞれの残留抗磁力 H_{cr} に近い値であった。ドット寸法が 12.5 nm 以下のメディアでは記録のシフトマージンまたは記録窓幅は 17.5 nm であった。理

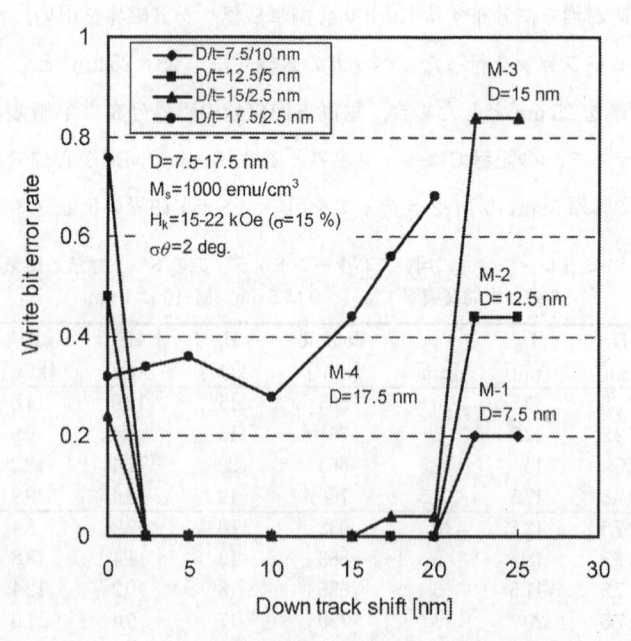

図4 種々ドット寸法のパターンドメディアにおける書き込みエラー率の記録タイミングの長手方向シフト量依存性

第8章　次世代高密度化技術

想的な記録窓幅はトラック長手方向のドットピッチと等しいが，記録位置はヘッド磁界が H_{nr} と H_{sr} の間で変動するので，この記録位置のずれ幅が記録窓幅またはシフトマージンを狭める原因となる。

　ヘッド磁界がトラック幅方向にシフトした場合の両隣接トラックへの書き込みレートも調べた。トラック幅方向のシフトマージンは長手方向でのそれの1/3ほどであった。このトラック幅方向でのシフトマージンの減少は記録磁界の広がりによっている。長手方向の記録シフトマージンは，長手方向の磁界の広がりに関係なく，トレーリング端での磁界勾配のみで決定されるが，トラック幅方向では磁界の広がりがシフトマージンを決定する。

　同様のシフトマージンを長手方向に伸びたドット形状を持つ表1の他のメディア（M-5～M-9）について調べた結果が図5である。比較として正方ドット（M-1～M-4）の結果も示す。長方ドットではトラック長手および幅方向のシフトマージンの減少が少ないか逆に増加している[19]。トラック幅方向寸法 D_1 が7.5 nmのドットでは，長手方向寸法 D_2 は20 nm以上までシフトマージンの減少が小さいまま長くすることが可能である。このような伸張ドットでは，体積をその分大きくできるので，熱安定性に必要な H_n を低減することもできる。記録シフトマージンの増加原因は，伸張形状ドットでのスイッチング磁界または残留抗磁力 H_{cr} の異方性で説明できる。トラック幅方向に傾いた印加磁界での H_{cr} は長手方向のそれよりも大きくなる。このように，伸張ドットは大きなシフトマージンを持つパターンドメディアを得るのに有効である。同様な効

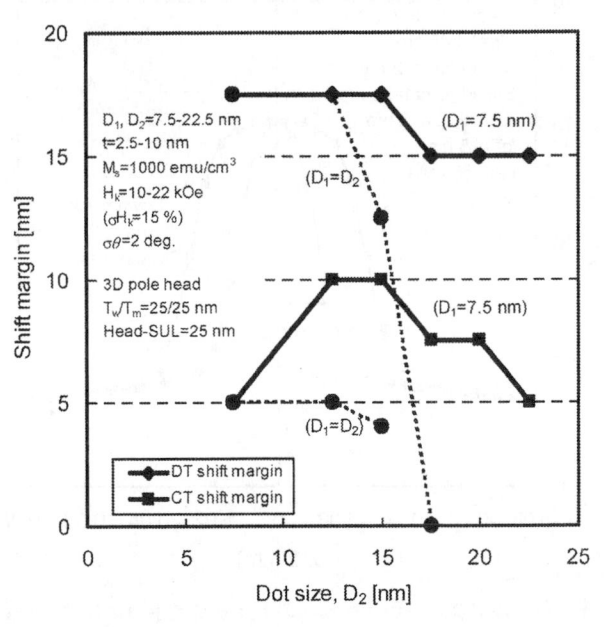

図5　種々異方ドット形状のパターンドメディアにおける長手および幅方向シフトマージンのドット寸法依存性

果は，より実際的な側面シールド付き複合磁極面型ヘッド[20]の磁界を用いても確認されている。

2.1.5 シフトマージンの決定要因

(1) シミュレーションモデル

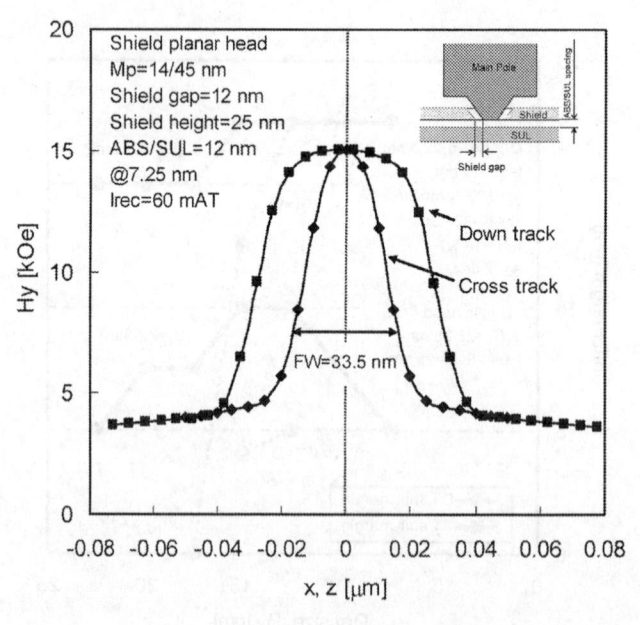

より実際的なシールドプレーナー型単磁極ヘッド[21]のFEM解析磁界を用いて記録シミュレーションを行い，シフトマージンの決定要因を調べた[22]。磁極寸法を $14 \times 45\,\mathrm{nm}^2$ としたヘッドの，メディアの上層の中心位置における垂直磁界の長手方向及び幅方向での分布を図6に示す。ここでは磁極とシールドに対して $M_s = 2.4\,\mathrm{T}$，$\mu = 1000$ を仮定し，SULには $\mu = 200$ としている。ヘッド／メディア間のスペーシングが6nmのとき，起磁力60mATに対して15kOeの最大磁界が得られている。トラック長手方向の最大磁界勾配は595Oe/nmで，幅方向の半値幅は33.5nmである。シールドプレーナーヘッドは，小さな磁極寸法でもこのように急峻で大きな磁界強度が得られ，かつトラック幅方向の分布が狭い。記録のシミュレーションは前節と同様にエネルギー平衡法が用いられている。図7にシミュレーションに用いたパターンドメディアのモデルを示す（メディア M-10）。解析的ソフト磁性層の上に面記録密度1Tbit/in^2 のドットピッチ25nmの正方格子に配置した $15 \times 12.5 \times 5\,\mathrm{nm}^3$ の長方形ドットである。ここでも，各磁性ドットは交換結合した2.5nm寸法の立方体要素でモデル化し，各要素は飽和磁化 $M_s = 1000\,\mathrm{emu/cm}^3$ で平均垂直磁気異方性磁界 $H_k = 15\,\mathrm{kOe}$ を持つ。各要素は交換スティフネス $A = 0.98 \times 10^{-6}\,\mathrm{erg/}$

図6 シールドプレーナーヘッドのトラック長手および幅方向磁界分布
挿図はヘッドの概略構造を示す。

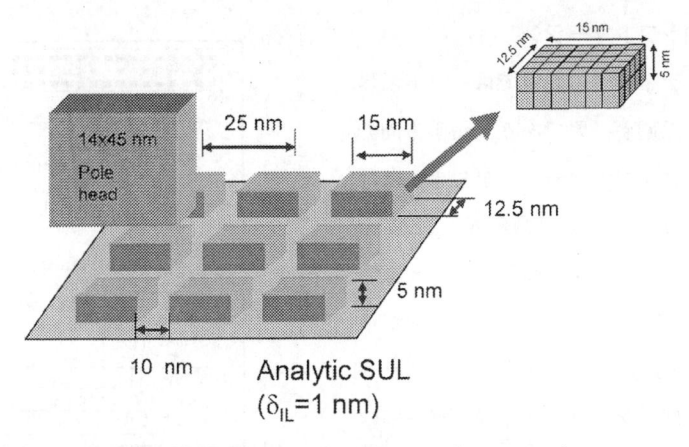

図7 シミュレーションに用いたメディアのモデル

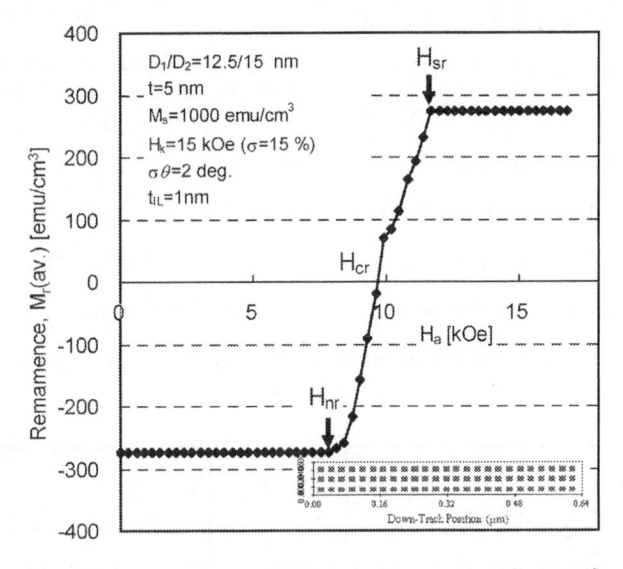

図8 シミュレーションで得られたパターンドメディアの残留磁化曲線

cm で強く結合している。また,膜厚 1 nm の非磁性中間層をドットと SUL の間に仮定している。パターンドメディアではグラニュラー構造とする必要がなく,結晶配向が得られればよいので薄い中間層を用いることができる。80×640 nm^2 の長方領域に配置された 75 個のドットを持つドットアレーの残留磁化曲線のシミュレーション結果を図8に示す。残留磁化反転開始磁界 $H_{nr} = 7.8$ kOe,及び残留飽和磁界 $H_{sr} = 11.7$ kOe が得られている。この磁界幅 ($H_{sr} - H_{nr}$) = 3.9 kOe はスイッチング磁界分布による 2.7 kOe とドット間の静磁気相互作用による 1.2 kOe より構成されている[22]。

(2) 長手方向シフトマージン

パターンドメディアへの記録ではヘッド磁界と磁性ドットの同期が必要であり，長手方向での同期窓，またはシフトマージンをできるだけ大きくする必要がある。面記録密度 1 Tbit/in^2 のメディアに 1016 kFCI の記録をヘッド磁界のスイッチングタイミングをシフトさせながら行ない，25 ビットに対するオントラックエラーを調べた。図 9 はオントラック記録エラー率の長手方向スイッチングタイミングのシフト量依存性を 3 つのヘッド起磁力に対して示す。挿図は 1 Tbit/in^2 の記録磁化パターンを示す。図 10 にシミュレーションで得られたシフトマージンの起磁力依存性を推定値と共に示す。シフトマージンとして，ドットピッチの 2/3 以上の 20 nm ほどの値が得られている。Albrecht 等は長手方向シフトマージン，または位相シフト窓に対して，ヘッド磁界の勾配とメディアのスイッチング磁界分布を用いた定量評価法を示した[18]。ここではこれを修正して適用した。即ち，原磁界に対してスイッチング磁界の印加磁界角度依存性[23]を考慮した実効磁界を，スイッチング磁界

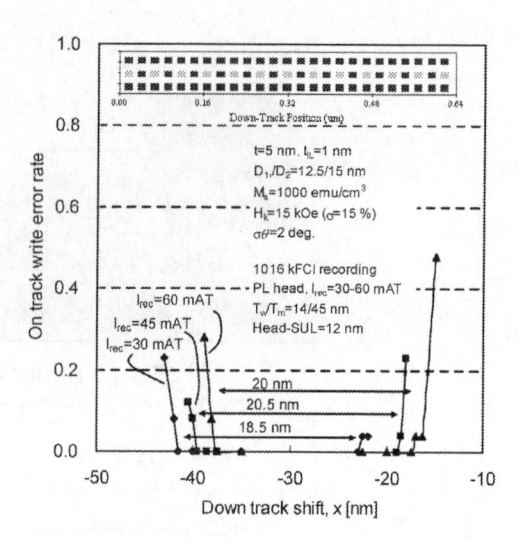

図 9 種々の起磁力で 1 Tbit/in^2 メディアに記録した時のオントラック記録エラー率の長手方向シフト依存性

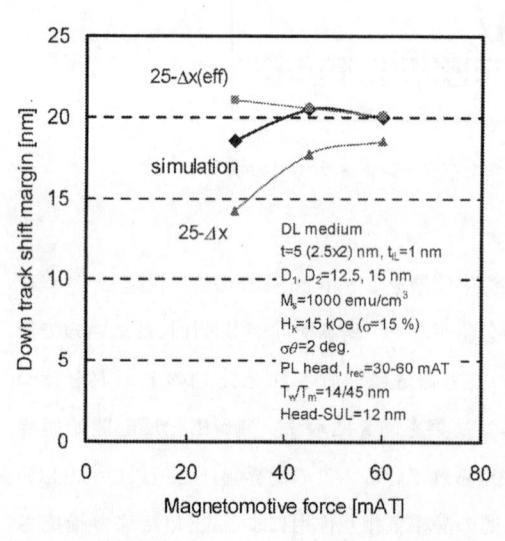

図 10 長手方向シフトマージンのヘッド起磁力依存性
シミュレーション結果と推定値を示す。

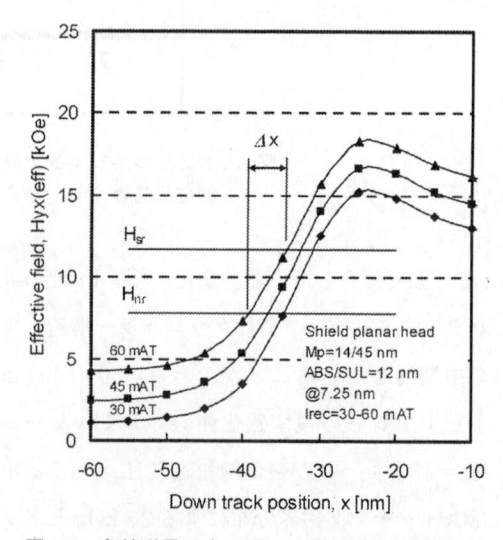

図 11 実効磁界分布に対する長手方向磁界幅 Δx の定義

第8章 次世代高密度化技術

分布に対してスイッチング磁界幅をそれぞれ用いた。

長手方向シフトマージン W_w は磁界幅（H_{sr}-H_{nr}）に対する磁界長 Δx を用いて，$W_w = D_p - \Delta x$ と表すことができる[22]。ここで D_p は長手方向のドットピッチ（ここでは25 nm）である。図11はS-W粒子のスイッチング磁界の角度依存性で補正した種々の起磁力での実効ヘッド磁界分布に対する磁界長 Δx の定義を示す。原磁界と実効磁界で見積もったシフトマージン W_w をそれぞれ Δx，Δx(eff) として図10に示してある。原磁界で見積もったものは定性的な一致を示すが，実効磁界での見積もりはシミュレーション結果と定量的にもほぼ一致している。最も起磁力の小さな場合の，実効磁界を用いた見積りのシミュレーション結果との小さなずれは，ヘッド磁界の傾きが大きいため実効磁界が過補償されたためと考えられる。実際，本モデルメディアのスイッチング磁界の印加磁界角度依存性は，S-W粒子のそれに比べ緩やかとなっている。結論として，長手方向シフトマージンは実効ヘッド磁界分布とメディアの磁界幅を用いて定量的に見積もることができる。大きな長手方向シフトマージンを得るには，磁界勾配が大きなヘッドと磁界幅（H_{sr}-H_{nr}）の小さなメディアを用いることが有効である。パターンドメディアでは記録分解能はパターン形状で決定されており，これらパラメータは記録のシフトマージンの決定要因となる。一方，グラニュラーメディアではこれらが記録分解能の決定要因となるという違いがある。

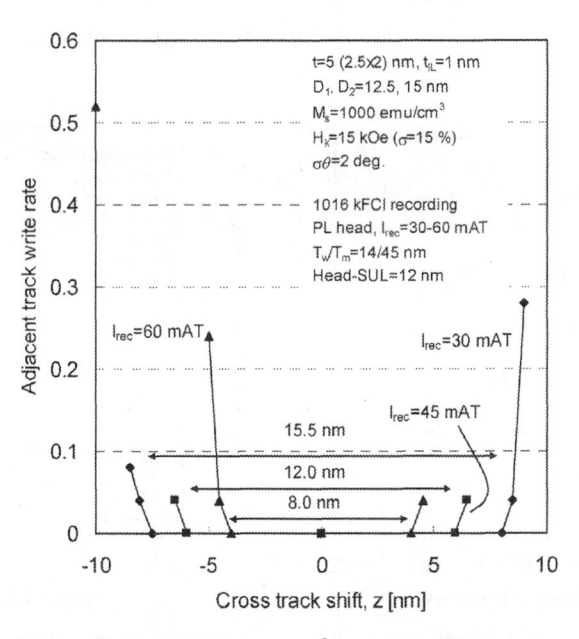

図12　種々の起磁力で1 Tbit/in² メディアに記録した時の隣接トラック書き込み率のトラック幅方向シフト依存性

(3) トラック幅方向シフトマージン

 高面密度記録ではトラックピッチも小さくなるので，トラック幅方向のシフトマージンの確保も同様に重要である。記録磁界をトラック幅方向にずらしたときの隣接トラックへの書き込みを調べた。図12は25個の隣接トラックドットへの書き込み率のヘッド磁界のトラック幅方向シフト量依存性を示す。シフトマージンは起磁力の増加と共に減少している。図13にシフトマージンの起磁力依存性としてシミュレーション結果を見積もり値と共に示す。記録起磁力を45 mAT以下とすることで，ドットピッチの半分以上のシフトマージンが得られている。トラック幅方向のシフトマージン W_t は $H=H_{nr}$ となるヘッド磁界幅 Δz を用いて $W_t = 2T_p - \Delta z$ と表される[22]。ここに，T_p は幅方向ドットピッチ（ここでは25 nm）である。図14は Δz の定義を実効磁界のトラック幅方向分布に対して示す。ここでは，H_{nr} は伸張ドットでのトラック幅方向での増加を考慮している。図13にはシフトマージン W_t の原磁界と実効磁界を用いた場合の見積り量を Δz および $\Delta z(eff)$ として示す。原磁界を用いた場合にはシミュレーション結果と定性的な一致が得られたが，実効磁界の場合には定量的にもほぼ一致した結果が得られた。このように，トラック幅方向のシフトマージンは $H=H_{nr}$ となる実効磁界のトラック幅方向の幅を用いて定量的に見積もることができる。幅方向シフトマージンを大きくするには，幅方向に狭い磁界分布を持つヘッドを用いることが有効である。長手方向シフトマージンと同様に，パターンドメディアではトラック幅はパターン形状で決定されており，これらパラメータはシフトマージンの決定要因となる。一方，グラニュラーメディアではこれらがトラック幅の決定要因となる。

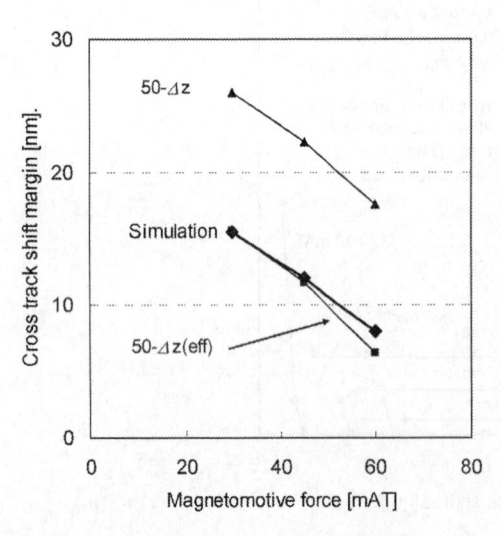

図13 トラック幅方向シフトマージンのヘッド起磁力依存性
　　　シミュレーション結果と推定値を示す。

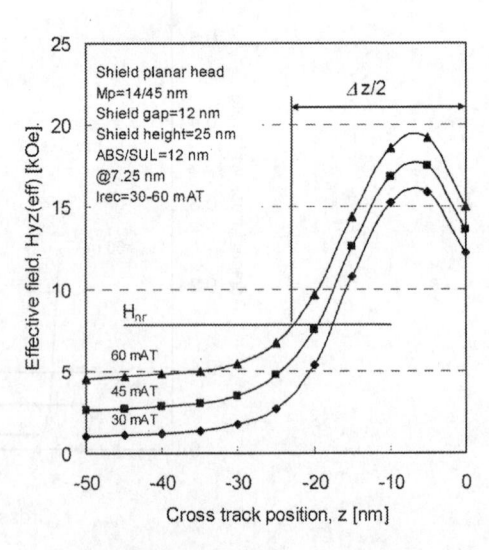

図14 実効磁界分布に対するトラック幅方向磁界幅 Δz の定義

第8章 次世代高密度化技術

ディスク装置への応用ではスキュー角は無視できない。スキュー角マージン Δs は $H=H_{nr}$ となるヘッド磁界のトレーリング端からの長さ L_x とトラック幅方向の同様な磁界幅 Δz を用いて $\Delta s = \tan^{-1}[(T_p - \Delta z/6)/L_x]$ と表すことができる[22]。ここに，T_p はトラック幅方向ドットピッチであり，Δz と L_x に対して実効ヘッド磁界を用いる。トラック幅方向シフトマージンと同様に，トラック幅方向の磁界分布が狭いヘッドを用いることが大きなスキュー角マージンを得るのに有効である。

2.1.6 面記録密度 2 Tbit/in² 記録への指針[24]

(1) 磁性ドット形状と残留磁化曲線

前節までに，面記録密度 1 Tbit/in² をターゲットとしたパターンドメディアの設計について述べた。以下では，2 Tbit/in² 記録を目指したメディアの設計について述べる。シミュレーションに用いたパターンドメディアの磁性ドットは，長さ 10 nm，幅 15 nm，高さ 5 nm の幅方向に伸張した直方体形状で，飽和磁化 $M_s = 1000$ emu/cm³ とした。前節までの結果では，トラック長手方向に伸張した形状の方がトラック幅方向でのヘッドのシフトマージンを大きくできることが明らかとなっている。しかし，ここではある程度の体積を保って 2 Tbit/in² の記録密度に配置するため，トラック幅方向に伸びた形状を用いた。勿論，幅方向を縮めて正方形状や長手伸張形状とすることもできるが，高さを大きくしない限り体積の減少を補うためより大きな H_n が必要となる。この磁性ドットを図 15 に示すように，トラックピッチを 25 nm 一定として面記録密度を 1 から 2 Tbit/in² に配置した。ドットの垂直異方性磁界 H_k は 16～18 kOe で，各配置での静磁気相互作用の影響も考慮した熱磁気安定性条件（$E_m/k_BT > 70$）となる磁化反転開始磁界 $H_n >$ 8.2 kOe が得られるように設定されている。ここでも，それぞれのドットを一辺 2.5 nm の立方体要素に分割し，要素間に交換スティフネス $A = 5 \times 10^{-7}$ erg/cm が働いているとしている。また，

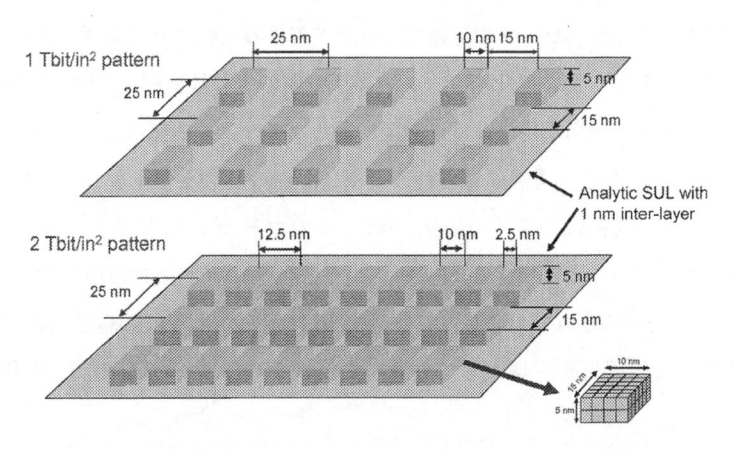

図15 面記録密度 1 T および 2 Tbit/in² メディアのドット配置

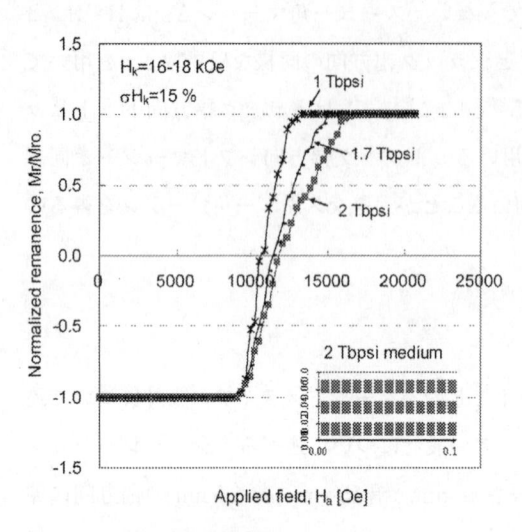

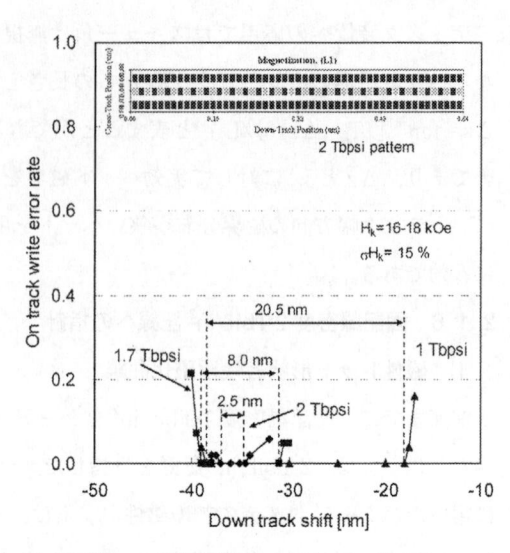

図16 種々の面記録密度のパターンドメディアの規格化垂直残留磁化曲線

図17 種々の面記録密度のパターンドメディアでのオントラック記録エラー率の長手方向シフト量依存性

解析的軟磁性裏打ち層（SUL）との間にある非磁性中間層の膜厚も1nmである。

図16にドット間の長手方向間隔を変えて面記録密度を変えた3種類のパターンドメディアについて，シミュレーションにより得た規格化残留磁化曲線を示す。同図では，飽和磁界と反転開始磁界の差である磁化反転幅（H_{sr}-H_{nr}）はドット密度の増加に伴いドット間の静磁気相互作用が増加するため，4.2 kOeから7.8 kOeまで増加している。

(2) 記録シミュレーション

図16に示したパターンドメディアについて，それぞれの線記録密度で記録シミュレーションを行った。記録ヘッド磁界は，前節と同じシールドプレーナー型ヘッドの記録起磁力60 mATでの磁界を用いた。中心トラックへの記録で，ヘッド磁界の反転タイミングをトラック長手方向にずらして記録した時の，記録磁化パターンのエラー率のずれ量依存性を図17に示す。ヘッド磁界の反転タイミングが適切な場合には，挿図に示したように，面記録密度2 Tbit/in^{2}を正しく行うことができた。しかし，同図に見られるように，この時のシフトマージンは2 Tbit/in^{2}メディアでは2.5 nmと非常に小さくなっている。このマージンはドットピッチの12.5 nmが10 nm狭められたと見ることができる。しかし，1 Tbit/in^{2}のメディアの場合には，ドットピッチに対し4.5 nmしか狭められていない。これは図16に示したように，高密度メディアほどH_{sr}とH_{nr}の差である磁化反転幅が増大しており，これがシフトマージンの減少原因となっている[22]。

次に，ドット間のトラック長手方向の一部を結合し，ドット間に交換結合を導入したパターン

第8章　次世代高密度化技術

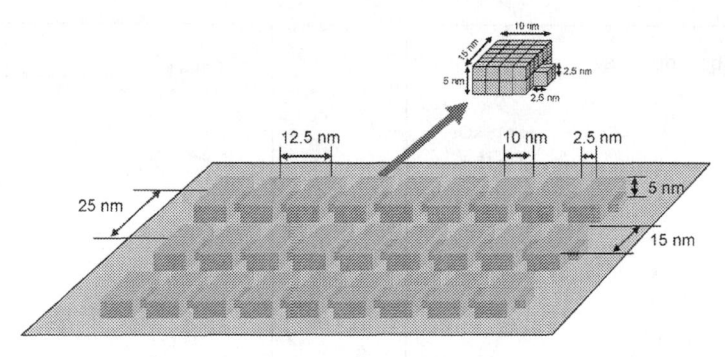

図18　ドット間の一部を結合したパターンドメディアのモデル図

ドメディアについて述べる。このメディアのモデル図を図18に示す。図19には結合度の異なるメディアの規格化残留磁化曲線を示す。メディア番号 Cn は n 個の要素立方体で結合していることを示す。結合のない C0 に比べ，結合度が増すに従い磁化反転幅は急激に減少する。挿図は 2 Tbit/in^2 の C2 メディアでの結合状態の平面図を示す。図19の C0 と C2 に対応したメディアでのオントラック記録エラー率の磁界反転タイミングのトラック長手方向シフト量依存性を図20に示す。シフトマージンは交換結合の導入により，2.5 nm から 6 nm へと大きく増大している。

図21にトラック長手および幅方向へのシフトマージンのドット間の結合面積比依存性を示す。ここで，結合面積比は（結合部断面積）／（ドット断面積）として定義されている。ドット間の交換結合によりトラック長手および幅方向ともシフトマージンが増大する。しかし，交換結合が過剰となると，長手方向のシフトマージンは逆に減少してくる。これはグラニュラーメディアでの大きな交換結合によるビット間のパーコレーション現象と同様な効果によると考えられる。一方，トラック幅方向のシフトマージンは，長手方向マージンが減少する領域でも飽和値となるだけである。これには，交換結合の導入により，トラック長手方向に磁気異方性が誘起されることが寄

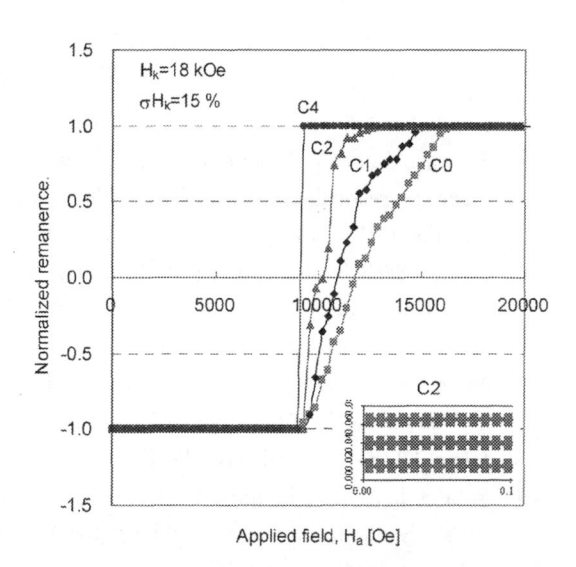

図19　接触面積が異なる種々のパターンドメディアの規格化垂直残留曲線
挿図は C2 媒体での結合状態を示す。

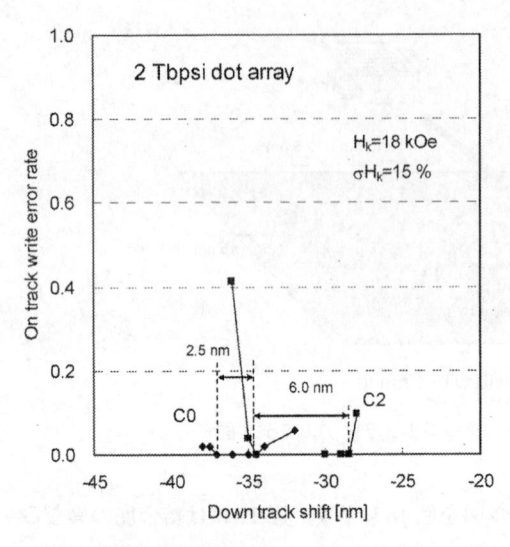

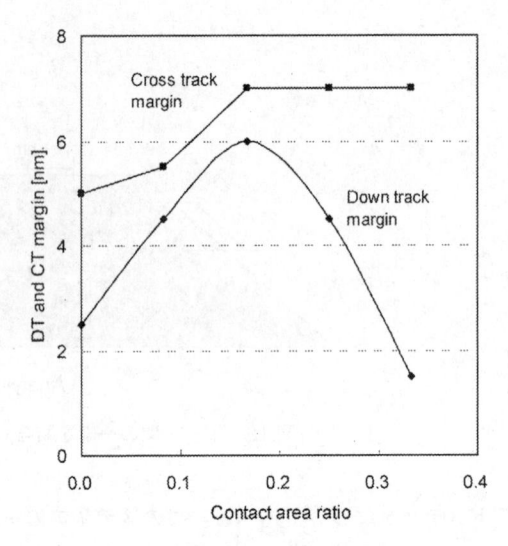

図20 接触面積が異なるパターンドメディアに対するオントラック記録エラー率の長手方向シフト量依存性

図21 トラック長手および幅方向シフトマージンの接触面積比依存性

与している。面記録密度 2 Tbit/in^2 の達成には，ドット間の静磁気相互作用の増加を補償するため，ドット間に交換結合を導入することが有効である。

文　　献

1) S. Iwasaki and Y. Nakamura, "An Analysis of the magnetization mode for high density magnetic recording," *IEEE Trans. Magn.*, **13**, pp. 1272-1277, Sep. (1977)
2) I. Nakatani, T. Takahashi, M. Hijikata, T. Furubayashi, K. Ozawa, and H. Hanaoka, Japan patent 1888363, publication JP03-022211A (1991)
3) S. Y. Chou, M. S. Wei, P. R. Krauss, and P. B. Fischer, "Single-domain magnetic pillar array of 35 nm diameter and 65 Gbits/in.^{2} density for ultrahigh density quantum magnetic storage," *J. Appl. Phys.*, **76**, pp. 6673-6675, Nov. (1994)
4) Y. Nakamura, "A Challenge to Terabit Perpendicular Spinic Storage," *J. Magn. Soc. of Japan*, **18** (S1), pp. 161-170 (1994)
5) Robert L. White, Richard M. H. New, and R. Fabian W. Pease, "Patterned Media: A Viable Route to 50 Gbit/in^2 and Up for Magnetic Recording?," *IEEE Trans. Magn.*, **33** (1), pp. 990-995, Jan. (1997)
6) S. H. Charap, Pu-Ling Lu, and Yanjun He, "Thermal Stability of Recorded Information at High Densities," *IEEE Trans. Magn.*, **33** (1), pp. 978-983, Jan. (1997)

7) B. D. Terris, L. Folks, D. Weller, J. E. E. Baglin, A. J. Kellock, H. Rothuizen, and P. Vettiger, "Ion-beam patterning of magnetic films using stencil masks," *Appl. Phys. Lett.*, **75**, pp. 403-405, July (1999)

8) C. A. Ross, H. I. Smith, T. Savas, M. Schattenburg, M. Farhoud, M. Hwang, M. Walsh, M. C. Abraham, and R. J. Ram, "Fabrication of patterned media for high density magnetic storage," *J. Vac. Sci. Technol. B*, **17**, pp. 3168-3176, Nov/Dec (1999)

9) Gordon F. Hughes, "Patterned Media Write Designs," *IEEE Trans. Magn.*, **36** (2), pp. 521-526, March (2000)

10) C. T. Rettner, M. E. Best, and B. D. Terris, "Patterning of Granular Magnetic Media with a Focused Ion Beam to Produce Single-Domain Islands at > 140 Gbit/in^2," *IEEE Trans. Magn.*, **37**, pp. 1649-1651, July (2001)

11) 青山 勉, 佐藤勇武, 石尾俊二, パターンド磁気記録媒体の作製法と磁気特性, 応用物理, **72**, pp. 298-303, March (2003)

12) N. Honda, K. Ouchi, and S. Iwasaki, "Design Consideration of Ultrahigh-Density Perpendicular Magnetic Recording Media", *IEEE trans. Magn.*, **38**, pp. 1615-1621 (2002)

13) 本多直樹, 大内一弘, テラビット記録用パターンド磁気記録メディアの設計, 素材物性学会雑誌, **19** (1/2), pp. 18-24. Nov. (2006)

14) M. P. Sharrock, "Time-dependent Magnetic Phenomena and Particle-size Effects in Recording Media," *IEEE Trans. Magn.*, **26**, pp. 193-197 (1990)

15) T. Suzuki, N. Honda, and K. Ouchi, "Preparation and Magnetic Properties of Sputter-Deposited Fe-Pt Thin Films with Perpendicular Anisotropy," *J. Magn. Soc. Japan*, **21-S2**, pp. 177-180 (1997)

16) T. Shimatsu, H. Sato, T. Oikawa, Y. Inaba, O. Kitakami, S. Okamoto, H. Aoi, H. Muraoka, and Y. Nakamura, "High Perpendicular Magnetic Anisotropy of CoPtCr/Ru Films for Granular-Type Perpendicular Media," *IEEE Trans. Magn.*, **40**, pp. 2483-2485, July (2004)

17) J. R. Hoinville, "Micromagnetic modeling of soft magnetic underlayers for perpendicular recording," *J. Appl. Phys.*, **91**, pp. 8010-8012 (2002)

18) M. Albrecht, A. Moser, C. T. Rettner, S. Anders, T. Thomson, and B. D. Terris, "Writing of high-density patterned perpendicular media with a conventional longitudinal recording head," *Appl. Phys. Lett.*, **80** (18), pp. 3409-3411, May (2002)

19) N. Honda and K. Ouchi, "Design and Recording Simulation of 1 Tbit/in^2 Patterned Media," Digests of Intermag 2006, FB-02, p. 562, San Diego (May 2006)

20) S. Takahashi, K. Yamakawa, N. Honda, and K. Ouchi, "Magnetic Recording Head for Patterned Medium with 1 Tbit/in^2," Abstracts of the Int'l Symp. on Creation of Magn. Rec. Materials with Nano-Interfacial Tech., Tokyo, p. 27, Dec. 2005. S. Takahashi, K. Yamakawa, and K. Ouchi, "Design of multisurface single pole head for high-density recording," *J. Appl. Phys.*, **93** (10), pp. 6546-6548, May (2003)

21) K. Ise, S. Takahashi, K. Yamakawa, and N. Honda, "New Shielded Single-Pole Head with Planar Structure," *IEEE Trans. Magn.*, **42** (10), pp. 2422-2424 (2006)

22) N. Honda, K. Yamakawa, and K. Ouchi, "Simulation study of factors that determine write margins in patterned media," *IEICE TRANS. ELECTRON.*, **E90-C** (8), Aug. (2007) (in press)
23) J. Miles, D. McKirdy, R. Chantrell, and R. Wood, "Parametric Optimization for Terabit Perpendicular Recording," *IEEE Trans. Magn.*, **39**, pp. 1876-1890, July (2003)
24) N. Honda, K. Yamakawa, and K. Ouchi, "Recording simulation of patterned media toward 2 Tb/in^2," *IEEE Trans. Magn.*, **43** (6), pp. 2142-2144, June (2007)

2.2 製造方法

喜々津　哲*

2.2.1　はじめに

　前節で述べたように，パターンドメディアは，垂直磁気記録媒体の熱揺らぎの問題を回避しより高密度化する有力な技術のひとつとして近年盛んに研究されている。実は，パターンドメディアのアイディア自体は古くから提案されている[1]。これまで実用化されなかった理由は，従来型のグラニュラー薄膜媒体で高密度化を着実に進めることができたことに加えて，加工技術・製造方法が大きな障壁であったためである。

　障壁のひとつは加工サイズである。たとえば，1Tbpsi (bit per square inch) の密度は単純計算では1ビットが一辺25nmの正方形であり，ビット間の分離を考慮するとたとえば20nm四方の磁性体とその間を囲む5nm幅の非磁性体からなる構造となる。このとき加工すべき最小サイズは空隙分の5nmの網目状の線となり，このサイズは半導体の最先端の加工技術でもかろうじて達成できるレベルである。

　この加工ができたとしても次にスループットの障壁がある。半導体では一枚のウェハーから膨大な量のチップが生産できるため，一枚のプロセスに長い時間をかけることができる。一方，HDD媒体の場合，一枚の基板から媒体が一枚しかできないため，1時間あたり数100枚以上というスループットが要求される。このようなスループットは上記の半導体の加工技術では対応できない。加えてコストの問題も発生する。媒体加工のコストは現行の媒体コストに単純に上積みとなるので，できる限り抑える必要がある。したがって，半導体産業で一般的である巨額の投資が必要な装置群を使うことができない。

　また，別の障壁として表面性の問題がある。HDDは密度の向上のためには浮上量 (Flying Height) を下げることが必須であり，現在の数100Gbpsiの密度の場合で10nmを切るレベルにあり，今後これをどんどん下げていかなければならない。パターンドメディアであろうとなかろうとこの浮上量のトレンドは守る必要がある。したがって，10nm以下の浮上の妨げとなるようなパーティクルや表面汚染がプロセスによって発生してはならず，また，磁性体のエッチングによって生じた凹凸は浮上を妨げない程度に平坦化する必要がある。このことは，半導体プロセスで一般的なウェットプロセスや研磨工程の使用が制限されることになる。

　以上のように，パターンドメディアが実用化されるためには上記の加工法に関連する種々の課題をすべて解決する新しい手法が必要となる。近年，微細パターンの形成方法として，ナノイン

---

*　Akira Kikitsu　㈱東芝　研究開発センター　記憶材料・デバイスラボラトリー　室長

プリント技術が提案され，上記の課題を解決できる加工法としてパターンドメディアへの適用が盛んに検討されるようになってきた。本項では，このナノインプリント法をベースとしたパターンドメディアの製造法を中心に述べる。

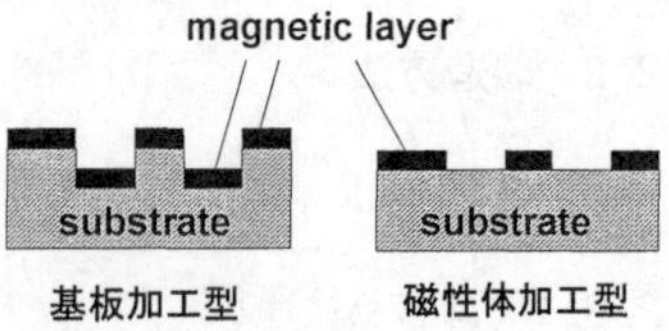

2.2.2 パターンドメディアの加工形態

パターンドメディアは，加工形態によって基板加工型と磁性体加工型の二つに分類できる（図1）。適した製造方法や問題点などはそれぞれのタイプによって異なる。

図1 パターンドメディアの二つの形態

基板加工型は，ディスク基板を加工し，その上に通常のHDD媒体作成プロセスで従来と同じ下地〜磁性膜〜保護膜の多層膜を堆積するものである。磁性膜を加工する必要がなく，また，基板ができてしまえばそれ以降のプロセスはスループットを含めて従来と同じにできるという利点がある。用いる加工プロセスの種類の自由度も比較的大きい。しかし，基板の凹部にも磁性膜が堆積されるため，凹部の磁性体からの漏洩磁界が記録／再生過程に悪影響を及ぼす可能性がある。また，凸部と凹部の磁性体が結合してしまう可能性もある。これらのことから，擬似的なパターンドメディアということができる。また，パターン形状を保ったまま磁性膜等を厚く積層していくのは困難であるため，垂直媒体のような膜全体が比較的厚くなる媒体にはあまり適していない。このタイプでは，加工法が確立された材料であるSi，ガラス，Al合金といったものを基板に用いることができ，また，エッチング工程は磁性体の存在の影響を受けずに行うことができるという作成の容易さがあるため，基礎的な検討などの実験に古くから用いられている。

一方，磁性体加工型は，従来のプロセスで作成したHDD媒体をイオンエッチング等で削って作るものである。これはパターンドメディアの原理に基づいた形態であり，比較的厚い軟磁性下地層を用いた垂直媒体でも問題なく対応できる利点がある。ただし，磁性体を微細に加工するためのプロセス開発が必要であり，スループットが下がる可能性がある。また，媒体製造の最終工程に近い部分で磁性体の加工が入るので，表面性・浮上特性に悪影響を与える可能性がある。

上記のように，これらの形態はそれぞれ利点と欠点が補完する関係にあるが，いずれの方式においても，最近，大きな進展が報告されている。基板加工型については，パターンドメディアの一種であるディスクリートトラックメディア（DTM）を作成した報告がある[2]。アルミ合金のディスク基板を酸でエッチングして深さ75nmの溝パターンを形成し，その後Cr合金下地，面内磁気記録媒体，保護膜を順次積層したものである。エッチング条件を工夫することで逆テーパの加工形状を作り，凹部と凸部との磁性体を磁気的に分断することに成功している。磁性体加工型は多くの報告例があるが，一例として筆者らの行ったものを紹介する。ジブロックコポリマーを自己組織化させたものをマスクとして，ArイオンミリングでTi下地上の垂直配向CoCrPt膜

第8章 次世代高密度化技術

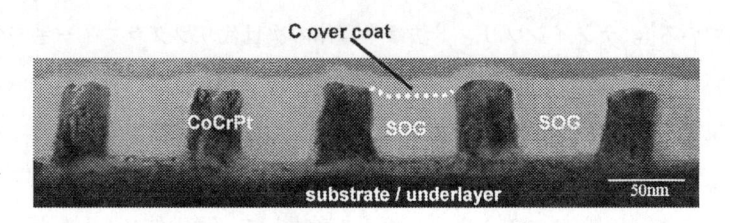

図2 磁性体加工型パターンドメディアの断面 TEM 像

50nm を加工した[3]。その断面 TEM（透過型電子顕微鏡）像を図2に示す。フラットな下地上に直径 40nm，高さ 50nm の円筒状に加工された磁性体が並んでいるのがわかる。凹部は下地層が露出しており，間隙に磁性体はない。

2.2.3 マスク形成方法

媒体や基板を微細形状に加工するためには，半導体プロセスの場合と同様に，エッチング耐性のあるマスクをその直上に作る必要がある。パターンドメディアに用いられるような微細なサイズのマスクを形成する方法としては，電子線（EB）描画で直接レジストを感光させる方法とナノインプリントリソグラフィー（NIL）が知られている。あらかじめ作成した大きなパターン（フォトマスク）を縮小光学系を用いて露光するいわゆるフォトリソグラフィーは，使用する光の波長を極端に小さくする必要があるため，装置コストを考えてもあまり実用的ではない。

EB 直描法は，電子線のサイズで直接描画するため，HDD 媒体に必要なデータ部やサーボ部といった任意の形状のマスクパターンを作ることができる。しかし，パターンが細かくなればなるほど，数時間〜数日という極端に長い時間を要することになるため，現実の HDD 媒体の製造のスループットは実現できない。サブ mm 程度の領域で基礎実験に供する用途として多く使われている。

NIL はパターンが形成されているモールド（スタンパー）をマスク材に押し付けてパターンを転写することでマスクを形成する方法である。パターン作成に時間がかかっても，一度スタンパーができてしまえば，実際にマスクを形成する時間は押し付けて転写する時間だけであり，数分以下にすることができる。したがって，実際の媒体製造プロセス並みのスループットが実現できる可能性がある。加工精度としても 10nm に近いパターンも形成可能であることが以前から報告されている[4,6]。これらのことから，パターンドメディアの製造方法の課題を解決するプロセスとして，近年注目されている。

転写する方法としては，常温で高圧でスタンパーをレジストに押し付ける通常のインプリント法の他に，UV 硬化樹脂に UV 透過性のスタンパーを軽く押し付けて UV 光を照射することでマスクを形成する UV インプリント法[5]，熱でやわらかくなるレジストを用いて 100〜数 100℃ に加熱した状態でスタンパーを押し付けて冷却時に硬化形成する熱インプリント法[6]など種々のも

のが提案されている[7]。ナノインプリント法は半導体の次世代リソグラフィー手法のひとつとして挙げられているだけでなく，サブミクロン程度の構造を安価に大量生産する手法としても注目されており，現在，種々の用途向けに多くのメーカーから装置が販売されている。パターンドメディア応用としては，UVインプリントや熱インプリントを用いたものが多く報告されている。

マスク材としては，ナノインプリントへの適用を考慮して，通常のフォトレジストやUV感光樹脂が用いられる。室温インプリントの場合には，エッチングマスク性能を考慮してSOG（Spin On Glass）を用いた例が報告されている[3]。エッチングプロセスによっては，インプリントして形成されるマスクだけでは加工に適さない場合もある。そういう場合には，一度インプリントして形成したマスクを用いて金属薄膜をエッチングして，加工された金属薄膜を再度エッチングマスクとして用いる（メタルマスク）方法も採られる[8]。

インプリントに用いられるスタンパーは，DVD等の光ディスクの基板成型に使われているNi金属性のものが用いられる。これは，Siなどの基板上に形成されたレジストパターンの上に電鋳法によってNiを堆積し，それを剥がし取ることで形成する。UVインプリントの場合にはUVを透過させる必要があるので，EB露光やナノインプリント法を用いて作成したマスクを用いて石英基板をエッチングしたものを使う[5]。Niスタンパーの場合，電鋳工程を繰り返すことで，安価に大量のスタンパーを複製することができる。石英スタンパーの場合には，複製は安価にはできないが，インプリント圧力が小さいため一般にスタンパーの寿命が長い。また，UVインプリント用スタンパーとしては，Niスタンパーを用いて透明樹脂膜にパターンを転写したものをスタンパーとして用いる手法も提案されており[9]，安価な大量生産に向けた開発も進んでいる。

2.2.4 パターン描画方法

上述のように，ナノインプリントを用いる場合には，パターン作成（描画）にある程度の時間をかけても媒体製造のスループットには影響を与えない。このため，パターンを描画する方法としてEB描画が多く用いられているが，それ以外の方法としては自己組織化現象を用いた試みも報告されている。

EB描画の利点は任意の形状を作成できることにある。単純な矩形形状のビットパターンだけでなく，従来作れなかった形状のサーボパターンを作ることができる。従来，サーボパターンはHDDヘッドを用いて媒体に直接磁気記録して形成していたため，形状には制限があった。しかし，EB描画の場合，ビーム系とそのスキャン機構が許す範囲内で任意の複雑な形状を作ることができる。実際，三角形やシェブロン形の形状のサーボ信号を作り，信号性能を検討した例が報告されている[10]。新しいサーボマークを用いることでトラッキング精度を向上させ，結果としてパターンドメディアにすること以上の記録密度の向上が実現できる可能性がある。

EB描画のパターン精度は電子ビーム径と電流量による。一般に，ビーム径が小さくなればな

第8章 次世代高密度化技術

るほど小さいパターンあるいは高精度のパターンを描画することができる。実際，電子顕微鏡の場合などはビーム径が1nmを切っている。しかし，レジストを現実的な時間で露光するためには電流量が必要であり，電子顕微鏡で使われている程度の電流量では実質的な露光はできない。電流量を増やすとビーム径は大きくなる傾向があり，両者はトレードオフの関係にある。現在のところ，カタログスペックであるが，現実的な露光ができる電流量でビーム径5-10nmが達成できることが謳われている[11]。

EB露光の欠点は時間がかかることにある。すべてのビットをひとつずつ描いていくため，密度が向上するとそれに比例して描画時間は長くなる。また，ディスクサイズが大きくなると描画時間は長くなる。したがって，露光するレジスト材料はこの長時間の露光に耐えうるような安定性の高いものを用いる必要がある。また，露光装置自体も長時間での機械的安定性が求められる。

EB露光に代わるビットパターンの形成法として，自己組織化を用いた方法が試みられている。10nmオーダーの均一な微細構造を，いわゆるボトムアップの手法で形成するというものである。自己組織化現象としては種々のものが知られているが，筆者らの行った例[3]ではPS (Polystyrene)-PMMA (Polymethylemethacrylate) ジブロックコポリマーを用いた。図3にこの分子を用いた自己組織化現象の模式図を示す。この分子はPSの分子とPMMAの分子が端部で結合した構造をしている。PSとPMMAは互いに反発する傾向があるので，熱平衡状態ではPSどうし，PMMAどうしが凝集し，均一なパターンを形成する。パターンの大きさはそれぞれの分子量（分子の長さ）で制御することができ，分子量が小さいほど小さい構造となる。また，PSの部分とPMMAの部分の比率によって，図にあるようにPSの母材中にPMMAの球が浮かぶ「海島構造」と呼ばれるものや，柱状構造やラメラ構造などといったミクロ相分離構造を作ることができる。海島構造の場合，分子量分散が小さいと各ドット（島）は均一な間隔で並ぶので，全体として三角格子を形成する。PSとPMMAは酸素を用いたRIE (Reactive Ion Etching) の耐性が異なるため，この相分離薄膜をそのままマスクとすることができる。

自己組織化現象は試料全面で同時に起こるため，EB描画のような密度や基板サイズに比例してプロセス時間が長くなるという欠点はない。ただし，形成できるのはエネルギー的に安定な三

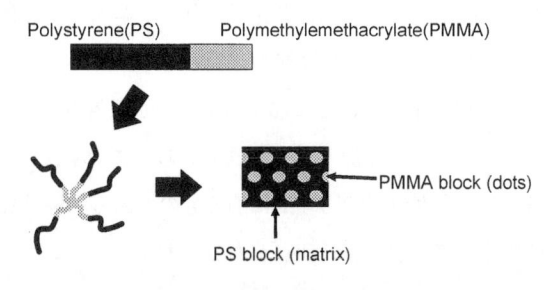

図3 自己組織化現象の模式図

角格子形状のみであり，HDD媒体に適した同心円のトラック形状や，複雑なサーボパターンを作ることはできない。また，複数の三角格子領域が同時に形成されるため，三角格子の軸がずれたものが複数形成されて，いわゆるドメイン構造ができてしまう問題点もある。筆者らはこれらの問題点を解決する方法として，あらかじめHDD媒体のトラックに沿った溝パターンを形成しておき，その中で自己組織化させる方法を提案した[3]。トラックパターンをEB露光などで作成する必要があるが，一番微細なパターニングを要するビットパターン部分を自己組織化現象に担わせることで，EBの限界を超えるような微細パターンを短時間で作成できる可能性がある。また，トラックを周方向に適切なサイズで区切ることにより，ドメイン構造もなくすことができる[12]。

自己組織化現象を用いた構造のサイズの下限は，PS-PMMAのようなポリマーを用いた場合には分子量によるが，あまり分子量を小さくすると自己組織化が起こらなくなる[12]。現在のところ，30nmピッチ（約15nm直径）のパターンをPS-PMMAジブロックコポリマーで形成し，それを用いて磁性体をエッチングした例が報告されている[13]。

2.2.5 エッチング方法

基板あるいは磁性体をエッチングするプロセスは半導体プロセスと同様のものを用いることができる。一方，アルミ合金やガラス製の基板をエッチングする基板加工型については，前述のように，酸を用いたウェットプロセスを用いることができる。この場合，ダスト等が発生しても，後処理で除去することができる。スループットも磁性薄膜堆積工程と合わせる必要がないため，自由度は大きい。もちろん，次に述べるRIEのようなドライプロセスも用いることができる。このようなエッチングプロセスの自由度の高さが基板加工型の大きな利点である。

磁性薄膜をエッチングする場合には，低ダメージで加工精度が良いものとして，反応性イオンエッチング（RIE）が知られている。活性なガス種を照射し，被エッチング材料と化学反応を起こさせて気化することで材料を除去するプロセスである。半導体の世界ではマスクや配線の金属をエッチングする種々のガス・プロセスが知られているが，磁性体のエッチングガスはあまり開発されていない。HDD媒体に用いられるCo合金の場合は，塩素系のガスが一般に使われる。ただし，磁気特性向上のために磁性体を多元合金化したりグラニュラー媒体のような酸化物複合材料とした場合には新たなガス・プロセスの開発が必要となる。RIEを用いた例として，一般的なCoCrPt-SiO_2垂直磁気記録媒体をDTM用に加工したものが報告されている[8]。

RIE以外では，イオンミリングによる加工も知られている。この手法はArイオンなどを加速して試料に照射し，スパッタリング現象で物理的に削るものである。特殊なガスを必要とせず，また，エッチングする材料の依存性が少ない利点がある。イオンミリングの場合，膜面に対しある角度で傾けて照射する必要があり，また，エッチングした材料が再付着する現象もあるので，

第 8 章　次世代高密度化技術

一般には，基板を回転させながら，いくつか異なる角度で照射する場合が多い[14]。HDD 媒体の製造に用いる場合には，このような基板回転機構や角度依存性とスループットとを両立させる必要がある。

磁性薄膜を物理的・化学的に除去するのではなく，磁気特性を変化させることでパターン化する方法も報告されている[15]。He イオンをステンシルマスクを介して磁性薄膜上に照射する手法で，イオンが照射された部分が軟磁性化することでパターニングする。イオンが照射されていない部分は保磁力が大きいため，残留状態では各パターンが独立に磁化することができ，パターンドメディアとなる。ただし，パターン間にも磁性体が存在するため，擬似的なパターンドメディアとなる。また，加工精度に関する報告はあまりない。

2.2.6　埋め込み平坦化

上述のように，パターンドメディアの加工プロセスの障壁のひとつは，10nm 以下のヘッドの浮上を許容できるような表面性を得ることである。単純には，加工した凹部を非磁性体で埋め込んで平坦化し，その上に C などの保護膜を堆積すれば現在と同じような浮上量が確保できる。このような埋め込み平坦化を行うプロセスとしは，埋め込んだ材料を研磨する化学機械研磨（CMP）法が半導体プロセスでは一般的である。しかし，これを用いると切削物やスラリーによるダストの発生が問題となり，またスループットも下がる。このため，以下に述べるように，CMP 以外の方法で平坦化する技術が報告されている。

加工するパターンの大きさは浮上スライダーのサイズに比べて非常に小さいことから，埋め込まないでも浮上特性が確保できる可能性があり，敢えて埋め込み平坦化をしないアプローチが報告されている。たとえば前述の基板加工型の DTM の場合，基板の加工深さは 70nm 程度で，その上に面内媒体を堆積したあと特に平坦化を行っていない[2]。この媒体でヘッドの浮上特性を調べたところ，加工深さと凹凸の面積比率に応じて浮上量は減少するものの，ヘッドクラッシュは起こらず，おおむね良好な浮上特性が得られるとしている。

埋め込み平坦化をした例としては，SiO_2 をバイアススパッタで埋め込み，Ar イオンエッチングで平坦化する方法が報告されている[8]。通常のスパッタリングでは凹凸形状に沿って膜が堆積されるため，非磁性体をミクロン以上の厚さに堆積しないと平坦な表面を得にくい。しかし，バイアススパッタの場合，凸部が削られながら膜が堆積していくために，100nm 程度の堆積で効率的に平坦な表面が得られるとしている。結果として得られた平均表面粗さは 0.4nm と現行媒体と同じレベルにすることができ，現行媒体と同等の浮上特性が得られている[8]。この方法は，すべての工程がドライプロセスであるので，現行の HDD 媒体作成工程に組み込むことが容易である。

一方，筆者らは SOG（Spin On Glass）を用いた埋め込み平坦化を試みた[16]。SOG は液体であ

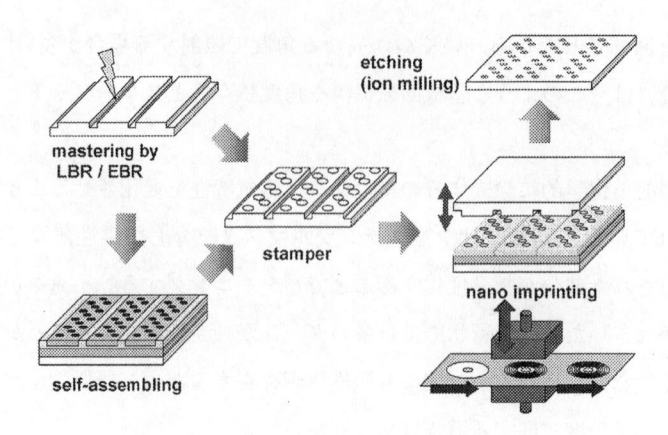

図4 製造方法のイメージ

るため，スピンコートなどのプロセスによって選択的に凹部に埋め込むことができる。少しオーバーフローする程度の量をコートした後，熱処理によってSOGを固化し，その後Arイオンによるエッチングで平坦化を行った。磁性体表面が少し出る程度（over etching）にエッチバックして3nm程度の凹凸表面を持つサンプルが得られたが，設計浮上高さ20nmのリングヘッドで記録，再生ができることを確認した。

2.2.7 パターンドメディアの製造法イメージ

以上の結果をまとめると，パターンドメディアの製造法のイメージは図4のようになるものと推定される。まず，EB描画や自己組織化で作成したパターンをもとに，スタンパーを形成する。磁気記録媒体を従来の方法で作成し，その上に加工のためのマスク材を塗布する。そこに上記のスタンパーを用いてNILでマスクパターンを転写する。その後，ドライエッチング等で磁性体を加工し，必要があれば埋め込み平坦化などを行う。媒体の量産は図の右半分のプロセスが担うため，全体のスループットはNILとエッチングで決まることになる。基板を加工する場合はもっと単純であり，ナノインプリント＝エッチングまでを基板の前処理プロセスとして構築し，その後は通常の薄膜堆積工程を通して，必要に応じて埋め込み平坦化プロセスを追加すればよい。

文　献

1) 中谷ほか，日本特許　特許888363 (1989); R. L. White *et al.*, *IEEE Trans. Magn.*, **33**, 990 (1997)
2) D. Wachenschwanz *et al.*, *IEEE Trans. Magn.*, **41**, 670 (2005); H. Nishihira *et al.*, *Digest of*

第8章 次世代高密度化技術

  TMRC2004, C3 (1982)
3) K. Naito *et al.*, *IEEE Trans. Magn.*, **38**, 1949 (2002)
4) P. R. Krauss *et al.*, *J. Vac. Sci. Technol.*, **B13**, 2850 (1995)
5) T. Bailey *et al.*, *J. Vac. Sci. Technol.*, **B18**, 3572 (2000)
6) S. Y. Chou *et al.*, *J. Vac. Sci. Technol.*, **B15**, 2897 (1997)
7) 松井真二ほか，ナノインプリントの開発と応用，シーエムシー出版 (2005)
8) K. Hattori *et al.*, *IEEE Trans. Magn.*, **40**, 2510 (2004)
9) ババク・ハイダリほか，日本特許　特開 2007-55235 (2007)
10) X. Lin *et al.*, *J. Appl. Phys.*, **87**, 5117 (2000)
11) Obducat 社ホームページ：http://obducat.net.dynamicweb.dk/Default.aspx?ID=137
12) M. Sakurai, 2003 Third IEEE Conference on Nanotechnology, **2**, 596 (2003)
13) H. Hieda *et al.*, *J. Photopolym. Sci. Technol.*, **19**, 425 (2006)
14) Y. Kamata *et al.*, *J. Appl. Phys.*, **95**, 6705 (2004)
15) B. D. Terris *et al.*, *Appl. Phys. Lett.*, **75**, 403 (1999)
16) Y. Kamata *et al*, *Jpn. J. Appl. Phys.*, **46**, 999 (2007)

3 熱補助記録方式

3.1 ワイドビーム加熱

松本幸治*

3.1.1 まえがき

磁気ディスクにおける面記録密度は増加の一途をたどっており，垂直記録方式を用いた市販品の面記録密度は150Gbit/in^2を超えている。さらに，研究開発レベルでの面記録密度は400Gbit/in^2を超える段階まで来ている。今後もこの勢いは継続すると思われるが，再び熱揺らぎ耐性限界や記録磁界限界に直面することになる。これを打破するために，垂直記録方式の次の技術としてディスクリートトラックメディア，ビットパターンドメディア，熱アシスト記録方式が提案されている。各技術の実用時期は明らかではないが，将来的にはビットパターンドメディアと熱アシスト記録方式を組み合わせた記録方式が必要になる。なお，熱アシスト記録方式は，Heat Assisted Magnetic Recording, Optically Assisted Magnetic Recording, Hybrid Recordingとも言われている。熱アシスト記録方式は，熱エネルギーを与えることで記録媒体の保磁力を小さくした状態で記録し，その後，急冷することで保磁力を大きくした状態で保存するものである。こうすることで，超微細磁性粒子からなる高保磁力媒体への記録が可能となって高SNRが得られる。いわゆるTrilenmmaを一挙に解決できる方式といえる。熱アシスト記録方式として，図1に示すように磁気ドミナント記録と光ドミナント記録が考えられている[1]。磁気ドミナント記録とは，記録幅が記録ヘッドのライトコア幅（磁界分布幅）に対応する記録方式であり，光ドミナント記録とは，記録幅が光ビーム幅（熱分布幅）に対応する記録方式である。このようなディメンジョンを想定すると，磁気ドミナント記録では記録ビット周辺の熱緩和を抑制する必要があるので比較的低い温度で記録することになり，光ドミナント記録では急峻な磁気特性の変化を利用する必要があるのでキュリー温度付近で記録することになる。ここでは，前者の磁気ドミナン

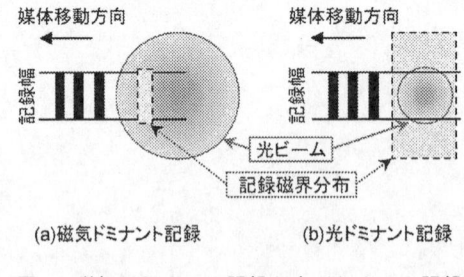

図1 磁気ドミナント記録と光ドミナント記録における相対的なディメンジョン

---

*　Koji Matsumoto　㈱富士通研究所　ストレージテクノロジ研究部　主任研究員

第8章 次世代高密度化技術

ト記録をワイドビーム加熱として解説する。

3.1.2 熱アシスト記録方式による面記録密度

熱アシスト記録方式による面記録密度の向上度合いはRuigrok[2,3]やLyberatos[4]によって理論的に見積もられている。ここでは，庄野らの解説[5]を参考にしながらその概要を紹介する。

(1) 面記録密度と磁気特性

Ruigrokは$AD \propto V^{-2/3}$，および$SNRm \propto V^{-3/4}$（主な媒体ノイズが遷移ノイズの場合）を前提として，熱アシスト磁気記録と通常磁気記録の面記録密度の比を以下のように示した。

$$\left(\frac{AD_{HAMR}}{AD_{CON}}\right)^{3/4} = \left(\frac{SNR_{m_{HAMR}}}{SNR_{m_{CON}}}\right)^{2/3} = \left(\frac{V_{CON}}{V_{HAMR}}\right)^{1/2}$$

$$= \frac{H_{k_{HAMR}}(T_s)}{H_{k_{HAMR}}(T_w)} = \frac{M_{s_{HAMR}}(T_s)}{M_{s_{HAMR}}(T_w)} = \left[\frac{T_s \ln\left(t_s f_0 / \ln\frac{2M_r}{M+M_r}\right)}{T_w \ln\left(t_w f_0 / \ln\frac{2M_r}{M+M_r}\right)}\right]^{1/2} \quad (1)$$

ここで，AD_{HAMR}，AD_{CON}は熱アシスト記録と通常記録の面記録密度である。Vは磁性粒子の体積，H_kは異方性磁界，M_sは飽和磁化，M_rは残留磁化である。T_sとT_wは，それぞれ記録情報を保持する温度（室温付近）と記録する温度（高温）である。t_sは室温における磁化の緩和時間であり，t_wは記録直後にM_rからMに減衰する磁化の緩和時間である。また，f_0は熱振動の周波数で10^9Hzである。熱アシスト記録と通常記録の記録性能を揃えるために，$H_{k_{HAMR}}(T_w) = H_{k_{CON}}(T_s)$としている。(1)式の最後の表現は，熱揺らぎによる緩和時間が重要であることを示している。t_wが$1/f_0$に近い場合は熱アシストの効果があるが，逆にt_wが$1/f_0$に比べて十分大きい場合は熱アシストの効果がない。t_sとして10年（3×10^8s）を想定すると，t_sはt_wよりも約16桁大きいので，密度向上に大きな寄与をもたらすが，T_s/T_wはあまり寄与しない。

(2) 磁気ドミナントによる面記録密度

Ruigrokは(1)式を用いて面記録密度の向上度合いを見積もっている。ビーム径＝1μmのレーザ光を用いて熱アシスト記録した場合を想定して，見積もりの条件は$M/M_r=0.8$，$f_0=10^9$/s，$T_w=450$K，$T_s=300$K，$t_s=10$年である。また，$t_w=490$nsとしているが，これは線速度が10m/sの時に1μmのビームを通過するのに要する時間（100ns）やトラックピッチなどを考慮して決めている。この条件での面記録密度は，通常記録に比べて約2倍になる。記録密度の向上の度合いが小さいが，これは記録ビットに対してビーム径が大きい状況では加熱時間が長いために，記録後の熱減磁の影響が大きいことに起因する。

(3) 光ドミナントによる記録密度

さらにビームを極端に絞った場合の面記録密度を見積もっている。ビーム径の微細化による温

度勾配の増大や，媒体のヒートシンクの工夫によって冷却速度が非常に速くなり，ビーム径＝50 nm の場合，冷却時間が 0.1ns 以下となることを示している。この時間は $1/f_0$（0.1～1ns）と同等である。このように冷却時間が短い場合には，(1)式において，記録時の緩和時間 t_w を実効的冷却時間 t_c で置き換えられる。t_c は T_w から $1/2$ $(T_w + T_s)$ になるまでの時間として定義されている。t_w を t_c で置き換えるということは，記録過程がスイッチングだけで決まり，その後の熱減磁が無いということである。上述の磁気ドミナント記録と同様な条件で面記録密度の向上度合いを見積もると，$t_c < 1/f_0$ の場合，AD_{HAMR}/AD_{CON} は 10 倍に近い値になる。しかし，Ruigrok は現実的には，そこまでの効果はないとしている。t_c が短いことは，同時にスイッチング時間が短いことを意味し，動的保磁力が大きくなるので記録できなくなる。これを考慮すると，密度向上は 2 倍程度に止まると結論している。Ruigrok が扱ったのは通常の磁気記録媒体であり，キュリー温度 T_c は 600℃を超えている。従って，この見積もりは，T_c よりもかなり低い温度で記録した場合に相当する。

Lyberatos は，記録温度 T_w がキュリー温度 T_c に近い場合について，AD_{HAMR}/AD_{CON} を理論計算から見積もっている。扱っているのは垂直媒体の FePt（T_c = 690℃）であり，分子場近似を用いて M_s や H_k の温度依存性を求めている。Ruigrok の計算では，H_k/M_s は全温度領域で一定と仮定したが，Lyberatos の計算では，H_k/M_s の温度依存性が考慮されている。冷却時間が短く熱減磁がない場合，最終的に以下の式が導かれている。

$$\frac{AD_{HAMR}}{AD_{CON}} = \left[\frac{K_u(T_s)\left[1-\frac{H_d(T_s)}{H_k(T_s)}\right]^2}{K_u(T_w)\left[1-\frac{H_d(T_w)}{H_k(T_w)}\right]^2}\right]^{2/3} \tag{2}$$

しかし，ここで H_d/H_k（H_d は反磁界）の影響は小さいので，(2)式は(3)式のように簡略化される。

$$\frac{AD_{HAMR}}{AD_{CON}} = \left[\frac{K_u(T_s)}{K_u(T_w)}\right]^{2/3} \tag{3}$$

これは Ruigrok の結果と同じであり，異なる計算手法を用いたにも拘らず同じ結論が得られている。Ruigrok は H_k/M_s の温度依存性を考慮していないので，AD_{HAMR}/AD_{CON} の値を 15% 程度過小評価したと指摘されている。しかし，両者の違いはそれほど大きくはなく，記録温度がそれほど高くない $T_w/T_c < 0.9$ の範囲では，AD_{HAMR}/AD_{CON} は 2～3 倍の値となっている。記録温度が高い $T_w/T_c > 0.9$ の範囲では，AD_{HAMR}/AD_{CON} は増大傾向を示す。Lyberatos は，FePt で経験的に得られる K_u の温度依存性を(2)式に代入して AD_{HAMR}/AD_{CON} と T_w/T_c の関係を求めた。T_w が T_c に近づくにつれて AD_{HAMR}/AD_{CON} は急激に大きくなり，一桁以上の密度向上が期待できるこ

第8章 次世代高密度化技術

とが示されている。また，FePtのH_kが0Kで50KOe以上あったとしても，T_c近傍でH_kは急激に小さくなるので，現状の垂直ヘッドの磁界で記録できると結論している。

3.1.3 原理実験

ワイドビーム記録の基本検証は，通常の光記録用ヘッドと磁気記録用ヘッドを用いて行うことができる。これは，現状の光記録用ヘッドが基板越しに光を照射する構成になっていることと，その光ビーム径がライトコア幅より大きいことによる。この配置においては，面内記録でも垂直記録でも熱アシスト記録を行うことができる。ここでは，筆者らが行った面内SFM（Synthetic Ferrimagnetic Media）[6]を用いた熱アシスト記録の原理実験を紹介する[7,8]。少し古いデータなのでビーム径やライトコア幅が大きいが，それぞれを同時に縮小すれば高密度記録でも同様な議論が可能である。なお他機関での実験は参考文献9～11を参考にして頂きたい。

(1) 記録媒体

記録媒体はインライン型のスパッタ装置を用いてテクスチャー付きの2.5インチガラス基板の片面に成膜した。その媒体構成を図2に示す。基板上にシード層および下地層としてCrTi膜，RuAl膜，CrMo膜を順番に積層した。下層磁性層（L1層）は薄いCoCr合金膜で，上層磁性層（L2層）は厚いCoCrPtB合金膜である。これらの磁性層の間には薄いRu中間層を形成し，L1層とL2層の磁化は反強磁性的に交換結合している。残留磁化状態で反平行となるようにRuの膜厚を0.7nm程度にしている。最表面にはカーボン保護膜層と潤滑層を形成した。今回の実験では，表1に示す3種類の媒体を比較検討した。参照媒体（SFM-R）は市販媒体であり，面記録密度は69Gbit/in^{2}に相当する。新たに作製したSFM-LとSFM-Hは，SFM-Rに比べてL2層のPt量を多くしている。また，SFM-LとSFM-HのL2層の組成を変えることで，SFM-Lは動的保磁力が大きい媒体となり，SFM-Hは熱安定性が高い媒体になっている。

図3はSFM-LとSFM-Hにおける保磁力の温度変化と両媒体に用いたL2層の飽和磁化の温度変化を示す。SFM-LとSFM-Hの保磁力の温度変化率はそれぞれ−23Oe/Kと−17Oe/Kであった。室温での飽和磁化の値，M_S(RT)はそれぞれSFM-Lが270emu/cm^3，SFM-Hが330emu/cm^{3}であった。実効残留磁化の値，tM_rの値も室温で測定した。ここでtは各層の膜厚であ

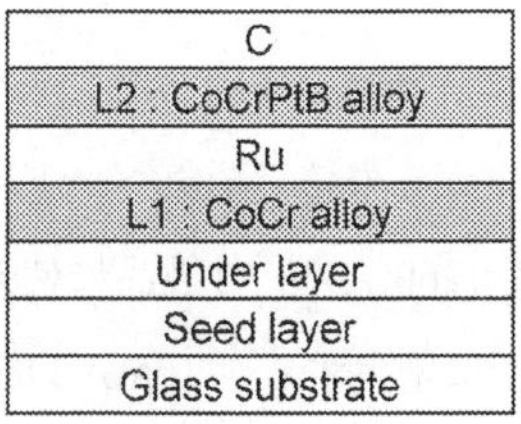

図2 試作した記録媒体の構成

表1 試作した記録媒体の特性

Media	SFM-H	SFM-L	SFM-R
tM_r(memu/cm^2)	0.37	0.30	0.29
M_r(emu/cm^3)	330	270	—
H_c(RT)(Oe)	6000	4600	4700
H_c(0K)(Oe)	9600	10200	—
K_u(0K)(erg/cm^3)	4.0×10^6	3.6×10^6	—

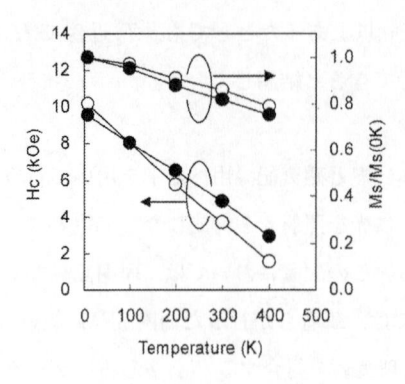

図3　温度に対するHcとMsの変化
○はSFM-L，●はSFM-H。

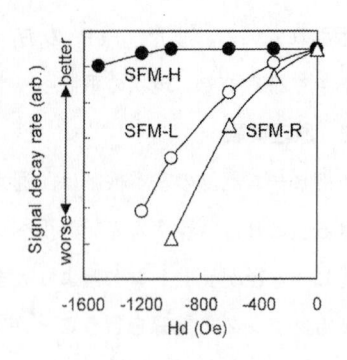

図4　各試作媒体の磁化緩和

る。残留磁化状態ではL1層の磁化とL2層の磁化は反平行になっているので，実効tM_rの値は$t_{L2}M_{rL2}$（L2層）と$t_{L1}M_{rL1}$（L1層）の差にほぼ等しい。保磁力$H_c(RT)$は室温におけるカーループ測定（磁界掃引速度1 kOe/秒）の値である。従って，SQUIDやVSMで測定する値より若干大きくなる。いわゆる動的保磁力（H_0）は0Kの保磁力として温度変化から概算して示した。異方性定数$K_u(0K)$は$H_0(0K)$と磁化$M_S(0K)$から求めた。SFM-LとSFM-Hの$K_u(0K)$と$H_0(0K)$の値は参照媒体よりも大きい。またSFM-Hの$K_u(0K)$はSFM-Lよりも11％大きいが，SFM-Hの$H_0(0K)$はSFM-Lのそれより小さい。これは$M_S(0K)$が大きいことによる。これらの違いは主にL2層の組成の違いに起因している。

図4はSFM-R，SFM-LおよびSFM-H対してSQUIDを用いて測定した熱安定性を示す。信号減衰率を残留磁化の時間変化から求めた。測定は+30 kOeで飽和させた後，逆方向の磁界（H_d）を印加して行った。逆方向磁界の最大値は－1.5kOeである。面内磁気記録においては高記録密度化に伴うビット長の縮小に伴って反磁界が大きくなる[12]。従って熱安定性は反磁界の下で確保しなければならない。SFM-Hの熱安定性はSFM-Lよりも充分高く，その差は反磁界が大きいほど大きくなる。SFM-Lの熱安定性はSFM-Rよりも高く，SFM-Rは69Gbit/in^{2}の製品として充分な熱安定性を示す。熱安定性は$K_u(0K)$の値に比例して改善していることがわかる。

(2) 記録再生装置

ワイドビーム加熱による記録再生特性を調べるために，図5に示す評価機を作製した。基本構成は，市販の磁気記録用の記録再生評価機とMOドライブ用光ヘッドからなる。磁気ヘッドはライトコア幅=0.25μm，リードコア幅=0.17μmであり，面記録密度が69Gb/in^{2}の製品に使えるヘッドである。ヘッド磁界は記録電流I_Wが16mA以下ではほぼ線型に増大するが16mA以上では徐々に増大する傾向がある。記録電流を16mAから40mAに上げた場合のヘッド磁界の増加は約1kOeである。光ヘッドに用いたレーザ波長=685nm，光ビームスポット径=1.1μmであ

第8章　次世代高密度化技術

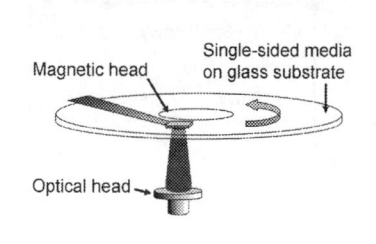

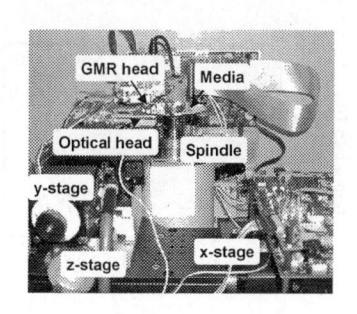

図5　熱アシスト記録用評価機の構成

り，ガラス基板越しに記録膜に光を照射している。レーザ光は，記録面に対してフォーカスサーボをかけている。レーザ出力は1mWから10mWまで変えることができる。

磁気ヘッドと光学ヘッドの相対位置は，磁気再生信号出力が最大となるように周方向と半径方向で調整した。図6は半径方向の熱トラックプロファイルの例である。光学ヘッドの位置を固定して磁気ヘッドを半径方向にずらしながら各位置で記録再生した。最大の信号は，温度が最も高く保磁力が最も低くなる熱スポットの中心で得られる。この熱トラックプロファイルの

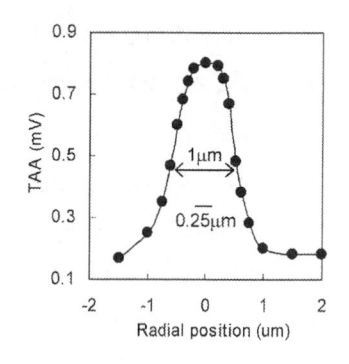

図6　熱トラックプロファイル

半値幅は約1μmで，磁気ライトコア幅の0.25μmよりも4倍大きい。熱スポットの大きさは光学的スポット径だけでなく，媒体の温度分布および保磁力の温度変化によって決まる。今回の測定はレーザースポット径によらず，磁気ヘッドの磁界によってビットサイズを決めていることがわかる。まさにこのことがワイドビーム加熱といわれる所以である。

(3)　オーバーライト特性

図7（a）および（b）はSFM-LおよびSFM-Hのオーバーライト特性を示す。オーバーライトの特性値は87kFCIの上に700kFCIの信号を重ね書きした後，87kFCIの残留信号強度として

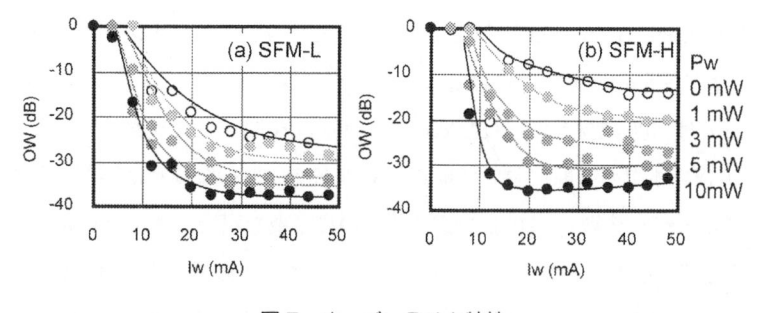

図7　オーバーライト特性

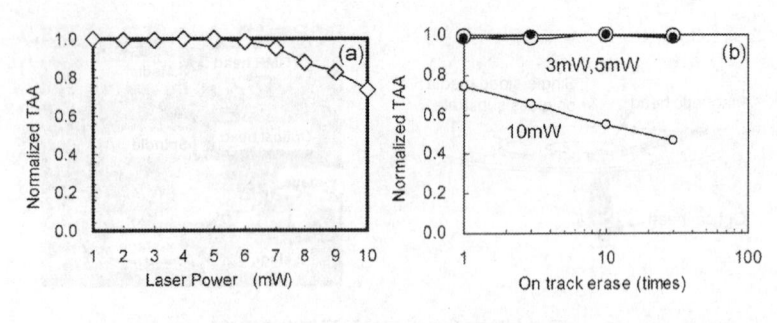

図8 SFM-L のオントラックイレーズ

示している。残留信号が小さいほど特性は良く，およそ－30dB が書き込みやすさの目安となる。レーザによるアシストが無い場合（P_w=0 mW，P_w：レーザパワー），SFM-L および SFM-H の両者は I_w を48mA まで上げてもオーバーライト特性は－30dB に達していない。これは40mA で－30dB に達する SFM-R とは対照的である。オーバーライト特性はレーザ出力を上げることで，両媒体において劇的に改善する。オーバーライト特性が－30dB になるのは，SFM-L と SFM-H において，P_w がそれぞれ3 mW，5 mW の場合である。レーザ光を照射することよるオーバーライト特性の改善は，保磁力が大きい SFM-H で顕著に現れ，P_w=5 mW，I_w=25mA において20dB の改善を観測した。

これらの書き込み能力の改善は，熱によるアシスト効果を示している。媒体温度が上昇するとともに動的保磁力がヘッド磁界よりも小さくなる。従って書き込み時に適度なレーザを照射することによって，オーバーライト特性を充分に改善することができる。なお，SFM の層間交換結合の強さは温度とともに小さくなる[13]。これも高温で書き込むのを手助けしている可能性がある。

(4) 書き込み時の熱の効果

記録したデータにレーザ光を照射した場合の影響を評価した。350kfci のパターンを特定のトラックに記録して，そのトラックに磁界を加えずにレーザ光を一周分照射した。記録膜は約150ns の間，レーザ光の照射を受けることになる。図8(a) は SFM-L において P_w とともに TAA（Track Average Amplitude）が変化する様子を示す。TAA はレーザ照射前の値で規格化した。TAA は P_w=5 mW までは変化しないが，それ以上になると減少し始める。そして P_w=10mW では信号は20％減少した。複数回のレーザ照射を同一トラック上に行った場合を図8(b) に示す。30回転までの照射においては6 mW 以下では大きな減衰は観測されなかった。図7に示すようにオーバーライト－30dB を達成するのに必要な出力は P_w=3 mW である。従ってレーザ光による熱減磁を生じることなく，熱アシストによって磁界による書き込みが行われていると予想できる。SFM-L における P_w=3 mW での温度上昇は，動的保磁力が1 kOe 減少したと

第 8 章 次世代高密度化技術

仮定して，およそ 100℃ であると推測している。

(5) 信号対雑音比

図 9 は SFM-L と SFM-H の書き込み電流 I_w に対する S/N_m の変化を示す。信号出力と媒体ノイズ（N_m）を 350kfci で測定した。使用した P_w の値は図中に示した。結果は SFM-R を 40mA で熱アシストなしで測定した S/N_m を基準にして示している。点線は熱アシストなし （$P_w = 0$ mW）を示す。S/N_m の値は SFM-L お

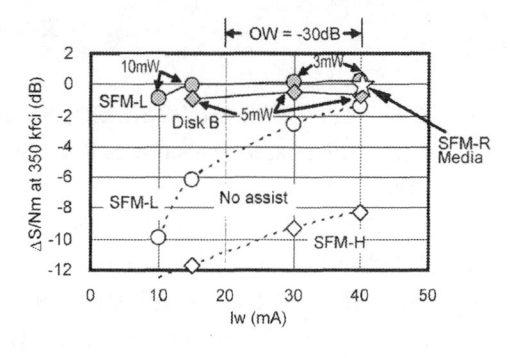

図 9 SNR 特性

よび SFM-H において熱アシストによって大きく改善した。さらにどの書き込み電流値においても P_w を最適化することによって改善することを確認した。I_w が 40mA の場合 S/N_m は SFM-H において + 6 dB, SFM-L において + 1.7dB 改善した。SFM-L の S/N_m は I_w が 20mA よりも大きければ参照媒体 SFM-R と同等になる。16mA 以下ではレーザ出力が不十分であった。最良の S/N_m は，SFM-L において $I_w = 30$mA と $P_w = 3$ mW の組み合わせで達成した。SFM-H の S/N_m は SFM-L ほど良くないが，傾向は SFM-L と非常によく似ている。熱アシストを用いることによって SFM-L の S/N_m は参照媒体すなわち 69Gb/in^2 の媒体とほぼ同等となる。このような高 SNR 値は熱アシストなしではどちらの媒体においても決して得ることはできなかった。これは SNR の改善に記録容易性の改善が非常に重要であることを示している。

3.1.4 まとめ

熱アシスト記録について，その面記録密度の向上率と基本的な考え方を述べ，ワイドビーム加熱による面記録密度の向上率は 2 倍程度であることを示した。また，我々が行ったワイドビーム加熱による熱アシスト記録方式の原理実験結果を紹介して，この手法により，熱揺らぎ耐性と書き込み性能を同時に満足できることを示した。

1 Tbit/in^2 を超える高密度記録を熱アシスト記録で実現するためには，非常に小さな光ビームを用いる狭領域加熱が必要になると思われるが[14]，記録装置を実現するためには，これに適した光ヘッド，記録材料，ＨＤＩなど多くの課題を解決する必要がある。これら技術的課題を実験的に整理・解決していく上でも，ワイドビーム加熱方式による基礎検討は重要であると思われる。また，ワイドビーム加熱方式は，媒体の持つ潜在能力を磁気ヘッドの記録限界を超えて調査できる利点があり，高記録密度媒体の研究開発は熱アシスト記録によっておおいに手助けされると思われる。

文　　献

1) 松本，上村，下川，*FUJITSU*, **58**, p.85 (2007)
2) J. J. M. Ruigrok, R. Coehoorn, S. R. Cumpson, and H. W. Kesteren, *J. Appl. Phys.*, **87**, p.5398 (2000)
3) J. J. M. Ruigrok, *J. Magn. Soc. Japan*, **25**, p.313 (2001)
4) A. Lyberatos and K. Y. Guslienko, *J. Appl. Phys.*, **94**, p.1119 (2003)
5) 庄野，押木，日本応用磁気学会誌，**29**, p.5 (2005)
6) E. N. Abarra, A. Inomata, H. Sato, I. Okamoto, and Y. Mizoshita, *Appl. Phys. Lett.*, **77**, p.2581 (2000)
7) A. Inomata, A, J. Taguchi, A. Ajan, K. Matsumoto, W. Yamagishi, *IEEE Trans. Magn.*, **41**, p.636 (2005)
8) K. Shono, K. Matsumoto, J. Taguchi, A. Inomata, A. Ajan and W. Yamagishi, *Proc. SPIE*, **5643**, p.177 (2005)
9) S. R. Cumpson, P. Hidding, and R.Coehoorn, *IEEE Trans. Magn.*, **36**, p.2271 (2000)
10) M. Alex, A. Tselikov, T. McDaniel, N. Deeman, T. Valet, and D. Chen, *IEEE Trans. Magn.*, **37**, p.1244 (2001)
11) T. Rausch, J. A. Bain, D. D. Stancil, T. E. Schlesinger, and W. A. Challener, *Jpn. J. Appl. Phys.*, **42**, p.989 (2003)
12) Y. Hosoe, I. Tamai, K. Tanahashi, Y. Takahashi, T. Yamamoto, T. Kanbe, and Y. Yajima, *IEEE Trans. Magn.*, **33**, p.3028 (1997)
13) A. Inomata, E. N. Abarra, B. R. Acharya, and I. Okamoto, *IEEE Trans. Magn.*, **37**, p.1449 (2001)
14) T. Kamimura, T. Morikawa, S. Shimokawa, S. Hamaguchi, and K. Matsumoto, *J. Magn. Soc. Japan*, **30**, p.655 (2006)

3.2 狭域加熱

中川活二[*]

ワイドビーム加熱以外に，磁気ヘッドで記録不可能な熱的安定な高K_u磁性材料に記録をする熱補助記録方式には，狭域加熱がある。これは，①ワイドビーム加熱による隣接トラック記録情報の劣化を避け，②温度勾配を利用して等価的な記録磁界勾配を急峻にするもので，ワイドビーム加熱より高密度化できる可能性がある。

次世代高密度記録では，トラック幅を数十 nm 程度にすることが要求され，このサイズの狭域加熱が必要になる。更に，等価的な記録磁界勾配は，次式のように温度勾配を急峻にすることで増加できる[1]。

$$\frac{dH_{w,total}}{dx} = \frac{dH_w}{dx} + \frac{dH_{w,media}}{dx} \tag{1a}$$

$$\text{where } \frac{dH_{w,media}}{dx} = -\frac{dH_C}{dT}\frac{dT}{dx} \tag{1b}$$

光を使った加熱方法では，通常のレンズを使った光学系を用いると，集光できる光スポット直径 d は，波長 λ とレンズ開口数 NA で決まり，$d \sim \lambda/\text{NA}$ 程度である。NA は，通常1より小さいので，光スポット直径は，たかだか波長のオーダーまでしか到達できず，ブルーレーザを使用しても，光スポット直径は 400nm 程度となる。このため，通常の光学系を使うだけでは，狭域加熱を実現できない。

光スポットを波長より小さくする方法として，① Solid Immersion Lens, Solid Immersion Mirror，②ナノサイズ開口，③表面プラズモン利用の近接場光，④薄膜導波路，⑤磁場発生型プラズモンアンテナなどを複合する方法がある。

3.2.1 Solid Immersion Lens, Solid Immersion Mirror

Solid Immersion Lens (SIL) は，図1に示すような半球等の球状レンズを従来のレンズと組み合わせ[2]，等価的に NA を1以上に増加して波長より小さな光スポットを実現する。例えば (a) の半球レンズを使った場合は，半球レンズの屈折率 n に相当する分だ

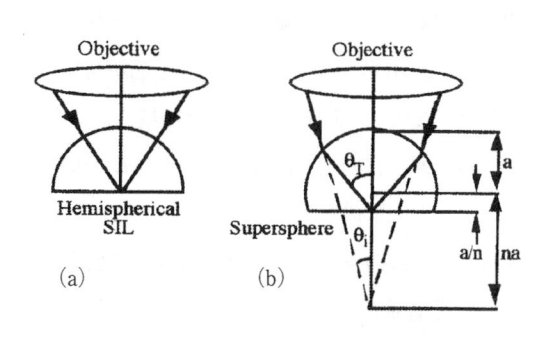

図1 Solid Immersion Lens 概念図[2]

---

[*] Katsuji Nakagawa 日本大学 理工学部 電子情報工学科 教授

垂直磁気記録の最新技術

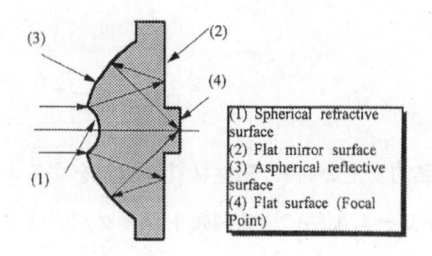

図2　Solid Immersion Mirror の概念図[3]

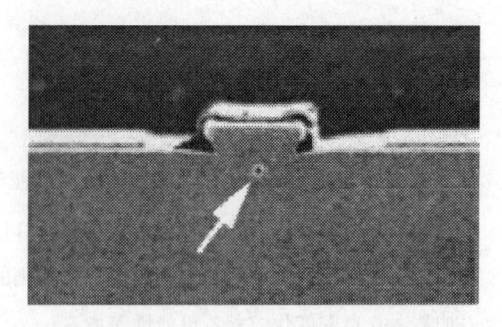

図3　半導体レーザ表面の金属膜に200nmの開口を収束イオンビーム（FIB）加工で形成した例[5]

け半球レンズ内の波長が $1/n$ 倍になるので，等価的な NA を n 倍大きくできる。また，Solid Immersion Mirror (SIM) はミラーを使った光学系[3]で，SIL と同様な機能を有している。その構成例を図2に示す。しかし，スポットサイズを小さくできる効果は，高々数倍のオーダーであり，d を100nm以下にすることは現実的には難しい[4]。

3.2.2　ナノサイズ開口

波長より小さな開口を使って波長以下の光スポットを形成する試みも行われている。図3は収束イオンビーム（FIB）加工によるレーザ表面金属膜のナノサイズ開口の形成例[5]である。このような開口で波長オーダーより小さな光スポットが形成できるが，光利用効率は式(2)のように小さい[6]。

$$T = \frac{64\pi^2}{27} \cdot \left(\frac{d}{\lambda}\right)^4 \tag{2}$$

例えば，波長400nmで，50nmの開口を想定すると，透過率 T は0.6％程度となる。光の利用効率が悪いと，光損失分が熱となり，光学系，記録ヘッド系統やスライダーを加熱し，HDI上で問題を生ずる心配が高い。

3.2.3　表面プラズモン利用の近接場光

金属表面上に誘起される表面プラズモンを利用した光微小スポットの形成が研究されている。これは，図4に示す蝶ネクタイ型の電極に一様交流電界を印加すると，中心部分に局所電界ができる[7]ことを利用し，表面プラズモンの共鳴効果を利用して強い局所光スポットを作る手法である[8,9]。図5の Beaked metallic plate は，蝶ネクタイ型ではなく，蝶ネクタイの一方だけを金属で形成しており，こ

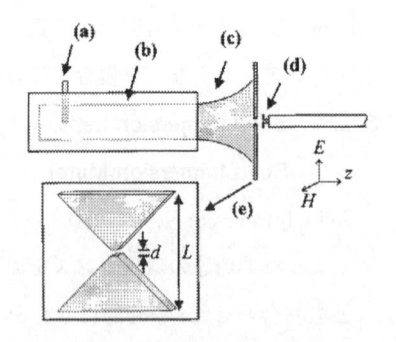

図4　マイクロ波を用いた蝶ネクタイ型アンテナの局所電界集中効果の実験装置報告例[7]
(a) the microwave source, (b) the waveguide, (c) the illumination beam, (d) the dipole probe, and (e) the antenna.

第8章　次世代高密度化技術

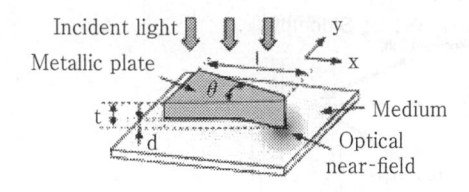

図5　Beaked metallic plate near-field optical probe[9]

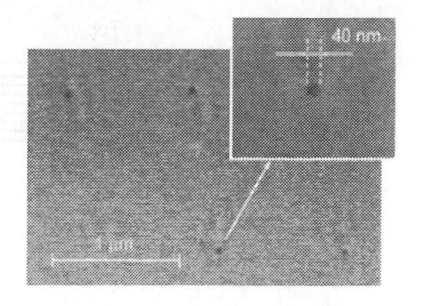

図6　Beaked metallic plate（図5）を用いて，相変化記録材料に熱記録し，エッチング後のSEM像[9]
40nmのマークが記録できている。

の場合でも，数十 nm サイズの局所電界が得られる。このアンテナを用い，相変化記録材料に相変化マークを記録し，エッチング後のマークパターン SEM 像を図6に示す。40 nm 程度のマークサイズが実現されており，高密度記録用の狭域加熱に適していると考えられる。また，上記のアンテナ形状以外にも電極形状が検討されており[1,4,10]，その一例を図7に示す。

また，上記プラズモンアンテナを磁気ヘッドを隣接できるように，透明スライダーを上に表面プラズモンアンテナを配置した構造が提案されている[11,12]。このような構造であれば，直接レーザ光をプラズモンアンテナに入射でき，計算上10%以上の光利用効率が期待できる。

3.2.4　導波路タイプ

薄膜導波路型は，磁気ヘッドと積層できるため Seagate，カーネギーメロン大学や富士通での研究が進められている。誘電体の厚さや積層法を変えることで等価的な屈折率を変えることができ，図8のように薄膜型のSIMを構成することができる[13]。上部のグレーティングから光を導入し，薄膜内を伝搬した光が厚さの異なる薄膜導波路で反射され，SIM焦点位置に光が集光す

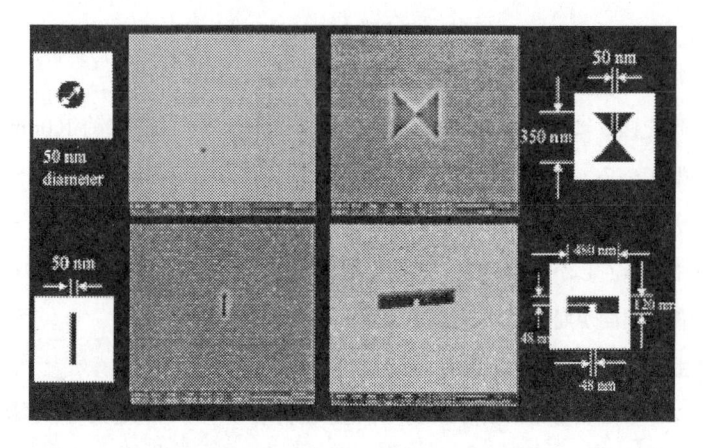

図7　種々のプラズモンアンテナ形状例[1]

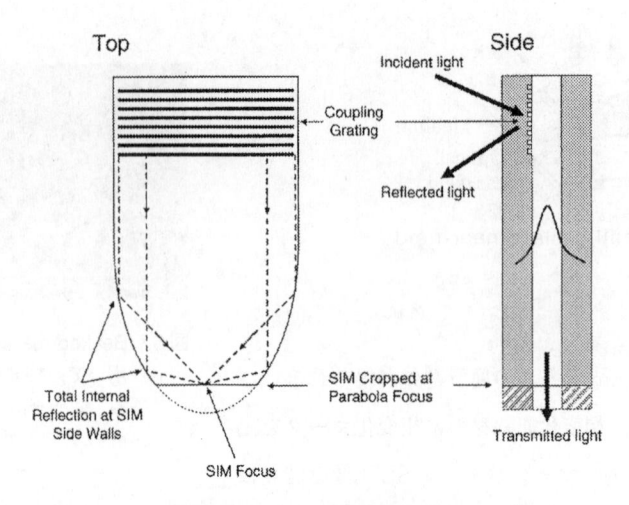

図8 薄膜型 Solid Immersion Mirror (SIM)[13]

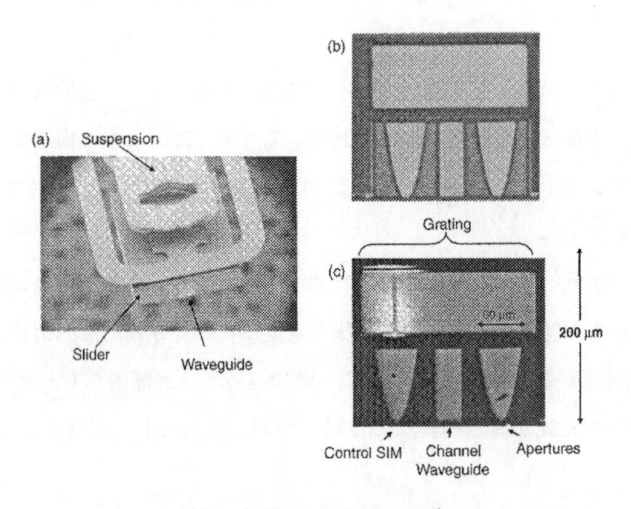

図9 薄膜型 SIM 試作例[13]

る。実際の作製例を図9に示す。本方式により，クロストラック方向で約 100nm の半値幅の光スポットが得られている。光利用効率は 30％程度と報告されているが，SIM 焦点面にさらにプラズモンアンテナを形成して，スポット微小化を行うことが必要と推測され，トータルの光利用効率低下が懸念される。しかしながら，光導入方法，磁気記録再生層と積層する構造を作りやすいことから，今後の展開が期待される。

3.2.5 磁場発生型プラズモンアンテナ

プラズモンアンテナと磁場発生機構とを一体化した構成のヘッドが提案[14,15]されている。その構成例の一つを図10に示す。図10の点Pに発生する近接場光と導体に流れる電流による磁場

第8章　次世代高密度化技術

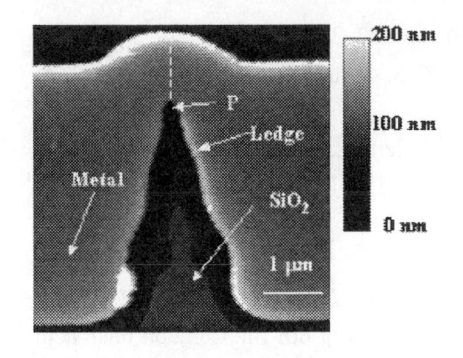

図10　磁場発生型プラズモンアンテナ[14]

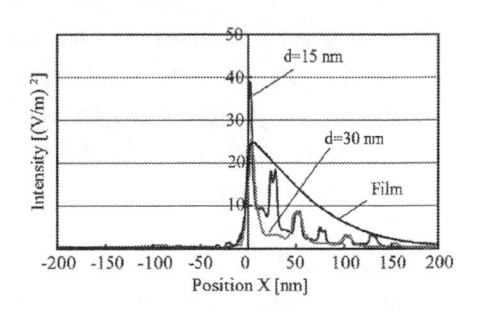

図11　粒子媒体の場合の近接場光強度分布シミュレーション計算例[16]
Filmは連続膜媒体の場合，d=15, 30nmは，直径の異なる粒子を配置したシミュレーション計算結果を示す。

を利用して記録を行う構成で，トラック幅70nmの記録に成功している。

以上の他，光源アンテナ形状だけでなく，記録媒体側の構造でも光強度分布が変わる効果[16]がある。粒子状媒体上にプラズモンアンテナを配置すると，プラズモンアンテナと金属粒子とのインターラクションで電界強度分布が変わる効果がシミュレーション結果で得られており，その計算例を図11に示す。グラフ上，X座標プラス側に三角形のPtプラズモンアンテナを配置し，ギャップ5nmとしてPt粒子あるいはPt連続膜を配置したときの計算例である。連続間（図中Filmと表記）と異なり，媒体側を粒子としたときに光強度分布が急峻になり，その強度も増加している。この効果は，プラズモンアンテナと粒子とで異なる金属材料を選択しても同様の効果が得られており，粒子媒体では連続膜と異なった高密度記録に有利な効果が期待できる。

以上のような狭域加熱では，基本的に近接場光を利用しており，プラズモンアンテナと記録媒体を10nm以下に近づける必要がある。磁気記録では，5nm程度の浮上量を想定した研究が進んでおり，この技術の進展で近接場光利用が可能になる。潤滑剤の熱耐性など解決すべき事項もあるが，熱補助記録方式は今後の高密度化記録の技術として重要な技術である。

文　献

1) T. W. McDaniel, W. A. Challener, and K. Sendur, *IEEE Trans. Magn.*, **39**, 1972-1979 (2003)
2) G. S. Kino, *J. Magn. Soc. Jpn.*, **23**, Suppl. No. S1, pp. 1-6 (1999)

3) Chul Woo Lee, *J. Magn. Soc. Jpn.*, **23**, Suppl. No. S1, pp. 257-259 (1999)
4) W. A. Challener, T. W. Mcdaniel, C. D. Mihalcea, K. R. Mountfield, K. P.elhos, and I. K. Sendur, *Jpn. J. Appl. Phys.*, **42**, 981-988 (2003)
5) A. Partovi, D. Peale, M. Wuttig, C. A. Murray, G. Zydzik, L. Hopkins, K. Baldwin, W. S. Hobson, J. Wynn, J. Lopata, L. Dhar, R. Chichester, and J. H-J Yehd, *Appl. Phys. Lett.*, **75**, 1515-1517 (1999)
6) H. Bethe, *Phys. Rev.*, **66**, 163 (1944)
7) R. D. Grober, R. J. Schoelkopf, and D. E. Prober, *Appl. Phys. Lett.*, **70**, 1354 (1997)
8) T. Matsumoto, T. Shimano, and S. Hosaka, Technical Digest of 6th Int. Conf. on near field optics and related techniques, the Netherlands, Aug. 27-31, 55 (2000)
9) T. Matsumoto, Y. Anzai, T. Shintani, K. Nakamura, and T. Nishida, *Optics Letters*, **31**, 259-261 (2006)
10) T. E. Shlesinger, T. Rausch, A. Itagi, J. Zhu, J. A. Bain, and D. D. Stancil, *Jpn. J. Appl. Phys.*, **41**, 1821-2824 (2002)
11) N. Mori, J. Kim, K. Nakagawa, and A. Itoh, *J. Magn. Soc. Jpn.*, **30**, 604-607 (2006)
12) S. Kudoh, J. Kim, K. Nakagawa, and A. Itoh, *J. Magn. Soc. Jpn.*, **30**, 612-615 (2006)
13) T. Raush, C. Mihalcea, K. Pelhos, D. Karns, K. Mountfield, Y. A. Kubota, X. Wu, G. Ju, W. A. Challener, C. Peng, L. Li, Y-T. Hsia, and E. C. Gage, *Jpn. J. Appl. Phys.*, **45**, 1314-1320 (2006)
14) S. Miyanishi, N. Iketani, K. Takayama, K. Innami, I. Suzuki, T. Kitazawa, Y. Ogimoto, Y. Murakami, K. Kojima, and A. Takahashi, *IEEE Trans. Magn.*, **41**, 2817-2821 (2005)
15) K. Nakagawa, J. Kim, and A. Itoh, *J. Appl. Phys.*, **99**, 08F902 (2006)
16) K. Nakagawa, J. Kim, and A. Itoh, "FDTD simulation on near-field optics for granular recording media in hybrid recording," *J. Appl. Phys.*, **101**, 09H504 (2007)

垂直磁気記録の最新技術 《普及版》　(B1036)

2007年 7 月31日　初　版　第 1 刷発行
2013年 5 月10日　普及版　第 1 刷発行

　　監　修　　中村　慶久　　　　　　　　Printed in Japan
　　発行者　　辻　　賢司
　　発行所　　株式会社シーエムシー出版
　　　　　　　東京都千代田区内神田 1-13-1
　　　　　　　電話 03 (3293) 2061
　　　　　　　大阪市中央区内平野町 1-3-12
　　　　　　　電話 06 (4794) 8234
　　　　　　　http://www.cmcbooks.co.jp/

〔印刷　株式会社遊文舎〕　　　　　　Ⓒ Y. Nakamura, 2013

落丁・乱丁本はお取替えいたします。

本書の内容の一部あるいは全部を無断で複写(コピー)することは，法律で認められた場合を除き，著作者および出版社の権利の侵害になります。

ISBN978-4-7813-0718-3 C3054 ¥5000E